建筑工程规范常用条文速查系列手册

建筑施工规范常用条文速查手册

卜一德　王景文　主编

中国建筑工业出版社

图书在版编目（CIP）数据

建筑施工规范常用条文速查手册/卜一德，王景文主编．—北京：中国建筑工业出版社，2017.1
（建筑工程规范常用条文速查系列手册）
ISBN 978-7-112-20279-9

Ⅰ．①建… Ⅱ．①卜…②王… Ⅲ．①建筑施工-建筑规范-中国-手册 Ⅳ．①TU711-62

中国版本图书馆CIP数据核字（2017）第009964号

本书依据现行国家标准和行业标准的规定，选用现行8项建筑工程施工通用标准，19项土建施工专用标准，8项建筑设备安装专用标准。对各项标准中的强制性条文和常用条文进行了筛选和整理，便于建筑工程施工相关工作人员查询和使用。

本书可供建筑工程施工管理人员、施工技术人员、监理人员、质量监督人员等使用。

责任编辑：郦锁林　王　治
责任校对：焦　乐　赵　颖

建筑工程规范常用条文速查系列手册
建筑施工规范常用条文速查手册
卜一德　王景文　主编
*
中国建筑工业出版社出版、发行（北京海淀三里河路9号）
各地新华书店、建筑书店经销
北京红光制版公司制版
北京同文印刷有限责任公司印刷
*
开本：850×1168毫米　1/32　印张：16⅝　字数：461千字
2017年1月第一版　2017年1月第一次印刷
定价：**42.00**元
ISBN 978-7-112-20279-9
（29672）

前　　言

近年来，随着科学技术的进步和工程建设技术的发展，工程建设新技术、新材料、新产品，不断涌现，住建部和相关部门对建筑材料、建筑结构设计、建筑施工技术、建筑施工质量验收、施工安全管理等标准规范进行了修订，并陆续颁布出版。同时，在改革开放的新阶段，国家倡导"城镇化"的进程方兴未艾。

学习、熟悉、掌握施工材料、施工设备、施工工艺等方面的标准规范，成为从业人员上岗培训或自主学习的迫切需求。为使以上人员方便查阅所需要的建筑工程施工规范的规定和要求，我们组织编写了本书。

涉及建筑施工的标准规范较多，本书从建筑施工通用标准和土建施工专用标准、建筑设备安全专用标准的角度，确认选录的规范和标准范围（详见后文所列清单）。

本书对每一项施工标准，首先选取其强制性条文（文中以**黑体字**予以标识）。其次对于施工通用标准选取其对各项施工工艺基本要求、规定方面的条目；对于施工专用标准，选取其对专项施工工艺具体要求、规定的条目。

需要说明的是：为了方便读者查阅与核对，本书将选用的规范条目原始表号、图号予以保留。并在每个选用的条目下一一列出其原始条款编号。同时，本书也保留原规范和标准中条文之间的指代关系，例如："……应符合本规范第3.1.2条的规定"等。

本书可供建筑工程施工管理人员、施工技术人员、监理人员、质量监督人员使用。

本书由卜一德、王景文主编，参加本书编写的还有董炳辉、贾小东、姜学成、姜宇峰、孟健、齐兆武、王彬、王春武、王继红、王立春、王景怀、吴永岩、魏凌志、杨天宇、于忠伟、张会宾 、周丽丽 、祝海龙 、祝教纯。

由于时间仓促，加之编者对标准规范的学习和理解的深度有限，书中内容难免有欠缺和疏漏，敬请读者批评指正。

目　录

I　建筑工程施工通用规范

Ⅱ　土建施工专用标准

Ⅲ 建筑设备安装专用标准

I　建筑工程施工通用规范

1　建筑地基基础工程施工

本章内容摘自现行国家标准《建筑地基基础工程施工规范》GB 51004—2015。

1.1　基本规定

1. 基坑工程施工前应做好准备工作，分析工程现场的工程水文地质条件、邻近地下管线、周围建（构）筑物及地下障碍物等情况。对邻近的地下管线及建（构）筑物应采取相应的保护措施。

【建筑地基基础工程施工规范：第 3.0.4 条】

2. 严禁在基坑（槽）及建（构）筑物周边影响范围内堆放土方。

【建筑地基基础工程施工规范：第 3.0.7 条】

3. 基坑（槽）开挖应符合下列规定：

(1) 基坑（槽）周边、放坡平台的施工荷载应按设计要求进行控制；

(2) 基坑（槽）开挖过程中分层厚度及临时边坡坡度应根据土质情况计算确定；

(3) 基坑（槽）开挖施工工况应符合设计要求。

【建筑地基基础工程施工规范：第 3.0.8 条】

1.2　地基施工

1.2.1　一般规定

1. 施工过程中应采取减少基底土体扰动的保护措施，机械挖土时，基底以上 200～300mm 厚土层应采用人工挖除。

【建筑地基基础工程施工规范：第 4.1.4 条】

2. 地基验槽时，发现地质情况与勘察报告不相符，应进行补勘。

【建筑地基基础工程施工规范：第 4.1.6 条】

1.2.2 素土、灰土地基

1. 素土、灰土地基土料应符合下列规定：

(1) 素土地基土料可采用黏土或粉质黏土，有机质含量不应大于 5%，并应过筛，不应含有冻土或膨胀土，严禁采用地表耕植土、淤泥及淤泥质土、杂填土等土料；

(2) 灰土地基的土料可采用黏土或粉质黏土，有机质含量不应大于 5%，并应过筛，其颗粒不得大于 15mm，石灰宜采用新鲜的消石灰，其颗粒不得大于 5mm，且不应含有未熟化的生石灰块粒，灰土的体积配合比宜为 2∶8 或 3∶7，灰土应搅拌均匀。

【建筑地基基础工程施工规范：第 4.2.1 条】

2. 素土、灰土换填地基宜分段施工，分段的接缝不应在柱基、墙角及承重窗间墙下位置，上下相邻两层的接缝距离不应小于 500mm，接缝处宜增加压实遍数。

【建筑地基基础工程施工规范：第 4.2.4 条】

1.2.3 砂和砂石地基

1. 砂和砂石地基的材料应符合下列规定：

(1) 采用颗粒级配良好的砂石，砂石的最大粒径不宜大于 50mm，含泥量不应大于 5%；

(2) 采用细砂时应掺入碎石或卵石，掺量应符合设计要求；

(3) 砂石材料应去除草根、垃圾等有机物，有机物含量不应大于 5%。

【建筑地基基础工程施工规范：第 4.3.1 条】

2. 砂和砂石地基的施工应符合下列规定：

(1) 施工前应通过现场试验性施工确定分层厚度、施工方法、振捣遍数、振捣器功率等技术参数；

（2）分段施工时应采用斜坡搭接，每层搭接位置应错开0.5～1.0m，搭接处应振压密实；

（3）基底存在软弱土层时应在与土面接触处先铺一层150～300mm厚的细砂层或铺一层土工织物；

（4）分层施工时，下层经压实系数检验合格后方可进行上一层施工。

【建筑地基基础工程施工规范：第4.3.2条】

1.2.4　粉煤灰地基

1. 粉煤灰填筑材料应选用Ⅲ级以上粉煤灰，颗粒粒径宜为0.001～2.0mm，严禁混入生活垃圾及其他有机杂质，并应符合建筑材料有关放射性安全标准的要求。

【建筑地基基础工程施工规范：第4.4.1条】

2. 粉煤灰地基施工应符合下列规定：

（1）施工时应分层摊铺，逐层夯实，铺设厚度宜为200～300mm，用压路机时铺设厚度宜为300～400mm，四周宜设置具有防冲刷功能的隔离措施；

（2）施工含水量宜控制在最优含水量±4%的范围内，底层粉煤灰宜选用较粗的灰，含水量宜稍低于最优含水量；

（3）小面积基坑、基槽的垫层可用人工分层摊铺，用平板振动器或蛙式打夯机进行振（夯）实，每次振（夯）板应重叠1/2～1/3板，往复压实，由两侧或四侧向中间进行，夯实不少于3遍，大面积垫层应采用推土机摊铺，先用推土机预压2遍，然后用压路机碾压，施工时压轮重叠1/2～1/3轮宽，往复碾压4～6遍；

（4）粉煤灰宜当天即铺即压完成，施工最低气温不宜低于0℃；

（5）每层铺完检测合格后，应及时铺筑上层，并严禁车辆在其上行驶，铺筑完成应及时浇筑混凝土垫层或上覆300～500mm

土进行封层。

【建筑地基基础工程施工规范：第 4.4.2 条】

3. 粉煤灰地基不得采用水沉法施工，在地下水位以下施工时，应采取降排水措施，不得在饱和或浸水状态下施工。基底为软土时，宜先铺填 200mm 左右厚的粗砂或高炉干渣。

【建筑地基基础工程施工规范：第 4.4.3 条】

1.2.5 强夯地基

1. 施工前应在现场选取有代表性的场地进行试夯。试夯区在不同工程地质单元不应少于 1 处，试夯区不应小于 20m×20m。

【建筑地基基础工程施工规范：第 4.5.1 条】

2. 周边存在对振动敏感或有特殊要求的建（构）筑物和地下管线时，不宜采用强夯法。

【建筑地基基础工程施工规范：第 4.5.2 条】

3. 强夯施工应符合下列规定：

（1）夯击前应将各夯点位置及夯位轮廓线标出，夯击前后应测量地面高程，计算每点逐击夯沉量；

（2）每遍夯击后应及时将夯坑填平或推平，并测量场地高程，计算本遍场地夯沉量；

（3）完成全部夯击遍数后，应按夯印搭接 1/5～1/3 锤径的夯击原则，用低能量满夯将场地表层松土夯实并碾压，测量强夯后场地高程；

（4）强夯应分区进行，宜先边区后中部，或由临近建（构）筑物一侧向远离一侧方向进行。

【建筑地基基础工程施工规范：第 4.5.4 条】

4. 强夯置换施工应符合下列规定：

（1）强夯置换墩材料宜采用级配良好的块石、碎石、矿渣等质地坚硬、性能稳定的粗颗粒材料，粒径大于 300mm 的颗粒含量不宜大于全重的 30%；

（2）夯点施打原则宜为由内而外、隔行跳打；

（3）每遍夯击后测量场地高程，计算本遍场地抬升量，抬升量超设计标高部分宜及时推除。

【建筑地基基础工程施工规范：第 4.5.5 条】

5. 软土地区及地下水位埋深较浅地区，采用降水联合低能级强夯施工时应符合下列规定：

（1）强夯施工前应先设置降排水系统，降水系统宜采用真空井点系统，在加固区以外 3～4m 处宜设置外围封闭井点；

（2）夯击区降水设备的拆除应待地下水位降至设计水位并稳定不少于 2d 后进行；

（3）低能级强夯应采用少击多遍、先轻后重的原则；

（4）每遍强夯间歇时间宜根据超孔隙水压力消散不低于 80%确定；

（5）地下水位埋深较浅地区施工场地宜设纵横向排水沟网，沟网最大间距不宜大于 15m。

【建筑地基基础工程施工规范：第 4.5.6 条】

1.2.6 注浆加固地基

1. 注浆孔的孔径宜为 70～110mm，孔位偏差不应大于 50mm，钻孔垂直度偏差应小于 1/100。注浆孔的钻杆角度与设计角度之间的倾角偏差不应大于 2°。

【建筑地基基础工程施工规范：第 4.6.4 条】

2. 注浆管上拔时宜使用拔管机。塑料阀管注浆时，注浆芯管每次上拔高度应为 330mm。花管注浆时，花管每次上拔或下钻高度宜为 300～500mm。采用低坍落度的砂浆压密注浆时，每次上拔高度宜为 400～600mm。

【建筑地基基础工程施工规范：第 4.6.6 条】

3. 注浆压力的选用应根据土层的性质及其埋深确定。劈裂注浆时，砂土中宜取 0.2～0.5MPa，黏性土宜取 0.2～0.3MPa。采用水泥—水玻璃双液快凝浆液的注浆时压力应小于 1MPa，注浆时浆液流量宜取10～20L/min。采用坍落度为25～75mm的水泥砂浆压密注浆时，注浆压力宜为1～7MPa，注浆的流量宜为10～20L/mm。

【建筑地基基础工程施工规范：第4.6.7条】

1.2.7 预压地基

1. 水平排水砂垫层施工应符合下列规定：

(1) 垫层材料宜用中、粗砂，含泥量应小于5%；

(2) 垫层材料的干密度应大于1.5g/cm^3；

(3) 在预压区内宜设置与砂垫层相连的排水盲沟或排水管。

【建筑地基基础工程施工规范：第4.7.2条】

2. 竖向排水体施工应符合下列规定：

(1) 砂井的砂料宜用中砂或粗砂，含泥量应小于3%，砂井的实际灌砂量不得小于计算值的95%；

(2) 砂袋或塑料排水带埋入砂垫层中的长度不应少于500mm，平面井距偏差不应大于井径，垂直度偏差宜小于1.5%，拔管后带上砂袋或塑料排水带的长度不应大于500mm，回带根数不应大于总根数的5%；

(3) 塑料排水带接长时，应采用滤膜内芯板平搭接的连接方式，搭接长度应大于200mm。

【建筑地基基础工程施工规范：第4.7.3条】

3. 堆载预压法施工时应根据设计要求分级逐渐加载。在加载过程中应每天进行竖向变形量、水平位移及孔隙水压力等项目的监测，且应根据监测资料控制加载速率。

【建筑地基基础工程施工规范：第4.7.4条】

4. 真空预压法施工应符合下列规定：

(1) 应根据场地大小、形状及施工能力进行分块分区，每个加固区应用整块密封薄膜覆盖；

(2) 真空预压的抽气设备宜采用射流真空泵，空抽时应达到95kPa以上的真空吸力，其数量应根据加固面积和土层性能等确定；

（3）真空管路的连接点应密封，在真空管路中应设置止回阀和闸阀，滤水管应设在排水砂垫层中，其上覆盖厚度 100～200mm 的砂层；

（4）密封膜热合粘结时宜用双热合缝的平搭接，搭接宽度应大于 15mm，应铺设两层以上，覆盖膜周边采用挖沟折铺、平铺用黏土压边、围坡沟内覆水以及膜上全面覆水等方法进行密封；

（5）当处理区有充足水源补给的透水层或有明显露头的透气层时，应采用封闭式截水墙形成防水帷幕等方法以隔断透水层或透气层；

（6）施工现场应连续供电，当连续 5d 实测沉降速率小于或等于 2mm/d，或满足设计要求时，可停止抽真空。

【建筑地基基础工程施工规范：第 4.7.5 条】

5. 真空堆载联合预压法施工时，应先进行抽真空，真空压力达到设计要求并稳定后进行分级堆载，并根据位移和孔隙水压力的变化控制堆载速率。

【建筑地基基础工程施工规范：第 4.7.6 条】

1.2.8　振冲地基

1. 振冲置换施工应符合下列规定：

（1）水压可用 200～600kPa，水量可用 200～600L/min，造孔速度宜为 0.5～2.0m/min；

（2）当稳定电流达到密实电流值后宜留振 30s，并将振冲器提升 300～500mm，每次填料厚度不宜大于 500mm；

（3）施工顺序宜从中间向外围或间隔跳打进行，当加固区附近存在既有建（构）筑物或管线时，应从邻近建筑物一边开始，逐步向外施工；

（4）施工现场应设置排泥水沟及集中排泥的沉淀池。

【建筑地基基础工程施工规范：第 4.8.2 条】

2. 振冲加密施工应符合下列规定：

(1) 振冲加密宜采用大功率振冲器，下沉宜快速，造孔速度宜为8～10m/min，每段提升高度宜为500mm，每米振密时间宜为1min；

(2) 对于粉细砂地基，振冲加密可采用双点共振法进行施工，留振时间宜为10～20s，下沉和上提速度宜为1.0～1.5m/min，水压宜为100～200kPa，每段提升高度宜为500mm；

(3) 施工顺序宜从外围或两侧向中间进行。

【建筑地基基础工程施工规范：第4.8.3条】

1.2.9 高压喷射注浆地基

1. 高压喷射注浆施工前应根据设计要求进行工艺性试验，数量不应少于2根。

【建筑地基基础工程施工规范：第4.9.1条】

2. 高压喷射注浆的施工技术参数应符合下列规定：

(1) 单管法和二重管法的高压水泥浆浆液流压力宜为20～30MPa，二重管法的气流压力宜为0.6～0.8MPa；

(2) 三重管法的高压水射流压力宜为20～40MPa，低压水泥浆浆液流压力宜为0.2～1.0MPa，气流压力宜为0.6～0.8MPa；

(3) 双高压旋喷桩注浆的高压水压力宜为35MPa±2MPa，流量宜为70～80L/min，高压浆液的压力宜为20MPa±2MPa，流量宜为70～80L/min，压缩空气的压力宜为0.5～0.8MPa，流量宜为1.0～3.0m^3/min；

(4) 提升速度宜为0.05～0.25m/min，并应根据试桩确定施工参数。

【建筑地基基础工程施工规范：第4.9.2条】

3. 钻机成孔直径宜为90～150mm，钻机定位偏差应小于20mm，钻机安放应水平，钻杆垂直度偏差应小于1/100。

【建筑地基基础工程施工规范：第4.9.4条】

4. 钻机与高压泵的距离不宜大于50m，钻孔定位偏差不得大于50mm。喷射注浆应由下向上进行，注浆管分段提升的搭接长度应大于100mm。

【建筑地基基础工程施工规范：第4.9.5条】

1.2.10 水泥土搅拌桩地基

1. 施工前应进行工艺性试桩，数量不应少于2根。

【建筑地基基础工程施工规范：第4.10.1条】

2. 单轴与双轴水泥土搅拌法施工应符合下列规定：

(1) 施工深度不宜大于18m，搅拌桩机架安装就位应水平，导向架垂直度偏差应小于1/150，桩位偏差不得大于50mm，桩径和桩长不得小于设计值；

(2) 单轴和双轴水泥土搅拌桩浆液水灰比宜为0.55～0.65，制备好的浆液不得离析，泵送应连续，且应采用自动压力流量记录仪；

(3) 双轴水泥土搅拌桩成桩应采用两喷三搅工艺，处理粗砂、砾砂时，宜增加搅拌次数，钻头喷浆搅拌提升速度不宜大于0.5m/min，钻头搅拌下沉速度不宜大于1.0m/min，钻头每转一圈的提升（或下沉）量宜为10～15mm，单机24h内的搅拌量不应大于100m^3；

(4) 施工时宜用流量泵控制输浆速度，注浆泵出口压力应保持在0.40～0.60MPa，输浆速度应保持常量；

(5) 钻头搅拌下沉至预定标高后，应喷浆搅拌30s后再开始提升钻杆。

【建筑地基基础工程施工规范：第4.10.2条】

3. 三轴水泥土搅拌法施工应符合下列规定：

(1) 施工深度大于30m的搅拌桩宜采用接杆工艺，大于30m的机架应有稳定性措施，导向架垂直度偏差不应大于1/250；

(2) 三轴水泥土搅拌桩桩水泥浆液的水灰比宜为1.5～2.0，制备好的浆液不得离析，泵送应连续，且应采用自动压力流量记录仪；

(3) 搅拌下沉速度宜为0.5～1.0m/min，提升速度宜为1～2m/min，并应保持匀速下沉或提升；

(4) 可采用跳打方式、单侧挤压方式和先行钻孔套打方式施工，对于硬质土层，当成桩有困难时，可采用预先松动土层的先行钻孔套打方式施工；

(5) 搅拌桩在加固区以上的土层扰动区宜采用低掺量加固；

(6) 环境保护要求高的工程应采用三轴搅拌桩，并应通过试成桩及其监测结果调整施工参数，邻近保护对象时，搅拌下沉速度宜为0.5～0.8m/min，提升速度宜为1.0m/min内，喷浆压力不宜大于0.8MPa；

(7) 施工时宜用流量泵控制输浆速度，注浆泵出口压力宜保持在0.4～0.6MPa，并应使搅拌提升速度与输浆速度同步。

【建筑地基基础工程施工规范：第4.10.3条】

4. 施工中因故停浆时，应将钻头下沉至停浆点以下0.5m处，待恢复供浆时再喷浆搅拌提升，或将钻头抬高至停浆点以上0.5m处，待恢复供浆时再喷浆搅拌下沉。

【建筑地基基础工程施工规范：第4.10.5条】

1.2.11 土和灰土挤密桩复合地基

1. 土和灰土挤密桩的施工应按下列顺序进行：

(1) 施工前应平整场地，定出桩孔位置并编号；

(2) 整片处理时宜从里向外，局部处理时宜从外向里，施工时应间隔1～2个孔依次进行；

(3) 成孔达到要求深度后应及时回填夯实。

【建筑地基基础工程施工规范：第4.11.2条】

2. 桩孔夯填时填料的含水量宜控制在最优含水量±3%的范围内，夯实后的干密度不应低于其最大干密度与设计要求压实系数的乘积。填料的最优含水量及最大干密度可通过击实试验确定。

【建筑地基基础工程施工规范：第4.11.4条】

3. 向孔内填料前，孔底应夯实，应抽样检查柱孔的直轻、深度、垂直度和桩位偏差，并应符合下列规定：

(1) 桩孔直径的偏差不应大于桩径的5%；

(2) 桩孔深度的偏差应为±500mm；

(3) 桩孔的垂直度偏差不宜大于1.5%；

(4) 桩位偏差不宜大于桩径的5%。

【建筑地基基础工程施工规范：第4.11.5条】

1.2.12　水泥粉煤灰碎石桩复合地基

1. 施工前应按设计要求进行室内配合比试验。长螺旋钻孔灌注成桩所用混合料坍落度宜为160～200mm，振动沉管灌注成桩所用混合料坍落度宜为30～50mm。

【建筑地基基础工程施工规范：第4.12.1条】

2. 水泥粉煤灰碎石桩施工应符合下列规定：

(1) 用振动沉管灌注成桩和长螺旋钻孔灌注成桩施工时，桩体配比中采用的粉煤灰可选用电厂收集的粗灰，采用长螺旋钻孔、管内泵压混合料灌注成桩时，宜选用细度（0.045mm方孔筛筛余百分比）不大于45%的Ⅲ级或Ⅲ级以上等级的粉煤灰；

(2) 长螺旋钻孔、管内泵压混合料成桩施工时每方混合料粉煤灰掺量宜为70～90kg；

(3) 成孔时宜先慢后快，并应及时检查、纠正钻杆偏差，成桩过程应连续进行；

(4) 长螺旋钻孔、管内泵压混合料成桩施工时，当钻至设计深度后，应掌握提拔钻杆时间，混合料泵送量应与拔管速度相配合，压灌应一次连续灌注完成，压灌成桩时，钻具底端出料口不得高于钻孔内桩料的液面；

(5) 沉管灌注成桩施工拔管速度应按匀速控制，并控制在1.2～1.5m/min，遇淤泥或淤泥质土层，拔管速度应适当放慢，沉管拔出地面确认成桩桩顶标高后，用粒状材料或湿黏性土封顶；

(6) 振动沉管灌注成桩后桩顶浮浆厚度不宜大于200mm；

（7）拔管应在钻杆芯管充满混合料后开始，严禁先拔管后泵料；

（8）桩顶标高宜高于设计桩顶标高 0.5m 以上。

【建筑地基基础工程施工规范：第 4.12.2 条】

3. 桩的垂直度偏差不应大于 1/100。满堂布桩基础的桩位偏差不应大于桩径的 0.4 倍；条形基础的桩位偏差不应大于桩径的 0.25 倍；单排布植的桩位偏差不应大于 60mm。

【建筑地基基础工程施工规范：第 4.12.3 条】

1.2.13 夯实水泥土桩复合地基

1. 夯实水泥土桩施工前应进行工艺性试桩，试桩数量不应少于 2 根。

【建筑地基基础工程施工规范：第 4.13.1 条】

2. 夯填桩孔时，应选用机械夯实，夯锤应与桩径相适应。分段夯填时，夯锤的落距和填料厚度应根据现场试验确定，落距宜大于 2m，填料厚度宜取 250～400mm。混合填料密实度不应小于 0.93。

【建筑地基基础工程施工规范：第 4.13.3 条】

3. 土料中的有机质含量不得大于 5%，不得含有垃圾杂质、冻土或膨胀土等，使用时应过筛。混合料的含水量宜控制在最优含水量±2%的范围内。土料与水泥应拌合均匀，混合料搅拌时间不宜少于 2mm，混合料坍落度宜为 30～50mm。

【建筑地基基础工程施工规范：第 4.13.4 条】

4. 施工应隔排隔桩跳打。向孔内填料前孔底应夯实，宜采用二夯一填的连续成桩工艺。每根桩的成桩过程应连续进行。桩顶夯填高度应大于设计柱顶标高 200～300mm，垫层施工时应将多余桩体凿除，桩顶面应水平。垫层铺设时应压（夯）密实，夯填度不应大于 0.9。

【建筑地基基础工程施工规范：第 4.13.5 条】

5. 沉管法拔管速度宜控制为 1.2～1.5m/min，每提升 1.5～

2.0m 留振 20s。桩管拔出地面后应用粒状材料或黏土封顶。

【建筑地基基础工程施工规范：第 4.13.6 条】

1.2.14　桩复合地基

1. 施工前应进行成桩工艺和成桩挤密试验，工艺性试桩的数量不应少于 2 根。

【建筑地基基础工程施工规范：第 4.14.1 条】

2. 振动沉管成桩法施工应根据沉管和挤密情况，控制填砂量、提升高度和速度、挤压次数和时间、电机的工作电流等。振动沉管法施工宜采用单打法或反插法。锤击法挤密应根据锤击的能量，控制分段的填砂量和成桩的长度，锤击沉管成桩法施工可采用单管法或双管法。

【建筑地基基础工程施工规范：第 4.14.3 条】

3. 砂石桩的施工顺序应符合下列规定：

（1）对砂土地基宜从外围或两侧向中间进行；

（2）对黏性土地基宜从中间向外围或隔排施工；

（3）在邻近既有建（构）筑物施工时，应背离建（构）筑物方向进行。

【建筑地基基础工程施工规范：第 4.14.4 条】

4. 采用活瓣桩靴施工时应符合下列规定：

（1）对砂土和粉土地基宜选用尖锥型；

（2）对黏性土地基宜选用平底型；

（3）一次性桩尖可采用混凝土锥形桩尖。

【建筑地基基础工程施工规范：第 1.14.5 条】

5. 砂石桩填料宜用天然级配的中砂、粗砂。拔管宜在管内灌入砂料高度大于 1/3 管长后开始。拔管速度应均匀，不宜过快。

【建筑地基基础工程施工规范：第 1.14.6 条】

6. 施工时桩位水平偏差不应大于套管外径的 0.3 倍。套管垂直度偏差不应大于 1/100。

【建筑地基基础工程施工规范：第 1.14.7 条】

7. 砂石桩施工后，应将基底标高下的松散层挖除或夯压密实，随后铺设并压实砂垫层。

【建筑地基基础工程施工规范：第 4.14.8 条】

1.2.15 湿陷性黄土地基

1. 在湿陷性黄土上进行基础施工时应采取阻止施工用水和场地雨水流入地基土的措施。

【建筑地基基础工程施工规范：第 4.15.1 条】

2. 采用挤密桩法施工除应符合本规范第 4.11 节的规定外，尚应符合下列规定：

(1) 挤密桩法适用于处理地下水位以上的湿陷性黄土地基，处理厚度宜为 3～15m。

(2) 湿陷性黄土地基土含水量低于 12%时，可对处理范围内的土层进行预浸水增湿；当预浸水土层深度在 2.0m 以内时，可采用地表水畦的浸水方法，地表水畦的高宜为 300～500mm，每畦范围不宜大于 $50m^2$；浸水土层深度大于 2.0m 时，应采用地表水畦与深层浸水孔结合的方法。

(3) 孔底在填料前应夯实，孔内填料宜用素土、灰土或水泥土，填料宜分层回填夯实，其压实系数不宜小于 0.97。

(4) 湿陷性黄土地基挤密桩可采取沉管挤密成孔、冲击法夯扩挤密成孔或钻孔夯扩法挤密成孔。

(5) 采用挤密桩法施工应按下列要求进行地基质量检测：

1) 孔内填料的夯实质量应及时抽样检查，也可通过现场试验测定，检测数量不得少于总孔数的 2%，每台班不应少于 1 孔，在全部孔深内，宜每 1m 取土样测定干密度，检测点的位置应在距孔心 2/3 孔半径处；

2) 对重大工程，应在处理深度内分层取样测定挤密土及孔内填料的湿陷性及压缩性，且应在现场进行静载荷试验或其他原位测试。

【建筑地基基础工程施工规范：第 4.15.3 条】

3. 预浸水法的施工应符合下列规定：

（1）预浸水法宜用于处理湿陷性黄土厚度大于10m，自重湿陷的计算值大于500mm的场地，浸水前宜通过现场试坑浸水试验确定浸水时间、耗水量和湿陷量等。

（2）采用预浸水法处理地基，应符合下列规定：

1）浸水坑边缘至既有建筑物的距离不宜小于50m，并应防止由于浸水影响附近建筑物和场地边坡的稳定性；

2）浸水坑的边长不得小于湿陷性黄土层的厚度，当浸水坑的面积较大时，可分段进行浸水；

3）浸水坑内的水头高度不宜小于300mm，连续浸水时间应以湿陷变形稳定为准，其稳定标准应为最后5d的平均湿陷量小于1mm/d。

（3）地基预浸水结束后，在基础施工前应进行补充勘察工作，重新评定地基土的湿陷性，并应采用垫层或其他方法处理上部湿陷性黄土。

【建筑地基基础工程施工规范：第4.15.4条】

1.2.16　冻土地基

1. 基础梁下有冻胀土时，应在基础梁下填以炉渣等松散材料，并根据土的冻胀性预留冻胀变形的空隙。

【建筑地基基础工程施工规范：第4.16.1条】

2. 为了防止施工和使用期间的雨水、地表水、生产废水和生活污水等浸入地基，应做好排水设施。山区应做好截水沟或在建筑物下设置暗沟，以排走地表水和潜水，避免因基础堵水而造成冻结。

【建筑地基基础工程施工规范：第4.16.2条】

3. 按采暖设计的建筑物，当年不能竣工或入冬前不能交付正常使用，或使用中可能出现冬期不能正常采暖时，应对地基采取相应的越冬保温措施。对非采暖建筑物的跨年度工程，入冬前应及时回填，并采取保温措施。

【建筑地基基础工程施工规范：第4.16.3条】

1.2.17 膨胀土地基

1. 施工场地应做好排水措施，禁止施工用水流入基坑（槽），施工用水管网严禁渗漏。

【建筑地基基础工程施工规范：第4.17.2条】

2. 膨胀土地基基础工程宜避开雨季施工。开挖基坑（槽）发现地裂、局部上层滞水或土层有较大变化时，应及时处理后方能继续施工。

【建筑地基基础工程施工规范：第4.17.4条】

3. 膨胀土地基基础施工宜采用分段快速作业法，施工过程中不得使基坑（槽）曝晒或泡水。雨季施工应采取防水措施。

【建筑地基基础工程施工规范：第4.17.5条】

4. 验槽后，应及时浇筑混凝土垫层或采取封闭坑底措施。

【建筑地基基础工程施工规范：第4.17.6条】

5. 灌注桩施工时，应采用干法成孔。成孔后，应清除孔底虚土，并应及时浇筑混凝土。

【建筑地基基础工程施工规范：第4.17.7条】

6. 基坑（槽）应及时分层回填，严禁灌水。回填料宜选用非膨胀土、弱膨胀土或掺6%石灰的膨胀土。

【建筑地基基础工程施工规范：第4.17.8条】

1.3 基础施工

1.3.1 一般规定

1. 基础施工前应进行地基验槽，并应清除表层浮土和积水，验槽后应立即浇筑垫层。

【建筑地基基础工程施工规范：第5.1.1条】

2. 垫层混凝土应在基础验槽后立即浇筑，混凝土强度达到设计强度70%后，方可进行后续施工。

【建筑地基基础工程施工规范：第5.1.3条】

3. 基础施工完毕后应及时回填，回填前应及时清理基槽内的杂物和积水，回填质量应符合设计要求。

【建筑地基基础工程施工规范：第 5.1.4 条】

1.3.2　无筋扩展基础

1. 砖砌体基础的施工应符合下列规定：

（1）砖及砂浆的强度应符合设计要求，砂浆的稠度宜为 70～100mm，砖的规格应一致，砖应提前浇水湿润；

（2）砌筑应上下错缝，内外搭砌，竖缝错开不应小于 1/4 砖长，砖基础水平缝的砂浆饱满度不应低于 80%，内外墙基础应同时砌筑，对不能同时砌筑而又必须留置的临时间断处，应砌筑成斜槎，斜槎的水平投影长度不应小于高度的 2/3；

（3）深浅不一致的基础，应从低处开始砌筑，并应由高处向低处搭砌，当设计无要求时，搭接长度不应小于基础底的高差，搭接长度范围内下层基础应扩大砌筑，砌体的转角处和交接处应同时砌筑，不能同时砌筑时应留槎、接槎；

（4）宽度大于 300mm 的洞口，上方应设置过梁。

【建筑地基基础工程施工规范：第 5.2.1 条】

2. 毛石砌体基础的施工应符合下列规定：

（1）毛石的强度、规格尺寸、表面处理和毛石基础的宽度、阶宽、阶高等应符合设计要求；

（2）粗料毛石砌筑灰缝不宜大于 20mm，各层均应铺灰坐浆砌筑，砌好后的内外侧石缝应用砂浆勾嵌；

（3）基础的第一皮及转角处、交接处和洞口处，应采用较大的平毛石，并采取大面朝下的方式坐浆砌筑，转角、阴阳角等部位应选用方正平整的毛石互相拉结砌筑，最上面一皮毛石应选用较大的毛石砌筑；

（4）毛石基础应结合牢靠，砌筑应内外搭砌，上下错缝，拉结石、丁砌石交错设置，不应在转角或纵横墙交接处留设接槎，接槎应采用阶梯式，不应留设直槎或斜槎。

【建筑地基基础工程施工规范：第5.2.2条】

3. 混凝土基础施工应符合下列规定：

(1) 混凝土基础台阶应支模浇筑，模板支撑应牢固可靠，模板接缝不应漏浆；

(2) 台阶式基础宜一次浇筑完成，每层宜先浇边角，后浇中间，坡度较陡的锥形基础可采取支模浇筑的方法；

(3) 不同底标高的基础应开挖成阶梯状，混凝土应由低到高浇筑；

(4) 混凝土浇筑和振捣应满足均匀性和密实性的要求，浇筑完成后应采取养护措施。

【建筑地基基础工程施工规范：第5.2.3条】

1.3.3 钢筋混凝土扩展基础

1. 柱下钢筋混凝土独立基础施工应符合下列规定：

(1) 混凝土宜按台阶分层连续浇筑完成，对于阶梯形基础，每一台阶作为一个浇捣层，每浇筑完一台阶宜稍停0.5～1.0h，待其初步获得沉实后，再浇筑上层，基础上有插筋埋件时，应固定其位置；

(2) 杯形基础的支模宜采用封底式杯口模板，施工时应将杯口模板压紧，在杯底应预留观测孔或振捣孔，混凝土浇筑应对称均匀下料，杯底混凝土振捣应密实；

(3) 锥形基础模板应随混凝土浇捣分段支设并固定牢靠，基础边角处的混凝土应捣实密实。

【建筑地基基础工程施工规范：第5.3.1条】

2. 钢筋混凝土条形基础施工应符合下列规定：

(1) 绑扎钢筋时，底部钢筋应绑扎牢固，采用HPB300钢筋时，端部弯钩应朝上，柱的锚固钢筋下端应用90°弯钩与基础钢筋绑扎牢固，按轴线位置校核后上端应固定牢靠；

(2) 混凝土宜分段分层连续浇筑，每层厚度宜为300～

500mm，各段各层间应互相衔接，混凝土浇捣应密实。

【建筑地基基础工程施工规范：第5.3.2条】

3. 基础混凝土浇筑完后，外露表面应在12h内覆盖并保湿养护。

【建筑地基基础工程施工规范：第5.3.3条】

1.3.4　筏形与箱形基础

1. 在浇筑基础混凝土前，应清除模板和钢筋上的杂物，表面干燥的垫层、木模板应浇水湿润。

【建筑地基基础工程施工规范：第5.4.3条】

2. 筏形与箱形基础混凝土浇筑应符合下列规定：

（1）混凝土运输和输送设备作业区域应有足够的承载力；

（2）混凝土浇筑方向宜平行于次梁长度方向，对于平板式筏形基础宜平行于基础长边方向；

（3）根据结构形状尺寸、混凝土供应能力、混凝土浇筑设备、场内外条件等划分泵送混凝土浇筑区域及浇筑顺序，采用硬管输送混凝土时，宜由远而近浇筑，多根输送管同时浇筑时，其浇筑速度宜保持一致；

（4）混凝土应连续浇筑，且应均匀、密实；

（5）混凝土浇筑的布料点宜接近浇筑位置，应采取减缓混凝土下料冲击的措施，混凝土自高处倾落的自由高度应根据混凝土的粗骨料粒径确定，粗骨料粒径大于25mm时不应大于3m，粗骨料粒径不大于25mm时不应大于6m；

（6）基础混凝土应采取减少表面收缩裂缝的二次抹面技术措施。

【建筑地基基础工程施工规范：第5.4.4条】

3. 筏形与箱形基础大体积混凝土浇筑应符合下列规定：

（1）混凝土宜采用低水化热水泥，合理选择外掺料、外加剂，优化混凝土配合比；

（2）混凝土浇筑应选择合适的布料方案，宜由远而近浇筑，各布料点浇筑速度应均衡；

（3）混凝土宜采用斜面分层浇筑方法，混凝土应连续浇筑，分层厚度不应大于500mm，层间间隔时间不应大于混凝土的初凝时间；

（4）混凝土裸露表面应采用覆盖养护方式，当混凝土表面以内40～80mm位置的温度与环境温度的差值小于25℃时，可结束覆盖养护，覆盖养护结束但尚未达到养护时间要求时，可采用洒水养护方式直至养护结束。

【建筑地基基础工程施工规范：第5.4.6条】

4. 筏形与箱形基础后浇带和施工缝的施工应符合下列规定：

（1）地下室柱、墙、反梁的水平施工缝应留设在基础顶面；

（2）基础垂直施工缝应留设在平行于平板式基础短边的任何位置且不应留设在柱角范围，梁板式基础垂直施工缝应留设在次梁跨度中间的1/3范围内；

（3）后浇带和施工缝处的钢筋应贯通，侧模应固定牢靠；

（4）箱形基础的后浇带两侧应限制施工荷载，梁、板应有临时支撑措施；

（5）后浇带和施工缝处浇筑混凝土前，应清除浮浆、疏松石子和软弱混凝土层，浇水湿润；

（6）后浇带混凝土强度等级宜比两侧混凝土提高一级，施工缝处后浇混凝土应待先浇混凝土强度达到1.2MPa后方可进行。

【建筑地基基础工程施工规范：第5.4.7条】

1.3.5 钢筋混凝土预制桩

1. 混凝土预制桩的混凝土强度达到70%后方可起吊，达到100%后方可运输。

【建筑地基基础工程施工规范：第5.5.3条】

2. 重叠法制作预制钢筋混凝土方桩时，应符合下列规定：

（1）桩与邻桩及底模之间的接触面应采取隔离措施；

（2）上层桩或邻桩的浇筑，应在下层桩或邻桩的混凝土达到设计强度的30%以上时，方可进行；

（3）根据地基承载力确定叠制的层数；

（4）混凝土应由桩顶向桩尖连续浇筑，桩的表面应平整、密实。

【建筑地基基础工程施工规范：第5.5.4条】

3. 单节桩采用两支点法起吊时，两吊点位置距离桩端宜为 $0.2L_1$（L_1为桩段长度），吊索与桩段水平夹角不应小于45°。

【建筑地基基础工程施工规范：第5.5.5条】

4. 预应力混凝土空心管桩的叠层堆放应符合下列规定：

（1）外径为500～600mm的桩不宜大于5层，外径为3.00～400mm的桩不宜大于8层，堆叠的层数还应满足地基承载力的要求；

（2）最下层应设两支点，支点垫木应选用木枋；

（3）垫木与吊点应保持在同一横断面上。

【建筑地基基础工程施工规范：第5.5.6条】

5. 预制桩在施工现场运输、吊装过程中，严禁采用拖拉取桩方法。

【建筑地基基础工程施工规范：第5.5.8条】

6. 接桩时，接头宜高出地面0.5～1.0m，不宜在桩端进入硬土层时停顿或接桩。单根桩沉桩宜连续进行。

【建筑地基基础工程施工规范：第5.5.9条】

7. 焊接接桩应符合下列规定：

（1）上下节桩接头端板表面应清洁干净。

（2）下节桩的桩头处宜设置导向箍，接桩时上下节桩身应对中，错位不宜大于2mm，上下节桩段应保持顺直。

（3）预应力桩应在坡口内多层满焊，每层焊缝接头应错开，并应采取减少焊接变形的措施。

（4）焊接宜沿桩四周对称进行，坡口、厚度应符合设计要求，不应有夹渣、气孔等缺陷。

（5）桩接头焊好后应进行外观检查，检查合格后必须经自然冷却，方可继续沉桩，自然冷却时间宜符合表 5.5.10 的规定，严禁浇水冷却，或不冷却就开始沉桩。

（6）雨天焊接时，应采取防雨措施。

表 5.5.10 自然冷却时间（min）

锤击桩	静压桩	采用二氧化碳气体保护焊
8	6	3

【建筑地基基础工程施工规范：第 5.5.10 条】

8. 采用螺纹接头接桩应符合下列规定：

（1）接桩前应检查桩两端制作的尺寸偏差及连接件，无受损后方可起吊施工；

（2）接桩时，卸下上下节桩两端的保护装置后，应清理接头残物，涂上润滑脂；

（3）应采用专用锥度接头对中，对准上下节桩进行旋紧连接；

（4）可采用专用链条式扳手进行旋紧，锁紧后两端板尚应有 1～2mm 的间隙。

【建筑地基基础工程施工规范：第 5.5.11 条】

9. 采用机械啮合接头接桩应符合下列规定：

（1）上节桩下端的连接销对准下节桩顶端的连接槽口，加压使上节桩的连接销插入下节桩的连接槽内；

（2）当地基土或地下水对管桩有中等以上腐蚀作用时，端板应涂厚度为 3mm 的防腐涂料。

【建筑地基基础工程施工规范：第 5.5.12 条】

10. 桩帽及打桩垫的设置应符合下列规定：

（1）桩帽下部套桩头用的套筒应与桩的外形相匹配，套筒中心、应与锤垫中心重合，筒体深度应为 350～400mm，桩帽与桩顶周围应留有 5～10mm 的空隙；

（2）打桩时桩帽套筒底面与桩头之间应设置弹性桩垫，桩垫经锤击压实后的厚度应为 120～150mm，且应在打桩期间经常检查，及时更换；

（3）桩帽上部直接接触打桩锤的部位应设置锤垫，其厚度应为150～200mm，打桩前应进行检查、校正或更换。

【建筑地基基础工程施工规范：第5.5.14条】

11. 锤击桩送桩器及衬垫设置应符合下列规定：

（1）送桩器应与桩的外形相匹配，并应有足够的强度、刚度和耐冲击性，送桩器长度应满足送桩深度的要求，弯曲度不得大于1‰；

（2）送桩器上下两端面应平整，且与送桩器中心轴线相垂直；

（3）送桩器下端面应开孔，使空心桩内腔与外界连通；

（4）套筒式送桩器下端的套筒深度宜取250～350mm，套筒内壁与桩壁的间隙宜为10～15mm；

（5）送桩作业时，送桩器与桩头之间应设置1层～2层衬垫，衬垫经锤击压实后的厚度不宜小于60mm。

【建筑地基基础工程施工规范：第5.5.15条】

12. 锤击沉桩时应符合下列规定：

（1）地表以下有厚度为10m以上的流塑性淤泥土层时，第一节桩下沉后宜设置防滑箍进行接桩作业；

（2）桩锤、桩帽及送桩器应和桩身在同一中心线上，桩插入时的垂直度偏差不得大于1/200；

（3）沉桩顺序应按先深后浅、先大后小、先长后短、先密后疏的次序进行；

（4）密集桩群应控制沉桩速率，宜自中间向两个方向或四周对称施打，一侧毗邻建（构）筑物或设施时，应由该侧向远离该侧的方向施打。

【建筑地基基础工程施工规范：第5.5.16条】

13. 抱压式液压压桩机压桩应符合下列规定：

（1）压桩机应保持水平；

（2）桩机上的吊机在进行吊桩、喂桩的过程中，压桩机严禁行走和调整；

(3) 喂桩时，应避开夹具与空心桩桩身两侧合缝位置的接触；

(4) 第一节桩插入地面 0.5～1.0m 时，应调整桩的垂直度偏差不得大于 1/300；

(5) 压桩过程中应控制桩身的垂直度偏差不大于 1/200；

(6) 压桩过程中严禁浮机。

【建筑地基基础工程施工规范：第 5.5.18 条】

14. 静压桩施工过程中的桩位允许偏差应为 150mm，斜桩倾斜度的偏差不应大于倾斜角正切值的 15%。

【建筑地基基础工程施工规范：第 5.5.22 条】

1.3.6 泥浆护壁成孔灌注桩

1. 泥浆护壁成孔灌注桩应进行工艺性试成孔，数量不应少于 2 根。

【建筑地基基础工程施工规范：第 5.6.1 条】

2. 成孔时宜在孔位埋设护筒，护筒设置应符合下列规定：

(1) 护筒应采用钢板制作，应有足够刚度及强度；上部应设置溢流孔，下端外侧应采用黏土填实，护筒高度应满足孔内泥浆面高度要求，护筒埋设应进入稳定土层；

(2) 护筒上应标出桩位，护筒中心与孔位中心偏差不应大于 50mm；

(3) 护筒内径应比钻头外径大 100mm，冲击成孔和旋挖成孔的护筒内径应比钻头外径大 200mm，垂直度偏差不宜大于 1/100。

【建筑地基基础工程施工规范：第 5.6.3 条】

3. 正、反循环成孔钻进应符合下列规定：

(1) 成孔直径不应小于设计桩径，钻头宜设置保径装置；

(2) 成孔机具应根据桩型、地质情况及成孔工艺选择，砂土层中成孔宜采用反循环成孔；

（3）在软土层中钻进，应根据泥浆补给及排渣情况控制钻进速度；

（4）钻机转速应根据钻头形式、土层情况、扭矩及钻头切削具磨损情况进行调整，硬质合金钻头的转速宜为40～80r/min，钢粒钻头的转速宜为50～120r/min，牙轮钻头的转速宜为60～180r/min。

【建筑地基基础工程施工规范：第5.6.4条】

4. 冲击成孔钻进应符合下列规定：

（1）在成孔前以及过程中应定期检查钢丝绳、卡扣及转向装置，冲击时应控制钢丝绳放松量；

（2）开孔时，应低锤密击，成孔至护筒下3～4m后可正常冲击；

（3）岩层表面不平或遇孤石时，应向孔内投入黏土、块石，将孔底表面填平后低锤快击，形成紧密平台，再进行正常冲击，孔位出现偏差时，应回填片石至偏孔上方300～500mm处后再成孔；

（4）成孔过程中应及时排除废渣，排渣可采用泥浆循环或淘渣筒，淘渣筒直径宜为孔径的50%～70%，每钻进0.5～1.0m应淘渣一次，淘渣后应及时补充孔内泥浆，孔内泥浆液面应符合本规范第5.6.2条的规定；

（5）成孔施工过程中应按每钻进4～5m更换钻头验孔；

（6）在岩层中成孔，桩端持力层应按每100～300mm清孔取样，非桩端持力层应按每300～500mm清孔取样。

【建筑地基基础工程施工规范：第5.6.5条】

5. 旋挖成孔钻进应符合下列规定：

（1）成孔前及提出钻斗时均应检查钻头保护装置、钻头直径及钻头磨损情况，并应清除钻斗上的渣土；

（2）成孔钻进过程中应检查钻杆垂直度；

（3）砂层中钻进时，宜降低钻进速度及转速，并提高泥浆比重和黏度；

(4) 应控制钻斗的升降速度，并保持液面平稳；

(5) 成孔时桩距应控制在4倍桩径内，排出的渣土距桩孔口距离应大于6m，并应及时清除；

(6) 在较厚的砂层成孔宜更换砂层钻斗，并减少旋挖进尺；

(7) 旋挖成孔达到设计深度时，应清除孔内虚土。

【建筑地基基础工程施工规范：第5.6.6条】

6. 多支盘灌注桩成孔施工应符合下列规定：

(1) 多支盘灌注桩成孔可采用泥浆护壁成孔、干作业成孔、水泥注浆护壁成孔、重锤捣扩成孔方法。成孔采用泥浆护壁时，应符合本规范第5.6.2条的规定，排出孔口的泥浆黏度应控制在15～25s，含砂率小于6%，胶体率不小于95%。成孔完成后，应立即进行清孔，沉渣厚度应符合本规范第5.6.13条的规定。

(2) 分支机进入孔口前，应对机械设备进行检查。支盘形成宜自上而下，挤扩前后应对孔深、孔径进行检测，符合质量要求后方可进行下道工序。

(3) 成盘时应控制油压，黏性土应控制在6～7MPa，密实粉土、砂土应为15～17MPa，坚硬密实砂土为20～25MPa，成盘过程中应观测压力变化。

(4) 挤扩盘过程中及支盘成型器提升过程中，应及时补充泥浆，保持液面稳定。分支、成盘完成后，应将支盘成型器吊出，并应进行泥浆置换，置换后的泥浆密度应为1.10～1.15g/cm^3。

(5) 每一承力盘挤扩完后应将成型器转动2周扫平渣土。当支盘时间较长，孔壁缩颈或塌孔时，应重新扫孔。

(6) 支盘形成后，应立即放置钢筋笼、二次清孔并灌注混凝土，导管底端位于盘位附近时，应上下抽拉导管，捣密盘位附近混凝土。

【建筑地基基础工程施工规范：第5.6.7条】

7. 扩底灌注桩成孔钻进应符合下列规定：

(1) 扩底成孔施工前，应在泥浆循环下保持钻机空转3～5min；

（2）扩底成孔中应根据钻机运转状况及时调整钻进参数；

（3）扩底成孔后应保持钻头空转3～5min，待清孔完毕后方可收拢扩刀提取钻具；

（4）扩底成孔施工在清孔后进行，扩孔完成后应再进行一次清孔。

【建筑地基基础工程施工规范：第5.6.9条】

8. 正循环清孔应符合下列规定：

（1）第一次清孔可利用成孔钻具直接进行，清孔时应先将钻头提离孔底0.2～0.3m，输入泥浆循环清孔，输入的泥浆指标应符合本规范表5.6.2-2的规定；

表5.6.2-2　循环泥浆的性能指标

<table>
<tr><th colspan="2">项目</th><th colspan="2">性能指标</th><th>检验方法</th></tr>
<tr><td rowspan="3">比重</td><td>黏性土</td><td colspan="2">1.1～1.2</td><td rowspan="3">泥浆比重计</td></tr>
<tr><td>砂土</td><td colspan="2">1.1～1.3</td></tr>
<tr><td>砂夹卵石</td><td colspan="2">1.2～1.4</td></tr>
<tr><td colspan="2" rowspan="2">黏度</td><td>黏性土</td><td>18s～30s</td><td rowspan="2">漏斗法</td></tr>
<tr><td>砂土</td><td>25s～35s</td></tr>
<tr><td colspan="2">含砂率</td><td colspan="2"><8%</td><td>洗砂瓶</td></tr>
<tr><td colspan="2">胶体率</td><td colspan="2">>90%</td><td>量杯法</td></tr>
</table>

（2）孔深小于60m的桩，清孔时间宜为15～30min，孔深大于60m的桩，清孔时间宜为30～45min。

【建筑地基基础工程施工规范：第5.6.10条】

9. 气举反循环清孔应符合下列规定：

（1）排浆管底下放至距沉渣面30～40mm，气水混合器至液面距离宜为孔深的0.55～0.65倍；

（2）开始送气时，应向孔内供浆，停止清孔时应先关气后断浆；

（3）送气量应由小到大，气压应稍大于孔底水头压力，孔底沉渣较厚、块体较大或沉渣板结，可加大气量；

（4）清孔时应维持孔内泥浆液面的稳定。

【建筑地基基础工程施工规范：第 5.10.12 条】

10. 灌注桩在浇筑混凝土前，清孔后泥浆应符合本规范表 5.6.2-2 的规定，清孔后孔底沉渣厚度应符合表 5.6.13 的规定。

表 5.6.13 清孔后孔底沉渣厚度（mm）

项目	允许值
端承型桩	≤50
摩擦型桩	≤100
抗拔、抗水平荷载桩	≤200

【建筑地基基础工程施工规范：第 5.6.13 条】

11. 钢筋笼制作应符合下列规定：

（1）钢筋笼宜分段制作，分段长度应根据钢筋笼整体刚度、钢筋长度以及起重设备的有效高度等因素确定。钢筋笼接头宜采用焊接或机械式接头，接头应相互错开。

（2）钢筋笼应采用环形胎模制作，钢筋笼主筋净距应符合设计要求。

（3）钢筋笼的材质、尺寸应符合设计要求，钢筋笼制作允许偏差应符合表 5.6.14 的规定。

表 5.6.14 钢筋笼制作允许偏差（mm）

项目	允许偏差	检查方法
主筋间距	±10	用钢尺量
长度	±100	用钢尺量
箍筋间距	±20	用钢尺量
直径	±10	用钢尺量

（4）钢筋笼主筋混凝土保护层允许偏差应为±20mm，钢筋笼上应设置保护层垫块，每节钢筋笼不应少于 2 组，每组不应少于 3 块，且应均匀分布于同一截面上。

【建筑地基基础工程施工规范：第 5.6.14 条】

12. 钢筋笼安装入孔时，应保持垂直，对准孔位轻放，避免碰撞孔壁。钢筋笼安装应符合下列规定：

（1）下节钢筋笼宜露出操作平台 1m；

（2）上下节钢筋笼主筋连接时，应保证主筋部位对正，且保持上下节钢筋笼垂直，焊接时应对称进行；

（3）钢筋笼全部安装入孔后应固定于孔口，安装标高应符合设计要求，允许偏差应为±100mm。

【建筑地基基础工程施工规范：第5.6.15条】

13. 水下混凝土应符合下列规定：

（1）混凝土配合比设计应符合现行行业标准《普通混凝土配合比设计规程》JGJ 55的规定；

（2）混凝土强度应按比设计强度提高等级配置；

（3）混凝土应具有良好的和易性，坍落度宜为180～220mm，坍落度损失应满足灌注要求。

【建筑地基基础工程施工规范：第5.6.16条】

14. 水下混凝土灌注应采用导管法，导管配置应符合下列规定：

（1）导管直径宜为200mm、250mm，壁厚不宜小于3mm，导管的分节长度应根据工艺要求确定，底管长度不宜小于4m，标准节宜为2.5～3.0m，并可设置短导管；

（2）导管使用前应试拼装和试压，使用完毕后应及时进行清洗；

（3）导管接头宜采用法兰或双螺纹方扣，应保证导管连接可靠且具有良好的水密性。

【建筑地基基础工程施工规范：第5.6.17条】

15. 水下混凝土灌注应符合下列规定：

（1）导管底部至孔底距离宜为300～500mm；

（2）导管安装完毕后，应进行二次清孔，二次清孔宜选用正循环或反循环清孔，清孔结束后孔底0.5m内的泥浆指标及沉渣厚度应符合本规范表5.6.2—2及表5.6.13的规定，符合要求后应立即浇筑混凝土；

（3）混凝土灌注过程中导管应始终埋入混凝土内，宜为2～6m，导管应勤提勤拆；

（4）应连续灌注水下混凝土，并应经常检测混凝土面上升情况，灌注时间应确保混凝土不初凝；

（5）混凝土灌注应控制最后一次灌注量，超灌高度应高于设计桩顶标高 1.0m 以上，充盈系数不应小于 1.0。

【建筑地基基础工程施工规范：第 5.6.20 条】

16. 每浇注 50m^3 应有 1 组试件，小于 50m^3 的桩，每个台班应有 1 组试件。对单桩单柱的桩应有 1 组试件，每组试件应有 3 个试块，同组试件应取自同车混凝土。

【建筑地基基础工程施工规范：第 5.6.21 条】

17. 后注浆的注浆管应符合下列规定：

（1）桩端注浆导管应采用钢管，单根桩注浆管数量不应少于 2 根，大直径桩应根据地层情况以及承载力增幅要求增加注浆管数量；

（2）桩端注浆管与钢筋笼应采用绑扎固定或焊接且均匀布置，注浆管顶端应高出地面 200mm，管口应封闭，下端宜伸至灌注桩孔底 300～500mm，桩端持力层为碎石、基岩时，注浆管下端宜做成 T 形并与桩底齐平；

（3）桩侧后注浆管数量、注浆断面位置应根据地层、桩长等要求确定，注浆孔应均匀分布；

（4）注浆管间应可靠连接并有良好的水密性，注浆器应布置梅花状注浆孔，注浆器应采用单向装置。

【建筑地基基础工程施工规范：第 5.6.23 条】

18. 后注浆施工应符合下列规定：

（1）浆液的水灰比应根据土的饱和度、渗透性确定：饱和土水灰比宜为 0.45～0.65；非饱和土水灰比宜为 0.7～0.9；松散碎石土、砂砾水灰比宜为 0.5～0.6。配制的浆液应过滤，滤网网眼应小于 40μm。

（2）桩端注浆终止注浆压力应根据土层性质及注浆点深度确定；非饱和黏性土及粉土，注浆压力宜为 3～10MPa；饱和土层注浆压力宜为 1.2～4.0MPa。软土宜取低值，密实黏性土宜取高值。注浆流量不宜大于 75L/min。

（3）桩端与桩侧联合注浆时，饱和土中宜先桩侧后桩端；非饱和土中宜先桩端后桩侧。多断面桩侧注浆应先上后下，桩侧桩端注浆间隔时间不宜少于 2h，群桩注浆宜先周边后中间。

（4）后注浆应在成桩后 7～8h 采用清水开塞，开塞压力宜为 0.8～1.0MPa。注浆宜于成桩 2d 后施工，注浆位置与相邻桩成孔位置不宜小于 8～10m。

（5）注浆终止条件应控制注浆量与注浆压力两个因素，前者为主，满足下列条件之一即可终止注浆：

1）注浆总量达到设计要求；

2）注浆量不低于 80%，且压力大于设计值。

【建筑地基基础工程施工规范：第 5.6.24 条】

1.3.7　长螺旋钻孔压灌桩

1. 长螺旋钻孔压灌桩应进行试钻孔，数量不应少于 2 根。

【建筑地基基础工程施工规范：第 5.7.1 条】

2. 长螺旋钻孔压灌桩钻进过程中应符合下列规定：

（1）钻机定位后，应进行复检，钻头与桩位偏差不应大于 20mm，开孔时下钻速度应缓慢，钻进过程中，不宜反转或提升钻杆；

（2）螺旋钻杆与出土装置导向轮间隙不得大于钻杆外径的 4%，出土装置的出土斗离地面高度不应小于 1.2m。

【建筑地基基础工程施工规范：第 5.7.2 条】

3. 长螺旋钻孔压灌桩泵送混凝土应符合下列规定：

（1）混凝土泵应根据桩径选型，混凝土泵与钻机的距离不宜大于 60m；

（2）钻进至设计深度后，应先泵入混凝土并停顿 10～20s，提钻速度应根据土层情况确定，且应与混凝土泵送量相匹配；

（3）桩身混凝土的压灌应连续进行，钻机移位时，混凝土泵料斗内的混凝土应连续搅拌，斗内混凝土面应高于料斗底面上不少于400mm；

（4）气温高于30℃时，宜在输送泵管上覆盖隔热材料，每隔一段时间应洒水降温。

【建筑地基基础工程施工规范：第5.7.4条】

4. 混凝土压灌结束后，应立即将钢筋笼插至设计深度。钢筋笼的插设应采用专用插筋器。

【建筑地基基础工程施工规范：第5.7.8条】

1.3.8 沉管灌注桩

1. 锤击沉管灌注桩的施工应符合下列规定：

（1）群桩基础的基桩施工，应根据土质、布桩情况，采取消减挤土效应不利影响的技术措施，确保成桩质量；

（2）桩管、混凝土预制桩尖或钢桩尖的加工质量和埋设位置应符合设计要求，桩管与桩尖的接触面应平整且具有良好的密封性；

（3）锤击开始前，应使桩管与桩锤、桩架在同一垂线上；

（4）桩管沉到设计标高并停止振动后应立即浇注混凝土，灌注混凝土之前，应检查桩管内有无吞桩尖或进土、水及杂物；

（5）桩身配钢筋笼时，第一次混凝土应先灌至笼底标高，然后放置钢筋笼，再灌混凝土至桩顶标高；

（6）拔管速度要均匀，一般土层宜为1.0m/min，软弱土层和较硬土层交界处宜为0.3～0.8m/min，淤泥质软土不宜大于0.8m/min；

（7）拔管高度应与混凝土灌入量相匹配，最后一次拔管应高于设计标高，在拔管过程中应检测混凝土面的下降量。

【建筑地基基础工程施工规范：第5.8.2条】

2. 振动、振动冲击沉管灌注桩单打法的施工应符合下列规定：

（1）施工中应按设计要求控制最后30s的电流、电压值；

（2）沉管到位后，应立即灌注混凝土，桩管内灌满混凝土后，应先振动再拔管，拔管时，应边拔边振，每拔出0.5～1.0m停拔，振动5～10s，直至全部拔出；

(3) 拔管速度宜为1.2～1.5m/min，在软弱土层中，拔管速度宜为0.6～0.8m/min。

【建筑地基基础工程施工规范：第5.8.3条】

3. 振动、振动冲击沉管灌注桩反插法的施工应符合下列规定：

(1) 拔管时，先振动再拔管，每次拔管高度为0.5～1.0m，反插深度为0.3～0.5m，直至全部拔出；

(2) 拔管过程中，应分段添加混凝土，保持管内混凝土面不低于地表面或高于地下水位1.0～1.5m，拔管速度应小于0.5m/min；

(3) 距桩尖处1.5m范围内，宜多次反插以扩大桩端部断面；

(4) 穿过淤泥夹层时，应减慢拔管速度，并减少拔管高度和反插深度，流动性淤泥土层、坚硬土层中不宜使用反插法。

【建筑地基基础工程施工规范：第5.8.4条】

4. 沉管灌注桩全长复打桩施工时，第一次灌注混凝土应达到自然地面，然后一边拔管一边清除粘在管壁上和散落在地面上的混凝土或残土。复打施工应在第一次灌注的混凝土初凝之前完成，初打与复打的桩轴线应重合。

【建筑地基基础工程施工规范：第5.8.6条】

5. 沉管灌注桩桩身配有钢筋时，混凝土的坍落度宜为80～100mm。素混凝土桩宜为70～80mm。

【建筑地基基础工程施工规范：第5.8.7条】

1.3.9　干作业成孔灌注桩

1. 开挖前，桩位外应设置定位基准桩，安装护筒或护壁模板应用桩中心点校正其位置。

【建筑地基基础工程施工规范：第5.9.1条】

2. 采用螺旋钻孔机钻孔施工应符合下列规定：

(1) 钻孔前应级横调平钻机，安装护筒，采用短螺旋钻孔机钻进，每次钻进深度应与螺旋长度相同；

(2) 钻进过程中应及时清除孔口积土和地面散落土；

(3) 砂土层中钻进遇到地下水时，钻深不应大于初见水位；

(4) 钻孔完毕，应用盖板封闭孔口，不应在盖板上行车。

【建筑地基基础工程施工规范：第 5.9.2 条】

3. 采用混凝土护壁时，第一节护壁应符合下列规定：

(1) 孔圈中心线与设计轴线的偏差不应大于 20mm；

(2) 井圈顶面应高于场地地面 150～200mm；

(3) 壁厚应较下面井壁增厚 100～150mm。

【建筑地基基础工程施工规范：第 5.9.3 条】

4. 人工挖孔桩的桩净距小于 2.5m 时，应采用间隔开挖和间隔灌注，且相邻排桩最小施工净距不应小于 5.0m。

【建筑地基基础工程施工规范：第 5.9.4 条】

5. 混凝土护壁立切面宜为倒梯形，平均厚度不应小于 100mm，每节高度应根据岩土层条件确定，且不宜大于 1000mm。混凝土强度等级不应低于 C20，并应振捣密实。护壁应根据岩土条件进行配筋，配置的构造钢筋直径不应小于 8mm，竖向筋应上下搭接或拉接。

【建筑地基基础工程施工规范：第 5.9.5 条】

6. 挖孔应从上而下进行，挖土次序宜先中间后周边。扩底部分应先挖桩身圆柱体，再按扩底尺寸从上而下进行。

【建筑地基基础工程施工规范：第 5.9.6 条】

7. 挖至设计标高终孔后，应清除护壁上的泥土和孔底残渣、积水，验收合格后，应立即封底和灌注桩身混凝土。

【建筑地基基础工程施工规范：第 5.9.7 条】

1.3.10 钢桩

1. 钢桩制作应符合下列规定：

(1) 制作钢桩的材料应符合设计要求，并有出厂合格证明和试验报告，现场制作钢桩应有平整的场地及挡风防雨设施；

(2) 钢桩可采用成品钢桩或自制钢桩，焊接钢桩的制作工艺应符合设计要求及有关规定；

(3) 钢桩的分段长度应与沉桩工艺及沉桩设备相适应，同时应考虑制作条件、运输和装卸能力，长度不宜大于15m；

(4) 用于地下水有侵蚀性的地区或腐蚀性土层的钢桩，应按设计要求作防腐处理。

【建筑地基基础工程施工规范：第5.10.1条】

2. 钢桩的焊接应符合下列规定：

(1) 端部的浮锈、油污等脏物应清除，保持干燥，下节桩顶经锤击后变形的部分应割除；

(2) 上下节桩焊接时应校正垂直度，对口的间隙应为2～3mm；

(3) 焊丝（自动焊）或焊条应烘干；

(4) 焊接应对称进行；

(5) 焊接应用多层焊，钢管桩各层焊缝的接头应错开，焊渣应清除；

(6) 气温低于0℃或雨雪天，无可靠措施确保焊接质量时，不得焊接；

(7) 钢桩拼接所用的辅助工具（如夹具等）不应妨碍管节焊接时的自由伸缩；

(8) H型钢桩或其他异型薄壁钢桩，接头处应加连接板（筋），其型式可按等强度设置。

【建筑地基基础工程施工规范：第5.10.5条】

3. 钢桩的运输与堆存应符合下列规定：

(1) 堆存场地应平整、坚实、排水畅通；

(2) 钢桩的两端应有保护措施，钢管桩应设保护圈；

(3) 钢桩应按规格、材质分别堆放，堆放层数不宜过高，钢管柱ϕ900mm宜放置三层，ϕ600mm宜放置四层，ϕ400mm宜放置五层，H型钢桩不宜超过六层，支点设置应合理，钢管桩的两侧应用木（钢）楔塞住，防止滚动；

（4）钢桩在起吊、运输和堆放过程中，应避免由于碰撞、摩擦等原因造成涂层破损、桩身变形和损伤，搬运时应防止桩体撞击而造成桩端、桩体损坏或弯曲。

【建筑地基基础工程施工规范：第 5.10.7 条】

4. 钢桩沉桩应符合下列规定：

（1）桩帽或送桩器与桩周围的间隙应为 5～10mm，锤与桩帽，柱帽与桩间应加设衬垫；

（2）钢管桩在锤击沉桩有困难时，可在管内取土以助沉；

（3）H 型钢桩选用的锤重应与其断面相适应，且在锤击过程中桩架前应有横向约束装置，防止横向失稳；

（4）持力层较硬时，H 型钢桩不宜送桩；

（5）杂填土层有石块、混凝土块等障碍物时，应在插入 H 型钢桩前进行触探并清除桩位上的障碍物。

【建筑地基基础工程施工规范：第 5.10.8 条】

5. 桩的连接应符合下列规定：

（1）电焊连接时的焊后停歇时间应符合本规范表 5.5.10 的规定；

（2）在一个墩、台桩基中，同一水平面内的桩接头数不得大于基桩总数的 1/4；

（3）桩的连接应符合设计要求。

【建筑地基基础工程施工规范：第 5.10.9 条】

6. 锤击沉桩的施工应符合下列规定：

（1）在 1.5 倍沉桩深度的水平距离范围内有新浇注的混凝土，28d 内不应进行沉桩施工；

（2）温度在－10℃以下时，不应进行钢管桩的锤击沉桩；

（3）沉桩终止时，应以控制桩端设计标高为主，控制贯入度为辅；

（4）钢桩沉桩尚应符合本规范第 5.5 节的规定。

【建筑地基基础工程施工规范：第 5.10.10 条】

7. 在砂土地基中锤击沉桩困难时，可采用水冲锤击沉桩，水冲锤击沉桩应符合下列规定：

（1）水冲锤击沉桩应根据土质情况随时调节冲水压力，控制沉桩速度；

（2）桩端沉至距设计标高为下列距离时应停止冲水，并应改用锤击：

1）桩径或边长小于或等于 600mm 时，为 1.5 倍桩径或边长；

2）桩径或边长大于 600mm 时，为 1.0 倍桩径或边长。

3 用水冲锤击沉桩后，应与邻桩或固定结构夹紧，防止倾斜位移。

【建筑地基基础工程施工规范：第 5.10.11 条】

8. 钢桩施工过程中的桩位允许偏差应为 50mm。直桩垂直度偏差应小于 1/100，斜桩倾斜度的偏差应为倾斜角正切值的 15%。

【建筑地基基础工程施工规范：第 5.10.12 条】

1.3.11　锚杆静压桩

1. 锚杆的锚固力应根据压桩反力和已有建（构）筑物的荷载及结构的具体条件确定，锚杆设置不宜少于 4 根，直径根据锚固力计算确定。锚杆材料为精制螺纹钢筋或螺栓。

【建筑地基基础工程施工规范：第 5.11.1 条】

2. 锚杆静压桩利用锚固在基础底板或承台上的锚杆提供压桩力时，施工期间最大压桩力不应大于基础底板或承台设计允许拉力的 80%。

【建筑地基基础工程施工规范：第 5.11.4 条】

3. 压桩施工应符合下列规定：

（1）压桩架应保持竖直；

（2）桩段就位应垂直于水平面，千斤顶与桩段轴线应在同一垂直线上，桩顶应垫 30～40mm 厚的木板或多层麻袋；

（3）压桩施工应连续进行；

（4）接桩宜采用焊接，接桩时应清除桩帽表面铁锈和杂物，焊缝饱满，质量应符合本规范第5.5节的规定。

【建筑地基基础工程施工规范：第5.11.5条】

4. 压桩孔与设计位置的平面偏差应为±20mm，压桩时桩段的垂直度偏差不应大于1.5%。

【建筑地基基础工程施工规范：第5.11.6条】

1.3.12 岩石锚杆基础

1. 基础开挖达到设计要求标高后应清理基底，表面为土层、易风化的岩层宜浇筑混凝土垫层，厚度宜为60～100mm。

【建筑地基基础工程施工规范：第5.12.1条】

2. 锚杆安放应符合下列规定：

（1）应使用对中支架，顺直下放，不应损坏防腐层及应力量测元件；

（2）锚杆底部应悬空100mm；

（3）下放锚杆后应向孔底投入碎石，厚度为100～200mm。

【建筑地基基础工程施工规范：第5.12.7条】

3. 砂浆或细石混凝土应符合下列规定：

（1）水泥砂浆宜采用中细砂，粒径不应大于2.5mm，使用前应过筛，配合比宜为1∶1～1∶2，水灰比宜为0.38～0.45；

（2）细石混凝土的强度等级不应低于C30。

【建筑地基基础工程施工规范：第5.12.8条】

4. 锚杆灌注质量应符合下列规定：

（1）砂浆灌注时，应自下而上连续浇筑，砂浆应在初凝前用完；

（2）混凝土灌注时，应分层灌注和振捣均匀，并应注意保护量测元件和防腐层；

（3）一次灌浆体强度达到5MPa后方可进行二次高压注浆，注浆应采用纯水泥浆，水灰比宜为0.4～0.5，注浆后应加护盖养护，浆体达到70%设计强度时方可进行后续结构施工；

（4）锚杆应留置浆体强度检验用的试块，每根1组，每组不应少于3个试块。

【建筑地基基础工程施工规范：第5.12.9条】

5. 超高部分砂浆在基坑开挖后应凿除，承台、底板结构钢筋绑扎前，应采用螺帽将垫板固定于锚杆上。

【建筑地基基础工程施工规范：第5.12.10条】

6. 采用预应力锚杆时，应在底板上预留锚杆张拉孔，张拉孔的直径应大于300mm，深度大于200mm，底部应安装张拉垫板。混凝土底板浇筑后达到设计强度的90%时方可进行锚杆张拉。锚杆张拉锁定后，张拉孔应清理干净，浇筑高一个强度等级的二期混凝土。

【建筑地基基础工程施工规范：第5.12.11条】

7. 预应力锚杆基础的制作、张拉、锁定等施工应符合本规范第6.10节的规定。

【建筑地基基础工程施工规范：第5.12.12条】

1.3.13　沉井与沉箱

1. 沉井（箱）制作前，应制作砂垫层和混凝土垫层，砂垫层厚度和混凝土垫层厚度应根据计算确定，沉井（箱）下沉前应分区对称凿除混凝土垫层。

【建筑地基基础工程施工规范：第5.13.1条】

2. 沉井（箱）下沉时的第一节混凝土强度应达到设计强度的100%，其他各节混凝土强度应达到设计强度的70%。

【建筑地基基础工程施工规范：第5.13.3条】

3. 沉井（箱）挖土下沉应均匀、对称进行，应根据现场施工情况采取止沉或助沉措施，控制沉井（箱）平稳下沉。

【建筑地基基础工程施工规范：第5.13.5条】

4. 在开挖好的基坑（槽）内，应做好排水工作，在清除浮土后，方可进行砂垫层的铺填工作。设置的集水井的深度，可较砂垫层的底面深 300～500mm。

【建筑地基基础工程施工规范：第 5.13.7 条】

5. 沉井（箱）的一次制作高度宜控制在 6～8m，刃脚的斜面不应使用模板。

【建筑地基基础工程施工规范：第 5.13.8 条】

6. 水平施工缝应留置在底板凹槽、凸榫或沟、洞底面以下 200～300mm。

【建筑地基基础工程施工规范：第 5.13.10 条】

7. 凿除混凝土垫板时，应先内后外，分区域对称按顺序凿除，凿断线应与刃脚底边平齐，凿断的板应立即清除，空穴处应立即用砂或砂夹碎石回填。混凝土的定位支点处应最后凿除，不得漏凿。

【建筑地基基础工程施工规范：第 5.13.11 条】

8. 沉箱下沉前应具备下列条件：

(1) 所有设备已经安装、调试完成，相应配套设备已配备完全；

(2) 所有通过底板管路均已连接或密封；

(3) 临时支撑系统已安装完毕，且井壁混凝土已达到强度；

(4) 工作室内建筑垃圾已清理干净。

【建筑地基基础工程施工规范：第 5.13.15 条】

9. 沉箱下沉过程中的工作室气压应根据现场实测水头压力的大小调节。沉箱在穿越砂土等渗透性较高的土层时，应维持气压平衡地下水位的压力，且现场应有备用供气设备。

【建筑地基基础工程施工规范：第 5.13.16 条】

10. 沉井（箱）下沉至设计标高时应连续进行 8h 沉降观测，当下沉量小于 10mm 时方可进行封底混凝土浇筑。

【建筑地基基础工程施工规范：第 5.13.17 条】

11. 沉井穿越的土层透水性低、井底涌水量小且无流砂现象时，可进行干封底。沉井干封底前须排出井内积水，超挖部分应回填砂石，刃脚上的污泥应清洗干净，新老混凝土的接缝处应凿毛。

【建筑地基基础工程施工规范：第5.13.18条】

12. 沉井采用干封底应在井内设置集水井，并应不间断排水。软弱土中宜采用对称分格取土和封底。集水井封闭应在底板混凝土达到设计强度及满足抗浮要求后进行。

【建筑地基基础工程施工规范：第5.13.19条】

13. 当采用水下封底时，导管的平面布置应在各浇筑范围的中心，当浇筑面积较大时，应采用多根导管同时浇筑，各根导管的有效扩散半径，应确保混凝土能互相搭接并能达到井底所有范围。

【建筑地基基础工程施工规范：第5.13.20条】

14. 沉箱封底混凝土应采用自密实混凝土，应保证混凝土浇筑的连续性，封底结束后应压注水泥浆，填充封底混凝土与工作室板之间的空隙。

【建筑地基基础工程施工规范：第5.13.21条】

1.4 基坑支护施工

1.4.1 一般规定

1. 在基坑支护结构施工与拆除时，应采取对周边环境的保护措施，不得影响周围建（构）筑物及邻近市政管线与地下设施等的正常使用功能。

【建筑地基基础工程施工规范：第6.1.3条】

2. 基坑工程施工中，应对支护结构、已施工的主体结构和邻近道路、市政管线与地下设施、周围建（构）筑物等进行监测，根据监测信息动态调整施工方案，产生突发情况时应及时采取有效措施。基坑监测应符合现行国家标准《建筑基坑工程监测技术规范》GB 50497的规定。基坑工程施工中应加强对监测测点的保护。

【建筑地基基础工程施工规范：第6.1.4条】

3. 基坑工程施工中，当邻近工程进行桩基施工、基坑开挖、边坡工程、盾构顶进、爆破等施工作业时，应根据实际情况确定施工顺序和方法，并应采取措施减少相互影响。

【建筑地基基础工程施工规范：第 6.1.6 条】

1.4.2 灌注桩排桩围护墙

1. 灌注桩排桩围护墙施工应符合本规范第 5.6 节～第 5.9 节的规定。

【建筑地基基础工程施工规范：第 6.2.1 条】

2. 灌注柱在施工前应进行试成孔，试成孔数量应根据工程规模及施工场地地质情况确定，且不宜少于 2 根。

【建筑地基基础工程施工规范：第 6.2.2 条】

3. 灌注桩排桩应采用间隔成桩的施工顺序，已完成浇筑混凝土的桩与邻桩间距应大于 4 倍桩径，或间隔施工时间应大于 36h。

【建筑地基基础工程施工规范：第 6.2.3 条】

4. 灌注桩顶应充分泛浆，泛浆高度不应小于 500mm，设计桩顶标高接近地面时桩顶混凝土泛浆应充分，凿去浮浆后桩顶混凝土强度等级应满足设计要求。水下灌注混凝土时混凝土强度应比设计桩身强度提高一个强度等级进行配制。

【建筑地基基础工程施工规范：第 6.2.4 条】

5. 灌注桩排桩外侧截水帷幕应符合下列规定：

(1) 截水帷幕宜采用单轴水泥土搅拌桩、双轴水泥土搅拌桩和三轴水泥土搅拌桩，其施工应符合本规范第 4.10 节的规定；

(2) 截水帷幕与灌注桩排桩间的净距宜小于 200mm，双轴搅拌桩搭接长度不应小于 200mm，三轴搅拌桩宜采用套接一孔法施工；

(3) 遇明（暗）浜时，宜将截水帷幕水泥掺量提高3%～5%。

【建筑地基基础工程施工规范：第 6.2.5 条】

6. 高压旋喷桩作为局部截水帷幕时，应符合下列规定：

（1）应先施工灌注桩，再施工高压旋喷桩截水帷幕，高压旋喷桩施工应符合本规范第 4.9 节的规定；

（2）高压旋喷桩应采用复喷工艺，每立方米水泥掺入量不应小于 450kg，高压旋喷桩喷浆下沉及提升速度宜为 50～150mm/min；

（3）高压旋喷桩之间搭接不应少于 300mm，垂直度偏差不应大于 1/100。

【建筑地基基础工程施工规范：第 6.2.6 条】

7. 灌注桩桩身范围内存在较厚的粉性土、砂土层时，灌注桩施工应符合下列规定：

（1）宜适当提高泥浆比重与黏度，或采用膨润土泥浆护壁；

（2）在粉土、砂土层中宜先施工搅拌桩截水帷幕，再在截水帷幕中进行排桩施工，或在截水帷幕与桩间进行注浆填充。

【建筑地基基础工程施工规范：第 6.2.7 条】

8. 非均匀配筋的钢筋笼吊放安装时，应符合本规范第 5.6.14 条的规定，严禁旋转或倒置，钢筋笼扭转角度应小于 5°。

【建筑地基基础工程施工规范：第 6.2.8 条】

1.4.3　板桩围护墙

1. 板桩打设前宜沿板桩两侧设置导架。导架应有一定的强度及刚性，不应随板桩打设而下沉或变形，施工时应经常观测导架的位置及标高。

【建筑地基基础工程施工规范：第 6.3.1 条】

2. 钢板桩施工应符合下列规定：

（1）钢板桩的规格、材质及排列方式应符合设计或施工工艺要求，钢板桩堆放场地应平整坚实，组合钢板桩堆高不宜大于 3 层；

（2）钢板桩打入前应进行验收，桩体不应弯曲，锁口不应有缺损和变形，钢板桩锁口应通过套锁检查后再施工；

（3）桩身接头在同一标高处不应大于50%，接头焊缝质量不应低于Ⅱ级焊缝要求；

（4）钢板桩施工时，应采用减少沉桩时的挤土与振动影响的工艺与方法，并应采用注浆等措施控制钢板桩拔出时由于土体流失造成的邻近设施下沉。

【建筑地基基础工程施工规范：第6.3.6条】

3. 混凝土板柱构件的拆模应在强度达到设计强度30%后进行，吊运应达到设计强度的70%，沉桩应达到设计强度的100%。

【建筑地基基础工程施工规范：第6.3.7条】

4. 混凝土板桩沉桩施工中，凹凸榫应楔紧。

【建筑地基基础工程施工规范：第6.3.8条】

5. 板桩回收应在地下结构与板桩墙之间回填施工完成后进行。钢板桩在拔除前应先用振动锤夹紧并振动，拔除后的桩孔应及时注浆填充。

【建筑地基基础工程施工规范：第6.3.9条】

1.4.4　咬合桩围护墙

1. 咬合桩分Ⅰ、Ⅱ两序跳孔施工，Ⅱ序桩施工时利用成孔机械切割Ⅰ序桩身，形成连续的咬合桩墙。

【建筑地基基础工程施工规范：第6.4.1条】

2. 咬合桩施工前，应沿咬合桩两侧设置导墙，导墙上的定位孔直径应大于套管或钻头直径30～50mm，导墙厚度宜为200～500mm。导墙结构应建于坚实的地基上，并能承受施工机械设备等附加荷载。套管的垂直度偏差不应大于2‰。

【建筑地基基础工程施工规范：第6.4.3条】

3. 桩垂直度偏差不应大于3‰，桩位偏差值应小于10mm，桩孔口中心允许偏差应为±10mm。

【建筑地基基础工程施工规范：第6.4.4条】

4. 采用全套管钻孔时，应保持套管底口超前于取土面且深度不小于 2.5m。

【建筑地基基础工程施工规范：第 6.4.5 条】

5. 全套管法施工时，应保证套管的垂直度，钻至设计标高后，应先灌入 2～3m^3混凝土，再将套管搓动（或回转）提升200～300mm。边灌注混凝土边拔套管，混凝土应高出套管底端不小于 2.5m。地下水位较高的砂土层中，应采取水下混凝土浇筑工艺。

【建筑地基基础工程施工规范：第 6.4.6 条】

6. 防止钢筋笼上浮宜采取下列措施：

（1）混凝土配制宜选用 5～20mm 粒径碎石，并可调整配比确保其和易性；

（2）钢筋笼底部宜设置配重；

（3）钢筋笼可设置导正定位器；

（4）采用导管法浇筑时不宜使用法兰式接头的导管，导管埋深不宜大于 6m。

【建筑地基基础工程施工规范：第 6.4.10 条】

1.4.5　型钢水泥土搅拌墙

1. 型钢水泥土搅拌墙宜采用三轴搅拌桩机施工，施工前应通过成桩试验确定搅拌下沉和提升速度、水泥浆液水灰比等工艺参数及成桩工艺，成桩试验不宜少于 2 根。

【建筑地基基础工程施工规范：第 6.5.1 条】

2. 水泥土搅拌桩成桩施工应符合本规范第 4.10 节的规定。

【建筑地基基础工程施工规范：第 6.5.2 条】

3. 三轴水泥土搅拌墙可采用跳打方式、单侧挤压方式、先行钻孔套打方式的施工顺序。硬质土层中成桩困难时，宜采用预先松动土层的先行钻孔套打方式施工。桩与桩的搭接时间间隔不宜大于 24h。

【建筑地基基础工程施工规范：第 6.5.3 条】

4. 搅拌机头在正常情况下为上下各 1 次对土体进行喷浆搅

拌，对含砂量大的土层，宜在搅拌桩底部2～3m范围内上下重复喷浆搅拌1次。

【建筑地基基础工程施工规范：第6.5.4条】

5. 拟拔出回收的型钢，插入前应先在干燥条件下除锈，再在其表面涂刷减摩材料。完成涂刷后的型钢，搬运过程中应防止碰撞和强力擦挤。减摩材料脱落、开裂时应及时修补。

【建筑地基基础工程施工规范：第6.5.5条】

6. 环境保护要求高的基坑应采用三轴搅拌桩，并应通过监测结果调整施工参数。邻近保护对象时，搅拌下沉速度宜控制为0.5～0.8m/min，提升速度宜小于1.0m/min。喷浆压力不宜大于0.8MPa。

【建筑地基基础工程施工规范：第6.5.6条】

7. 型钢宜在水泥土搅拌墙施工结束后30min内插入，相邻型钢焊接接头位置应相互错开，竖向错开距离不宜小于1m。

【建筑地基基础工程施工规范：第6.5.7条】

1.4.6 地下连续墙

1. 地下连续墙施工前应通过试成槽确定合适的成槽机械、护壁泥浆配比、施工工艺、槽壁稳定等技术参数。

【建筑地基基础工程施工规范：第6.6.1条】

2. 地下连续墙施工应设置钢筋混凝土导墙，导墙施工应符合下列规定：

（1）导墙应采用现浇混凝土结构，混凝土强度等级不应低于C20，厚度不应小于200mm；

（2）导墙顶面应高于地面100mm，高于地下水位0.5m上，导墙底部应进入原状土200mm以上，且导墙高度不应小于1.2m；

（3）导墙外侧应用黏性土填实，导墙内侧墙面应垂直，其净距应比地下连续墙设计厚度加宽40mm；

（4）导墙混凝土应对称浇筑，达到设计强度的70%后方可拆模，拆模后的导墙应加设对撑；

（5）遇暗浜、杂填土等不良地质时，宜进行土体加固或采用深导墙。

【建筑地基基础工程施工规范：第 6.6.2 条】

3. 成槽施工应符合下列规定：

（1）单元槽段长度宜为 4～6m；

（2）槽内泥浆面不应低于导墙面 0.3m，同时槽内泥浆面应高于地下水位 0.5m 以上；

（3）成槽机应具备垂直度显示仪表和纠偏装置，成槽过程中应及时纠偏；

（4）单元槽段成槽过程中抽检泥浆指标不应少于 2 处，且每处不应少于 3 次；

（5）地下连续墙成槽允许偏差应符合表 6.6.6 的规定。

表 6.6.6　地下连续墙成槽允许偏差

项目		允许偏差	检测方法
深度	临时结构	≤100mm	测绳，2 点/幅
	永久结构	≤100mm	
槽位	临时结构	≤50mm	钢尺，1 点/幅
	永久结构	≤30mm	
墙厚	临时结构	≤50mm	20%超声波，2 点/幅
	永久结构	≤50mm	100%超声波，2 点/幅
垂直度	临时结构	≤1/200	20%超声波，2 点/幅
	永久结构	≤1/300	100%超声波，2 点/幅
沉渣厚度	临时结构	≤200mm	100%测绳，2 点/幅
	永久结构	≤100mm	

【建筑地基基础工程施工规范：第 6.6.6 条】

4. 成槽后的刷壁与清基应符合下列规定：

（1）成槽后，应及时清刷相邻段混凝土的端面，刷壁宜到底部，刷壁次数不得少于 10 次，且刷壁器上无泥；

(2) 刷壁完成后应进行清基和泥浆置换，宜采用泵吸法清基；

(3) 清基后应对槽段泥浆进行检测，每幅槽段检测2处，取样点距离槽底0.5～1.0m，清基后的泥浆指标应符合表6.6.7的规定。

表6.6.7 清基后的泥浆指标

项目		清基后泥浆	检验方法
比重	黏性土	≤1.15	比重计
	砂土	≤1.20	
黏度(s)		20～30	漏斗计
含砂率(%)		≤7	洗砂瓶

【建筑地基基础工程施工规范：第6.6.7条】

5. 槽段接头施工应符合下列规定：

(1) 接头管(箱)及连接件应具有足够的强度和刚度。

(2) 十字钢板接头与工字钢接头在施工中应配置接头管(箱)，下端应插入槽底，上端宜高出地下连续墙泛浆高度，同时应制定有效的防混凝土绕流措施。

(3) 钢筋混凝土预制接头应达到设计强度的100%后方可运输及吊放，吊装的吊点位置及数量应根据计算确定。

(4) 铣接头施工应符合下列规定：

1) 套铣部分不宜小于200mm，后续槽段开挖时，应将套铣部分混凝土铣削干净，形成新鲜的混凝土接触面；

2) 导向插板宜选用长5～6m的钢板，应在混凝土浇筑前，放置于预定位置；

3) 套铣一期槽段钢筋笼应设置限位块，限位块设置在钢筋笼两侧，可以采用PVC管等材料，限位块长度宜为300～500mm，间距为3～5m。

【建筑地基基础工程施工规范：第6.6.8条】

6. 钢筋笼制作和吊装应符合下列规定：

（1）钢筋笼加工场地与制作平台应平整，平面尺寸应满足制作和拼装要求；

（2）分节制作钢筋笼同胎制作应试拼装，应采用焊接或机械连接；

（3）钢筋笼制作时应预留导管位置，并应上下贯通；

（4）钢筋笼应设保护层垫板，纵向间距为3～5m，横向宜设置2块～3块；

（5）吊车的选用应满足吊装高度及起重量的要求；

（6）钢筋笼应在清基后及时吊放；

（7）异形槽段钢筋笼起吊前应对转角处进行加强处理，并应随入槽过程逐渐割除。

【建筑地基基础工程施工规范：第6.6.10条】

7. 水下混凝土应采用导管法连续浇筑，并应符合下列规定：

（1）导管管节连接应密封、牢固，施工前应试拼并进行水密性试验；

（2）导管水平布置距离不应大于3m，距槽段两侧端部不应大于1.5m，导管下端距离槽底宜为300～500mm，导管内应放置隔水栓；

（3）钢筋笼吊放就位后应及时灌注混凝土，间隔不宜大于4h；

（4）水下混凝土初凝时间应满足浇筑要求，现场混凝土坍落度宜为200mm±20mm，混凝土强度等级应比设计强度提高一级进行配制；

（5）槽内混凝土面上升速度不宜小于3m/h，同时不宜大于5m/h，导管埋入混凝土深度应为2～4m，相邻两导管内混凝土高差应小于0.5m；

（6）混凝土浇筑面宜高出设计标高300～500mm。

【建筑地基基础工程施工规范：第6.6.12条】

8. 混凝土达到设计强度后方可进行墙底注浆，注浆应符合下列规定：

（1）注浆管应采用钢管，单幅槽段注浆管数量不应少于2根，槽段长度大于6m宜增设注浆管，注浆管下端应伸至槽底200～500mm，槽底持力层为碎石、基岩时，注浆管下端宜做成T形并与槽底齐平；

（2）注浆器应采用单向阀，应能承受大于2MPa的静水压力；

（3）注浆量应符合设计要求，注浆压力控制在2MPa内或以上覆土不抬起为度；

（4）注浆管应在混凝土初凝后终凝前用高压水劈通压浆管路；

（5）注浆总量达到设计要求或注浆量达到80%以上，压力达到2MPa时可终止注浆。

【建筑地基基础工程施工规范：第6.6.13条】

9. 预制地下连续墙施工应符合下列规定：

（1）预制地下连续墙应根据运输及起吊设备能力、施工现场道路和堆放场地条件，合理确定分幅和预制件长度，墙体分幅宽度应满足成槽稳定要求；

（2）预制地下连续墙宜采用连续成槽法进行成槽施工，预制地下连续墙成槽施工时应先施工转角幅后直线幅，成槽深度应比墙段埋置深度深100～200mm；

（3）预制墙段墙缝宜采用现浇钢筋混凝土接头，预制地下连续墙的厚度应比成槽厚度小20mm，预制墙段与槽壁间的前后缝隙宜采用压密注浆填充；

（4）墙段吊放时，应在导墙上安装导向架；

（5）清基后应对槽段泥浆进行检测，每幅槽段应检测2处，取样点应距离槽底0.5～1.0m，清基后的泥浆指标应符合表6.6.16的规定。

表 6.6.16　清基后的泥浆指标

项目		清基后泥浆	检验方法
密度	黏性土	≤1.15	密度计
	砂土	≤1.20	
黏度（s）		25～30	漏斗计
含砂率（%）		≤7	洗砂瓶

【建筑地基基础工程施工规范：第 6.6.16 条】

1.4.7　水泥土重力式围护墙

1. 围护墙体应采用连续搭接的施工方法，应控制桩位偏差和桩身垂直度，应有足够的搭接长度并形成连续的墙体。施工工艺应符合本规范第 4.10 节的规定。

【建筑地基基础工程施工规范：第 6.7.3 条】

2. 钢管、钢筋或毛竹插入时应采取可靠的定位措施，并应在成桩后 16h 内施工完毕。

【建筑地基基础工程施工规范：第 6.7.5 条】

1.4.8　土钉墙

1. 土钉墙或复合土钉墙支护的土钉不应超出建设用地红线范围，同时不应嵌入邻近建（构）筑物基础或基础下方。

【建筑地基基础工程施工规范：第 6.8.1 条】

2. 土钉墙支护施工应配合挖土和降水等作业进行，并应符合下列规定：

（1）挖土分层厚度应与土钉竖向间距协调同步，逐层开挖并施工土钉，禁止超挖；

（2）每层土钉施工结束后，应按要求抽查土钉的抗拔力；

（3）开挖后应及时封闭临空面，应在 24h 内完成土钉安设和喷射混凝土面层，在淤泥质土层开挖时，应在 12h 内完成土钉安设和喷射混凝土面层；

（4）上一层土钉完成注浆后，间隔 48h 方可开挖下一层土方；

（5）施工期间坡顶应严格按照设计要求控制施工荷载；

（6）土钉支护应设置排水沟、集水坑。

【建筑地基基础工程施工规范：第 6.8.2 条】

3. 成孔注浆型钢筋土钉施工应符合下列规定：

（1）采用人工凿孔（孔深小于 6m）或机械钻孔（孔深不小于 6m）时，孔径和倾角应符合设计要求，孔位误差应小于 50mm，孔径误差应为±15mm，倾角误差应为±2°，孔深可为土钉长度加 300mm。

（2）钢筋土钉应沿周边焊接居中支架，居中支架宜采用 $\phi6$～$\phi8$ 的 HPB235 级钢筋或厚度 3～5mm 扁铁弯成，间距 2.0～3.0m，注浆管与钢筋土钉虚扎，并应同时插入钻孔，边注浆边拔出。

（3）应采用两次注浆工艺，第一次灌注宜为水泥砂浆，灌浆量不应小于钻孔体积的 1.2 倍，第一次注浆初凝后，方可进行二次注浆，第二次压注纯水泥浆，注浆量为第一次注浆量的 30%～40%，注浆压力宜为 0.4～0.6MPa，注浆后应维持压力 2min，土钉墙浆液配比和注浆参数应符合表 6.8.3 的规定。

（4）注浆完成后孔口应及时封闭。

表 6.8.3　土钉墙浆液配比和注浆参数

<table>
<tr><th>注浆次序</th><th>浆液</th><th>普通硅酸盐水泥</th><th>水</th><th>砂（粒径 0.5mm）</th><th>早强剂</th><th>注浆压力（MPa）</th></tr>
<tr><td>钢筋土钉第一次</td><td>水泥砂浆</td><td rowspan="2">1</td><td rowspan="2">0.4～0.5</td><td>2～3</td><td rowspan="2">0.035%</td><td>0.2～0.3</td></tr>
<tr><td>钢筋土钉第二次</td><td>水泥浆</td><td>—</td><td>0.4～0.6</td></tr>
</table>

【建筑地基基础工程施工规范：第 6.8.3 条】

4. 击入式钢管土钉施工应符合下列规定：

（1）钢管击入前，应按设计要求钻设注浆孔和焊接倒刺，并将钢管头部加工成尖锥状并封闭；

（2）钢管击入时，土钉定位误差应小于20mm，击入深度误差应小于100mm，击入角度误差应为±1.5°；

（3）从钢管空腔内向土层压注水泥浆液，浆液水灰比与钢筋土钉二次注浆相同，注浆压力不应小于0.6MPa，注浆量应满足设计要求，注浆顺序宜从管底向外分段进行，最后封孔。

【建筑地基基础工程施工规范：第6.8.4条】

5. 钢筋网的铺设应符合下列规定：

（1）钢筋网宜在喷射一层混凝土后铺设，钢筋与坡面的间隙不宜小于20mm；

（2）采用双层钢筋网时，第二层钢筋网应在第一层钢筋网被混凝土覆盖后铺设；

（3）钢筋网宜焊接或绑扎，钢筋网格允许误差应为±10mm，钢筋网搭接长度不应小于300mm，焊接长度不应小于钢筋直径的10倍；

（4）网片与加强联系钢筋交接部位应绑扎或焊接。

【建筑地基基础工程施工规范：第6.8.5条】

6. 喷射混凝土施工应符合下列规定：

（1）喷射混凝土骨料的最大粒径不应大于15mm；

（2）喷射混凝土作业应分段分片依次进行，同一分段内喷射顺序应自下而上，一次喷射厚度不宜大于120mm；

（3）喷射时，喷头与受喷面应垂直，距离宜为0.8～1.0m；

（4）喷射混凝土终凝2h后，应喷水养护。

【建筑地基基础工程施工规范：第6.8.6条】

7. 复合土钉墙支护施工应符合下列规定：

（1）截水帷幕水泥土搅拌桩的搭接长度不应小于200mm，桩位偏差应小于30mm，垂直度偏差应小于1/100，施工参数及施工要点应符合本规范第4.10节的规定；

（2）需采用预钻孔埋设钢管时，预钻孔径宜比钢管直径大50～100mm，钢管底部一定范围内设注浆孔并灌注水泥浆。

【建筑地基基础工程施工规范：第6.8.7条】

1.4.9 内支撑

1. 支撑系统的施工与拆除顺序应与支护结构的设计工况一致，应严格执行先撑后挖的原则。立柱穿过主体结构底板以及支撑穿越地下室外墙的部位应有止水构造措施。

【建筑地基基础工程施工规范：第 6.9.1 条】

2. 混凝土支撑施工应符合下列规定：

(1) 冠梁施工前应清除围护墙体顶部泛浆；

(2) 支撑底模应具有一定的强度、刚度和稳定性，宜用模板隔离，采用土底模挖土时应清除吸附在支撑底部的砂浆块体；

(3) 冠梁、腰梁与支撑宜整体浇筑，超长支撑杆件宜分段浇筑养护；

(4) 顶层支承端应与冠梁或腰梁连接牢固；

(5) 混凝土支撑应达到设计要求的强度后方可进行支撑下土方开挖。

【建筑地基基础工程施工规范：第 6.9.3 条】

3. 钢支撑的施工应符合下列规定：

(1) 支撑端头应设置封头端板，端板与支撑杆件应满焊；

(2) 支撑与冠梁、腰梁的连接应牢固，钢腰梁与围护墙体之间的空隙应填充密实，采用无腰梁的钢支撑系统时，钢支撑与围护墙体的连接应满足受力要求；

(3) 支撑安装完毕后，应及时检查各节点的连接状况，经确认符合要求后方可施加预应力，预应力应均匀、对称、分级施加；

(4) 预应力施加过程中应检查支撑连接节点，预应力施加完毕后应在额定压力稳定后予以锁定；

(5) 主撑端部的八字撑可在主撑预应力施加完毕后安装；

(6) 钢支撑使用过程应定期进行预应力监测，预应力损失对基坑变形有影响时应对预应力损失进行补偿。

【建筑地基基础工程施工规范：第 6.9.4 条】

4. 立柱桩采用钻孔灌注桩应符合本规范第 6.2 节的规定。

【建筑地基基础工程施工规范：第 6.9.5 条】

5. 立柱施工应符合下列规定：

(1) 立柱的制作、运输、堆放应控制平直度；

(2) 立柱应控制定位、垂直度和转向偏差；

(3) 立柱桩采用钻孔灌注柱时，宜先安装立柱，再浇筑桩身混凝土；

(4) 基坑开挖前，立柱周边的桩孔应均匀回填密实。

【建筑地基基础工程施工规范：第 6.9.6 条】

6. 支撑拆除应在形成可靠换撑并达到设计要求后进行，支撑拆除应符合下列规定：

(1) 钢筋混凝土支撑拆除可采用机械拆除、爆破拆除；

(2) 钢筋混凝土支撑的拆除，应根据支撑结构特点、永久结构施工顺序、现场平面布置等确定拆除顺序；

(3) 采用爆破拆除钢筋混凝土支撑，爆破孔宜在钢筋混凝土支撑施工时预留，爆破前应先切断支撑与围檩或主体结构连接的部位。

【建筑地基基础工程施工规范：第 6.9.7 条】

7. 支撑结构爆破拆除前，应对永久结构及周边环境采取隔离防护措施。

【建筑地基基础工程施工规范：第 6.9.8 条】

1.4.10　锚杆（索）

1. 锚杆（索）施工应符合下列规定：

(1) 施工前宜通过试成锚验证设计有关指标并确定锚杆施工工艺参数；

(2) 锚杆不宜超出建筑红线且不应进入已有建（构）筑物基础下方；

(3) 锚固段强度大于 15MPa 并达到设计强度的 75%后方可进行张拉。

【建筑地基基础工程施工规范：第 6.10.1 条】

2. 锚杆（索）成孔应符合下列规定；

（1）钻孔记录应详细、完整，对岩石锚杆应有对岩屑鉴定或进尺软硬判断岩层的记录，以确定入岩的长度，钻孔深度应大于锚杆长度 300～500mm；

（2）向钻孔中安放锚杆前，应将孔内岩粉和土屑清洗干净；

（3）在不稳定地层或地层受扰动易导致水土流失时，应采用套管跟进成孔；

（4）锚杆施工允许偏差应符合表 6.10.2 的规定。

表 6.10.2　锚杆施工允许偏差

项目	允许偏差
锚孔水平及垂直方向孔距	±50mm
锚杆钻孔角度	±3°

【建筑地基基础工程施工规范：第 6.10.2 条】

3. 钢筋锚杆杆体制作应符合下列规定：

（1）钢筋应平直、除油和除锈；

（2）钢筋连接可采用机械连接和焊接，并应符合现行国家标准《混凝土结构工程施工质量验收规范》GB 50204 的要求；

（3）沿杆体轴线方向每隔 2.0～3.0m 应设置 1 个对中支架，注浆管、排气管应与锚杆杆体绑扎牢固。

【建筑地基基础工程施工规范：第 6.10.3 条】

4. 钢绞线或高强钢丝锚杆杆体制作应符合下列规定：

（1）钢绞线或高强钢丝应清除油污、锈斑，每根钢绞线的下料长度误差不应大于 50mm；

（2）钢绞线或高强钢丝应平直排列，沿杆体轴线方向每隔 1.5～2.0m 设置 1 个隔离架。

【建筑地基基础工程施工规范：第 6.10.4 条】

5. 锚杆张拉和锁定应符合下列规定：

（1）锚头台座的承压面应平整，并应与锚杆轴线方向垂直；

（2）锚杆张拉前应对张拉设备进行标定；

（3）锚杆正式张拉前，应取0.1～0.2倍轴向拉力设计值（N_t）对锚杆预张拉1～2次，使杆体完全平直，各部位接触紧密；

（4）锚杆张拉至1.05～1.10N_t时，岩层、砂土层应保持10min，黏性土层应保持15min，然后卸荷至设计锁定值。

【建筑地基基础工程施工规范：第6.10.6条】

1.4.11　与主体结构相结合的基坑支护

1. 两墙合一围护结构宜采用地下连续墙。地下连续墙施工除应符合本规范第6.6节的规定外，尚应符合下列规定：

（1）严格控制地下连续墙的垂直度，应优先采用具有自动纠偏功能的成槽设备，地下连续墙的垂直度不应大于1/300；

（2）在与地下室梁连接部位应设置预留钢盒，在与板连接部位应设置预留钢筋或螺纹套筒接头，预埋件的高程允许误差应为±30mm，水平允许误差应为±100mm，每个槽段都应测量导墙顶标高；

（3）地下连续墙的预埋钢筋或预埋件应避免影响混凝土导管的安装和使用，并应避免混凝土出现夹泥现象；

（4）两墙合一的地下连续墙，宜对墙底进行注浆，采取墙底注浆时应有防止堵管的措施；

（5）与结构连接部位应充分凿毛，清除泥皮和松散混凝土，并凿除混凝土突出物；

（6）衬墙的厚度不应小于200mm，衬墙与连续墙之间宜设置防水砂浆层，厚度不宜小于20mm；

（7）衬墙应分段浇筑，分段长度宜小于30m；

（8）地下连续墙放线时宜外放100～150mm。

【建筑地基基础工程施工规范：第6.11.1条】

2. 地下室水平构件与支撑相结合时的施工应符合下列规定：

（1）结构水平构件宜采用木模或钢模施工，地基应满足承载力和变形的要求；

（2）在楼板结构水平构件上留设的临时施工洞口位置宜上下对齐，应满足结构受力、施工及自然通风等要求，预留筋应采用圆钢代替，或采用套筒连接器等预埋件，预埋件的埋设允许偏差应为±20mm；

（3）结构水平构件与竖向结构连接部位应留设下层柱混凝土浇筑孔，浇筑孔的布置应满足柱、墙混凝土浇筑下料和振捣的要求。

【建筑地基基础工程施工规范：第6.11.2条】

3. 地下室永久结构的竖向构件与支撑立柱相结合时，立柱桩和立柱的施工除应符合本规范第6.9.5条和第6.9.6条的规定外，尚应符合下列规定：

（1）立柱在施工过程中应采用专用装置进行定位，控制垂直度和转向偏差；

（2）钢管立柱内的混凝土应与立柱桩的混凝土连续浇筑完成，钢管立柱内的混凝土与立柱桩的混凝土采用不同强度等级时，施工应控制其交界面处于低强度等级混凝土一侧，钢管立柱外部混凝土的上升高度应满足立柱桩混凝土泛浆高度要求；

（3）立柱桩采用桩端后注浆时，应符合本规范第5.6.23条的规定；

（4）立柱外包混凝土结构浇筑前，应对立柱表面进行处理，浇筑时应采取确保柱顶梁底混凝土浇筑密实的措施。

【建筑地基基础工程施工规范：第6.11.3条】

4. 逆作法施工应符合下列规定：

（1）施工前应根据设计文件编制施工组织设计；

（2）应按柱距和层高合理选择土石方作业机械；

（3）预留洞口的位置和数量的设置应满足土方和材料垂直运输和流水作业的要求；

（4）逆作地下水平结构构件施工宜采用钢模板、木模板等支模方式进行施工，支承模板的地基应满足承载力和变形的要求；

（5）应根据环境及施工方案要求，制订安全及作业环境控制措施，设置通风、排气、照明及电力等设施；

（6）地下室施工时应采用鼓风法从地面向地下送风到工作面，鼓风功率应满足送风的要求；

（7）宜采用专用的自动提土设备垂直运输土石方，运输轨道宜设置在永久结构上的，应对结构承载力进行验算，并应经设计同意；

（8）采用逆作法施工的梁板混凝土强度达到设计强度的90％并经设计同意后方能进行下层土方的开挖，也可采取加入早强剂或提高混凝土的配制强度等级等措施提高早期强度；

（9）应根据监测信息对设计与施工进行动态的全过程信息化管理，宜利用反馈信息进行再分析，校核设计与施工参数，指导后续的设计与施工；

（10）应采取地下水控制措施，制订针对性应急预案，并应实行全过程的降水运行信息化管理。

【建筑地基基础工程施工规范：第 6.11.5 条】

1.5 地下水控制

1.5.1 集水明排

1. 应在基坑外侧设置由集水井和排水沟组成的地表排水系统，集水井、排水沟与坑边的距离不宜小于 0.5m。基坑外侧地面集水井、排水沟应有可靠的防渗措施。

【建筑地基基础工程施工规范：第 7.2.1 条】

2. 排水沟、集水井尺寸应根据排水量确定，抽水设备应根据排水量大小及基坑深度确定，可设置多级抽水系统。集水井宜设置在基坑阴角附近。

【建筑地基基础工程施工规范：第 7.2.4 条】

3. 排水系统应满足明水、地下水排放要求，应保持畅通，并应及时排除积水。施工过程中应随时对排水系统进行检查和维护。

【建筑地基基础工程施工规范：第 7.2.5 条】

1.5.2 降水

1. 轻型井点施工应符合下列规定：

(1) 井点管直径宜为 38～55mm，井点管水平间距宜为 0.8～1.6m（可根据不同土质和预降水时间确定）。

(2) 成孔孔径不宜小于 300mm，成孔深度应大于滤管底端埋深 0.5m。

(3) 滤料应回填密实，滤料回填顶面与地面高差不宜小于 1.0m，滤料顶面至地面之间，应采用黏土封填密实。

(4) 填砾过滤器周围的滤料应为磨圆度好、粒径均匀（不均匀系数 Cu＜3）、含泥量小于 3%的石英砂，其粒径应按下式确定：

$$D_{50} = (8 \sim 12)d_{50} \tag{7.3.7}$$

式中：D_{50}——滤料的平均粒径（mm）；

d_{50}——含水层土的平均粒径（mm）。

(5) 井点呈环圈状布置时，总管应在抽汲设备对面处断开，采用多套井点设备时，各套总管之间宜装设阀口隔开。

(6) 一台机组携带的总管最大长度，真空泵不宜大于 100m，射流泵不宜大于 80m，隔膜泵不宜大于 60m，每根井管长度宜为 6～9m。

(7) 每套井点设置完毕后，应进行试抽水，检查管路连接处以及每根井点管周围的密封质量。

【建筑地基基础工程施工规范：第 7.3.7 条】

2. 喷射井点施工应符合下列规定：

(1) 井点管直径宜为 75～100mm，井点管水平间距宜为 2.0～4.0m（可根据不同土质和预降水时间确定）；

(2) 成孔孔径不应小于 400mm，成孔深度应大于滤管底端埋深 1.0m；

(3) 滤料回填应符合本规范第 7.3.7 条第 4 款的规定；

(4) 每套喷射井点的井点数不宜大于 30 根，总管直径不宜小于150mm，总长不宜大于60m，多套井点呈环圈布置时各套进水总管之间宜用阀门隔开，每套井点应自成系统；

（5）每根喷射井点沉设完毕后，应及时进行单井试抽，排出的浑浊水不得回入循环管路系统，试抽时间持续到水由浊变清为止；

（6）喷射井点系统安装完毕应进行试抽，不应有漏气或翻砂冒水现象，工作水应保持洁净，在降水过程中应视水质浑浊程度及时更换。

【建筑地基基础工程施工规范：第7.3.8条】

3. 电渗井点施工应符合下列规定：

（1）阴、阳极的数量宜相等，阳极数量也可多于阴极数量，阳极设置深度宜比阴极设置深度大500mm，阳极露出地面的长度宜为200～400mm，阴极利用轻型井点管或喷射井点管设置；

（2）电压梯度可采用50V/m，工作电压不宜大于60V，土中通电时的电流密度宜为0.5～1.0A/m^2；

（3）采用轻型井点时，阴、阳极的距离宜为0.8～1.0m，采用喷射井点时，宜为1.2～1.5m，阴极井点采用环圈布置时，阳极应布置在圈内侧，与阴极并列或交错；

（4）电渗降水宜采用间歇通电方式。

【建筑地基基础工程施工规范：第7.3.9条】

4. 管井施工应符合下列规定：

（1）井管外径不宜小于200mm，且应大于抽水泵体最大外径50mm以上，成孔孔径不应小于650mm；

（2）滤料回填应符合本规范第7.3.7条第4款的规定；

（3）成孔施工可采用泥浆护壁钻进成孔，钻进中保持泥浆密度为1.10～1.15g/cm^3，宜采用地层自然造浆，钻孔孔斜不应大于1%，终孔后应清孔，直到返回泥浆内不含泥块为止；

（4）井管安装应准确到位，不得损坏过滤结构，井管连接应确保完整无隙，避免井管脱落或渗漏，应保证井管周围填砾厚度基本一致，应在滤水管上下部各加1组扶正器，过滤器应刷洗干净，过滤器缝隙应均匀；

(5) 井管安装结束后沉入钻杆，将泥浆缓慢稀释至密度不大于1.05g/cm³后，将滤料徐徐填入，并随填随测填砾顶面高度，在稀释泥浆时井管管口应密封；

(6) 宜采用活塞和空气压缩机交替洗井，洗井结束后应按设计要求的验收指标予验收；

(7) 抽水泵应安装稳固，泵轴应垂直，连续抽水时，水泵吸口应低于井内扰动水位2.0m。

【建筑地基基础工程施工规范：第7.3.10条】

5. 真空管井井点施工除应满足本规范第7.3.10条的各项要求外，尚应符合下列规定：

(1) 宜采用真空泵抽气集水，深井泵或潜水泵排水，井管应严密封闭，并与真空泵吸气管相连；

(2) 单井出水口与排水总管的连接管路中应设置单向阀；

(3) 分段设置滤管的真空降水管井，应对基坑开挖后暴露的井管、滤管、填砾层等采取有效封闭措施；

(4) 井管内真空度不应小于65kPa，宜在井管与真空泵吸气管的连接位置处安装高灵敏度的真空压力表监测真空度。

【建筑地基基础工程施工规范：第7.3.11条】

1.5.3 截水

1. 承压水影响基坑稳定性且其含水层顶板埋深较浅时，截水帷幕宜隔断承压含水层。

【建筑地基基础工程施工规范：第7.4.5条】

2. 基坑截水帷幕出现渗水时，宜设置导水管、导水沟等构成明排系统，并应及时封堵。

【建筑地基基础工程施工规范：第7.4.7条】

1.5.4 回灌

1. 坑外回灌井的深度不宜大于承压含水层中基坑截水帷幕

的深度，回灌井与减压井的间距应通过设计计算确定。

【建筑地基基础工程施工规范：第 7.5.2 条】

2. 回灌井施工结束至开始回灌，应至少有 2 周～3 周的时间间隔，以保证井管周围止水封闭层充分密实，防止或避免回灌水沿井管周围向上反渗、地面泥浆水喷溢等。井管外侧止水封闭层顶至地面之间，宜用素混凝土充填密实。

【建筑地基基础工程施工规范：第 7.5.4 条】

3. 为保证回灌畅通，回灌井过滤器部位宜扩大孔径或采用双层过滤结构。回灌过程中，每天应进行 1～2 次回扬，至出水由浑浊变清后，恢复回灌。

【建筑地基基础工程施工规范：第 7.5.5 条】

4. 回灌用水不得污染含水层中的地下水。

【建筑地基基础工程施工规范：第 7.5.6 条】

1.6　土方施工

1.6.1　一般规定

1. 平整场地的表面坡度应符合设计要求，排水沟方向的坡度不应小于 2‰。平整后的场地表面应进行逐点检查，检查点的间距不宜大于 20m。

【建筑地基基础工程施工规范：第 8.1.2 条】

2. 基坑开挖期间若周边影响范围内存在桩基、基坑支护、土方开挖、爆破等施工作业时，应根据实际情况合理确定相互之间的施工顺序和方法，必要时应采取可靠的技术措施。

【建筑地基基础工程施工规范：第 8.1.4 条】

3. 机械挖土时应避免超挖，场地边角土方、边坡修整等应采用人工方式挖除。基坑开挖至坑底标高应在验槽后及时进行垫层施工，垫层宜浇筑至基坑围护墙边或坡脚。

【建筑地基基础工程施工规范：第 8.1.5 条】

4. 机械挖土时，坑底以上 200～300mm 范围内的土方应采用人工修底的方式挖除。放坡开挖的基坑边坡应采用人工修坡的方式。

【建筑地基基础工程施工规范：第 8.1.9 条】

5. 基坑开挖应进行全过程监测，应采用信息化施工法，根据基坑支护体系和周边环境的监测数据，适时调整基坑开挖的施工顺序和施工方法。

【建筑地基基础工程施工规范：第 8.1.10 条】

1.6.2 基坑开挖

1. 土方工程施工前，应采取有效的地下水控制措施。基坑内地下水位应降至拟开挖下层土方的底面以下不小于 0.5m。

【建筑地基基础工程施工规范：第 8.2.1 条】

2. 基坑开挖的分层厚度宜控制在 3m 以内内，并应配合支护结构的设置和施工的要求，临近基坑边的局部深坑宜在大面积垫层完成后开挖。

【建筑地基基础工程施工规范：第 8.2.2 条】

3. 基坑放坡开挖应符合下列规定：

(1) 当场地条件允许，并经验算能保证边坡稳定性时，可采用放坡开挖，多级放坡时应同时验算各级边坡和多级边坡的整体稳定性，坡脚附近有局部坑内深坑时，应按深坑深度验算边坡稳定性；

(2) 应根据土层性质、开挖深度、荷载等通过计算确定坡体坡度、放坡平台宽度，多级放坡开挖的基坑，坡间放坡平台宽度不宜小于 3.0m；

(3) 无截水帷幕放坡开挖基坑采取降水措施的，降水系统宜设置在单级放坡基坑的坡顶，或多级放坡基坑的放坡平台、坡顶；

(4) 坡体表面可根据基坑开挖深度、基坑暴露时间、土质条件等情况采取护坡措施，护坡可采取水泥砂浆、挂网砂浆、混凝土、钢筋混凝土等方式，也可采用压坡法；

(5) 边坡位于浜填土区域，应采用土体加固等措施后方可进行放坡开挖；

(6) 放坡开挖基坑的坡顶及放坡平台的施工荷载应符合设计要求。

【建筑地基基础工程施工规范：第 8.2.3 条】

4. 采用土钉支护、土层锚杆支护的基坑开挖应符合下列规定：

(1) 应在截水帷幕或排桩墙的强度和龄期满足设计要求后方可进行基坑开挖；

(2) 基坑开挖应和支护施工相协调，应提供土钉、土层锚杆成孔施工的工作面宽度，土方开挖和支护施工应形成循环作业；

(3) 基坑开挖应分层分段进行，每层开挖深度应根据土钉、土层锚杆施工作业面确定，并满足设计工况要求，每层分段长度不宜大于 30m；

(4) 每层每段开挖后应及时进行土钉、土层锚杆施工，缩短无支护暴露时间，上一层土钉支护、土层锚杆支护完成后的养护时间或强度满足设计要求后，方可开挖下一层土方。

【建筑地基基础工程施工规范：第 8.2.4 条】

5. 下层土方的开挖应在支撑达到设计要求后方可进行。挖土机械和车辆不得直接在支撑上行走或作业，严禁在底部已经挖空的支撑上行走或作业。

【建筑地基基础工程施工规范：第 8.2.6 条】

6. 采用盆式开挖的基坑应符合下列规定：

(1) 盆式开挖形成的盆状土体的平面位置和大小应根据支撑形式、围护墙变形控制要求、边坡稳定性、坑内加固与降水情况等因素确定，中部有支撑宜先完成中部支撑，再开挖盆边土体；

(2) 盆式开挖形成的边坡应符合本规范第 8.2.3 条的规定，且坡顶与围护墙的距离应满足设计要求；

(3) 盆边土方应分段、对称开挖，分段长度宜按照支撑布置形式确定，并限时设置支撑。

【建筑地基基础工程施工规范：第 8.2.8 条】

7. 采用岛式开挖的基坑应符合下列规定：

（1）岛式开挖形成的中部岛状土体的平面位置和大小应根据支撑布置形式、围护墙变形控制要求、边坡稳定性、坑内降水等因素确定；

（2）岛式开挖的边坡应符合本规范第 8.2.3 条的规定；

（3）基坑周边土方应分段、对称开挖。

【建筑地基基础工程施工规范：第 8.2.9 条】

8. 狭长形基坑开挖应符合下列规定：

（1）基坑土方应分层分区开挖，各区开挖至坑底后应及时施工垫层和基础底板；

（2）采用钢支撑时可采用纵向斜面分层分段开挖方法，斜面应设置多级边坡，其分层厚度、总坡度、各级边坡坡度、边坡平台宽度等应通过稳定性验算确定；

（3）每层每段开挖和支撑形成的时间应符合设计要求。

【建筑地基基础工程施工规范：第 8.2.10 条】

9. 采用逆作法、盖挖法等暗挖施工的基坑应符合下列规定：

（1）基坑开挖方法的确定应与主体结构设计、支护结构设计相协调，主体结构在施工期间的受力变形和不均匀沉降均应满足设计要求；

（2）应根据基坑设计工况、平面形状、结构特点、支护结构、土体加固、周边环境等情况设置取土口；

（3）主体结构兼作为取土平台和施工栈桥时，应根据施工荷载要求对主体结构进行复核计算和加固设计，施工设备荷载不应大于设计规定限值；

（4）面积较大的基坑，宜采用盆式开挖，先形成中部结构，再分块、对称、限时开挖周边土方和施工主体结构；

（5）施工机械及车辆尺寸应满足取土平台、作业及行驶区域的结构平面尺寸和净空高度要求；

（6）暗挖作业区域应采取通风照明的措施。

【建筑地基基础工程施工规范：第 8.2.11 条】

10. 饱和软土场地的基坑开挖应符合下列规定：

（1）挤土成桩的场地应在成桩休止一个月后待超孔隙水压消散后方可进行基坑开挖；

（2）基坑开挖应分层均衡开挖，分层厚度不应大于 1m。

【建筑地基基础工程施工规范：第 8.2.12 条】

1.6.3　岩石基坑开挖

1. 岩石的开挖宜采用爆破法，强风化的硬质岩石和中风化的软质岩石，在现场试验满足的条件下，也可采用机械开挖方式。

【建筑地基基础工程施工规范：第 8.3.3 条】

2. 爆破开挖宜先在基坑中间开槽爆破，再向基坑周边进行台阶式爆破开挖。在接近支护结构或坡脚附近的爆破开挖，应采取减小对基坑边坡岩体和支护结构影响的措施。爆破后的岩石坡面或基底，应采用机械修整。

【建筑地基基础工程施工规范：第 8.3.4 条】

3. 岩石基坑爆破参数可根据现场条件和当地经验确定，地质复杂或重要的基坑工程，宜通过试验确定爆破参数。单位体积耗药量宜取 0.3～0.8g/m^3，炮孔直径宜取 36～42mm。应根据岩体条件和爆破效果及时调整和优化爆破参数。

【建筑地基基础工程施工规范：第 8.3.6 条】

1.6.4　土方堆放与运输

1. 土方工程施工应进行土方平衡计算，应按土方运距最短、运程合理和各个工程项目的施工顺序做好调配，减少重复搬运，合理确定土方机械的作业线路、运输车辆的行走路线、弃土地点等。

【建筑地基基础工程施工规范：第 8.4.1 条】

2. 运输土方的车辆应用加盖车辆或采取覆盖措施。

【建筑地基基础工程施工规范：第 8.4.3 条】

3. 临时堆土的坡角至坑边距离应按挖坑深度、边坡坡度和土的类别确定。

【建筑地基基础工程施工规范：第 8.4.4 条】

4. 场地内临时堆土应经设计单位同意，并应采取相应的技术措施，合理确定堆土平面范围和高度。

【建筑地基基础工程施工规范：第 8.4.5 条】

1.6.5 基坑回填

1. 回填压实施工应符合下列规定：

(1) 轮（夯）迹应相互搭接，机械压实应控制行驶速度。

(2) 在建筑物转角、空间狭小等机械压实不能作业的区域，可采用人工压实的方法。

(3) 回填面积较大的区域，应采取分层、分块（段）回填压实的方法，各块（段）交界面应设置成斜坡形，辗迹应重叠 0.5～1.0m，填土施工时的分层厚度及压实遍数应符合表 8.5.6 的规定，上、下层交界面应错开，错开距离不应小于 1m。

表 8.5.6 填土施工时的分层厚度及压实遍数

压实机具	分层厚度（mm）	每层压实遍数
平碾	250～300	6～8
振动压实机	250～350	3～4
柴油打夯机	200～250	3～4
人工打夯	＜200	3～4

【建筑地基基础工程施工规范：第 8.5.6 条】

2. 基坑土方回填应符合下列规定：

(1) 基础外墙有防水要求的，应在外墙防水施工完毕且验收合格后方可回填，防水层外侧宜设置保护层；

(2) 基坑边坡或围护墙与基础外墙之间的土方回填，应与基础结构及基坑换撑施工工况保持一致，以回填作为基坑换撑的，应根据地下结构层数、设计工况分阶段进行土方回填，基坑设置混凝土或钢换撑带的，换撑带底部应采取保证回填密实的措施；

(3) 宜对称、均衡地进行土方回填；

(4) 回填较深的基坑，土方回填应控制降落高度。

【建筑地基基础工程施工规范：第 8.5.8 条】

1.7 边坡施工

1.7.1 一般规定

1. 土石方开挖应根据边坡的地质特性，采取自上而下、分段开挖的施工方法。

【建筑地基基础工程施工规范：第 9.1.2 条】

2. 边坡工程的临时性排水措施应满足地下水、雨水和施工用水等的排放要求，有条件时宜结合边坡工程的永久性排水措施进行。

【建筑地基基础工程施工规范：第 9.1.4 条】

3. 边坡工程应根据设计要求进行监测，并根据监测数据进行信息化施工。

【建筑地基基础工程施工规范：第 9.1.5 条】

1.7.2 喷锚支护

1. 锚杆施工应符合本规范第 6.10 节的规定。

【建筑地基基础工程施工规范：第 9.2.1 条】

2. 喷射混凝土施工应符合本规范第 6.8 节的规定，并应设置具有砂石反滤层的泄水管，泄水管直径不宜小于 100mm，间距不宜大于 3.0m。

【建筑地基基础工程施工规范：第 9.2.2 条】

3. 预应力锚杆的张拉和锁定应符合本规范第 6.10 节的规定，锚杆张拉与锁定作业均应有详细、完整的记录。

【建筑地基基础工程施工规范：第 9.2.3 条】

4. 锚杆张拉和锁定验收合格后，应对永久锚的锚头进行密封和防护处理。

【建筑地基基础工程施工规范：第 9.2.4 条】

5. 岩质边坡采用喷锚支护后，对局部不稳定块体尚应采取加强支护的措施。

【建筑地基基础工程施工规范：第 9.2.5 条】

6. Ⅲ类岩质边坡应采用逆作法施工，Ⅱ类岩质边坡可采用部分逆作法。

【建筑地基基础工程施工规范：第 9.2.6 条】

1.7.3 挡土墙

1. 挡墙排水孔孔径尺寸、排水坡度应符合设计要求，并应排水通畅，排水孔处墙后应设置反滤层。挡墙兼有防汛功能时，排水孔设置应有防止墙外水体倒灌的措施。

【建筑地基基础工程施工规范：第 9.3.2 条】

2. 挡墙垫层应分层施工，每层振捣密实后方可进行下一道工序施工。

【建筑地基基础工程施工规范：第 9.3.3 条】

3. 浆砌石材挡墙的砂浆应按照配合比使用机械拌制，运输及临时堆放过程中应减少水分散失，保持良好的和易性与粘结力。石材表面应清洁，上下面应平整，厚度不应小于 200mm。

【建筑地基基础工程施工规范：第 9.3.4 条】

4. 浆砌石材挡墙应采用坐浆法施工，除应符合现行国家标准《砌体结构工程施工质量验收规范》GB 50203 的规定外，尚应符合下列规定：

（1）砌筑前石材应洒水润湿，且不应留有积水；

（2）砂浆灰缝应饱满，严禁干砌，外露面应用砂浆勾缝，勾缝砂浆强度等级不应低于砌筑砂浆强度等级；

（3）应分层错缝砌筑；

（4）基底和墙趾台阶转折处不应有垂直通缝；

（5）相邻工作段间砌筑高差应小于1.2m；

（6）墙体砌筑到顶后，砌体顶面应及时用砂浆抹平；

（7）已砌筑完成的挡墙结构应定期浇水养护，养护期不应少于7d。

【建筑地基基础工程施工规范：第9.3.5条】

5. 混凝土挡墙施工除应符合现行国家标准《混凝土结构工程施工规范》GB50666的规定外，尚应符合下列规定：

（1）混凝土挡墙基础应按挡土墙分段，整段进行一次性浇灌；

（2）混凝土挡墙基础施工时，应预留墙身竖向钢筋，基础混凝土强度达到2.5MPa后安装墙身钢筋；

（3）墙身混凝土一次浇筑高度不宜大于4m；

（4）混凝土挡墙与基础的结合面应进行施工缝处理，浇灌墙身混凝土前，应在结合面上刷一层20～30mm厚与混凝土配合比相同的水泥砂浆；

（5）混凝土浇灌完成后，应及时洒水养护，养护时间不应少于7d。

【建筑地基基础工程施工规范：第9.3.7条】

6. 回填土施工应符合下列规定：

（1）回填施工时，混凝土挡墙强度应达到设计强度的70%，浆砌石材挡墙墙体的砂浆强度应达到设计强度的75%；

（2）应清除回填土中的杂物，回填土的选料及密实度应满足设计要求；

（3）回填时应先在墙前填土，然后在墙后填土；

（4）挡墙墙后地面的横坡坡度大于1∶6时，应进行处理后再填土；

（5）回填土应分层夯实，并应做好排水；

（6）扶壁式挡墙回填土宜对称施工，并应控制填土产生的不利影响。

【建筑地基基础工程施工规范：第9.3.9条】

1.7.4 边坡开挖

1. 放坡开挖施工应符合下列规定：

（1）应按先降低地下水位，然后开挖，再做坡面护理的工序进行施工；

（2）开挖前应校核开挖尺寸线，检查地面排水措施和降水场地的水位标高，符合要求后方可开挖；

（3）土方开挖应按先上后下的开挖顺序，分段、分层按设计要求开挖，分层、分段开挖尺寸应符合设计工况要求，开挖过程中应确保坡壁无超挖，坡面无虚土，坡面坡度与平整度应符合设计要求；

（4）黏性土分段开挖长度宜取 10～15m，分层开挖深度宜取 0.5～1.0m，砂土和碎石类土分段开挖长度宜取 5～10m，分层开挖深度宜取 0.3～0.5m，开挖时坡体土层宜预留 100～200mm 进行人工修坡；

（5）施工过程中应定时检查开挖的平面尺寸、竖向标高、坡面坡度、降水水位以及排水设施，并应随时巡视坡体周围的环境变化。

【建筑地基基础工程施工规范：第 9.4.5 条】

2. 放坡开挖施工的安全与防护应符合下列规定：

（1）边坡顶面应设置有效的安全围护措施，边坡场地内应设置人员及设备上下的坡道，严禁在坡壁掏坑攀登上下；

（2）边坡分段、分层开挖时，不得超挖，严禁负坡开挖；

（3）重型机械在坡顶边缘作业宜设置专门平台，土方运输车辆应在设计安全防护距离以外行驶，应限制坡顶周围有振动荷载作用；

（4）在人工和机械同时作业的场地，作业人员应在机械作业状态下的回转半径以外工作；

（5）土方开挖较深时应采取防止坡底土层隆起的措施；

（6）雨期或冬期施工时，应做好排水和防冻措施；

（7）土质及易风化的岩质坡壁，应根据土质条件、施工季节及边坡的使用时间对坡面和坡脚采取相应的保护措施。

【建筑地基基础工程施工规范：第 9.4.6 条】

3. 放坡开挖施工的排水措施应符合下列规定：

（1）边坡场地应向远离边坡方向形成排水坡势，并应沿边坡外围设置排水沟及截水沟，严禁地表水浸入坡体及冲刷坡面；

（2）边坡坡底和坡脚处应根据具体情况设置排水系统，坡底不得积水及冲刷坡脚；

（3）有台阶型的边坡，应在过渡平台上设置防渗排水沟；

（4）坡面有渗水时，应根据实际情况设置泄水孔确保坡体内不积水。

【建筑地基基础工程施工规范：第 9.4.7 条】

2 地下工程防水施工

本章内容摘自现行国家标准《地下工程防水技术规范》GB 50108—2008。

2.1 一般规定

1. 地下工程迎水面主体结构应采用防水混凝土，并应根据防水等级的要求采取其他防水措施。

【地下工程防水技术规范：第3.1.4条】

2. 地下工程的变形缝（诱导缝）、施工缝、后浇带、穿墙管（盒）、预埋件、预留通道接头、桩头等细部构造，应加强防水措施。

【地下工程防水技术规范：第3.1.5条】

3. 地下工程的排水管沟、地漏、出入口、窗井、风井等，应采取防倒灌措施；寒冷及严寒地区的排水沟应采取防冻措施。

【地下工程防水技术规范：第3.1.6条】

4. 地下工程的防水等级应分为四级，各等级防水标准应符合表3.2.1的规定。

表3.2.1 地下工程防水标准

防水等级	防水标准
一级	不允许渗水，结构表面无湿渍
二级	不允漏水，结构表面可有少量湿渍； 工业与民用建筑：总湿渍面积不应大于总防水面积（包括顶板、墙面、地面）的1/1000；任意100m^{2}防水面积上的湿渍不超过2处，单个湿渍的最大面积不大于0.1m^2； 其他地下工程：总湿渍面积不应大于总防水面积的2/1000；任意100m^{2}防水面积上的湿渍不超过3处，单个湿渍的最大面积不大于0.2m^2；其中，隧道工程还要求平均渗水量不大于0.05L/（m^2·d），任意100m^{2}防水面积上的渗水量不大于0.15L/（m^2·d）

续表 3.2.1

防水等级	防水标准
三级	有少量漏水点，不得有线流和漏泥砂； 任意 100m^2 防水面积上的漏水或湿渍点数不超过 7 处，单个漏水点的最大漏水量不大于 2.5L/d，单个湿渍的最大面积不大于 0.3m^2
四级	有漏水点，不得有线流和漏泥砂； 整个工程平均漏水量不大于 2L/（m^2·d）；任意 100m^2 防水面积上的平均漏水量不大于 4L/（m^2·d）

【地下工程防水技术规范：第 3.2.1 条】

5. 地下工程不同防水等级的适用范围，应根据工程的重要性和使用中对防水的要求按表 3.2.2 选定。

表 3.2.2 不同防水等级的适用范围

防水等级	适用范围
一级	人员长期停留的场所；因有少量湿渍会使物品变质、失效的贮物场所及严重影响设备正常运转和危及工程安全运营的部位；极重要的战备工程、地铁车站
二级	人员经常活动的场所；在有少量湿渍的情况下不会使物品变质、失效的贮物场所及基本不影响设备正常运转和工程安全运营的部位；重要的战备工程
三级	人员临时活动的场所；一般战备工程
四级	对渗漏水无严格要求的工程

【地下工程防水技术规范：第 3.2.2 条】

2.2　地下工程混凝土结构主体防水

2.2.1　防水混凝土

1. 防水混凝土可通过调整配合比，或掺加外加剂、掺合料等措施配制而成，其抗渗等级不得小于 P6。

【地下工程防水技术规范：第 4.1.1 条】

2. 防水混凝土的施工配合比应通过试验确定，试配混凝土的抗渗等级应比设计要求提高 0.2MPa。

【地下工程防水技术规范：第 4.1.2 条】

3. 防水混凝土应分层连续浇筑，分层厚度不得大于 500mm。

【地下工程防水技术规范：第 4.1.19 条】

4. 用于防水混凝土的模板应拼缝严密、支撑牢固。

【地下工程防水技术规范：第 4.1.20 条】

5. 防水混凝土拌合物应采用机械搅拌，搅拌时间不宜小于 2min。掺外加剂时，搅拌时间应根据外加剂的技术要求确定。

【地下工程防水技术规范：第 4.1.21 条】

6. 防水混凝土拌合物在运输后如出现离析，必须进行二次搅拌。当坍落度损失后不能满足施工要求时，应加入原水胶比的水泥浆或掺加同品种的减水剂进行搅拌，严禁直接加水。

【地下工程防水技术规范：第 4.1.22 条】

7. 防水混凝土应采用机械振捣，避免漏振、欠振和超振。

【地下工程防水技术规范：第 4.1.23 条】

8. 防水混凝土应连续浇筑，宜少留施工缝。当留设施工缝时，应符合下列规定：

(1) 墙体水平施工缝不应留在剪力最大处或底板与侧墙的交接处，应留在高出底板表面不小于 300mm 的墙体上。拱（板）墙结合的水平施工缝，宜留在拱（板）墙接缝线以下 150～300mm 处。墙体有预留孔洞时，施工缝距孔洞边缘不应小于 300mm。

(2) 垂直施工缝应避开地下水和裂隙水较多的地段，并宜与变形缝相结合。

【地下工程防水技术规范：第 4.1.24 条】

9. 施工缝的施工应符合下列规定：

(1) 水平施工缝浇筑混凝土前，应将其表面浮浆和杂物清除，然后铺设净浆或涂刷混凝土界面处理剂、水泥基渗透结晶型

防水涂料等材料，再铺 30～50mm 厚的 1∶1 水泥砂浆，并应及时浇筑混凝土；

（2）垂直施工缝浇筑混凝土前，应将其表面清理干净，再涂刷混凝土界面处理剂或水泥基渗透结晶型防水涂料，并应及时浇筑混凝土；

（3）遇水膨胀止水条（胶）应与接缝表面密贴；

（4）选用的遇水膨胀止水条（胶）应具有缓胀性能，7d 的净膨胀率不宜大于最终膨胀率的 60%，最终膨胀率宜大于 220%；

（5）采用中埋式止水带或预埋式注浆管时，应定位准确、固定牢靠。

【地下工程防水技术规范：第 4.1.26 条】

10. 大体积防水混凝土的施工，应符合下列规定：

（1）在设计许可的情况下，掺粉煤灰混凝土设计强度等级的龄期宜为 60d 或 90d。

（2）宜选用水化热低和凝结时间长的水泥。

（3）宜掺入减水剂、缓凝剂等外加剂和粉煤灰、磨细矿渣粉等掺合料。

（4）炎热季节施工时，应采取降低原材料温度、减少混凝土运输时吸收外界热量等降温措施，入模温度不应大于 30℃。

（5）混凝土内部预埋管道，宜进行水冷散热。

（6）应采取保温保湿养护。混凝土中心温度与表面温度的差值不应大于 25℃，表面温度与大气温度的差值不应大于 20℃，温降梯度不得大于 3℃/d，养护时间不应少于 14d。

【地下工程防水技术规范：第 4.1.27 条】

11. 防水混凝土结构内部设置的各种钢筋或绑扎铁丝，不得接触模板。用于固定模板的螺栓必须穿过混凝土结构时，可采用工具式螺栓或螺栓加堵头，螺栓上应加焊方形止水环。拆模后应将留下的凹槽用密封材料封堵密实，并应用聚合物水泥砂浆抹平（图 4.1.28）。

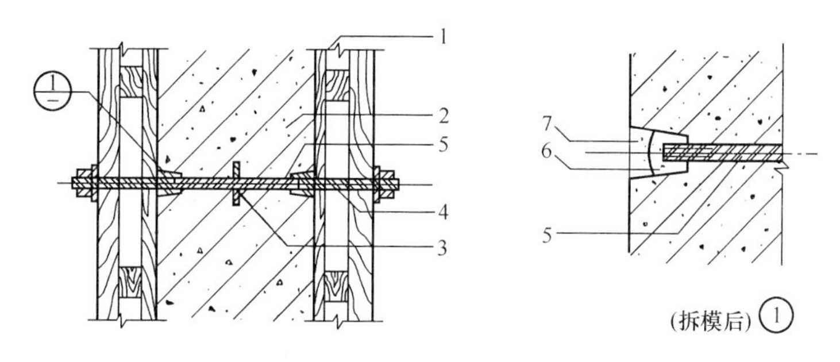

图 4.1.28 固定模板用螺栓的防水构造

1—模板；2—结构混凝土；3—止水环；4—工具式螺栓；
5—固定模板用螺栓；6—密封材料；7—聚合物水泥砂浆

【地下工程防水技术规范：第 4.1.28 条】

12. 防水混凝土终凝后应立即进行养护，养护时间不得少于 14d。

【地下工程防水技术规范：第 4.1.29 条】

2.2.2 水泥砂浆防水层

1. 防水砂浆应包括聚合物水泥防水砂浆、掺外加剂或掺合料的防水砂浆，宜采用多层抹压法施工。

【地下工程防水技术规范：第 4.2.1 条】

2. 水泥砂浆防水层可用于地下工程主体结构的迎水面或背水面，不应用于受持续振动或温度高于 80℃的地下工程防水。

【地下工程防水技术规范：第 4.2.2 条】

3. 水泥砂浆防水层应在基础垫层、初期支护、围护结构及内衬结构验收合格后施工。

【地下工程防水技术规范：第 4.2.3 条】

4. 基层表面应平整、坚实、清洁，并应充分湿润、无明水。

【地下工程防水技术规范：第 4.2.9 条】

5. 基层表面的孔洞、缝隙，应采用与防水层相同的防水砂浆堵塞并抹平。

【地下工程防水技术规范：第 4.2.10 条】

6. 施工前应将预埋件、穿墙管预留凹槽内嵌填密封材料后，再施工水泥砂浆防水层。

【地下工程防水技术规范：第 4.2.11 条】

7. 水泥砂浆防水层应分层铺抹或喷射，铺抹时应压实、抹平，最后一层表面应提浆压光。

【地下工程防水技术规范：第 4.2.13 条】

8. 聚合物水泥防水砂浆拌合后应在规定时间内用完，施工中不得任意加水。

【地下工程防水技术规范：第 4.2.14 条】

9. 水泥砂浆防水层各层应紧密粘合，每层宜连续施工；必须留设施工缝时，应采用阶梯坡形槎，但离阴阳角处的距离不得小于 200mm。

【地下工程防水技术规范：第 4.2.15 条】

10. 水泥砂浆防水层不得在雨天、五级及以上大风中施工。冬期施工时，气温不应低于 5℃。夏季不宜在 30℃以上或烈日照射下施工。

【地下工程防水技术规范：第 4.2.16 条】

2.2.3　卷材防水层

1. 卷材防水层宜用于经常处在地下水环境，且受侵蚀性介质作用或受振动作用的地下工程。

【地下工程防水技术规范：第 4.3.1 条】

2. 卷材防水层应铺设在混凝土结构的迎水面。

【地下工程防水技术规范：第 4.3.2 条】

3. 卷材防水层用于建筑物地下室时，应铺设在结构底板垫层至墙体防水设防高度的结构基面上；用于单建式的地下工程时，应从结构底板垫层铺设至顶板基面，并应在外围形成封闭的防水层。

【地下工程防水技术规范：第 4.3.3 条】

2.2.4 涂料防水层

1. 涂料防水层应包括无机防水涂料和有机防水涂料。无机防水涂料可选用掺外加剂、掺合料的水泥基防水涂料、水泥基渗透结晶型防水涂料。有机防水涂料可选用反应型、水乳型、聚合物水泥等涂料。

【地下工程防水技术规范：第 4.4.1 条】

2. 无机防水涂料宜用于结构主体的背水面，有机防水涂料宜用于地下工程主体结构的迎水面，用于背水面的有机防水涂料应具有较高的抗渗性，且与基层有较好的粘结性。

【地下工程防水技术规范：第 4.4.2 条】

3. 采用有机防水涂料时，基层阴阳角应做成圆弧形，阴角直径宜大于 50mm，阳角直径宜大于 10mm，在底板转角部位应增加胎体增强材料，并应增涂防水涂料。

【地下工程防水技术规范：第 4.4.4 条】

4. 掺外加剂、掺合料的水泥基防水涂料厚度不得小于 3.0mm；水泥基渗透结晶型防水涂料的用量不应小于 1.5kg/m^2，且厚度不应小于 1.0mm；有机防水涂料的厚度不得小于 1.2mm。

【地下工程防水技术规范：第 4.4.6 条】

5. 无机防水涂料基层表面应干净、平整、无浮浆和明显积水。

【地下工程防水技术规范：第 4.4.9 条】

6. 有机防水涂料基层表面应基本干燥，不应有气孔、凹凸不平、蜂窝麻面等缺陷。涂料施工前，基层阴阳角应做成圆弧形。

【地下工程防水技术规范：第 4.4.10 条】

7. 涂料防水层严禁在雨天、雾天、五级及以上大风时施工，不得在施工环境温度低于 5℃及高于 35℃或烈日暴晒时施工。涂膜固化前如有降雨可能时，应及时做好已完涂层的保护工作。

【地下工程防水技术规范：第 4.4.11 条】

8. 有机防水涂料施工完后应及时做保护层，保护层应符合下列规定：

（1）底板、顶板应采用20mm厚1∶2.5水泥砂浆层和40～50mm厚的细石混凝土保护层，防水层与保护层之间宜设置隔离层；

（2）侧墙背水面保护层应采用20mm厚1∶2.5水泥砂浆；

（3）侧墙迎水面保护层宜选用软质保护材料或20mm厚1∶2.5水泥砂浆。

【地下工程防水技术规范：第4.4.15条】

2.2.5　塑料防水板防水层

1. 塑料防水板防水层宜铺设在复合式衬砌的初期支护和二次衬砌之间。

【地下工程防水技术规范：第4.5.2条】

2. 塑料防水板防水层宜在初期支护结构趋于基本稳定后铺设。

【地下工程防水技术规范：第4.5.3条】

3. 塑料防水板防水层应牢固地固定在基面上，固定点的间距应根据基面平整情况确定，拱部宜为0.5～0.8m、边墙宜为1.0～1.5m、底部宜为1.5～2.0m。局部凹凸较大时，应在凹处加密固定点。

【地下工程防水技术规范：第4.5.6条】

4. 塑料防水板防水层的基面应平整、无尖锐突出物；基面平整度D/L不应大于1/6。

注：D为初期支护基面相邻两凸面间凹进去的深度，L为初期支护基面相邻两凸面间的距离。

【地下工程防水技术规范：第4.5.11条】

5. 铺设塑料防水板前应先铺缓冲层，缓冲层应采用暗钉圈固定在基面上（图4.5.12）。钉距应符合本规范第4.5.6条的规定。

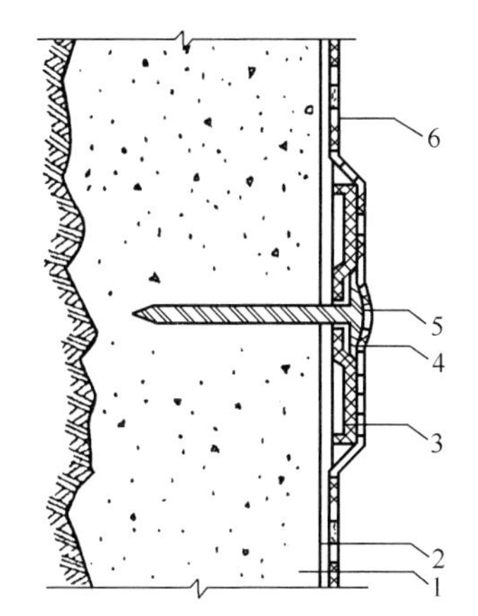

图 4.5.12 暗钉圈固定缓冲层

1—初期支护；2—缓冲层；3—热塑性暗钉圈；4—金属垫圈；
5—射钉；6—塑料防水板

【地下工程防水技术规范：第 4.5.12 条】

6. 塑料防水板的铺设应符合下列规定：

（1）铺设塑料防水板时，宜由拱顶向两侧展铺，并应边铺边用压焊机将塑料板与暗钉圈焊接牢靠，不得有漏焊、假焊和焊穿现象。两幅塑料防水板的搭接宽度不应小于 100mm。搭接缝应为热熔双焊缝，每条焊缝的有效宽度不应小于 10mm；

（2）环向铺设时，应先拱后墙，下部防水板应压住上部防水板；

（3）塑料防水板铺设时宜设置分区预埋注浆系统；

（4）分段设置塑料防水板防水层时，两端应采取封闭措施。

【地下工程防水技术规范：第 4.5.13 条】

7. 接缝焊接时，塑料板的搭接层数不得超过三层。

【地下工程防水技术规范：第 4.5.14 条】

8. 塑料防水板铺设时应少留或不留接头，当留设接头时，应对接头进行保护。再次焊接时应将接头处的塑料防水板擦拭干净。

【地下工程防水技术规范：第 4.5.15 条】

9. 铺设塑料防水板时，不应绷得太紧，宜根据基面的平整度留有充分的余地。

【地下工程防水技术规范：第 4.5.16 条】

10. 防水板的铺设应超前混凝土施工，超前距离宜为 5～20m，并应设临时挡板防止机械损伤和电火花灼伤防水板。

【地下工程防水技术规范：第 4.5.17 条】

11. 二次衬砌混凝土施工时应符合下列规定：

（1）绑扎、焊接钢筋时应采取防刺穿、灼伤防水板的措施；

（2）混凝土出料口和振捣棒不得直接接触塑料防水板。

【地下工程防水技术规范：第 4.5.18 条】

12. 塑料防水板防水层铺设完毕后，应进行质量检查，并应在验收合格后进行下道工序的施工。

【地下工程防水技术规范：第 4.5.19 条】

2.2.6　金属防水层

1. 金属板的拼接应采用焊接，拼接焊缝应严密。竖向金属板的垂直接缝，应相互错开。

【地下工程防水技术规范：第 4.6.2 条】

2. 主体结构内侧设置金属防水层时，金属板应与结构内的钢筋焊牢，也可在金属防水层上焊接一定数量的锚固件（图 4.6.3）。

【地下工程防水技术规范：第 4.6.3 条】

3. 主体结构外侧设置金属防水层时，金属板应焊在混凝土结构的预埋件上。金属板经焊缝检查合格后，应将其与结构间的空隙用水泥砂浆灌实（图 4.6.4）。

【地下工程防水技术规范：第 4.6.4 条】

4. 金属板防水层应用临时支撑加固。金属板防水层底板上应预留浇捣孔，并应保证混凝土浇筑密实，待底板混凝土浇筑完后应补焊严密。

【地下工程防水技术规范：第 4.6.5 条】

5. 金属板防水层如先焊成箱体，再整体吊装就位时，应在

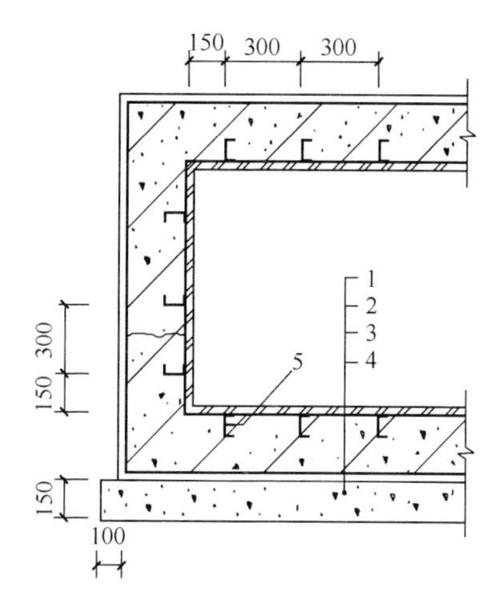

图 4.6.3　金属板防水层

1—金属板；2—主体结构；3—防水砂浆；

4—垫层；5—锚固筋

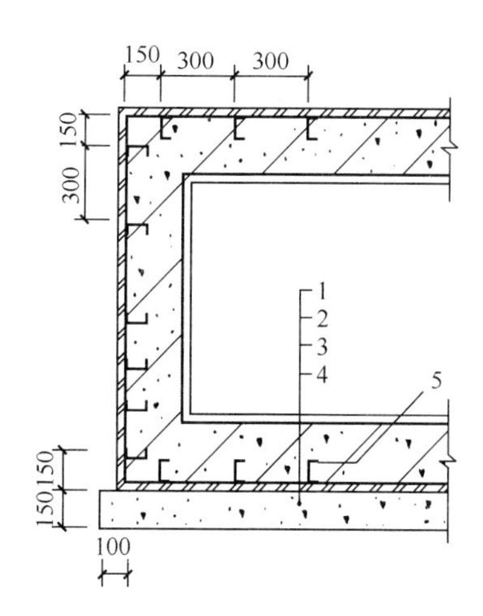

图 4.6.4　金属板防水层

1—防水砂浆；2—主体结构；3—金属板；

4—垫层；5—锚固筋

其内部加设临时支撑。

【地下工程防水技术规范：第4.6.6条】

6. 金属板防水层应采取防锈措施。

【地下工程防水技术规范：第4.6.7条】

2.2.7　膨润土防水材料防水层

1. 膨润土防水材料防水层应用于pH值为4～10的地下环境，含盐量较高的地下环境应采用经过改性处理的膨润土，并应经检测合格后使用。

【地下工程防水技术规范：第4.7.2条】

2. 铺设膨润土防水材料防水层的基层混凝土强度等级不得小于C15，水泥砂浆强度等级不得低于M7.5。

【地下工程防水技术规范：第4.7.4条】

3. 阴、阳角部位应做成直径不小于30mm的圆弧或30mm×30mm的坡角。

【地下工程防水技术规范：第4.7.5条】

4. 变形缝、后浇带等接缝部位应设置宽度不小于500mm的加强层，加强层应设置在防水层与结构外表面之间。

【地下工程防水技术规范：第4.7.6条】

5. 穿墙管件部位宜采用膨润土橡胶止水条、膨润土密封膏或膨润土粉进行加强处理。

【地下工程防水技术规范：第4.7.7条】

6. 膨润土防水材料应采用水泥钉和垫片固定。立面和斜面上的固定间距宜为400～500mm，平面上应在搭接缝处固定。

【地下工程防水技术规范：第4.7.11条】

7. 膨润土防水毯的织布面应与结构外表面或底板垫层混凝土密贴；膨润土防水板的膨润土面应与结构外表面或底板垫层密贴。

【地下工程防水技术规范：第4.7.12条】

8. 膨润土防水材料应采用搭接法连接，搭接宽度应大于

100mm。搭接部位的固定位置距搭接边缘的距离宜为 25～30mm，搭接处应涂膨润土密封膏。平面搭接缝可干撒膨润土颗粒，用量宜为 0.3～0.5kg/m。

【地下工程防水技术规范：第 4.7.13 条】

9. 立面和斜面铺设膨润土防水材料时，应上层压着下层，卷材与基层、卷材与卷材之间应密贴，并应平整无褶皱。

【地下工程防水技术规范：第 4.7.14 条】

10. 甩槎与下幅防水材料连接时，应将收口压板、临时保护膜等去掉，并应将搭接部位清理干净，涂抹膨润土密封膏，然后搭接固定。

【地下工程防水技术规范：第 4.7.16 条】

11. 膨润土防水材料的永久收口部位应用收口压条和水泥钉固定，并应用膨润土密封膏覆盖。

【地下工程防水技术规范：第 4.7.17 条】

12. 膨润土防水材料与其他防水材料过渡时，过渡搭接宽度应大于 400mm，搭接范围内应涂抹膨润土密封膏或铺撒膨润土粉。

【地下工程防水技术规范：第 4.7.18 条】

13. 破损部位应采用与防水层相同的材料进行修补，补丁边缘与破损部位边缘的距离不应小于 100mm；膨润土防水板表面膨润土颗粒损失严重时应涂抹膨润土密封膏。

【地下工程防水技术规范：第 4.7.19 条】

2.2.8　地下工程种植顶板防水

1. 地下工程种植顶板的防水等级应为一级。

【地下工程防水技术规范：第 4.8.1 条】

2. 地下工程种植顶板结构应符合下列规定：

（1）种植顶板应为现浇防水混凝土，结构找坡，坡度宜为 1%～2%；

（2）种植顶板厚度不应小于 250mm，最大裂缝宽度不应大于 0.2mm，并不得贯通；

(3) 种植顶板的结构荷载设计应按国家现行标准《种植屋面工程技术规程》JGJ 155 的有关规定执行。

【地下工程防水技术规范：第 4.8.3 条】

3. 原有建筑不能满足绿化防水要求时，应进行防水改造。加设的绿化工程不得破坏原有防水层及其保护层。

【地下工程防水技术规范：第 4.8.13 条】

4. 防水层下不得埋设水平管线。垂直穿越的管线应预埋套管，套管超过种植土的高度应大于 150mm。

【地下工程防水技术规范：第 4.8.14 条】

5. 变形缝应作为种植分区边界，不得跨缝种植。

【地下工程防水技术规范：第 4.8.15 条】

6. 种植顶板的泛水部位应采用现浇钢筋混凝土，泛水处防水层高出种植土应大于 250mm。

【地下工程防水技术规范：第 4.8.16 条】

7. 泛水部位、水落口及穿顶板管道四周宜设置 200～300mm 宽的卵石隔离带。

【地下工程防水技术规范：第 4.8.17 条】

2.3　地下工程混凝土结构细部构造防水

2.3.1　变形缝

1. 用于伸缩的变形缝宜少设，可根据不同的工程结构类别、工程地质情况采用后浇带、加强带、诱导缝等替代措施。

【地下工程防水技术规范：第 5.1.2 条】

2. 变形缝处混凝土结构的厚度不应小于 300mm。

【地下工程防水技术规范：第 5.1.3 条】

3. 中埋式止水带施工应符合下列规定：

(1) 止水带埋设位置应准确，其中间空心圆环应与变形缝的中心线重合；

(2) 止水带应固定，顶、底板内止水带应成盆状安设；

(3) 中埋式止水带先施工一侧混凝土时，其端模应支撑牢固，并应严防漏浆；

(4) 止水带的接缝宜为一处，应设在边墙较高位置上，不得设在结构转角处，接头宜采用热压焊接；

(5) 中埋式止水带在转弯处应做成圆弧形，(钢边) 橡胶止水带的转角半径不应小于 200mm，转角半径应随止水带的宽度增大而相应加大。

【地下工程防水技术规范：第 5.1.10 条】

4. 安设于结构内侧的可卸式止水带施工时应符合下列规定；

(1) 所需配件应一次配齐；

(2) 转角处应做成 45°折角，并应增加紧固件的数量。

【地下工程防水技术规范：第 5.1.11 条】

5. 密封材料嵌填施工时，应符合下列规定：

(1) 缝内两侧基面应平整干净、干燥，并应刷涂与密封材料相容的基层处理剂；

(2) 嵌缝底部应设置背衬材料；

(3) 嵌填应密实连续、饱满，并应粘结牢固。

【地下工程防水技术规范：第 5.1.13 条】

6. 在缝表面粘贴卷材或涂刷涂料前，应在缝上设置隔离层。卷材防水层、涂料防水层的施工应符合本规范第 4.3 和 4.4 节的有关规定。

【地下工程防水技术规范：第 5.1.14 条】

2.3.2 后浇带

1. 后浇带宜用于不允许留设变形缝的工程部位。

【地下工程防水技术规范：第 5.2.1 条】

2. 后浇带应采用补偿收缩混凝土浇筑，其抗渗和抗压强度等级不应低于两侧混凝土。

【地下工程防水技术规范：第 5.2.3 条】

3. 补偿收缩混凝土的配合比除应符合本规范第 4.1.16 条的

规定外，尚应符合下列要求：

（1）膨胀剂掺量不宜大于12%；

（2）膨胀剂掺量应以胶凝材料总量的百分比表示。

【地下工程防水技术规范：第5.2.9条】

4. 后浇带混凝土施工前，后浇带部位和外贴式止水带应防止落入杂物和损伤外贴止水带。

【地下工程防水技术规范：第5.2.10条】

5. 后浇带两侧的接缝处理应符合本规范第4.1.26条的规定。

【地下工程防水技术规范：第5.2.11条】

6. 采用膨胀剂拌制补偿收缩混凝土时，应按配合比准确计量。

【地下工程防水技术规范：第5.2.12条】

7. 后浇带混凝土应一次浇筑，不得留设施工缝；混凝土浇筑后应及时养护，养护时间不得少于28d。

【地下工程防水技术规范：第5.2.13条】

2.3.3　穿墙管（盒）

1. 穿墙管（盒）应在浇筑混凝土前预埋。

【地下工程防水技术规范：第5.3.1条】

2. 穿墙管与内墙角、凹凸部位的距离应大于250mm。

【地下工程防水技术规范：第5.3.2条】

3. 穿墙管防水施工时应符合下列要求：

（1）金属止水环应与主管或套管满焊密实，采用套管式穿墙防水构造时，翼环与套管应满焊密实，并应在施工前将套管内表面清理干净；

（2）相邻穿墙管间的间距应大于300mm；

（3）采用遇水膨胀止水圈的穿墙管，管径宜小于50mm，止水圈应采用胶粘剂满粘固定于管上，并应涂缓胀剂或采用缓胀型遇水膨胀止水圈。

【地下工程防水技术规范：第5.3.5条】

4. 穿墙管伸出外墙的部位，应采取防止回填时将管体损坏的措施。

【地下工程防水技术规范：第 5.3.8 条】

2.3.4 埋设件

1. 结构上的埋设件应采用预埋或预留孔（槽）等。

【地下工程防水技术规范：第 5.4.1 条】

2. 埋设件端部或预留孔（槽）底部的混凝土厚度不得小于 250mm，当厚度小于 250mm 时，应采取局部加厚或其他防水措施（图 5.4.2）。

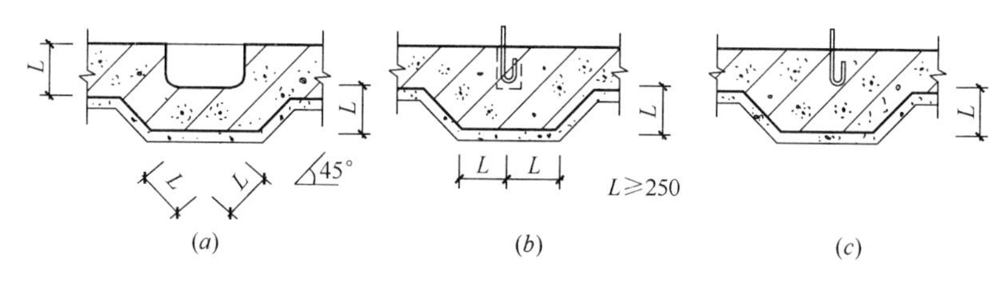

图 5.4.2 预埋件或预留孔（槽）处理

(a) 预留槽；(b) 预留孔；(c) 预埋件

【地下工程防水技术规范：第 5.4.2 条】

3. 预留孔（槽）内的防水层，宜与孔（槽）外的结构防水层保持连续。

【地下工程防水技术规范：第 5.4.3 条】

2.3.5 预留通道接头

1. 预留通道接头处的最大沉降差值不得大于 30mm。

【地下工程防水技术规范：第 5.5.1 条】

2. 预留通道接头的防水施工应符合下列规定：

（1）中埋式止水带、遇水膨胀橡胶条（胶）、预埋注浆管、密封材料、可卸式止水带的施工应符合本规范第 5.1 节的有关规定；

（2）预留通道先施工部位的混凝土、中埋式止水带和防水相关的预埋件等应及时保护，并应确保端部表面混凝土和中埋式止水带清洁，埋设件不得锈蚀；

（3）采用图 5.5.2-1 的防水构造时，在接头混凝土施工前应将先浇混凝土端部表面凿毛，露出钢筋或预埋的钢筋接驳器钢板，与待浇混凝土部位的钢筋焊接或连接好后再行浇筑；

（4）当先浇混凝土中未预埋可卸式止水带的预埋螺栓时，可选用金属或尼龙的膨胀螺栓固定可卸式止水带。采用金属膨胀螺栓时，可选用不锈钢材料或用金属涂膜、环氧涂料等涂层进行防锈处理。

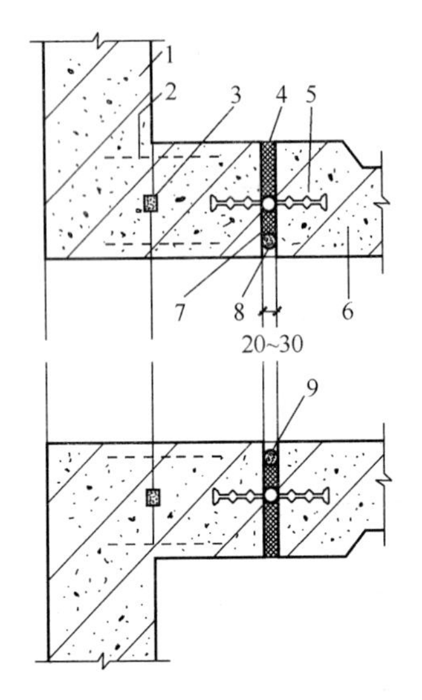

图 5.5.2-1　预留通道接头防水构造（一）

1—先浇混凝土结构；2—连接钢筋；3—遇水膨胀止水条（胶）；
4—填缝材料；5—中埋式止水带；6—后浇混凝土结构；
7—遇水膨胀橡胶条（胶）；8—密封材料；9—填充材料

【地下工程防水技术规范：第 5.5.3 条】

2.3.6　桩头

1. 桩头防水设计应符合下列规定：

(1) 桩头所用防水材料应具有良好的粘结性、湿固化性；

(2) 桩头防水材料应与垫层防水层连为一体。

【地下工程防水技术规范：第5.6.1条】

2. 桩头防水施工应符合下列规定：

(1) 应按设计要求将桩顶剔凿至混凝土密实处，并应清洗干净；

(2) 破桩后如发现渗漏水，应及时采取堵漏措施；

(3) 涂刷水泥基渗透结晶型防水涂料时，应连续、均匀，不得少涂或漏涂，并应及时进行养护；

(4) 采用其他防水材料时，基面应符合施工要求；

(5) 应对遇水膨胀止水条（胶）进行保护。

【地下工程防水技术规范：第5.6.2条】

2.3.7 孔口

1. 地下工程通向地面的各种孔口应采取防地面水倒灌的措施。人员出入口高出地面的高度宜为500mm，汽车出入口设置明沟排水时，其高度宜为150mm，并应采取防雨措施。

【地下工程防水技术规范：第5.7.1条】

2. 无论地下水位高低，窗台下部的墙体和底板应做防水层。

【地下工程防水技术规范：第5.7.4条】

3. 窗井内的底板，应低于窗下缘300mm。窗井墙高出地面不得小于500mm。窗井外地面应做散水，散水与墙面间应采用密封材料嵌填。

【地下工程防水技术规范：第5.7.5条】

4. 通风口应与窗井同样处理，竖井窗下缘离室外地面高度不得小于500mm。

【地下工程防水技术规范：第5.7.6条】

2.3.8 坑、池

坑、池、储水库宜采用防水混凝土整体浇筑，内部应设防水层。受振动作用时应设柔性防水层。

【地下工程防水技术规范：第5.8.1条】

2.4　地下工程排水

1. 隧道、坑道工程应采用贴壁式衬砌，对防水防潮要求较高的工程应采用复合式衬砌，也可采用离壁式衬砌或衬套。

【地下工程防水技术规范：第6.1.3条】

2. 纵向盲沟铺设前，应将基坑底铲平，并应按设计要求铺设碎砖（石）混凝土层。

【地下工程防水技术规范：第6.4.1条】

3. 集水管应放置在过滤层中间。

【地下工程防水技术规范：第6.4.2条】

4. 盲管应采用塑料（无纺布）带、水泥钉等固定在基层上，固定点拱部间距宜为300～500mm，边墙宜为1000～1200mm，在不平处应增加固定点。

【地下工程防水技术规范：第6.4.3条】

5. 环向盲管宜整条铺设，需要有接头时，宜采用与盲管相配套的标准接头及标准三通连接。

【地下工程防水技术规范：第6.4.4条】

6. 铺设于贴壁式衬砌、复合式衬砌隧道或坑道中的盲沟（管），在浇灌混凝土前，应采用无纺布包裹。

【地下工程防水技术规范：第6.4.5条】

7. 无砂混凝土管连接时，可采用套接或插接，连接应牢固，不得扭曲变形和错位。

【地下工程防水技术规范：第6.4.6条】

8. 隧道或坑道内的排水明沟及离壁式衬砌夹层内的排水沟断面，应符合设计要求，排水沟表面应平整、光滑。

【地下工程防水技术规范：第6.4.7条】

9. 不同沟、槽、管应连接牢固，必要时可外加无纺布包裹。

【地下工程防水技术规范：第6.4.8条】

2.5　注 浆 防 水

1. 注浆实施前应符合下列规定：

(1) 预注浆前先施作的止浆墙（垫），注浆时应达到设计强度；

(2) 回填注浆应在衬砌混凝土达到设计强度后进行；

(3) 衬砌后围岩注浆应在回填注浆固结体强度达到70%后进行。

【地下工程防水技术规范：第7.1.3条】

2. 注浆孔数量、布置间距、钻孔深度除应符合设计要求外，尚应符合下列规定：

(1) 注浆孔深小于10m时，孔位最大允许偏差应为100mm，钻孔偏斜率最大允许偏差应为1%；

(2) 注浆孔深大于10m时，孔位最大允许偏差应为50mm，钻孔偏斜率最大允许偏差应为0.5%

【地下工程防水技术规范：第7.4.1条】

3. 回填注浆时，对岩石破碎、渗漏水量较大的地段，宜在衬砌与围岩间采用定量、重复注浆法分段设置隔水墙。

【地下工程防水技术规范：第7.4.4条】

4. 回填注浆、衬砌后围岩注浆施工顺序，应符合下列规定：

(1) 应沿工程轴线由低到高，由下往上，从少水处到多水处；

(2) 在多水地段，应先两头，后中间；

(3) 对竖井应由上往下分段注浆，在本段内应从下往上注浆。

【地下工程防水技术规范：第7.4.5条】

5. 注浆过程中应加强监测，当发生围岩或衬砌变形、堵塞排水系统、窜浆、危及地面建筑物等异常情况时，可采取下列措施：

(1) 降低注浆压力或采用间歇注浆，直到停止注浆；

(2) 改变注浆材料或缩短浆液凝胶时间；

（3）调整注浆实施方案。

【地下工程防水技术规范：第7.4.6条】

6. 单孔注浆结束的条件，应符合下列规定：

（1）预注浆各孔段均应达到设计要求并应稳定10min，且进浆速度应为开始进浆速度的1/4或注浆量达到设计注浆量的80%；

（2）衬砌后回填注浆及围岩注浆应达到设计终压；

（3）其他各类注浆，应满足设计要求。

【地下工程防水技术规范：第7.4.7条】

7. 预注浆和衬砌后围岩注浆结束前，应在分析资料的基础上，采取钻孔取芯法对注浆效果进行检查，必要时应进行压（抽）水试验。当检查孔的吸水量大于1.0L/min·m时，应进行补充注浆。

【地下工程防水技术规范：第7.4.8条】

8. 注浆结束后，应将注浆孔及检查孔封填密实。

【地下工程防水技术规范：第7.4.9条】

2.6 特殊施工法的结构防水

2.6.1 地下连续墙

1. 地下连续墙应根据工程要求和施工条件划分单元槽段，宜减少槽段数量。墙体幅间接缝应避开拐角部位。

【地下工程防水技术规范：第8.3.1条】

2. 地下连续墙用作主体结构时，应符合下列规定：

（1）单层地下连续墙不应直接用于防水等级为一级的地下工程墙体。单墙用于地下工程墙体时，应使用高分子聚合物泥浆护壁材料。

（2）墙的厚度宜大于600mm。

（3）应根据地质条件选择护壁泥浆及配合比，遇有地下水含盐或受化学污染时，泥浆配合比应进行调整。

（4）单元槽段整修后墙面平整度的允许偏差不宜大于 50mm。

（5）浇筑混凝土前应清槽、置换泥浆和清除沉渣，沉渣厚度不应大于 100mm，并应将接缝面的泥皮、杂物清理干净。

（6）钢筋笼浸泡泥浆时间不应超过 10h，钢筋保护层厚度不应小于 70mm。

（7）幅间接缝应采用工字钢或十字钢板接头，锁口管应能承受混凝土浇筑时的侧压力，浇筑混凝土时不得发生位移和混凝土绕管。

（8）胶凝材料用量不应少于 400kg/m^3，水胶比应小于 0.55，坍落度不得小于 180mm，石子粒径不宜大于导管直径的 1/8。浇筑导管埋入混凝土深度宜为 1.5～3m，在槽段端部的浇筑导管与端部的距离宜为 1～1.5m，混凝土浇筑应连续进行。冬期施工时应采取保温措施，墙顶混凝土未达到设计强度 50%时，不得受冻。

（9）支撑的预埋件应设置止水片或遇水膨胀止水条（胶），支撑部位及墙体的裂缝、孔洞等缺陷应采用防水砂浆及时修补；墙体幅间接缝如有渗漏，应采用注浆、嵌填弹性密封材料等进行防水处理，并应采取引排措施。

（10）底板混凝土应达到设计强度后方可停止降水，并应将降水井封堵密实。

（11）墙体与工程顶板、底板、中楼板的连接处均应凿毛，并应清洗干净，同时应设置 1～2 道遇水膨胀止水条（胶），接驳器处宜喷涂水泥基渗透结晶型防水涂料或涂抹聚合物水泥防水砂浆。

【地下工程防水技术规范：第 8.3.2 条】

3. 地下连续墙与内衬构成的复合式衬砌，应符合下列规定；

应用作防水等级为一、二级的工程；

（1）应根据基坑基础形式、支撑方式内衬构造特点选择防水层；

（2）墙体施工应符合本规范第 8.3.2 条第 3～10 款的规定，并应按设计规定对墙面、墙缝渗漏水进行处理，并应在基面找平满足设计要求后施工防水层及浇筑内衬混凝土；

（3）内衬墙应采用防水混凝土浇筑，施工缝、变形缝和诱导缝的防水措施应按本规范表 3.3.1-1 选用，并应与地下连续墙墙缝互相错开。施工要求应符合本规范第 4.1 和 5.1 节的有关规定。

【地下工程防水技术规范：第 8.3.3 条】

4. 地下连续墙作为围护并与内衬墙构成叠合结构时，其抗渗等级要求可比本规范第 4.1.4 条规定的抗渗等级降低一级；地下连续墙与内衬墙构成分离式结构时，可不要求地下连续墙的混凝土抗渗等级。

【地下工程防水技术规范：第 8.3.4 条】

2.6.2　逆筑结构

1. 直接采用地下连续墙作围护的逆筑结构，应符合本规范第 8.3.1 和 8.3.2 条的规定。

【地下工程防水技术规范：第 8.4.1 条】

2. 采用桩基支护逆筑法施工时，应符合下列规定：

（1）应用于各防水等级的工程；

（2）侧墙水平、垂直施工缝，应采取二道防水措施；

（3）逆筑施工缝、底板、底板与桩头的接缝做法应符合本规范第 8.4.2 条第 3、4 款的规定。

【地下工程防水技术规范：第 8.4.3 条】

2.6.3　锚喷支护

1. 锚喷支护用作工程内衬墙时，应符合下列规定：

（1）宜用于防水等级为三级的工程；

（2）喷射混凝土宜掺入速凝剂、膨胀剂或复合型外加剂、钢纤维与合成纤维等材料，其品种及掺量应通过试验确定；

（3）喷射混凝土的厚度应大于80mm，对地下工程变截面及轴线转折点的阳角部位，应增加50mm以上厚度的喷射混凝土；

（4）喷射混凝土设置预埋件时，应采取防水处理；

（5）喷射混凝土终凝2h后，应喷水养护，养护时间不得少于14d。

【地下工程防水技术规范：第8.5.2条】

2. 锚喷支护作为复合式衬砌的一部分时，应符合下列规定：

（1）宜用于防水等级为一、二级工程的初期支护；

（2）锚喷支护的施工应符合本规范第8.5.2条第2～5款的规定。

【地下工程防水技术规范：第8.5.3条】

3. 锚喷支护、塑料防水板、防水混凝土内衬的复合式衬砌，应根据工程情况选用，也可将锚喷支护和离壁式衬砌、衬套结合使用。

【地下工程防水技术规范：第8.5.4条】

3　砌体结构工程施工

本章内容摘自现行国家标准《砌体结构工程施工规范》GB 50924—2014。

3.1　基本规定

1. 建筑物或构筑物的放线应符合下列规定：

（1）位置和标高应引自基准点或设计指定点；

（2）基础施工前，应在建筑物的主要轴线部位设置标志板；

（3）砌筑基础前，应先用钢尺校核轴线放线尺寸，允许偏差应符合表 3.1.5 的规定。

表 3.1.5　放线尺寸的允许偏差

长度 L、宽度 B（m）	允许偏差（mm）
L（或 B）≤30	±5
30＜L（或 B）≤60	±10
60＜L（或 B）≤90	±15
L（或 B）＞90	±20

【砌体结构工程施工规范：第 3.1.5 条】

2. 砌体的砌筑顺序应符合下列规定：

（1）基底标高不同时，应从低处砌起，并应由高处向低处搭接。当设计无要求时，搭接长度 L 不应小于基础底的高差 H，搭接长度范围内下层基础应扩大砌筑（图 3.3.3）；

（2）砌体的转角处和交接处应同时砌筑；当不能同时砌筑时，应按规定留槎、接槎；

（3）出檐砌体应按层砌筑，同一砌筑层应先砌墙身后砌出檐；

(4) 当房屋相邻结构单元高差较大时，宜先砌筑高度较大部分，后砌筑高度较小部分。

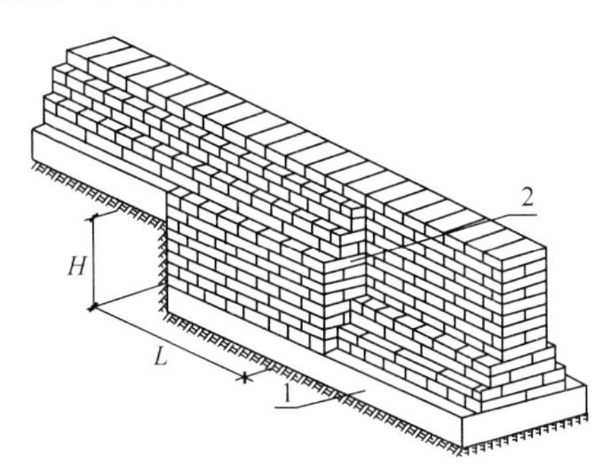

图 3.3.3 基础标高不同时的搭砌示意图（条形基础）
1—混凝土垫层；2—基础扩大部分

【砌体结构工程施工规范：第 3.3.3 条】

3. 设计要求的洞口、沟槽或管道应在砌筑时预留或预埋，并应符合设计规定。未经设计同意，不得随意在墙体上开凿水平沟槽。对宽度大于 300mm 的洞口上部，应设置过梁。

【砌体结构工程施工规范：第 3.3.6 条】

4. 当墙体上留置临时施工洞口时，应符合下列规定：

(1) 墙上留置临时施工洞口净宽度不应大于 1m，其侧边距交接处墙面不应小于 500mm；

(2) 临时施工洞口顶部宜设置过梁，亦可在洞口上部采取逐层挑砖的方法封口，并应预埋水平拉结筋；

(3) 对抗震设防烈度为 9 度及以上地震区建筑物的临时施工洞口位置，应会同设计单位确定；

(4) 墙梁构件的墙体部分不宜留置临时施工洞口；当需留置时，应会同设计单位确定。

【砌体结构工程施工规范：第 3.3.7 条】

5. 砌体的垂直度、表面平整度、灰缝厚度及砂浆饱满度，均应随时检查并在砂浆终凝前进行校正。砌筑完基础或每一楼层后，应校核砌体的轴线和标高。

【砌体结构工程施工规范：第 3.3.9 条】

6. 搁置预制梁、板的砌体顶面应找平，安装时应坐浆。当设计无具体要求时，宜采用 1∶3 的水泥砂浆坐浆。

【砌体结构工程施工规范：第 3.3.10 条】

7. 伸缩缝、沉降缝、防震缝中，不得夹有砂浆、块体碎渣和其他杂物。

【砌体结构工程施工规范：第 3.3.11 条】

8. 当砌筑垂直烟道、通气孔道、垃圾道时，宜采用桶式提升工具，随砌随提。当烟道、通气道、垃圾道采用水泥制品时，接缝处外侧宜带有槽口，安装时除坐浆外，尚应采用 1∶2 水泥砂浆将槽口填封密实。

【砌体结构工程施工规范：第 3.3.12 条】

9. 施工脚手架眼不得设置在下列墙体或部位：

（1）120mm 厚墙、清水墙、料石墙、独立柱和附墙柱；

（2）过梁上部与过梁成 60°角的三角形范围及过梁净跨度 1/2 的高度范围内；

（3）宽度小于 1m 的窗间墙；

（4）门窗洞口两侧石砌体 300mm，其他砌体 200mm 范围内；转角处石砌体 600mm，其他砌体 450mm 范围内；

（5）梁或梁垫下及其左右 500mm 范围内；

（6）轻质墙体；

（7）夹心复合墙外叶墙；

（8）设计不允许设置脚手眼的部位。

【砌体结构工程施工规范：第 3.3.13 条】

10. 当临时施工洞口补砌时，块材及砂浆的强度不应低于砌体材料强度；脚手眼应采用相同块材填塞，且应灰缝饱满。临时施工洞口、脚手眼补砌处的块材及补砌用块材应采用水湿润。

【砌体结构工程施工规范：第 3.3.14 条】

11. 砌体结构工程施工段的分段位置宜设在结构缝、构造柱或门窗洞口处。相邻施工段的砌筑高度差不得超过一个楼层的高度，也不宜大于 4m。砌体临时间断处的高度差，不得超过一步脚手架的高度。

【砌体结构工程施工规范：第 3.3.15 条】

3.2 原 材 料

1. 对工程中所使用的原材料、成品及半成品应进行进场验收，检查其合格证书、产品检验报告等，并应符合设计及国家现行有关标准要求。对涉及结构安全、使用功能的原材料、成品及半成品应按有关规定进行见证取样、送样复验；其中水泥的强度和安定性应按其批号分别进行见证取样、复验。

【砌体结构工程施工规范：第 4.1.1 条】

2. 当在使用中对水泥质量受不利环境影响或水泥出厂超过 3 个月、快硬硅酸盐水泥超过 1 个月时。应进行复验。并应按复验结果使用。

【砌体结构工程施工规范：第 4.2.2 条】

3. 不同品种、不同强度等级的水泥不得混合使用。

【砌体结构工程施工规范：第 4.2.3 条】

3.3 砌 筑 砂 浆

3.3.1 一般规定

1. 砌体结构工程施工中，所用砌筑砂浆宜选用预拌砂浆，当采用现场拌制时，应按砌筑砂浆设计配合比配制。对非烧结类块材，宜采用配套的专用砂浆。

【砌体结构工程施工规范：第 5.1.2 条】

2. 不同种类的砌筑砂浆不得混合使用。

【砌体结构工程施工规范：第 5.1.3 条】

3. 砂浆试块的试验结果，当与预拌砂浆厂的试验结果不一致时，应以现场取样的试验结果为准。

【砌体结构工程施工规范：第 5.1.4 条】

3.3.2　预拌砂浆

1. 不同品种和强度等级的产品应分别运输、储存和标识，不得混杂。

【砌体结构工程施工规范：第 5.2.2 条】

2. 湿拌砂浆应采用专用搅拌车运输，湿拌砂浆运至施工现场后，应进行稠度检验，除直接使用外，应储存在不吸水的专用容器内，并应根据不同季节采取遮阳、保温和防雨雪措施。

【砌体结构工程施工规范：第 5.2.3 条】

3. 湿拌砂浆在储存、使用过程中不应加水。当存放过程中出现少量泌水时，应拌和均匀后使用。

【砌体结构工程施工规范：第 5.2.4 条】

4. 干混砂浆及其他专用砂浆在运输和储存过程中，不得淋水、受潮、靠近火源或高温。袋装砂浆应防止硬物划破包装袋。

【砌体结构工程施工规范：第 5.2.5 条】

5. 干混砂浆及其他专用砂浆储存期不应超过 3 个月；超过 3 个月的干混砂浆在使用前应重新检验，合格后使用。

【砌体结构工程施工规范：第 5.2.6 条】

3.3.3　现场拌制砂浆

1. 现场拌制砂浆应根据设计要求和砌筑材料的性能，对工程中所用砌筑砂浆进行配合比设计，当原材料的品种、规格、批次或组成材料有变更时，其配合比应重新确定。

【砌体结构工程施工规范：第 5.3.1 条】

2. 配制砌筑砂浆时，各组分材料应采用质量计量。在配合比计量过程中，水泥及各种外加剂配料的允许偏差为±2%；砂、粉煤灰、石灰膏配料的允许偏差为±5%。砂子计量时，应扣除其含水量对配料的影响。

【砌体结构工程施工规范：第5.3.2条】

3. 现场搅拌的砂浆应随拌随用，拌制的砂浆应在3h内使用完毕；当施工期间最高气温超过30℃时，应在2h内使用完毕。对掺用缓凝剂的砂浆，其使用时间可根据其缓凝时间的试验结果确定。

【砌体结构工程施工规范：第5.3.4条】

3.3.4 砂浆拌合

1. 砌筑砂浆的稠度宜符合表5.4.1的规定。

表5.4.1 砌筑砂浆的稠度

砌体种类	砂浆稠度（mm）
烧结普通砖砌体	70～90
混凝土实心砖、混凝土多孔砖砌体 普通混凝土小型空心砌块砌体 蒸压灰砂砖砌体 蒸压粉煤灰砖砌体	50～70
烧结多孔砖、空心砖砌体 轻骨料小型空心砌块砌体 蒸压加气混凝土砌块砌体	60～80
石砌体	30～50

【砌体结构工程施工规范：第5.4.1条】

2. 现场拌制砌筑砂浆时，应采用机械搅拌，搅拌时间自投料完起算，应符合下列规定：

（1）水泥砂浆和水泥混合砂浆不应少于120s；

（2）水泥粉煤灰砂浆和掺用外加剂的砂浆不应少于180s；

（3）掺液体增塑剂的砂浆，应先将水泥、砂干拌混合均匀后，将混有增塑剂的拌合水倒入干混砂浆中继续搅拌；掺固体增塑剂的砂浆，应先将水泥、砂和增塑剂干拌混合均匀后，将拌合水倒入其中继续搅拌。从加水开始，搅拌时间不应少于210s；

（4）预拌砂浆及加气混凝土砌块专用砂浆的搅拌时间应符合有关技术标准或产品说明书的要求。

【砌体结构工程施工规范：第5.4.3条】

3.3.5　砂浆试块制作及养护

1. 砂浆试块应在现场取样制作。砂浆立方体试块制作及养护应符合现行行业标准《建筑砂浆基本性能试验方法标准》JGJ/T 70的规定。

【砌体结构工程施工规范：第5.5.1条】

2. 砌筑砂浆的验收批，同一类型、强度等级的砂浆试块不应少于3组。

【砌体结构工程施工规范：第5.5.2条】

3. 砂浆试块制作应符合下列规定：

（1）制作试块的稠度应与实际使用的稠度一致；

（2）湿拌砂浆应在卸料过程中的中间部位随机取样；

（3）现场拌制的砂浆，制作每组试块时应在同一搅拌盘内取样。同一搅拌盘内砂浆不得制作一组以上的砂浆试块。

【砌体结构工程施工规范：第5.5.3条】

3.4　砖砌体工程

3.4.1　一般规定

1. 砖砌体的灰缝应横平竖直，厚薄均匀。水平灰缝厚度和竖向灰缝宽度宜为10mm，但不应小于8mm，且不应大于12mm。

【砌体结构工程施工规范：第6.1.1条】

2. 与构造柱相邻部位砌体应砌成马牙槎，马牙槎应先退后进，每个马牙槎沿高度方向的尺寸不宜超过300mm，凹凸尺寸宜为60mm。砌筑时，砌体与构造柱间应沿墙高每500mm设拉结钢筋，钢筋数量及伸入墙内长度应满足设计要求。

【砌体结构工程施工规范：第 6.1.2 条】

3.4.2 砌筑

1. 混凝土砖、蒸压砖的生产龄期应达到 28d 后，方可用于砌体的施工。

【砌体结构工程施工规范：第 6.2.1 条】

2. 当砌筑烧结普通砖、烧结多孔砖、蒸压灰砂砖和蒸压粉煤灰砖砌体时，砖应提前 1d～2d 适度湿润，不得采用干砖或吸水饱和状态的砖砌筑。砖湿润程度宜符合下列规定：

（1）烧结类砖的相对含水率宜为 60%～70%；

（2）混凝土多孔砖及混凝土实心砖不宜浇水湿润，但在气候干燥炎热的情况下，宜在砌筑前对其浇水湿润；

（3）其他非烧结类砖的相对含水率宜为 40%～50%。

【砌体结构工程施工规范：第 6.2.2 条】

3. 砖砌体的转角处和交接处应同时砌筑。在抗震设防烈度 8 度及以上地区，对不能同时砌筑的临时间断处应砌成斜槎。其中普通砖砌体的斜槎水平投影长度不应小于高度（*h*）的 2/3（图 6.2.4）。多孔砖砌体的斜槎长高比不应小于 1/2。斜槎高度不得超过一步脚手架高度。

【砌体结构工程施工规范：第 6.2.4 条】

4. 砖砌体的转角处和交接处对非抗震设防及在抗震设防烈度为 6 度、7 度地区的临时间断处，当不能留斜槎时，除转角处外，可留直槎，但应做成凸槎。留直槎处应加设拉结钢筋（图 6.2.5），其拉结筋应符合下列规定：

（1）每 120mm 墙厚应设置 1ϕ6 拉结钢筋；当墙厚为 120mm 时，应设置 2ϕ6 拉结钢筋；

（2）间距沿墙高不应超过 500mm，且竖向间距偏差不应超过 100mm；

（3）埋入长度从留槎处算起每边均不应小于 500mm 对抗震

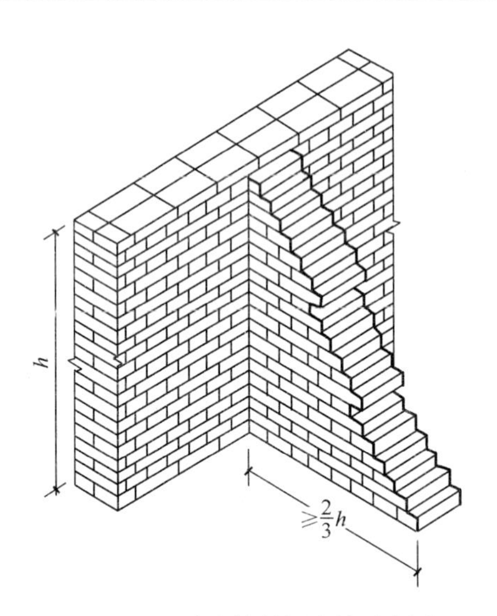

图 6.2.4　砖砌体斜槎砌筑示意图

设防烈度 6 度、7 度的地区，不应小于 1000mm；

（4）末端应设 90°弯钩。

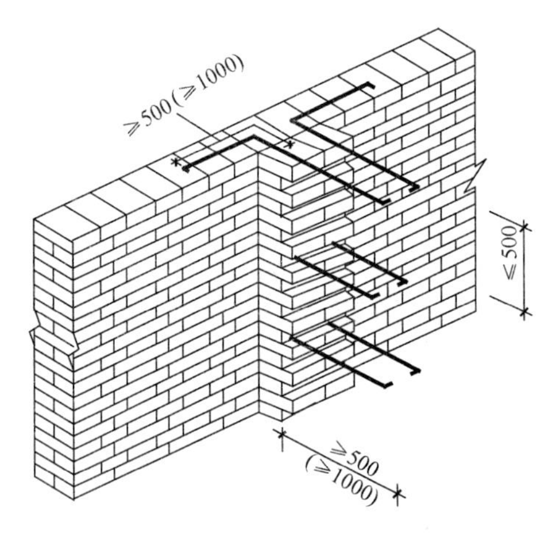

图 6.2.5　砖砌体直槎和拉结筋示意图

【砌体结构工程施工规范：第 6.2.5 条】

5. 砖砌体的下列部位不得使用破损砖：

（1）砖柱、砖垛、砖拱、砖碹、砖过梁、梁的支承处、砖挑层及宽度小于1m的窗间墙部位；

（2）起拉结作用的丁砖；

（3）清水砖墙的顺砖。

【砌体结构工程施工规范：第6.2.7条】

6. 砖砌体在下列部位应使用丁砌层砌筑，且应使用整砖：

（1）每层承重墙的最上一皮砖；

（2）楼板、梁、柱及屋架的支承处；

（3）砖砌体的台阶水平面上；

（4）挑出层。

【砌体结构工程施工规范：第6.2.8条】

7. 水池、水箱和有冻胀环境的地面以下工程部位不得使用多孔砖。

【砌体结构工程施工规范：第6.2.9条】

8. 当采用铺浆法砌筑时，铺浆长度不得超过750mm；当施工期间气温超过30℃时，铺浆长度不得超过500mm。

【砌体结构工程施工规范：第6.2.11条】

9. 多孔砖的孔洞应垂直于受压面砌筑。

【砌体结构工程施工规范：第6.2.12条】

10. 砌体灰缝的砂浆应密实饱满，砖墙水平灰缝的砂浆饱满度不得小于80%，砖柱的水平灰缝和竖向灰缝饱满度不应小于90%；竖缝宜采用挤浆或加浆方法，不得出现透明缝、瞎缝和假缝。不得用水冲浆灌缝。

【砌体结构工程施工规范：第6.2.13条】

11. 砖柱和带壁柱墙砌筑应符合下列规定：

（1）砖柱不得采用包心砌法；

（2）带壁柱墙的壁柱应与墙身同时咬槎砌筑；

（3）异形柱、垛用砖，应根据排砖方案事先加工。

【砌体结构工程施工规范：第6.2.17条】

12. 实心砖的弧拱式及平拱式过梁的灰缝应砌成楔形缝。灰缝的宽度，在拱底面不应小于 5mm；在拱顶面不应大于 15mm。平拱式过梁拱脚应伸入墙内不小于 20mm，拱底应有 1%起拱。

【砌体结构工程施工规范：第 6.2.18 条】

13. 砖过梁底部的模板，应在灰缝砂浆强度不低于设计强度 75%时，方可拆除。

【砌体结构工程施工规范：第 6.2.19 条】

14. 正常施工条件下，砖砌体每日砌筑高度宜控制在 1.5m 或一步脚手架高度内。

【砌体结构工程施工规范：第 6.2.29 条】

3.5　混凝土小型空心砌块砌体工程

3.5.1　一般规定

1. 底层室内地面以下或防潮层以下的砌体，应采用水泥砂浆砌筑，小砌块的孔洞应采用强度等级不低于 Cb20 或 C20 的混凝土灌实。Cb20 混凝土性能应符合现行行业标准《混凝土砌块（砖）砌体用灌孔混凝土》JC 861 的规定。

【砌体结构工程施工规范：第 7.1.1 条】

2. 防潮层以上的小砌块砌体，宜采用专用砂浆砌筑；当采用其他砌筑砂浆时，应采取改善砂浆和易性和粘结性的措施。

【砌体结构工程施工规范：第 7.1.2 条】

3. 小砌块砌筑时的含水率，对普通混凝土小砌块，宜为自然含水率，当天气干燥炎热时，可提前浇水湿润；对轻骨料混凝土小砌块，宜提前 1d～2d 浇水湿润。不得雨天施工，小砌块表面有浮水时，不得使用。

【砌体结构工程施工规范：第 7.1.3 条】

3.5.2　砌筑

1. 砌筑墙体时，小砌块产品龄期不应小于 28d。

【砌体结构工程施工规范：第 7.2.1 条】

2. 承重墙体使用的小砌块应完整、无破损、无裂缝。

【砌体结构工程施工规范：第 7.2.2 条】

3. 小砌块表面的污物应在砌筑时清理干净，灌孔部位的小砌块，应清除掉底部孔洞周围的混凝土毛边。

【砌体结构工程施工规范：第 7.2.3 条】

4. 小砌块应将生产时的底面朝上反砌于墙上。

【砌体结构工程施工规范：第 7.2.5 条】

5. 小砌块墙内不得混砌黏土砖或其他墙体材料。当需局部嵌砌时，应采用强度等级不低于 C20 的适宜尺寸的配套预制混凝土砌块。

【砌体结构工程施工规范：第 7.2.6 条】

6. 小砌块砌体应对孔错缝搭砌。搭砌应符合下列规定：

（1）单排孔小砌块的搭接长度应为块体长度的 1/2，多排孔小砌块的搭接长度不宜小于砌块长度的 1/3；

（2）当个别部位不能满足搭砌要求时，应在此部位的水平灰缝中设 ϕ4 钢筋网片，且网片两端与该位置的竖缝距离不得小于 400mm，或采用配块；

（3）墙体竖向通缝不得超过 2 皮小砌块，独立柱不得有竖向通缝。

【砌体结构工程施工规范：第 7.2.7 条】

7. 墙体转角处和纵横交接处应同时砌筑。临时间断处应砌成斜槎，斜槎水平投影长度不应小于斜槎高度。临时施工洞口可预留直槎，但在补砌洞口时，应在直槎上下搭砌的小砌块孔洞内用强度等级不低于 Cb20 或 C20 的混凝土灌实（图 7.2.8）。

【砌体结构工程施工规范：第 7.2.8 条】

8. 厚度为 190mm 的自承重小砌块墙体宜与承重墙同时砌筑。厚度小于 190mm 的自承重小砌块墙宜后砌，且应按设计要求预留拉结筋或钢筋网片。

【砌体结构工程施工规范：第 7.2.9 条】

9. 砌筑小砌块时，宜使用专用铺灰器铺放砂浆，且应随铺

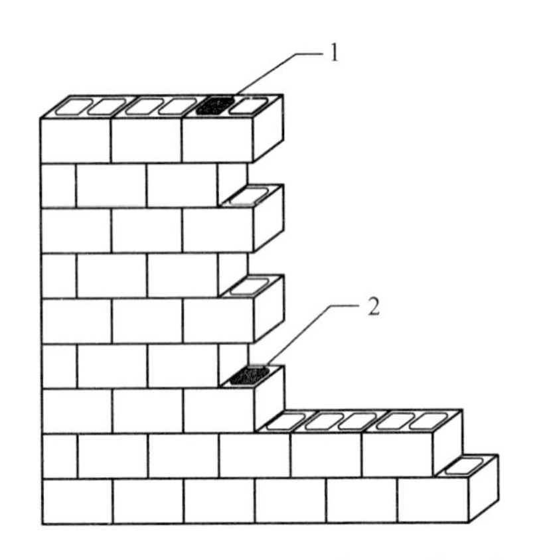

图 7.2.8　施工临时洞口直槎砌筑示意图

1—先砌洞口灌孔混凝土（随砌随灌）；2—后砌洞口灌孔混凝土（随砌随灌）

随砌。当未采用专用铺灰器时，砌筑时的一次铺灰长度不宜大于2块主规格块体的长度。水平灰缝应满铺下皮小砌块的全部壁肋或单排、多排孔小砌块的封底面；竖向灰缝宜将小砌块一个端面朝上满铺砂浆，上墙应挤紧，并应加浆插捣密实。

【砌体结构工程施工规范：第7.2.10条】

10. 砌筑小砌块墙体时，对一般墙面，应及时用原浆勾缝，勾缝宜为凹缝，凹缝深度宜为2mm；对装饰夹心复合墙体的墙面，应采用勾缝砂浆进行加浆勾缝，勾缝宜为凹圆或V形缝，凹缝深度宜为4～5mm。

【砌体结构工程施工规范：第7.2.11条】

11. 小砌块砌体的水平灰缝厚度和竖向灰缝宽度宜为10mm，但不应小于8mm，也不应大于12mm，且灰缝应横平竖直。

【砌体结构工程施工规范：第7.2.12条】

12. 砌入墙内的构造钢筋网片和拉结筋应放置在水平灰缝的砂浆层中，不得有露筋现象。钢筋网片应采用点焊工艺制作，且纵横筋相交处不得重叠点焊，应控制在同一平面内。

【砌体结构工程施工规范：第7.2.14条】

13. 直接安放钢筋混凝土梁、板或设置挑梁墙体的顶皮小砌块应正砌，并应采用强度等级不低于 Cb20 或 C20 混凝土灌实孔洞，其灌实高度和长度应符合设计要求。

【砌体结构工程施工规范：第 7.2.15 条】

14. 固定现浇圈梁、挑梁等构件侧模的水平拉杆、扁铁或螺栓所需的穿墙孔洞，宜在砌体灰缝中预留，或采用设有穿墙孔洞的异型小砌块，不得在小砌块上打洞。利用侧砌的小砌块孔洞进行支模时，模板拆除后应采用强度等级不低于 Cb20 或 C20 混凝土填实孔洞。

【砌体结构工程施工规范：第 7.2.16 条】

15. 砌筑小砌块墙体应采用双排脚手架或工具式脚手架。当需在墙上设置脚手眼时，可采用辅助规格的小砌块侧砌，利用其孔洞作脚手眼，墙体完工后应采用强度等级不低于 Cb20 或 C20 的混凝土填实。

【砌体结构工程施工规范：第 7.2.17 条】

16. 正常施工条件下，小砌块砌体每日砌筑高度宜控制在 1.4m 或一步脚手架高度内。

【砌体结构工程施工规范：第 7.2.19 条】

3.5.3 混凝土芯柱

1. 砌筑芯柱部位的墙体，应采用不封底的通孔小砌块。

【砌体结构工程施工规范：第 7.3.1 条】

2. 每根芯柱的柱脚部位应采用带清扫口的 U 型、E 型、C 型或其他异型小砌块砌留操作孔。砌筑芯柱部位的砌块时，应随砌随刮去孔洞内壁凸出的砂浆，直至一个楼层高度，并应及时清除芯柱孔洞内掉落的砂浆及其他杂物。

【砌体结构工程施工规范：第 7.3.2 条】

3. 浇筑芯柱混凝土，应符合下列规定：

（1）应清除孔洞内的杂物，并应用水冲洗，湿润孔壁；

（2）当用模板封闭操作孔时，应有防止混凝土漏浆的措施；

（3）砌筑砂浆强度大于1.0MPa后，方可浇筑芯柱混凝土，每层应连续浇筑；

（4）浇筑芯柱混凝土前，应先浇50mm厚与芯柱混凝土配比相同的去石水泥砂浆，再浇筑混凝土；每浇筑500mm左右高度，应捣实一次，或边浇筑边用插入式振捣器捣实；

（5）应预先计算每个芯柱的混凝土用量，按计量浇筑混凝土；

（6）芯柱与圈梁交接处，可在圈梁下50mm处留置施工缝。

【砌体结构工程施工规范：第7.3.4条】

4. 芯柱混凝土在预制楼盖处应贯通，不得削弱芯柱截面尺寸。

【砌体结构工程施工规范：第7.3.5条】

3.6　石砌体工程

3.6.1　一般规定

1. 石砌体的转角处和交接处应同时砌筑。对不能同时砌筑而又需留置的临时间断处，应砌成斜槎。

【砌体结构工程施工规范：第8.1.1条】

2. 梁、板类受弯构件石材，不应存在裂痕。梁的顶面和底面应为粗糙面，两侧面应为平整面；板的顶面和底面应为平整面，两侧面应为粗糙面。

【砌体结构工程施工规范：第8.1.2条】

3. 石砌体应采用铺浆法砌筑，砂浆应饱满，叠砌面的粘灰面积应大于80%。

【砌体结构工程施工规范：第8.1.3条】

4. 石砌体每天的砌筑高度不得大于1.2m。

【砌体结构工程施工规范：第8.1.4条】

5. 石砌体勾缝时，应符合下列规定：

（1）勾平缝时，应将灰缝嵌塞密实，缝面应与石面相平，并应把缝面压光；

(2) 勾凸缝时，应先用砂浆将灰缝补平，待初凝后再抹第二层砂浆，压实后应将其捋成宽度为 40mm 的凸缝；

(3) 勾凹缝时，应将灰缝嵌塞密实，缝面宜比石面深 10mm，并把缝面压平溜光。

【砌体结构工程施工规范：第 8.1.5 条】

3.6.2 砌筑

1. 毛石砌体所用毛石应无风化剥落和裂纹，无细长扁薄和尖锥，毛石应呈块状，其中部厚度不宜小于 150mm。

【砌体结构工程施工规范：第 8.2.1 条】

2. 毛石砌体宜分皮卧砌，错缝搭砌，搭接长度不得小于 80mm，内外搭砌时，不得采用外面侧立石块中间填心的砌筑方法，中间不得有铲口石、斧刃石和过桥石（图 8.2.2）；毛石砌体的第一皮及转角处、交接处和洞口处，应采用较大的平毛石砌筑。

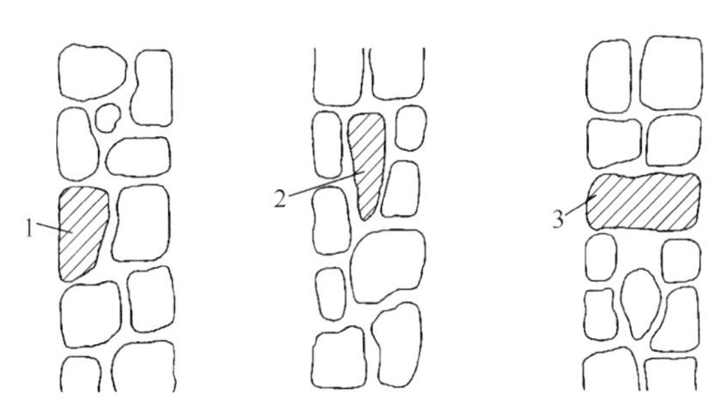

图 8.2.2 铲口石、斧刃石、过桥石示意

1—铲口石；2—斧刃石；3—过桥石

【砌体结构工程施工规范：第 8.2.2 条】

3. 毛石砌体的灰缝应饱满密实，表面灰缝厚度不宜大于 40mm，石块间不得有相互接触现象。石块间较大的空隙应先填塞砂浆，后用碎石块嵌实，不得采用先摆碎石后塞砂浆或干填碎

石块的方法。

【砌体结构工程施工规范：第 8.2.3 条】

4. 砌筑时，不应出现通缝、干缝、空缝和孔洞。

【砌体结构工程施工规范：第 8.2.4 条】

5. 砌筑毛石基础的第一皮毛石时，应先在基坑底铺设砂浆，并将大面向下。阶梯形毛石基础的上级阶梯的石块应至少压砌下级阶梯的 1/2，相邻阶梯的毛石应相互错缝搭砌。

【砌体结构工程施工规范：第 8.2.5 条】

6. 毛石砌体应设置拉结石，拉结石应符合下列规定：

（1）拉结石应均匀分布，相互错开，毛石基础同皮内宜每隔 2m 设置一块；毛石墙应每 $0.7m^2$ 墙面至少设置一块，且同皮内的中距不应大于 2m；

（2）当基础宽度或墙厚不大于 400mm 时，拉结石的长度应与基础宽度或墙厚相等；当基础宽度或墙厚大于 400mm 时，可用两块拉结石内外搭接，搭接长度不应小于 150mm，且其中一块的长度不应小于基础宽度或墙厚的 2/3。

【砌体结构工程施工规范：第 8.2.7 条】

7. 毛石、料石和实心砖的组合墙中（图 8.2.8），毛石、料

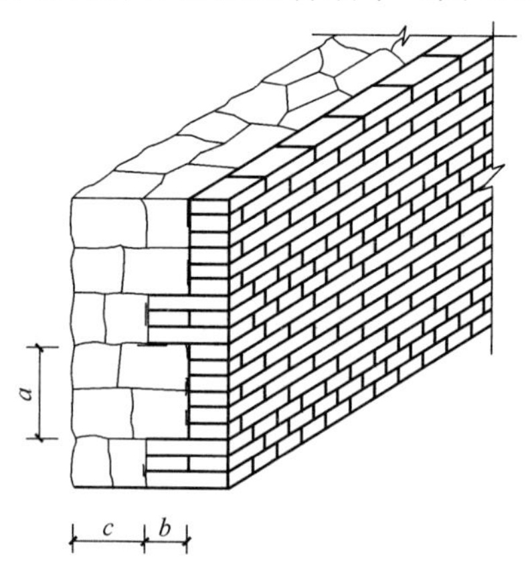

图 8.2.8　毛石与实心砖组合墙示意图

a—拉结砌合高度；*b*—拉结砌合宽度；*c*—毛石墙的设计厚度

石砌体与砖砌体应同时砌筑，并应每隔（4～6）皮砖用（2～3）皮丁砖与毛石砌体拉结砌合，毛石与实心砖的咬合尺寸应大于120mm，两种砌体间的空隙应采用砂浆填满。

【砌体结构工程施工规范：第8.2.8条】

8. 各种砌筑用料石的宽度、厚度均不宜小于200mm，长度不宜大于厚度的4倍。除设计有特殊要求外，料石加工的允许偏差应符合表8.2.9的规定。

表 8.2.9　料石加工的允许偏差

料石种类	允许偏差	
	宽度、厚度（mm）	长度（mm）
细料石	±3	±5
粗料石	±5	±7
毛料石	±10	±15

【砌体结构工程施工规范：第8.2.9条】

9. 料石砌体的水平灰缝应平直，竖向灰缝应宽窄一致，其中细料石砌体灰缝不宜大于5mm，粗料石和毛料石砌体灰缝不宜大于20mm。

【砌体结构工程施工规范：第8.2.10条】

10. 料石墙的第一皮及每个楼层的最上一皮应丁砌。

【砌体结构工程施工规范：第8.2.12条】

3.6.3　挡土墙

1. 砌筑毛石挡土墙应符合下列规定：

（1）毛石的中部厚度不宜小于200mm；

（2）每砌（3～4）皮宜为一个分层高度，每个分层高度应找平一次；

（3）外露面的灰缝厚度不得大于40mm，两个分层高度间的错缝不得小于80mm。

【砌体结构工程施工规范：第8.3.2条】

2. 料石挡土墙宜采用同皮内丁顺相间的砌筑形式。当中间部分用毛石填砌时，丁砌料石伸入毛石部分的长度不应小于 200mm。

【砌体结构工程施工规范：第 8.3.3 条】

3. 砌筑挡土墙，应按设计要求架立坡度样板收坡或收台，并应设置伸缩缝和泄水孔，泄水孔宜采取抽管或埋管方法留置。

【砌体结构工程施工规范：第 8.3.4 条】

4. 挡土墙必须按设计规定留设泄水孔；当设计无具体规定时。其施工应符合下列规定：

(1) 泄水孔应在挡土墙的竖向和水平方向均匀设置，在挡土墙每米高度范围内设置的泄水孔水平间距不应大于 2m;

(2) 泄水孔直径不应小于 50mm;

(3) 泄水孔与土体间应设置长宽不小于 300mm、厚不小于 200mm 的卵石或碎石疏水层。

【砌体结构工程施工规范：第 8.3.5 条】

5. 挡土墙内侧回填土应分层夯填密实，其密实度应符合设计要求。墙顶土面应有排水坡度。

【砌体结构工程施工规范：第 8.3.6 条】

3.7　配筋砌体工程

3.7.1　一般规定

1. 配筋砖砌体和配筋混凝土砌块砌体的施工除应符合本章要求外，尚应符合本规范第 6 章、第 7 章的规定。

【砌体结构工程施工规范：第 9.1.1 条】

2. 配筋砖砌体构件、组合砌体构件和配筋砌块砌体剪力墙构件的混凝土、砂浆的强度等级及钢筋的牌号、规格、数量应符合设计要求。

【砌体结构工程施工规范：第 9.1.2 条】

3. 设置在砌体水平灰缝内的钢筋，应沿灰缝厚度居中放置。

灰缝厚度应大于钢筋直径 6mm 以上；当设置钢筋网片时，应大于网片厚度 4mm 以上，但灰缝最大厚度不宜大于 15mm。砌体外露面砂浆保护层的厚度不应小于 15mm。

【砌体结构工程施工规范：第 9.1.4 条】

4. 伸入砌体内的拉结钢筋，从接缝处算起，不应小于 500mm。对多孔砖墙和砌块墙不应小于 700mm。

【砌体结构工程施工规范：第 9.1.5 条】

5. 网状配筋砌体的钢筋网，不得用分离放置的单根钢筋代替。

【砌体结构工程施工规范：第 9.1.6 条】

3.7.2 配筋砖砌体施工

1. 钢筋砖过梁内的钢筋应均匀、对称放置，过梁底面应铺 1∶2.5水泥砂浆层，其厚度不宜小于 30mm，钢筋应埋入砂浆层中，两端伸入支座砌体内的长度不应小于 240mm，并应有 90°弯钩埋入墙的竖缝内。钢筋砖过梁的第一皮砖应丁砌。

【砌体结构工程施工规范：第 9.2.1 条】

2. 由砌体和钢筋混凝土或配筋砂浆面层构成的组合砌体构件，其连接受力钢筋的拉结筋应在两端做成弯钩，并在砌筑砌体时正确埋入。

【砌体结构工程施工规范：第 9.2.3 条】

3. 组合砌体构件的面层施工，应在砌体外围分段支设模板，每段支模高度宜在 500mm 以内，浇水润湿模板及砖砌体表面，分层浇筑混凝土或砂浆，并振捣密实；钢筋砂浆面层施工，可采用分层抹浆的方法，面层厚度应符合设计要求。

【砌体结构工程施工规范：第 9.2.4 条】

4. 墙体与构造柱的连接处应砌成马牙槎，其砌筑要求应符合本规范第 6.1.2 条规定。

【砌体结构工程施工规范：第 9.2.5 条】

5. 设置钢筋混凝土构造柱的砌体，应按先砌墙后浇筑构造柱混凝土的顺序施工。浇筑混凝土前应将砖砌体与模板浇水润湿，并清理模板内残留的杂物。

【砌体结构工程施工规范：第 9.2.6 条】

6. 构造柱混凝土可分段浇筑，每段高度不宜大于 2m。浇筑构造柱混凝土时，应采用小型插入式振动棒边浇筑边振捣的方法。

【砌体结构工程施工规范：第 9.2.7 条】

7. 钢筋混凝土构造柱的竖向受力钢筋应在基础梁和楼层圈梁中锚固，锚固长度应符合设计要求。

【砌体结构工程施工规范：第 9.2.8 条】

3.7.3 配筋砌块砌体施工

1. 配筋砌块砌体的施工应采用专用砌筑砂浆和专用灌孔混凝土，其性能应符合现行行业标准《混凝土小型空心砌块和混凝土砖砌筑砂浆》JC 860 和《混凝土砌块（砖）砌体用灌孔混凝土》JC 861 的有关规定。

【砌体结构工程施工规范：第 9.3.1 条】

2. 芯柱的纵向钢筋应通过清扫口与基础圈梁、楼层圈梁、连系梁伸出的竖向钢筋绑扎搭接或焊接连接，搭接或焊接长度应符合设计要求。当钢筋直径大于 22mm 时，宜采用机械连接。

【砌体结构工程施工规范：第 9.3.2 条】

3. 芯柱竖向钢筋应居中设置，顶端固定后再浇筑芯柱混凝土。

【砌体结构工程施工规范：第 9.3.3 条】

4. 配筋砌块砌体剪力墙的水平钢筋，在凹槽砌块的混凝土带中的锚固、搭接长度应符合设计要求。

【砌体结构工程施工规范：第 9.3.4 条】

5. 配筋砌块砌体剪力墙两平行钢筋间的净距不应小于 50mm。水平钢筋搭接时应上下搭接，并应加设短筋固定（图 9.3.5）。水平钢筋两端宜锚入端部灌孔混凝土中。

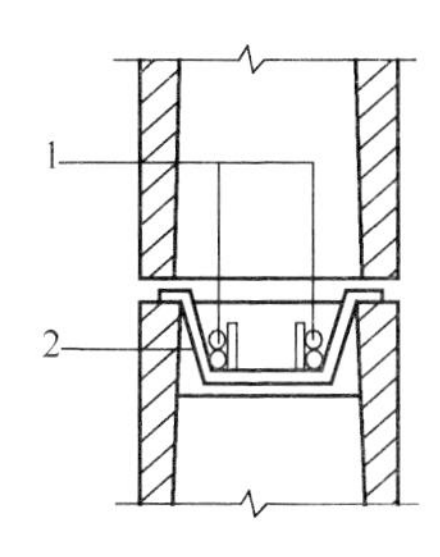

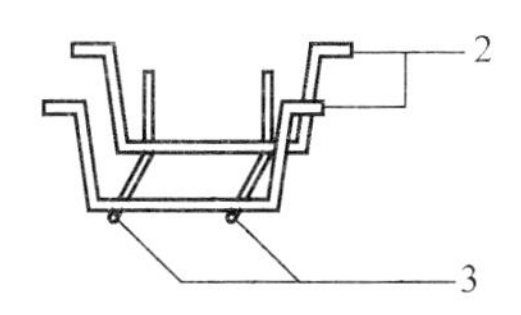

图 9.3.5　水平钢筋搭接示意图

1—水平搭接钢筋；2—搭接部位固定支架的兜筋；3—固定支架加设的短筋

【砌体结构工程施工规范：第 9.3.5 条】

6. 浇筑芯柱混凝土时，其连续浇筑高度不应大于 1.8m。

【砌体结构工程施工规范：第 9.3.6 条】

7. 当剪力墙墙端设置钢筋混凝土柱作为边缘构件时，应按先砌砌块墙体，后浇筑混凝土柱的施工顺序，墙体中的水平钢筋应在柱中锚固，并应满足钢筋的锚固长度要求。

【砌体结构工程施工规范：第 9.3.8 条】

3.8　填充墙砌体工程

3.8.1　一般规定

1. 轻骨料混凝土小型空心砌块、蒸压加气混凝土砌块砌筑时，其产品龄期应大于 28d；蒸压加气混凝土砌块的含水率宜小于 30%。

【砌体结构工程施工规范：第 10.1.1 条】

2. 吸水率较小的轻骨料混凝土小型空心砌块及采用薄层砂浆砌筑法施工的蒸压加气混凝土砌块，砌筑前不应对其浇水湿润；在气候干燥炎热的情况下，对吸水率较小的轻骨料混凝土小型空心砌块宜在砌筑前浇水湿润。

【砌体结构工程施工规范：第 10.1.2 条】

3. 采用普通砂浆砌筑填充墙时，烧结空心砖、吸水率较大的轻骨料混凝土小型空心砌块应提前1～2d浇水湿润；蒸压加气混凝土砌块采用专用砂浆或普通砂浆砌筑时，应在砌筑当天对砌块砌筑面浇水湿润。块体湿润程度宜符合下列规定：

（1）烧结空心砖的相对含水率宜为60%～70%；

（2）吸水率较大的轻骨料混凝土小型空心砌块、蒸压加气混凝土砌块的相对含水率宜为40%～50%。

【砌体结构工程施工规范：第10.1.3条】

4. 在没有采取有效措施的情况下，不应在下列部位或环境中使用轻骨料混凝土小型空心砌块或蒸压加气混凝土砌块砌体：

（1）建筑物防潮层以下墙体；

（2）长期浸水或化学侵蚀环境；

（3）砌体表面温度高于80℃的部位；

（4）长期处于有振动源环境的墙体。

【砌体结构工程施工规范：第10.1.4条】

5. 在厨房、卫生间、浴室等处采用轻骨料混凝土小型空心砌块、蒸压加气混凝土砌块砌筑墙体时，墙体底部宜现浇混凝土坎台，其高度宜为150mm。

【砌体结构工程施工规范：第10.1.5条】

6. 填充墙砌体与主体结构间的连接构造应符合设计要求，未经设计同意，不得随意改变连接构造方法。

【砌体结构工程施工规范：第10.1.7条】

7. 在填充墙上钻孔、镂槽或切锯时，应使用专用工具，不得任意剔凿。

【砌体结构工程施工规范：第10.1.8条】

8. 各种预留洞、预埋件、预埋管，应按设计要求设置，不得砌筑后剔凿。

【砌体结构工程施工规范：第10.1.9条】

9. 抗震设防地区的填充砌体应按设计要求设置构造柱及水平连系梁，且填充砌体的门窗洞口部位，砌块砌筑时不应侧砌。

【砌体结构工程施工规范：第10.1.10条】

10. 填充墙砌体砌筑，应在承重主体结构检验批验收合格后进行；填充墙顶部与承重主体结构之间的空隙部位，应在填充墙砌筑14d后进行砌筑。

【砌体结构工程施工规范：第10.2.1条】

11. 轻骨料混凝土小型空心砌块应采用整块砌块砌筑；当蒸压加气混凝土砌块需断开时，应采用无齿锯切割，裁切长度不应小于砌块总长度的1/3。

【砌体结构工程施工规范：第10.2.2条】

12. 蒸压加气混凝土砌块、轻骨料混凝土小型空心砌块等不同强度等级的同类砌块不得混砌，亦不应与其他墙体材料混砌。

【砌体结构工程施工规范：第10.2.3条】

3.8.2 烧结空心砖砌体砌筑

1. 烧结空心砖墙应侧立砌筑，孔洞应呈水平方向。空心砖墙底部宜砌筑3皮普通砖，且门窗洞口两侧一砖范围内应采用烧结普通砖砌筑。

【砌体结构工程施工规范：第10.2.4条】

2. 砌筑空心砖墙的水平灰缝厚度和竖向灰缝宽度宜为10mm，且不应小于8mm，也不应大于12mm。竖缝应采用刮浆法，先抹砂浆后再砌筑。

【砌体结构工程施工规范：第10.2.5条】

3. 砌筑时，墙体的第一皮空心砖应进行试摆。排砖时，不够半砖处应采用普通砖或配砖补砌，半砖以上的非整砖宜采用无齿锯加工制作。

【砌体结构工程施工规范：第10.2.6条】

4. 烧结空心砖砌体组砌时，应上下错缝，交接处应咬槎搭砌，掉角严重的空心砖不宜使用。转角及交接处应同时砌筑，不得留直槎，留斜槎时，斜槎高度不宜大于1.2m。

【砌体结构工程施工规范：第10.2.7条】

5. 外墙采用空心砖砌筑时，应采取防雨水渗漏的措施。

【砌体结构工程施工规范：第10.2.8条】

3.8.3　轻骨料混凝土小型空心砌块砌体砌筑

1. 轻骨料混凝土小型空心砌块砌体的砌筑要求应符合本规范第7.2节的规定。

【砌体结构工程施工规范：第10.2.9条】

2. 当小砌块墙体孔洞中需填充隔热或隔声材料时，应砌一皮填充一皮，且应填满，不得捣实。

【砌体结构工程施工规范：第10.2.10条】

3. 轻骨料混凝土小型空心砌块填充墙砌体，在纵横墙交接处及转角处应同时砌筑；当不能同时砌筑时，应留成斜槎，斜槎水平投影长度不应小于高度的2/3。

【砌体结构工程施工规范：第10.2.11条】

4. 当砌筑带保温夹心层的小砌块墙体时，应将保温夹心层一侧靠置室外，并应对孔错缝。左右相邻小砌块中的保温夹心层应互相衔接，上下皮保温夹心层间的水平灰缝处宜采用保温砂浆砌筑。

【砌体结构工程施工规范：第10.2.12条】

3.8.4　蒸压加气混凝土砌块砌体砌筑

1. 填充墙砌筑时应上下错缝，搭接长度不宜小于砌块长度的1/3，且不应小于150mm。当不能满足时，在水平灰缝中应设置2ϕ6钢筋或ϕ4钢筋网片加强，加强筋从砌块搭接的错缝部位起，每侧搭接长度不宜小700mm。

【砌体结构工程施工规范：第10.2.13条】

2. 蒸压加气混凝土砌块采用薄层砂浆砌筑法砌筑时，应符合下列规定：

（1）砌筑砂浆应采用专用粘结砂浆；

（2）砌块不得用水浇湿，其灰缝厚度宜为2～4mm；

（3）砌块与拉结筋的连接，应预先在相应位置的砌块上表面开设凹槽；砌筑时，钢筋应居中放置在凹槽砂浆内；

（4）砌块砌筑过程中，当在水平面和垂直面上有超过 2mm 的错边量时，应采用钢齿磨板和磨砂板磨平，方可进行下道工序施工。

【砌体结构工程施工规范：第 10.2.14 条】

3. 采用非专用粘结砂浆砌筑时，水平灰缝厚度和竖向灰缝宽度不应超过 15mm。

【砌体结构工程施工规范：第 10.2.15 条】

3.9 冬期与雨期施工

3.9.1 冬期施工

1. 不得使用已冻结的砂浆，严禁用热水掺入冻结砂浆内重新搅拌使用，且不宜在砌筑时的砂浆内掺水。

【砌体结构工程施工规范：第 11.1.3 条】

2. 冬期施工搅拌砂浆的时间应比常温期增加（0.5～1.0）倍，并应采取有效措施减少砂浆在搅拌、运输、存放过程中的热量损失。

【砌体结构工程施工规范：第 11.1.5 条】

3. 冬期施工过程中，对块材的浇水湿润应符合下列规定：

（1）烧结普通砖、烧结多孔砖、蒸压灰砂砖、蒸压粉煤灰砖、烧结空心砖、吸水率较大的轻骨料混凝土小型空心砌块在气温高于 0℃条件下砌筑时，应浇水湿润，且应即时砌筑；在气温不高于 0℃条件下砌筑时，不应浇水湿润，但应增大砂浆稠度；

（2）普通混凝土小型空心砌块、混凝土多孔砖、混凝土实心砖及采用薄灰砌筑法的蒸压加气混凝土砌块施工时，不应对其浇水湿润；

（3）抗震设防烈度为 9 度的建筑物，当烧结普通砖、烧结多孔砖、蒸压粉煤灰砖、烧结空心砖无法浇水湿润时，当无特殊措施，不得砌筑。

【砌体结构工程施工规范：第 11.1.8 条】

4. 冬期施工中，每日砌筑高度不宜超过 1.2m，砌筑后应在砌体表面覆盖保温材料，砌体表面不得留有砂浆。在继续砌筑前，应清理干净砌筑表面的杂物，然后再施工。

【砌体结构工程施工规范：第 11.1.10 条】

5. 下列砌体工程，不得采用掺氯盐的砂浆：

（1）对可能影响装饰效果的建筑物；

（2）使用湿度大于 80%的建筑物；

（3）热工要求高的工程；

（4）配筋、铁埋件无可靠的防腐处理措施的砌体；

（5）接近高压电线的建筑物；

（6）经常处于地下水位变化范围内，而又无防水措施的砌体；

（7）经常受 40℃以上高温影响的建筑物。

【砌体结构工程施工规范：第 11.1.14 条】

6. 砖与砂浆的温度差值砌筑时宜控制在 20℃以内，且不应超过 30℃。

【砌体结构工程施工规范：第 11.1.15 条】

7. 采用暖棚法施工时，块体和砂浆在砌筑时的温度不应低于 5℃。距离所砌结构底面 0.5m 处的棚内温度也不应低于 5℃。

【砌体结构工程施工规范：第 11.1.17 条】

8. 在暖棚内的砌体养护时间，应符合表 11.1.18 的规定。

表 11.1.18　暖棚法砌体的养护时间

暖棚内温度（℃）	5	10	15	20
养护时间不少于（d）	6	5	4	3

【砌体结构工程施工规范：第 11.1.18 条】

9. 采用暖棚法施工，搭设的暖棚应牢固、整齐。宜在背风面设置一个出入口，并应采取保温避风措施。当需设两个出入口时，两个出入口不应对齐。

【砌体结构工程施工规范：第 11.1.19 条】

3.9.2 雨期施工

1. 雨期施工应结合本地区特点，编制专项雨期施工方案，防雨应急材料应准备充足，并对操作人员进行技术交底，施工现场应做好排水措施，砌筑材料应防止雨水冲淋。

【砌体结构工程施工规范：第 11.2.1 条】

2. 雨期施工应符合下列规定：

（1）露天作业遇大雨时应停工，对已砌筑砌体应及时进行覆盖；雨后继续施工时，应检查已完工砌体的垂直度和标高；

（2）应加强原材料的存放和保护，不得久存受潮；

（3）应加强雨期施工期间的砌体稳定性检查；

（4）砌筑砂浆的拌合量不宜过多，拌好的砂浆应防止雨淋；

（5）电气装置及机械设备应有防雨设施。

【砌体结构工程施工规范：第 11.2.2 条】

3. 雨期施工时应防止基槽灌水和雨水冲刷砂浆，每天砌筑高度不宜超过 1.2m。

【砌体结构工程施工规范：第 11.2.3 条】

4. 当块材表面存在水渍或明水时，不得用于砌筑。

【砌体结构工程施工规范：第 11.2.4 条】

5. 夹心复合墙每日砌筑工作结束后，墙体上口应采用防雨布遮盖。

【砌体结构工程施工规范：第 11.2.5 条】

4 混凝土结构工程施工

本章内容摘自现行国家标准《混凝土结构工程施工规范》GB 50666—2011。

4.1 基本规定

1. 承担混凝土结构工程施工的施工单位应具备相应的资质，并应建立相应的质量管理体系、施工质量控制和检验制度。

【混凝土结构工程施工规范：第3.1.1条】

2. 对体形复杂、高度或跨度较大、地基情况复杂及施工环境条件特殊的混凝土结构工程，宜进行施工过程监测，并应及时调整施工控制措施。

【混凝土结构工程施工规范：第3.2.3条】

3. 混凝土结构工程各工序的施工，应在前一道工序质量检查合格后进行。

【混凝土结构工程施工规范：第3.3.1条】

4. 在混凝土结构工程施工过程中，应及时进行自检、互检和交接检，其质量不应低于现行国家标准《混凝土结构工程施工质量验收规范》GB 50204的有关规定。对检查中发现的质量问题，应按规定程序及时处理。

【混凝土结构工程施工规范：第3.3.2条】

5. 在混凝土结构工程施工过程中，对隐蔽工程应进行验收，对重要工序和关键部位应加强质量检查或进行测试，并应作出详细记录，同时宜留存图像资料。

【混凝土结构工程施工规范：第3.3.3条】

6. 施工中为各种检验目的所制作的试件应具有真实性和代表性，并应符合下列规定：

（1）试件均应及时进行唯一性标识；

（2）混凝土试件的抽样方法、抽样地点、抽样数量、养护条件、试验龄期应符合现行国家标准《混凝土结构工程施工质量验收规范》GB 50204、《混凝土强度检验评定标准》GB/T 50107等的有关规定；混凝土试件的制作要求、试验方法应符合现行国家标准《普通混凝土力学性能试验方法标准》GB/T 50081等的有关规定；

（3）钢筋、预应力筋等试件的抽样方法、抽样数量、制作要求和试验方法应符合国家现行有关标准的规定。

【混凝土结构工程施工规范：第3.3.8条】

7. 施工现场应设置满足需要的平面和高程控制点作为确定结构位置的依据，其精度应符合规划、设计要求和施工需要，并应防止扰动。

【混凝土结构工程施工规范：第3.3.9条】

4.2　模板工程

4.2.1　一般规定

1. 模板工程应编制专项施工方案。滑模、爬模等工具式模板工程及高大模板支架工程的专项施工方案，应进行技术论证。

【混凝土结构工程施工规范：第4.1.1条】

2. 模板及支架应根据施工过程中的各种工况进行设计，应具有足够的承载力和刚度，并应保证其整体稳固性。

【混凝土结构工程施工规范：第4.1.2条】

3. 模板及支架应保证工程结构和构件各部分形状、尺寸和位置准确，且应便于钢筋安装和混凝土浇筑、养护。

【混凝土结构工程施工规范：第4.1.3条】

4.2.2　制作与安装

1. 模板面板背楞的截面高度宜统一。模板制作与安装时，面板拼缝应严密。有防水要求的墙体，其模板对拉螺栓中部应设止水片，止水片应与对拉螺栓环焊。

【混凝土结构工程施工规范：第 4.4.2 条】

2. 与通用钢管支架匹配的专用支架，应按图加工、制作。搁置于支架顶端可调托座上的主梁，可采用木方、木工字梁或截面对称的型钢制作。

【混凝土结构工程施工规范：第 4.4.3 条】

3. 支架立柱和竖向模板安装在土层上时，应符合下列规定：

（1）应设置具有足够强度和支承面积的垫板；

（2）土层应坚实，并应有排水措施；对湿陷性黄土、膨胀土，应有防水措施；对冻胀性土，应有防冻胀措施；

（3）对软土地基，必要时可采用堆载预压的方法调整模板面板安装高度。

【混凝土结构工程施工规范：第 4.4.4 条】

4. 安装模板时，应进行测量放线，并应采取保证模板位置准确的定位措施。对竖向构件的模板及支架，应根据混凝土一次浇筑高度和浇筑速度，采取竖向模板抗侧移、抗浮和抗倾覆措施。对水平构件的模板及支架，应结合不同的支架和模板面板形式，采取支架间、模板间及模板与支架间的有效拉结措施。对可能承受较大风荷载的模板，应采取防风措施。

【混凝土结构工程施工规范：第 4.4.5 条】

5. 对跨度不小于 4m 的梁、板，其模板施工起拱高度宜为梁、板跨度的 1/1000～3/1000。起拱不得减少构件的截面高度。

【混凝土结构工程施工规范：第 4.4.6 条】

6. 采用扣件式钢管作模板支架时，支架搭设应符合下列规定：

（1）模板支架搭设所采用的钢管、扣件规格，应符合设计要求；立杆纵距、立杆横距、支架步距以及构造要求，应符合专项施工方案的要求。

（2）立杆纵距、立杆横距不应大于 1.5m，支架步距不应大于 2.0m；立杆纵向和横向宜设置扫地杆，纵向扫地杆距立杆底部不宜大于 200mm，横向扫地杆宜设置在纵向扫地杆的下方；立杆底部宜设置底座或垫板。

（3）立杆接长除顶层步距可采用搭接外，其余各层步距接头应采用对接扣件连接，两个相邻立杆的接头不应设置在同一步距内。

（4）立杆步距的上下两端应设置双向水平杆，水平杆与立杆的交错点应采用扣件连接，双向水平杆与立杆的连接扣件之间的距离不应大于 150mm。

（5）支架周边应连续设置竖向剪刀撑。支架长度或宽度大于 6m 时，应设置中部纵向或横向的竖向剪刀撑，剪刀撑的间距和单幅剪刀撑的宽度均不宜大于 8m，剪刀撑与水平杆的夹角宜为 45°～60°；支架高度大于 3 倍步距时，支架顶部宜设置一道水平剪刀撑，剪刀撑应延伸至周边。

（6）立杆、水平杆、剪刀撑的搭接长度，不应小于 0.8m，且不应少于 2 个扣件连接，扣件盖板边缘至杆端不应小于 100mm。

（7）扣件螺栓的拧紧力矩不应小于 40N·m，且不应大于 65N·m。

（8）支架立杆搭设的垂直偏差不宜大于 1/200。

【混凝土结构工程施工规范：第 4.4.7 条】

7. 采用扣件式钢管作高大模板支架时，支架搭设除应符合本规范第 4.4.7 条的规定外，尚应符合下列规定：

（1）宜在支架立杆顶端插入可调托座，可调托座螺杆外径不应小于 36mm，螺杆插入钢管的长度不应小于 150mm，螺杆伸出钢管的长度不应大于 300mm，可调托座伸出顶层水平杆的悬臂长度不应大于 500mm；

（2）立杆纵距、横距不应大于 1.2m，支架步距不应大于 1.8m；

（3）立杆顶层步距内采用搭接时，搭接长度不应小于 1m，且不应少于 3 个扣件连接；

（4）立杆纵向和横向应设置扫地杆，纵向扫地杆距立杆底部不宜大于 200mm；

（5）宜设置中部纵向或横向的竖向剪刀撑，剪刀撑的间距不宜大于 5m；沿支架高度方向搭设的水平剪刀撑的间距不宜大于 6m；

（6）立杆的搭设垂直偏差不宜大于 1/200，且不宜大于 100mm；

（7）应根据周边结构的情况，采取有效的连接措施加强支架整体稳固性。

【混凝土结构工程施工规范：第 4.4.8 条】

8. 采用碗扣式、盘扣式或盘销式钢管架作模板支架时，支架搭设应符合下列规定：

（1）碗扣架、盘扣架或盘销架的水平杆与立柱的扣接应牢靠，不应滑脱；

（2）立杆上的上、下层水平杆间距不应大于 1.8m；

（3）插入立杆顶端可调托座伸出顶层水平杆的悬臂长度不应大于 650mm，螺杆插入钢管的长度不应小于 150mm，其直径应满足与钢管内径间隙不大于 6mm 的要求。架体最顶层的水平杆步距应比标准步距缩小一个节点间距；

（4）立柱间应设置专用斜杆或扣件钢管斜杆加强模板支架。

【混凝土结构工程施工规范：第 4.4.9 条】

9. 采用门式钢管架搭设模板支架时，应符合现行行业标准《建筑施工门式钢管脚手架安全技术规范》JGJ 128 的有关规定。当支架高度较大或荷载较大时，主立杆钢管直径不宜小于 48mm，并应设水平加强杆。

【混凝土结构工程施工规范：第 4.4.10 条】

10. 支架的竖向斜撑和水平斜撑应与支架同步搭设，支架应与成型的混凝土结构拉结。钢管支架的竖向斜撑和水平斜撑的搭设，应符合国家现行有关钢管脚手架标准的规定。

【混凝土结构工程施工规范：第 4.4.11 条】

11. 固定在模板上的预埋件、预留孔和预留洞，均不得遗漏，且应安装牢固、位置准确。

【混凝土结构工程施工规范：第 4.4.17 条】

4.2.3 拆除与维护

1. 模板拆除时，可采取先支的后拆、后支的先拆，先拆非承重模板、后拆承重模板的顺序，并应从上而下进行拆除。

【混凝土结构工程施工规范：第 4.5.1 条】

2. 底模及支架应在混凝土强度达到设计要求后再拆除；当设计无具体要求时，同条件养护的混凝土立方体试件抗压强度应符合表 4.5.2 的规定。

表 4.5.2 底模拆除时的混凝土强度要求

构件类型	构件跨度（m）	达到设计混凝土强度等级值的百分率（%）
板	≤2	≥50
	>2，≤8	≥75
	>8	≥100
梁、拱、壳	≤8	≥75
	>8	≥100
悬臂结构		≥100

【混凝土结构工程施工规范：第 4.5.2 条】

3. 当混凝土强度能保证其表面及棱角不受损伤时，方可拆除侧模。

【混凝土结构工程施工规范：第 4.5.3 条】

4. 快拆支架体系的支架立杆间距不应大于 2m。拆模时，应保留立杆并顶托支承楼板，拆模时的混凝土强度可按本规范表 4.5.2 中构件跨度为 2m 的规定确定。

【混凝土结构工程施工规范：第 4.5.5 条】

5. 后张预应力混凝土结构构件，侧模宜在预应力筋张拉前拆除；底模及支架不应在结构构件建立预应力前拆除。

【混凝土结构工程施工规范：第4.5.6条】

6. 拆下的模板及支架杆件不得抛掷，应分散堆放在指定地点，并应及时清运。

【混凝土结构工程施工规范：第4.5.7条】

7. 模板拆除后应将其表面清理干净，对变形和损伤部位应进行修复。

【混凝土结构工程施工规范：第4.5.8条】

4.3 钢筋工程

4.3.1 一般规定

1. 钢筋工程宜采用专业化生产的成型钢筋。

【混凝土结构工程施工规范：第5.1.1条】

2. 钢筋连接方式应根据设计要求和施工条件选用。

【混凝土结构工程施工规范：第5.1.2条】

3. 当需要进行钢筋代换时，应办理设计变更文件。

【混凝土结构工程施工规范：第5.1.3条】

4.3.2 材料

1. 对有抗震设防要求的结构，其纵向受力钢筋的性能应满足设计要求；当设计无具体要求时，对按一、二、三级抗震等级设计的框架和斜撑构件（含梯段）中的纵向受力普通钢筋应采用HRB335E、HRB400E、HRB500E、HRBF335E、HRBF400E或HRBF500E钢筋，其强度和最大力下总伸长率的实测值，应符合下列规定：

（1）钢筋的抗拉强度实测值与屈服强度实测值的比值不应小于1.25；

（2）钢筋的屈服强度实测值与屈服强度标准值的比值不应大于1.30；

(3) 钢筋的最大力下总伸长率不应小于9%。

【混凝土结构工程施工规范：第5.2.2条】

2. 施工过程中应采取防止钢筋混淆、锈蚀或损伤的措施。

【混凝土结构工程施工规范：第5.2.3条】

3. 施工中发现钢筋脆断、焊接性能不良或力学性能显著不正常等现象时，应停止使用该批钢筋，并应对该批钢筋进行化学成分检验或其他专项检验。

【混凝土结构工程施工规范：第5.2.4条】

4.3.3　钢筋加工

1. 钢筋加工前应将表面清理干净。表面有颗粒状、片状老锈或有损伤的钢筋不得使用。

【混凝土结构工程施工规范：第5.3.1条】

2. 钢筋加工宜在常温状态下进行，加工过程中不应对钢筋进行加热。钢筋应一次弯折到位。

【混凝土结构工程施工规范：第5.3.2条】

3. 钢筋宜采用机械设备进行调直，也可采用冷拉方法调直。当采用机械设备调直时，调直设备不应具有延伸功能。当采用冷拉方法调直时，HPB300光圆钢筋的冷拉率不宜大于4%；HRB335、HRB400、HRB500、HRBF335、HRBF400、HRBF500及RRB400带肋钢筋的冷拉率，不宜大于1%。钢筋调直过程中不应损伤带肋钢筋的横肋。调直后的钢筋应平直，不应有局部弯折。

【混凝土结构工程施工规范：第5.3.3条】

4. 钢筋弯折的弯弧内直径应符合下列规定：

(1) 光圆钢筋，不应小于钢筋直径的2.5倍；

(2) 335MPa级、400MPa级带肋钢筋，不应小于钢筋直径的4倍；

(3) 500MPa级带肋钢筋，当直径为28mm以下时不应小于钢筋直径的6倍，当直径为28mm及以上时不应小于钢筋直径的7倍；

（4）位于框架结构顶层端节点处的梁上部纵向钢筋和柱外侧纵向钢筋，在节点角部弯折处，当钢筋直径为28mm以下时不宜小于钢筋直径的12倍，当钢筋直径为28mm及以上时不宜小于钢筋直径的16倍；

（5）箍筋弯折处尚不应小于纵向受力钢筋直径；箍筋弯折处纵向受力钢筋为搭接钢筋或并筋时，应按钢筋实际排布情况确定箍筋弯弧内直径。

【混凝土结构工程施工规范：第5.3.4条】

5. 纵向受力钢筋的弯折后平直段长度应符合设计要求及现行国家标准《混凝土结构设计规范》GB 50010的有关规定。光圆钢筋末端作180°弯钩时，弯钩的弯折后平直段长度不应小于钢筋直径的3倍。

【混凝土结构工程施工规范：第5.3.5条】

6. 箍筋、拉筋的末端应按设计要求作弯钩，并应符合下列规定：

（1）对一般结构构件，箍筋弯钩的弯折角度不应小于90°，弯折后平直段长度不应小于箍筋直径的5倍；对有抗震设防要求或设计有专门要求的结构构件，箍筋弯钩的弯折角度不应小于135°，弯折后平直段长度不应小于箍筋直径的10倍和75mm两者之中的较大值；

（2）圆形箍筋的搭接长度不应小于其受拉锚固长度，且两末端均应作不小于135°的弯钩，弯折后平直段长度对一般结构构件不应小于箍筋直径的5倍，对有抗震设防要求的结构构件不应小于箍筋直径的10倍和75mm的较大值；

（3）拉筋用作梁、柱复合箍筋中单肢箍筋或梁腰筋间拉结筋时，两端弯钩的弯折角度均不应小于135°，弯折后平直段长度应符合本条第1款对箍筋的有关规定；拉筋用作剪力墙、楼板等构件中拉结筋时，两端弯钩可采用一端135°另一端90°，弯折后平直段长度不应小于拉筋直径的5倍。

【混凝土结构工程施工规范：第5.3.6条】

7. 焊接封闭箍筋宜采用闪光对焊，也可采用气压焊或单面搭接焊，并宜采用专用设备进行焊接。焊接封闭箍筋下料长度和端头加工应按焊接工艺确定。焊接封闭箍筋的焊点设置，应符合下列规定：

（1）每个箍筋的焊点数量应为1个，焊点宜位于多边形箍筋中的某边中部，且距箍筋弯折处的位置不宜小于100mm；

（2）矩形柱箍筋焊点宜设在柱短边，等边多边形柱箍筋焊点可设在任一边；不等边多边形柱箍筋焊点应位于不同边上；

（3）梁箍筋焊点应设置在顶边或底边。

【混凝土结构工程施工规范：第5.3.7条】

4.3.4 钢筋连接与安装

1. 钢筋接头宜设置在受力较小处；有抗震设防要求的结构中，梁端、柱端箍筋加密区范围内不宜设置钢筋接头，且不应进行钢筋搭接。同一纵向受力钢筋不宜设置两个或两个以上接头。接头末端至钢筋弯起点的距离，不应小于钢筋直径的10倍。

【混凝土结构工程施工规范：第5.4.1条】

2. 钢筋机械连接施工应符合下列规定：

（1）加工钢筋接头的操作人员应经专业培训合格后上岗，钢筋接头的加工应经工艺检验合格后方可进行。

（2）机械连接接头的混凝土保护层厚度宜符合现行国家标准《混凝土结构设计规范》GB 50010中受力钢筋的混凝土保护层最小厚度规定，且不得小于15mm。接头之间的横向净间距不宜小于25mm。

（3）螺纹接头安装后应使用专用扭力扳手校核拧紧扭力矩。挤压接头压痕直径的波动范围应控制在允许波动范围内，并使用专用量规进行检验。

（4）机械连接接头的适用范围、工艺要求、套筒材料及质量要求等应符合现行行业标准《钢筋机械连接技术规程》JGJ 107

的有关规定。

【混凝土结构工程施工规范：第5.4.2条】

3. 钢筋焊接施工应符合下列规定：

（1）从事钢筋焊接施工的焊工应持有钢筋焊工考试合格证，并应按照合格证规定的范围上岗操作。

（2）在钢筋工程焊接施工前，参与该项工程施焊的焊工应进行现场条件下的焊接工艺试验，经试验合格后，方可进行焊接。焊接过程中，如果钢筋牌号、直径发生变更，应再次进行焊接工艺试验。工艺试验使用的材料、设备、辅料及作业条件均应与实际施工一致。

（3）细晶粒热轧钢筋及直径大于28mm的普通热轧钢筋，其焊接参数应经试验确定；余热处理钢筋不宜焊接。

（4）电渣压力焊只应使用于柱、墙等构件中竖向受力钢筋的连接。

（5）钢筋焊接接头的适用范围、工艺要求、焊条及焊剂选择、焊接操作及质量要求等应符合现行行业标准《钢筋焊接及验收规程》JGJ 18的有关规定。

【混凝土结构工程施工规范：第5.4.3条】

4. 当纵向受力钢筋采用机械连接接头或焊接接头时，接头的设置应符合下列规定：

（1）同一构件内的接头宜分批错开。

（2）接头连接区段的长度为35d，且不应小于500mm，凡接头中点位于该连接区段长度内的接头均应属于同一连接区段；其中d为相互连接两根钢筋中较小直径。

（3）同一连接区段内，纵向受力钢筋接头面积百分率为该区段内有接头的纵向受力钢筋截面面积与全部纵向受力钢筋截面面积的比值；纵向受力钢筋的接头面积百分率应符合下列规定：

1）受拉接头，不宜大于50%；受压接头，可不受限制；

2）板、墙、柱中受拉机械连接接头，可根据实际情况放宽；装配式混凝土结构构件连接处受拉接头，可根据实际情况放宽；

3）直接承受动力荷载的结构构件中，不宜采用焊接；当采用机械连接时，不应超过50%。

【混凝土结构工程施工规范：第5.4.4条】

5. 当纵向受力钢筋采用绑扎搭接接头时，接头的设置应符合下列规定：

（1）同一构件内的接头宜分批错开。各接头的横向净间距s不应小于钢筋直径，且不应小于25mm。

（2）接头连接区段的长度为1.3倍搭接长度，凡接头中点位于该连接区段长度内的接头均应属于同一连接区段；搭接长度可取相互连接两根钢筋中较小直径计算。纵向受力钢筋的最小搭接长度应符合本规范附录C的规定。

（3）同一连接区段内，纵向受力钢筋接头面积百分率为该区段内有接头的纵向受力钢筋截面面积与全部纵向受力钢筋截面面积的比值（图5.4.5）；纵向受压钢筋的接头面积百分率可不受限值；纵向受拉钢筋的接头面积百分率应符合下列规定：

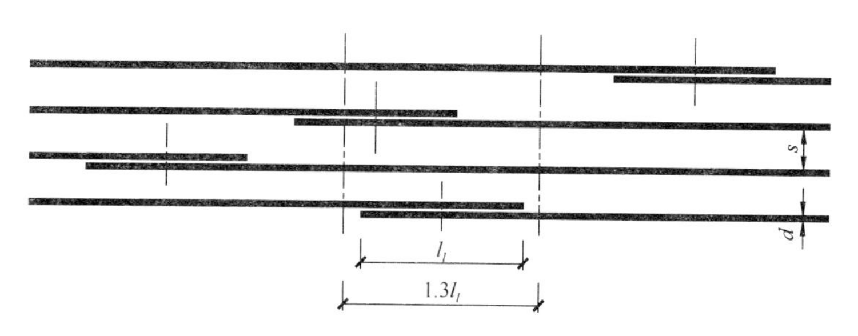

图5.4.5 钢筋绑扎搭接接头连接区段及接头面积百分率

注：图中所示搭接接头同一连接区段内的搭接钢筋为两根，当各钢筋直径相同时，接头面积百分率为50%。

1）梁类、板类及墙类构件，不宜超过25%；基础筏板，不宜超过50%。

2）柱类构件，不宜超过50%。

3）当工程中确有必要增大接头面积百分率时，对梁类构件，不应大于50%；对其他构件，可根据实际情况适当放宽。

【混凝土结构工程施工规范：第5.4.5条】

6. 在梁、柱类构件的纵向受力钢筋搭接长度范围内应按设计要求配置箍筋，并应符合下列规定：

（1）箍筋直径不应小于搭接钢筋较大直径的25%；

（2）受拉搭接区段的箍筋间距不应大于搭接钢筋较小直径的5倍，且不应大于100mm；

（3）受压搭接区段的箍筋间距不应大于搭接钢筋较小直径的10倍，且不应大于200mm；

（4）当柱中纵向受力钢筋直径大于25mm时，应在搭接接头两个端面外100mm范围内各设置两个箍筋，其间距宜为50mm。

【混凝土结构工程施工规范：第5.4.6条】

7. 钢筋绑扎应符合下列规定：

（1）钢筋的绑扎搭接接头应在接头中心和两端用铁丝扎牢；

（2）墙、柱、梁钢筋骨架中各竖向面钢筋网交叉点应全数绑扎；板上部钢筋网的交叉点应全数绑扎，底部钢筋网除边缘部分外可间隔交错绑扎；

（3）梁、柱的箍筋弯钩及焊接封闭箍筋的焊点应沿纵向受力钢筋方向错开设置；

（4）构造柱纵向钢筋宜与承重结构同步绑扎；

（5）梁及柱中箍筋、墙中水平分布钢筋、板中钢筋距构件边缘的起始距离宜为50mm。

【混凝土结构工程施工规范：第5.4.7条】

8. 构件交接处的钢筋位置应符合设计要求。当设计无具体要求时，应保证主要受力构件和构件中主要受力方向的钢筋位置。框架节点处梁纵向受力钢筋宜放在柱纵向钢筋内侧；当主次梁底部标高相同时，次梁下部钢筋应放在主梁下部钢筋之上；剪力墙中水平分布钢筋宜放在外侧，并宜在墙端弯折锚固。

【混凝土结构工程施工规范：第5.4.8条】

9. 钢筋安装应采用定位件固定钢筋的位置，并宜采用专用定位件。定位件应具有足够的承载力、刚度、稳定性和耐久性。定位件的数量、间距和固定方式，应能保证钢筋的位置偏差符合国家现行有关标准的规定。混凝土框架梁、柱保护层内，不宜采用金属定位件。

【混凝土结构工程施工规范：第 5.4.9 条】

10. 采用复合箍筋时，箍筋外围应封闭。梁类构件复合箍筋内部，宜选用封闭箍筋，奇数肢也可采用单肢箍筋；柱类构件复合箍筋内部可部分采用单肢箍筋。

【混凝土结构工程施工规范：第 5.4.11 条】

11. 钢筋安装应采取防止钢筋受模板、模具内表面的脱模剂污染的措施。

【混凝土结构工程施工规范：第 5.4.12 条】

4.4 预应力工程

4.4.1 一般规定

1. 预应力工程施工应根据环境温度采取必要的质量保证措施，并应符合下列规定：

(1) 当工程所处环境温度低于−15℃时，不宜进行预应力筋张拉；

(2) 当工程所处环境温度高于 35℃或日平均环境温度连续 5 日低于 5℃时，不宜进行灌浆施工；当在环境温度高于 35℃或日平均环境温度连续 5 日低于 5℃条件下进行灌浆施工时，应采取专门的质量保证措施。

【混凝土结构工程施工规范：第 6.1.2 条】

2. 当预应力筋需要代换时，应进行专门计算，并应经原设计单位确认。

【混凝土结构工程施工规范：第 6.1.3 条】

4.4.2 材料

预应力筋等材料在运输、存放、加工、安装过程中，应采取防止其损伤、锈蚀或污染的措施，并应符合下列规定：

（1）有粘结预应力筋展开后应平顺，不应有弯折，表面不应有裂纹、小刺、机械损伤、氧化铁皮和油污等；

（2）预应力筋用锚具、夹具、连接器和锚垫板表面应无污物、锈蚀、机械损伤和裂纹；

（3）无粘结预应力筋护套应光滑、无裂纹、无明显褶皱；

（4）后张预应力用成孔管道内外表面应清洁，无锈蚀，不应有油污、孔洞和不规则的褶皱，咬口不应有开裂或脱落。

【混凝土结构工程施工规范：第 6.2.4 条】

4.4.3 制作与安装

1. 预应力筋的下料长度应经计算确定，并应采用砂轮锯或切断机等机械方法切断。预应力筋制作或安装时，不应用作接地线，并应避免焊渣或接地电火花的损伤。

【混凝土结构工程施工规范：第 6.3.1 条】

2. 无粘结预应力筋在现场搬运和铺设过程中，不应损伤其塑料护套。当出现轻微破损时，应及时采用防水胶带封闭；严重破损的不得使用。

【混凝土结构工程施工规范：第 6.3.2 条】

3. 钢绞线挤压锚具应采用配套的挤压机制作，挤压操作的油压最大值应符合使用说明书的规定。采用的摩擦衬套应沿挤压套筒全长均匀分布；挤压完成后，预应力筋外端露出挤压套筒不应少于 1mm。

【混凝土结构工程施工规范：第 6.3.3 条】

4. 钢丝镦头及下料长度偏差应符合下列规定：

（1）镦头的头型直径不宜小于钢丝直径的 1.5 倍，高度不宜小于钢丝直径；

(2) 镦头不应出现横向裂纹；

(3) 当钢丝束两端均采用镦头锚具时，同一束中各根钢丝长度的极差不应大于钢丝长度的1/5000，且不应大于5mm。当成组张拉长度不大于10m的钢丝时，同组钢丝长度的极差不得大于2mm。

【混凝土结构工程施工规范：第6.3.5条】

5. 成孔管道的连接应密封，并应符合下列规定：

(1) 圆形金属波纹管接长时，可采用大一规格的同波型波纹管作为接头管，接头管长度可取其内径的3倍，且不宜小于200mm，两端旋入长度宜相等，且接头管两端应采用防水胶带密封；

(2) 塑料波纹管接长时，可采用塑料焊接机热熔焊接或采用专用连接管；

(3) 钢管连接可采用焊接连接或套筒连接。

【混凝土结构工程施工规范：第6.3.6条】

6. 预应力筋或成孔管道应按设计规定的形状和位置安装，并应符合下列规定：

(1) 预应力筋或成孔管道应平顺，并与定位钢筋绑扎牢固。定位钢筋直径不宜小于10mm，间距不宜大于1.2m，板中无粘结预应力筋的定位间距可适当放宽，扁形管道、塑料波纹管或预应力筋曲线曲率较大处的定位间距，宜适当缩小。

(2) 凡施工时需要预先起拱的构件，预应力筋或成孔管道宜随构件同时起拱。

(3) 预应力筋或成孔管道控制点竖向位置允许偏差应符合表6.3.7的规定。

表6.3.7 预应力筋或成孔管道控制点竖向位置允许偏差

构件截面高（厚）度 h（mm）	$h \leqslant 300$	$300 < h \leqslant 1500$	$h > 1500$
允许偏差（mm）	±5	±10	±15

【混凝土结构工程施工规范：第6.3.7条】

7. 预应力筋和预应力孔道的间距和保护层厚度，应符合下列规定：

（1）先张法预应力筋之间的净间距，不宜小于预应力筋公称直径或等效直径的2.5倍和混凝土粗骨料最大粒径的1.25倍，且对预应力钢丝、三股钢绞线和七股钢绞线分别不应小于15mm、20mm和25mm。当混凝土振捣密实性有可靠保证时，净间距可放宽至粗骨料最大粒径的1.0倍；

（2）对后张法预制构件，孔道之间的水平净间距不宜小于50mm，且不宜小于粗骨料最大粒径的1.25倍；孔道至构件边缘的净间距不宜小于30mm，且不宜小于孔道外径的50%；

（3）在现浇混凝土梁中，曲线孔道在竖直方向的净间距不应小于孔道外径，水平方向的净间距不宜小于孔道外径的1.5倍，且不应小于粗骨料最大粒径的1.25倍；从孔道外壁至构件边缘的净间距，梁底不宜小于50mm，梁侧不宜小于40mm；裂缝控制等级为三级的梁，从孔道外壁至构件边缘的净间距，梁底不宜小于60mm，梁侧不宜小于50mm；

（4）预留孔道的内径宜比预应力束外径及需穿过孔道的连接器外径大6～15mm，且孔道的截面积宜为穿入预应力束截面积的3倍～4倍；

（5）当有可靠经验并能保证混凝土浇筑质量时，预应力孔道可水平并列贴紧布置，但每一并列束中的孔道数量不应超过2个；

（6）板中单根无粘结预应力筋的水平间距不宜大于板厚的6倍，且不宜大于1m；带状束的无粘结预应力筋根数不宜多于5根，束间距不宜大于板厚的12倍，且不宜大于2.4m；

（7）梁中集束布置的无粘结预应力筋，束的水平净间距不宜小于50mm，束至构件边缘的净间距不宜小于40mm。

【混凝土结构工程施工规范：第6.3.8条】

8. 预应力孔道应根据工程特点设置排气孔、泌水孔及灌浆孔，排气孔可兼作泌水孔或灌浆孔，并应符合下列规定：

（1）当曲线孔道波峰和波谷的高差大于300mm时，应在孔道波峰设置排气孔，排气孔间距不宜大于30m；

（2）当排气孔兼作泌水孔时，其外接管伸出构件顶面高度不宜小于300mm。

【混凝土结构工程施工规范：第6.3.9条】

9. 锚垫板、局部加强钢筋和连接器应按设计要求的位置和方向安装牢固，并应符合下列规定：

（1）锚垫板的承压面应与预应力筋或孔道曲线末端的切线垂直。预应力筋曲线起始点与张拉锚固点之间的直线段最小长度应符合表6.3.10的规定；

（2）采用连接器接长预应力筋时，应全面检查连接器的所有零件，并应按产品技术手册要求操作；

（3）内埋式固定端锚垫板不应重叠，锚具与锚垫板应贴紧。

表6.3.10 预应力筋曲线起始点与张拉锚固点之间直线段最小长度

预应力筋张拉力 N（kN）	$N \leqslant 1500$	$1500 < N \leqslant 6000$	$N > 6000$
直线段最小长度（mm）	400	500	600

【混凝土结构工程施工规范：第6.3.10条】

10. 后张法有粘结预应力筋穿入孔道及其防护，应符合下列规定：

（1）对采用蒸汽养护的预制构件，预应力筋应在蒸汽养护结束后穿入孔道；

（2）预应力筋穿入孔道后至孔道灌浆的时间间隔不宜过长，当环境相对湿度大于60%或处于近海环境时，不宜超过14d；当环境相对湿度不大于60%时，不宜超过28d；

（3）当不能满足本条第2款的规定时，宜对预应力筋采取防锈措施。

【混凝土结构工程施工规范：第6.3.11条】

11. 当采用减摩材料降低孔道摩擦阻力时，应符合下列规定：

（1）减摩材料不应对预应力筋、成孔管道及混凝土产生不利影响；

（2）灌浆前应将减摩材料清除干净。

【混凝土结构工程施工规范：第6.3.13条】

4.4.4 张拉和放张

1. 预应力筋张拉前，应进行下列准备工作：

（1）计算张拉力和张拉伸长值，根据张拉设备标定结果确定油泵压力表读数；

（2）根据工程需要搭设安全可靠的张拉作业平台；

（3）清理锚垫板和张拉端预应力筋，检查锚垫板后混凝土的密实性。

【混凝土结构工程施工规范：第6.4.1条】

2. 预应力筋张拉设备及压力表应定期维护和标定。张拉设备和压力表应配套标定和使用，标定期限不应超过半年。当使用过程中出现反常现象或张拉设备检修后，应重新标定。

注：1　压力表的量程应大于张拉工作压力读值，压力表的精确度等级不应低于1.6级；

2　标定张拉设备用的试验机或测力计的测力示值不确定度，不应大于1.0%；

3　张拉设备标定时，千斤顶活塞的运行方向应与实际张拉工作状态一致。

【混凝土结构工程施工规范：第6.4.2条】

3. 施加预应力时，混凝土强度应符合设计要求，且同条件养护的混凝土立方体抗压强度，应符合下列规定：

（1）不应低于设计混凝土强度等级值的75%；

（2）采用消除应力钢丝或钢绞线作为预应力筋的先张法构件，尚不应低于30MPa；

（3）不应低于锚具供应商提供的产品技术手册要求的混凝土最低强度要求；

（4）后张法预应力梁和板，现浇结构混凝土的龄期分别不宜小于7d和5d。

注：为防止混凝土早期裂缝而施加预应力时，可不受本条的限制，但应满足局部受压承载力的要求。

【混凝土结构工程施工规范：第6.4.3条】

4. 预应力筋的张拉顺序应符合设计要求，并应符合下列规定：

（1）应根据结构受力特点、施工方便及操作安全等因素确定张拉顺序；

（2）预应力筋宜按均匀、对称的原则张拉；

（3）现浇预应力混凝土楼盖，宜先张拉楼板、次梁的预应力筋，后张拉主梁的预应力筋；

（4）对预制屋架等平卧叠浇构件，应从上而下逐榀张拉。

【混凝土结构工程施工规范：第6.4.6条】

5. 后张预应力筋应根据设计和专项施工方案的要求采用一端或两端张拉。采用两端张拉时，宜两端同时张拉，也可一端先张拉锚固，另一端补张拉。当设计无具体要求时，应符合下列规定：

（1）有粘结预应力筋长度不大于20m时，可一端张拉，大于20m时，宜两端张拉；预应力筋为直线形时，一端张拉的长度可延长至35m；

（2）无粘结预应力筋长度不大于40m时，可一端张拉，大于40m时，宜两端张拉。

【混凝土结构工程施工规范：第6.4.7条】

6. 后张有粘结预应力筋应整束张拉。对直线形或平行编排的有粘结预应力钢绞线束，当能确保各根钢绞线不受叠压影响时，也可逐根张拉。

【混凝土结构工程施工规范：第6.4.8条】

7. 预应力筋张拉时，应从零拉力加载至初拉力后，量测伸长值初读数，再以均匀速率加载至张拉控制力。塑料波纹管内的预应力筋，张拉力达到张拉控制力后宜持荷2～5min。

【混凝土结构工程施工规范：第6.4.9条】

8. 预应力筋张拉中应避免预应力筋断裂或滑脱。当发生断裂或滑脱时，应符合下列规定：

(1) 对后张法预应力结构构件，断裂或滑脱的数量严禁超过同一截面预应力筋总根数的3%，且每束钢丝或每根钢绞线不得超过一丝；对多跨双向连续板，其同一截面应按每跨计算；

(2) 对先张法预应力构件，在浇筑混凝土前发生断裂或滑脱的预应力筋必须更换。

【混凝土结构工程施工规范：第6.4.10条】

9. 锚固阶段张拉端预应力筋的内缩量应符合设计要求。当设计无具体要求时，应符合表6.4.11的规定。

表6.4.11　张拉端预应力筋的内缩量限值

<table>
<tr><th colspan="2">锚具类别</th><th>内缩量限值（mm）</th></tr>
<tr><td rowspan="2">支承式锚具（螺母锚具、镦头锚具等）</td><td>螺母缝隙</td><td>1</td></tr>
<tr><td>每块后加垫板的缝隙</td><td>1</td></tr>
<tr><td rowspan="2">夹片式锚具</td><td>有顶压</td><td>5</td></tr>
<tr><td>无顶压</td><td>6～8</td></tr>
</table>

【混凝土结构工程施工规范：第6.4.11条】

10. 先张法预应力筋的放张顺序，应符合下列规定：

(1) 宜采取缓慢放张工艺进行逐根或整体放张；

(2) 对轴心受压构件，所有预应力筋宜同时放张；

(3) 对受弯或偏心受压的构件，应先同时放张预压应力较小区域的预应力筋，再同时放张预压应力较大区域的预应力筋；

(4) 当不能按本条第1～3款的规定放张时，应分阶段、对称、相互交错放张；

(5) 放张后，预应力筋的切断顺序，宜从张拉端开始依次切向另一端。

【混凝土结构工程施工规范：第6.4.12条】

4.4.5 灌浆及封锚

1. 后张法有粘结预应力筋张拉完毕并经检查合格后，应尽早进行孔道灌浆，孔道内水泥浆应饱满、密实。

【混凝土结构工程施工规范：第 6.5.1 条】

2. 后张法预应力筋锚固后的外露多余长度，宜采用机械方法切割，也可采用氧-乙炔焰切割，其外露长度不宜小于预应力筋直径的 1.5 倍，且不应小于 30mm。

【混凝土结构工程施工规范：第 6.5.2 条】

3. 孔道灌浆前应进行下列准备工作：

(1) 应确认孔道、排气兼泌水管及灌浆孔畅通；对预埋管成型孔道，可采用压缩空气清孔；

(2) 应采用水泥浆、水泥砂浆等材料封闭端部锚具缝隙，也可采用封锚罩封闭外露锚具；

(3) 采用真空灌浆工艺时，应确认孔道系统的密封性。

【混凝土结构工程施工规范：第 6.5.3 条】

4. 配制水泥浆用水泥、水及外加剂除应符合国家现行有关标准的规定外，尚应符合下列规定：

(1) 宜采用普通硅酸盐水泥或硅酸盐水泥；

(2) 拌合用水和掺加的外加剂中不应含有对预应力筋或水泥有害的成分；

(3) 外加剂应与水泥作配合比试验并确定掺量。

【混凝土结构工程施工规范：第 6.5.4 条】

5. 灌浆用水泥浆应符合下列规定：

(1) 采用普通灌浆工艺时，稠度宜控制在 12～20s，采用真空灌浆工艺时，稠度宜控制在 18～25s；

(2) 水灰比不应大于 0.45；

(3) 3h 自由泌水率宜为 0，且不应大于 1%，泌水应在 24h 内全部被水泥浆吸收；

(4) 24h 自由膨胀率，采用普通灌浆工艺时不应大于 6%；

采用真空灌浆工艺时不应大于3%；

（5）水泥浆中氯离子含量不应超过水泥重量的0.06%；

（6）28d标准养护的边长为70.7mm的立方体水泥浆试块抗压强度不应低于30MPa；

（7）稠度、泌水率及自由膨胀率的试验方法应符合现行国家标准《预应力孔道灌浆剂》GB/T 25182的规定。

注：1　一组水泥浆试块由6个试块组成；

2　抗压强度为一组试块的平均值，当一组试块中抗压强度最大值或最小值与平均值相差超过20%时，应取中间4个试块强度的平均值。

【混凝土结构工程施工规范：第6.5.5条】

6. 灌浆用水泥浆的制备及使用，应符合下列规定：

（1）水泥浆宜采用高速搅拌机进行搅拌，搅拌时间不应超过5min；

（2）水泥浆使用前应经筛孔尺寸不大于1.2mm×1.2mm的筛网过滤；

（3）搅拌后不能在短时间内灌入孔道的水泥浆，应保持缓慢搅动；

（4）水泥浆应在初凝前灌入孔道，搅拌后至灌浆完毕的时间不宜超过30min。

【混凝土结构工程施工规范：第6.5.6条】

7. 灌浆施工应符合下列规定：

（1）宜先灌注下层孔道，后灌注上层孔道；

（2）灌浆应连续进行，直至排气管排除的浆体稠度与注浆孔处相同且无气泡后，再顺浆体流动方向依次封闭排气孔；全部出浆口封闭后，宜继续加压0.5～0.7MPa，并应稳压1～2min后封闭灌浆口；

（3）当泌水较大时，宜进行二次灌浆和对泌水孔进行重力补浆；

（4）因故中途停止灌浆时，应用压力水将未灌注完孔道内已注入的水泥浆冲洗干净。

【混凝土结构工程施工规范：第6.5.7条】

4.5 混凝土制备与运输

4.5.1 一般规定

1. 混凝土结构施工宜采用预拌混凝土。

【混凝土结构工程施工规范：第 7.1.1 条】

2. 混凝土制备应符合下列规定：

（1）预拌混凝土应符合现行国家标准《预拌混凝土》GB 14902 的有关规定；

（2）现场搅拌混凝土宜采用具有自动计量装置的设备集中搅拌；

（3）当不具备本条第 1、2 款规定的条件时，应采用符合现行国家标准《混凝土搅拌机》GB/T 9142 的搅拌机进行搅拌，并应配备计量装置。

【混凝土结构工程施工规范：第 7.1.2 条】

3. 混凝土运输应符合下列规定：

（1）混凝土宜采用搅拌运输车运输，运输车辆应符合国家现行有关标准的规定；

（2）运输过程中应保证混凝土拌合物的均匀性和工作性；

（3）应采取保证连续供应的措施，并应满足现场施工的需要。

【混凝土结构工程施工规范：第 7.1.3 条】

4.5.2 原材料

1. 水泥的选用应符合下列规定：

（1）水泥品种与强度等级应根据设计、施工要求，以及工程所处环境条件确定；

（2）普通混凝土宜选用通用硅酸盐水泥；有特殊需要时，也可选用其他品种水泥；

（3）有抗渗、抗冻融要求的混凝土，宜选用硅酸盐水泥或普通硅酸盐水泥；

（4）处于潮湿环境的混凝土结构，当使用碱活性骨料时，宜采用低碱水泥。

【混凝土结构工程施工规范：第7.2.2条】

2. 粗骨料宜选用粒形良好、质地坚硬的洁净碎石或卵石，并应符合下列规定：

（1）粗骨料最大粒径不应超过构件截面最小尺寸的1/4，且不应超过钢筋最小净间距的3/4；对实心混凝土板，粗骨料的最大粒径不宜超过板厚的1/3，且不应超过40mm；

（2）粗骨料宜采用连续粒级，也可用单粒级组合成满足要求的连续粒级；

（3）含泥量、泥块含量指标应符合本规范附录F的规定。

【混凝土结构工程施工规范：第7.2.3条】

3. 细骨料宜选用级配良好、质地坚硬、颗粒洁净的天然砂或机制砂，并应符合下列规定：

（1）细骨料宜选用Ⅱ区中砂。当选用Ⅰ区砂时，应提高砂率，并应保持足够的胶凝材料用量，同时应满足混凝土的工作性要求；当采用Ⅲ区砂时，宜适当降低砂率；

（2）混凝土细骨料中氯离子含量，对钢筋混凝土，按干砂的质量百分率计算不得大于0.06%；对预应力混凝土，按干砂的质量百分率计算不得大于0.02%；

（3）含泥量、泥块含量指标应符合本规范附录F的规定；

（4）海砂应符合现行行业标准《海砂混凝土应用技术规范》JGJ 206的有关规定。

【混凝土结构工程施工规范：第7.2.4条】

4. 强度等级为C60及以上的混凝土所用骨料，除应符合本规范第7.2.3和7.2.4条的规定外，尚应符合下列规定：

（1）粗骨料压碎指标的控制值应经试验确定；

（2）粗骨料最大粒径不宜大于25mm，针片状颗粒含量不应大于8.0%，含泥量不应大于0.5%，泥块含量不应大于0.2%；

(3) 细骨料细度模数宜控制为2.6～3.0，含泥量不应大于2.0%，泥块含量不应大于0.5%。

【混凝土结构工程施工规范：第7.2.5条】

5. 有抗渗、抗冻融或其他特殊要求的混凝土，宜选用连续级配的粗骨料，最大粒径不宜大于40mm，含泥量不应大于1.0%，泥块含量不应大于0.5%；所用细骨料含泥量不应大于3.0%，泥块含量不应大于1.0%。

【混凝土结构工程施工规范：第7.2.6条】

6. 矿物掺合料的选用应根据设计、施工要求，以及工程所处环境条件确定，其掺量应通过试验确定。

【混凝土结构工程施工规范：第7.2.7条】

7. 外加剂的选用应根据设计、施工要求，混凝土原材料性能以及工程所处环境条件等因素通过试验确定，并应符合下列规定：

(1) 当使用碱活性骨料时，由外加剂带入的碱含量（以当量氧化钠计）不宜超过1.0kg/m^3，混凝土总碱含量尚应符合现行国家标准《混凝土结构设计规范》GB 50010等的有关规定；

(2) 不同品种外加剂首次复合使用时，应检验混凝土外加剂的相容性。

【混凝土结构工程施工规范：第7.2.8条】

8. 未经处理的海水严禁用于钢筋混凝土结构和预应力混凝土结构中混凝土的拌制和养护。

【混凝土结构工程施工规范：第7.2.10条】

4.5.3 混凝土配合比

1. 混凝土配合比的试配、调整和确定，应按下列步骤进行：

(1) 采用工程实际使用的原材料和计算配合比进行试配。每盘混凝土试配量不应小于20L；

(2) 进行试拌，并调整砂率和外加剂掺量等使拌合物满足工作性要求，提出试拌配合比；

（3）在试拌配合比的基础上，调整胶凝材料用量，提出不少于3个配合比进行试配。根据试件的试压强度和耐久性试验结果，选定设计配合比；

（4）应对选定的设计配合比进行生产适应性调整，确定施工配合比；

（5）对采用搅拌运输车运输的混凝土，当运输时间较长时，试配时应控制混凝土坍落度经时损失值。

【混凝土结构工程施工规范：第7.3.8条】

2. 施工配合比应经技术负责人批准。在使用过程中，应根据反馈的混凝土动态质量信息对混凝土配合比及时进行调整。

【混凝土结构工程施工规范：第7.3.9条】

3. 遇有下列情况时，应重新进行配合比设计：

（1）当混凝土性能指标有变化或有其他特殊要求时；

（2）当原材料品质发生显著改变时；

（3）同一配合比的混凝土生产间断三个月以上时。

【混凝土结构工程施工规范：第7.3.10条】

4.5.4　混凝土搅拌

1. 当粗、细骨料的实际含水量发生变化时，应及时调整粗、细骨料和拌合用水的用量。

【混凝土结构工程施工规范：第7.4.1条】

2. 混凝土搅拌时应对原材料用量准确计量，并应符合下列规定：

（1）计量设备的精度应符合现行国家标准《混凝土搅拌站（楼）》GB 10171的有关规定，并应定期校准。使用前设备应归零。

（2）原材料的计量应按重量计，水和外加剂溶液可按体积计，其允许偏差应符合表7.4.2的规定。

表 7.4.2 混凝土原材料计量允许偏差（%）

原材料品种	水泥	细骨料	粗骨料	水	矿物掺合料	外加剂
每盘计量允许偏差	±2	±3	±3	±1	±2	±1
累计计量允许偏差	±1	±2	±2	±1	±1	±1

注：1 现场搅拌时原材料计量允许偏差应满足每盘计量允许偏差要求；
2 累计计量允许偏差指每一运输车中各盘混凝土的每种材料累计称量的偏差，该项指标仅适用于采用计算机控制计量的搅拌站；
3 骨料含水率应经常测定，雨、雪天施工应增加测定次数。

【混凝土结构工程施工规范：第 7.4.2 条】

3. 混凝土应搅拌均匀，宜采用强制式搅拌机搅拌。混凝土搅拌的最短时间可按表 7.4.4 采用，当能保证搅拌均匀时可适当缩短搅拌时间。搅拌强度等级 C60 及以上的混凝土时，搅拌时间应适当延长。

表 7.4.4 混凝土搅拌的最短时间（s）

混凝土坍落度（mm）	搅拌机机型	搅拌机出料量（L）		
		<250	250～500	>500
≤40	强制式	60	90	120
>40，且<100	强制式	60	60	90
≥100	强制式	60		

注：1 混凝土搅拌时间指从全部材料装入搅拌筒中起，到开始卸料时止的时间段；
2 当掺有外加剂与矿物掺合料时，搅拌时间应适当延长；
3 采用自落式搅拌机时，搅拌时间宜延长 30s；
4 当采用其他形式的搅拌设备时，搅拌的最短时间也可按设备说明书的规定或经试验确定。

【混凝土结构工程施工规范：第 7.4.4 条】

4. 对首次使用的配合比应进行开盘鉴定，开盘鉴定应包括下列内容：

（1）混凝土的原材料与配合比设计所采用原材料的一致性；

（2）出机混凝土工作性与配合比设计要求的一致性；

（3）混凝土强度；

（4）混凝土凝结时间；

（5）工程有要求时，尚应包括混凝土耐久性能等。

【混凝土结构工程施工规范：第7.4.5条】

4.5.5　混凝土运输

1. 采用混凝土搅拌运输车运输混凝土时，应符合下列规定：

（1）接料前，搅拌运输车应排净罐内积水；

（2）在运输途中及等候卸料时，应保持搅拌运输车罐体正常转速，不得停转；

（3）卸料前，搅拌运输车罐体宜快速旋转搅拌20s以上后再卸料。

【混凝土结构工程施工规范：第7.5.1条】

2. 采用搅拌运输车运输混凝土时，施工现场车辆出入口处应设置交通安全指挥人员，施工现场道路应顺畅，有条件时宜设置循环车道；危险区域应设置警戒标志；夜间施工时，应有良好的照明。

【混凝土结构工程施工规范：第7.5.2条】

3. 采用搅拌运输车运输混凝土，当混凝土坍落度损失较大不能满足施工要求时，可在运输车罐内加入适量的与原配合比相同成分的减水剂。减水剂加入量应事先由试验确定，并应作出记录。加入减水剂后，搅拌运输车罐体应快速旋转搅拌均匀，并应达到要求的工作性能后再泵送或浇筑。

【混凝土结构工程施工规范：第7.5.3条】

4. 当采用机动翻斗车运输混凝土时，道路应通畅，路面应平整、坚实，临时坡道或支架应牢固，铺板接头应平顺。

【混凝土结构工程施工规范：第7.5.4条】

4.6　现浇结构工程

4.6.1　一般规定

1. 混凝土浇筑前应完成下列工作：

（1）隐蔽工程验收和技术复核；

（2）对操作人员进行技术交底；

（3）根据施工方案中的技术要求，检查并确认施工现场具备实施条件；

（4）施工单位填报浇筑申请单，并经监理单位签认。

【混凝土结构工程施工规范：第 8.1.1 条】

2. 混凝土拌合物入模温度不应低于 5℃，且不应高于 35℃。

【混凝土结构工程施工规范：第 8.1.2 条】

3. 混凝土运输、输送、浇筑过程中严禁加水；混凝土运输、输送、浇筑过程中散落的混凝土严禁用于混凝土结构构件的浇筑。

【混凝土结构工程施工规范：第 8.1.3 条】

4. 混凝土应布料均衡。应对模板及支架进行观察和维护，发生异常情况应及时进行处理。混凝土浇筑和振捣应采取防止模板、钢筋、钢构、预埋件及其定位件移位的措施。

【混凝土结构工程施工规范：第 8.1.4 条】

4.6.2 混凝土输送

1. 混凝土输送宜采用泵送方式。

【混凝土结构工程施工规范：第 8.2.1 条】

2. 混凝土输送泵的选择及布置应符合下列规定：

（1）输送泵的选型应根据工程特点、混凝土输送高度和距离、混凝土工作性确定；

（2）输送泵的数量应根据混凝土浇筑量和施工条件确定，必要时应设置备用泵；

（3）输送泵设置的位置应满足施工要求，场地应平整、坚实，道路应畅通；

（4）输送泵的作业范围不得有阻碍物；输送泵设置位置应有防范高空坠物的设施。

【混凝土结构工程施工规范：第 8.2.2 条】

3. 混凝土输送泵管与支架的设置应符合下列规定：

（1）混凝土输送泵管应根据输送泵的型号、拌合物性能、总输出量、单位输出量、输送距离以及粗骨料粒径等进行选择；

（2）混凝土粗骨料最大粒径不大于 25mm 时，可采用内径不小于 125mm 的输送泵管；混凝土粗骨料最大粒径不大于 40mm 时，可采用内径不小于 150mm 的输送泵管；

（3）输送泵管安装连接应严密，输送泵管道转向宜平缓；

（4）输送泵管应采用支架固定，支架应与结构牢固连接，输送泵管转向处支架应加密；支架应通过计算确定，设置位置的结构应进行验算，必要时应采取加固措施；

（5）向上输送混凝土时，地面水平输送泵管的直管和弯管总的折算长度不宜小于竖向输送高度的 20%，且不宜小于 15m；

（6）输送泵管倾斜或垂直向下输送混凝土，且高差大于 20m 时，应在倾斜或竖向管下端设置直管或弯管，直管或弯管总的折算长度不宜小于高差的 1.5 倍；

（7）输送高度大于 100m 时，混凝土输送泵出料口处的输送泵管位置应设置截止阀；

（8）混凝土输送泵管及其支架应经常进行检查和维护。

【混凝土结构工程施工规范：第 8.2.3 条】

4. 混凝土输送布料设备的设置应符合下列规定：

（1）布料设备的选择应与输送泵相匹配；布料设备的混凝土输送管内径宜与混凝土输送泵管内径相同；

（2）布料设备的数量及位置应根据布料设备工作半径、施工作业面大小以及施工要求确定；

（3）布料设备应安装牢固，且应采取抗倾覆措施；布料设备安装位置处的结构或专用装置应进行验算，必要时应采取加固措施；

（4）应经常对布料设备的弯管壁厚进行检查，磨损较大的弯管应及时更换；

（5）布料设备作业范围不得有阻碍物，并应有防范高空坠物的设施。

【混凝土结构工程施工规范：第 8.2.4 条】

5. 输送混凝土的管道、容器、溜槽不应吸水、漏浆，并应保证输送通畅。输送混凝土时，应根据工程所处环境条件采取保温、隔热、防雨等措施。

【混凝土结构工程施工规范：第 8.2.5 条】

6. 输送泵输送混凝土应符合下列规定：

（1）应先进行泵水检查，并应湿润输送泵的料斗、活塞等直接与混凝土接触的部位；泵水检查后，应清除输送泵内积水；

（2）输送混凝土前，宜先输送水泥砂浆对输送泵和输送管进行润滑，然后开始输送混凝土；

（3）输送混凝土应先慢后快、逐步加速，应在系统运转顺利后再按正常速度输送；

（4）输送混凝土过程中，应设置输送泵集料斗网罩，并应保证集料斗有足够的混凝土余量。

【混凝土结构工程施工规范：第 8.2.6 条】

7. 吊车配备斗容器输送混凝土应符合下列规定：

（1）应根据不同结构类型以及混凝土浇筑方法选择不同的斗容器；

（2）斗容器的容量应根据吊车吊运能力确定；

（3）运输至施工现场的混凝土宜直接装入斗容器进行输送；

（4）斗容器宜在浇筑点直接布料。

【混凝土结构工程施工规范：第 8.2.7 条】

8. 升降设备配备小车输送混凝土应符合下列规定：

（1）升降设备和小车的配备数量、小车行走路线及卸料点位置应能满足混凝土浇筑需要；

（2）运输至施工现场的混凝土宜直接装入小车进行输送，小车宜在靠近升降设备的位置进行装料。

【混凝土结构工程施工规范：第 8.2.8 条】

4.6.3　混凝土浇筑

1. 浇筑混凝土前，应清除模板内或垫层上的杂物。表面干燥的地基、垫层、模板上应洒水湿润；现场环境温度高于35℃时，宜对金属模板进行洒水降温；洒水后不得留有积水。

【混凝土结构工程施工规范：第8.3.1条】

2. 混凝土应分层浇筑，分层厚度应符合本规范第8.4.6条的规定，上层混凝土应在下层混凝土初凝之前浇筑完毕。

【混凝土结构工程施工规范：第8.3.3条】

3. 混凝土运输、输送入模的过程应保证混凝土连续浇筑，从运输到输送入模的延续时间不宜超过表8.3.4-1的规定，且不应超过表8.3.4-2的规定。掺早强型减水剂、早强剂的混凝土，以及有特殊要求的混凝土，应根据设计及施工要求，通过试验确定允许时间。

表8.3.4-1　运输到输送入模的延续时间（min）

条件	气温	
	≤25℃	＞25℃
不掺外加剂	90	60
掺外加剂	150	120

表8.3.4-2　运输、输送入模及其间歇总的时间限值（min）

条件	气温	
	≤25℃	＞25℃
不掺外加剂	180	150
掺外加剂	240	210

【混凝土结构工程施工规范：第8.3.4条】

4. 混凝土浇筑的布料点宜接近浇筑位置，应采取减少混凝土下料冲击的措施，并应符合下列规定：

（1）宜先浇筑竖向结构构件，后浇筑水平结构构件；

（2）浇筑区域结构平面有高差时，宜先浇筑低区部分，再浇筑高区部分。

【混凝土结构工程施工规范：第8.3.5条】

5. 柱、墙模板内的混凝土浇筑不得发生离析，倾落高度应符合表8.3.6的规定；当不能满足要求时，应加设串筒、溜管、溜槽等装置。

表8.3.6　柱、墙模板内混凝土浇筑倾落高度限值（m）

条件	浇筑倾落高度限值
粗骨料粒径大于25mm	≤3
粗骨料粒径小于等于25mm	≤6

注：当有可靠措施能保证混凝土不产生离析时，混凝土倾落高度可不受本表限制。

【混凝土结构工程施工规范：第8.3.6条】

6. 混凝土浇筑后，在混凝土初凝前和终凝前，宜分别对混凝土裸露表面进行抹面处理。

【混凝土结构工程施工规范：第8.3.7条】

7. 柱、墙混凝土设计强度等级高于梁、板混凝土设计强度等级时，混凝土浇筑应符合下列规定：

（1）柱、墙混凝土设计强度比梁、板混凝土设计强度高一个等级时，柱、墙位置梁、板高度范围内的混凝土经设计单位确认，可采用与梁、板混凝土设计强度等级相同的混凝土进行浇筑；

（2）柱、墙混凝土设计强度比梁、板混凝土设计强度高两个等级及以上时，应在交界区域采取分隔措施；分隔位置应在低强度等级的构件中，且距高强度等级构件边缘不应小于500mm；

（3）宜先浇筑强度等级高的混凝土，后浇筑强度等级低的混凝土。

【混凝土结构工程施工规范：第8.3.8条】

8. 泵送混凝土浇筑应符合下列规定：

（1）宜根据结构形状及尺寸、混凝土供应、混凝土浇筑设备、场地内外条件等划分每台输送泵的浇筑区域及浇筑顺序；

（2）采用输送管浇筑混凝土时，宜由远而近浇筑；采用多根输送管同时浇筑时，其浇筑速度宜保持一致；

（3）润滑输送管的水泥砂浆用于湿润结构施工缝时，水泥砂浆应与混凝土浆液成分相同；接浆厚度不应大于30mm，多余水泥砂浆应收集后运出；

（4）混凝土泵送浇筑应连续进行；当混凝土不能及时供应时，应采取间歇泵送方式；

（5）混凝土浇筑后，应清洗输送泵和输送管。

【混凝土结构工程施工规范：第8.3.9条】

9. 施工缝或后浇带处浇筑混凝土，应符合下列规定：

（1）结合面应为粗糙面，并应清除浮浆、松动石子、软弱混凝土层；

（2）结合面处应洒水湿润，但不得有积水；

（3）施工缝处已浇筑混凝土的强度不应小于1.2MPa；

（4）柱、墙水平施工缝水泥砂浆接浆层厚度不应大于30mm，接浆层水泥砂浆应与混凝土浆液成分相同；

（5）后浇带混凝土强度等级及性能应符合设计要求；当设计无具体要求时，后浇带混凝土强度等级宜比两侧混凝土提高一级，并宜采用减少收缩的技术措施。

【混凝土结构工程施工规范：第8.3.10条】

10. 超长结构混凝土浇筑应符合下列规定：

（1）可留设施工缝分仓浇筑，分仓浇筑间隔时间不应少于7d；

（2）当留设后浇带时，后浇带封闭时间不得少于14d；

（3）超长整体基础中调节沉降的后浇带，混凝土封闭时间应通过监测确定，应在差异沉降稳定后封闭后浇带；

（4）后浇带的封闭时间尚应经设计单位确认。

【混凝土结构工程施工规范：第8.3.11条】

11. 型钢混凝土结构浇筑应符合下列规定：

（1）混凝土粗骨料最大粒径不应大于型钢外侧混凝土保护层厚度的1/3，且不宜大于25mm；

（2）浇筑应有足够的下料空间，并应使混凝土充盈整个构件各部位；

（3）型钢周边混凝土浇筑宜同步上升，混凝土浇筑高差不应大于500mm。

【混凝土结构工程施工规范：第8.3.12条】

12. 钢管混凝土结构浇筑应符合下列规定：

（1）宜采用自密实混凝土浇筑；

（2）混凝土应采取减少收缩的技术措施；

（3）钢管截面较小时，应在钢管壁适当位置留有足够的排气孔，排气孔孔径不应小于20mm；浇筑混凝土应加强排气孔观察，并应确认浆体流出和浇筑密实后再封堵排气孔；

（4）当采用粗骨料粒径不大于25mm的高流态混凝土或粗骨料粒径不大于20mm的自密实混凝土时，混凝土最大倾落高度不宜大于9m；倾落高度大于9m时，宜采用串筒、溜槽、溜管等辅助装置进行浇筑；

（5）混凝土从管顶向下浇筑时应符合下列规定：

1）浇筑应有足够的下料空间，并应使混凝土充盈整个钢管；

2）输送管端内径或斗容器下料口内径应小于钢管内径，且每边应留有不小于100mm的间隙；

3）应控制浇筑速度和单次下料量，并应分层浇筑至设计标高；

4）混凝土浇筑完毕后应对管口进行临时封闭。

（6）混凝土从管底顶升浇筑时应符合下列规定：

1）应在钢管底部设置进料输送管，进料输送管应设止流阀门，止流阀门可在顶升浇筑的混凝土达到终凝后拆除；

2）应合理选择混凝土顶升浇筑设备；应配备上、下方通信联络工具，并应采取可有效控制混凝土顶升或停止的措施；

3）应控制混凝土顶升速度，并均衡浇筑至设计标高。

【混凝土结构工程施工规范：第8.3.13条】

13. 自密实混凝土浇筑应符合下列规定：

（1）应根据结构部位、结构形状、结构配筋等确定合适的浇筑方案；

（2）自密实混凝土粗骨料最大粒径不宜大于20mm；

（3）浇筑应能使混凝土充填到钢筋、预埋件、预埋钢构件周边及模板内各部位；

（4）自密实混凝土浇筑布料点应结合拌合物特性选择适宜的间距，必要时可通过试验确定混凝土布料点下料间距。

【混凝土结构工程施工规范：第8.3.14条】

14. 清水混凝土结构浇筑应符合下列规定：

（1）应根据结构特点进行构件分区，同一构件分区应采用同批混凝土，并应连续浇筑；

（2）同层或同区内混凝土构件所用材料牌号、品种、规格应一致，并应保证结构外观色泽符合要求；

（3）竖向构件浇筑时应严格控制分层浇筑的间歇时间。

【混凝土结构工程施工规范：第8.3.15条】

15. 基础大体积混凝土结构浇筑应符合下列规定：

（1）采用多条输送泵管浇筑时，输送泵管间距不宜大于10m，并宜由远及近浇筑；

（2）采用汽车布料杆输送浇筑时，应根据布料杆工作半径确定布料点数量，各布料点浇筑速度应保持均衡；

（3）宜先浇筑深坑部分再浇筑大面积基础部分；

（4）宜采用斜面分层浇筑方法，也可采用全面分层、分块分层浇筑方法，层与层之间混凝土浇筑的间歇时间应能保证混凝土浇筑连续进行；

（5）混凝土分层浇筑应采用自然流淌形成斜坡，并应沿高度均匀上升，分层厚度不宜大于500mm；

（6）抹面处理应符合本规范第8.3.7条的规定，抹面次数宜适当增加；

（7）应有排除积水或混凝土泌水的有效技术措施。

【混凝土结构工程施工规范：第 8.3.16 条】

16. 预应力结构混凝土浇筑应符合下列规定：

（1）应避免成孔管道破损、移位或连接处脱落，并应避免预应力筋、锚具及锚垫板等移位；

（2）预应力锚固区等配筋密集部位应采取保证混凝土浇筑密实的措施；

（3）先张法预应力混凝土构件，应在张拉后及时浇筑混凝土。

【混凝土结构工程施工规范：第 8.3.17 条】

4.6.4 混凝土振捣

1. 混凝土振捣应能使模板内各个部位混凝土密实、均匀，不应漏振、欠振、过振。

【混凝土结构工程施工规范：第 8.4.1 条】

2. 振动棒振捣混凝土应符合下列规定：

（1）应按分层浇筑厚度分别进行振捣，振动棒的前端应插入前一层混凝土中，插入深度不应小于 50mm；

（2）振动棒应垂直于混凝土表面并快插慢拔均匀振捣；当混凝土表面无明显塌陷、有水泥浆出现、不再冒气泡时，应结束该部位振捣；

（3）振动棒与模板的距离不应大于振动棒作用半径的 50%；振捣插点间距不应大于振动棒的作用半径的 1.4 倍。

【混凝土结构工程施工规范：第 8.4.3 条】

3. 平板振动器振捣混凝土应符合下列规定：

（1）平板振动器振捣应覆盖振捣平面边角；

（2）平板振动器移动间距应覆盖已振实部分混凝土边缘；

（3）振捣倾斜表面时，应由低处向高处进行振捣。

【混凝土结构工程施工规范：第 8.4.4 条】

4. 附着振动器振捣混凝土应符合下列规定：

(1) 附着振动器应与模板紧密连接，设置间距应通过试验确定；

(2) 附着振动器应根据混凝土浇筑高度和浇筑速度，依次从下往上振捣；

(3) 模板上同时使用多台附着振动器时，应使各振动器的频率一致，并应交错设置在相对面的模板上。

【混凝土结构工程施工规范：第 8.4.5 条】

5. 混凝土分层振捣的最大厚度应符合表 8.4.6 的规定。

表 8.4.6　混凝土分层振捣的最大厚度

振捣方法	混凝土分层振捣最大厚度
振动棒	振动棒作用部分长度的 1.25 倍
平板振动器	200mm
附着振动器	根据设置方式，通过试验确定

【混凝土结构工程施工规范：第 8.4.6 条】

6. 特殊部位的混凝土应采取下列加强振捣措施：

(1) 宽度大于 0.3m 的预留洞底部区域，应在洞口两侧进行振捣，并应适当延长振捣时间；宽度大于 0.8m 的洞口底部，应采取特殊的技术措施；

(2) 后浇带及施工缝边角处应加密振捣点，并应适当延长振捣时间；

(3) 钢筋密集区域或型钢与钢筋结合区域，应选择小型振动棒辅助振捣、加密振捣点，并应适当延长振捣时间；

(4) 基础大体积混凝土浇筑流淌形成的坡脚，不得漏振。

【混凝土结构工程施工规范：第 8.4.7 条】

4.6.5　混凝土养护

1. 混凝土浇筑后应及时进行保湿养护，保湿养护可采用洒水、覆盖、喷涂养护剂等方式。养护方式应根据现场条件、环境温湿度、构件特点、技术要求、施工操作等因素确定。

【混凝土结构工程施工规范：第8.5.1条】

2. 混凝土的养护时间应符合下列规定：

(1) 采用硅酸盐水泥、普通硅酸盐水泥或矿渣硅酸盐水泥配制的混凝土，不应少于7d；采用其他品种水泥时，养护时间应根据水泥性能确定；

(2) 采用缓凝型外加剂、大掺量矿物掺合料配制的混凝土，不应少于14d；

(3) 抗渗混凝土、强度等级C60及以上的混凝土，不应少于14d；

(4) 后浇带混凝土的养护时间不应少于14d；

(5) 地下室底层墙、柱和上部结构首层墙、柱，宜适当增加养护时间；

(6) 大体积混凝土养护时间应根据施工方案确定。

【混凝土结构工程施工规范：第8.5.2条】

3. 洒水养护应符合下列规定：

(1) 洒水养护宜在混凝土裸露表面覆盖麻袋或草帘后进行，也可采用直接洒水、蓄水等养护方式；洒水养护应保证混凝土表面处于湿润状态；

(2) 洒水养护用水应符合本规范第7.2.9条的规定；

(3) 当日最低温度低于5℃时，不应采用洒水养护。

【混凝土结构工程施工规范：第8.5.3条】

4. 覆盖养护应符合下列规定：

(1) 覆盖养护宜在混凝土裸露表面覆盖塑料薄膜、塑料薄膜加麻袋、塑料薄膜加草帘进行；

(2) 塑料薄膜应紧贴混凝土裸露表面，塑料薄膜内应保持有凝结水；

(3) 覆盖物应严密，覆盖物的层数应按施工方案确定。

【混凝土结构工程施工规范：第8.5.4条】

5. 喷涂养护剂养护应符合下列规定：

（1）应在混凝土裸露表面喷涂覆盖致密的养护剂进行养护；

（2）养护剂应均匀喷涂在结构构件表面，不得漏喷；养护剂应具有可靠的保湿效果，保湿效果可通过试验检验；

（3）养护剂使用方法应符合产品说明书的有关要求。

【混凝土结构工程施工规范：第 8.5.5 条】

6. 基础大体积混凝土裸露表面应采用覆盖养护方式；当混凝土浇筑体表面以内 40～100mm 位置的温度与环境温度的差值小于 25℃时，可结束覆盖养护。覆盖养护结束但尚未达到养护时间要求时，可采用洒水养护方式直至养护结束。

【混凝土结构工程施工规范：第 8.5.6 条】

7. 柱、墙混凝土养护方法应符合下列规定：

（1）地下室底层和上部结构首层柱、墙混凝土带模养护时间，不应少于 3d；带模养护结束后，可采用洒水养护方式继续养护，也可采用覆盖养护或喷涂养护剂养护方式继续养护；

（2）其他部位柱、墙混凝土可采用洒水养护，也可采用覆盖养护或喷涂养护剂养护。

【混凝土结构工程施工规范：第 8.5.7 条】

8. 施工现场应具备混凝土标准试件制作条件，并应设置标准试件养护室或养护箱。标准试件养护应符合国家现行有关标准的规定。

【混凝土结构工程施工规范：第 8.5.8 条】

4.6.6　混凝土施工缝与后浇带

1. 施工缝和后浇带的留设位置应在混凝土浇筑前确定。施工缝和后浇带宜留设在结构受剪力较小且便于施工的位置。受力复杂的结构构件或有防水抗渗要求的结构构件，施工缝留设位置应经设计单位确认。

【混凝土结构工程施工规范：第 8.6.1 条】

2. 水平施工缝的留设位置应符合下列规定：

（1）柱、墙施工缝可留设在基础、楼层结构顶面，柱施工缝与结构上表面的距离宜为0～100mm，墙施工缝与结构上表面的距离宜为0～300mm；

（2）柱、墙施工缝也可留设在楼层结构底面，施工缝与结构下表面的距离宜为0～50mm；当板下有梁托时，可留设在梁托下0～20mm；

（3）高度较大的柱、墙、梁以及厚度较大的基础，可根据施工需要在其中部留设水平施工缝；当因施工缝留设改变受力状态而需要调整构件配筋时，应经设计单位确认；

（4）特殊结构部位留设水平施工缝应经设计单位确认。

【混凝土结构工程施工规范：第8.6.2条】

3. 竖向施工缝和后浇带的留设位置应符合下列规定：

（1）有主次梁的楼板施工缝应留设在次梁跨度中间1/3范围内；

（2）单向板施工缝应留设在与跨度方向平行的任何位置；

（3）楼梯梯段施工缝宜设置在梯段板跨度端部1/3范围内；

（4）墙的施工缝宜设置在门洞口过梁跨中1/3范围内，也可留设在纵横墙交接处；

（5）后浇带留设位置应符合设计要求；

（6）特殊结构部位留设竖向施工缝应经设计单位确认。

【混凝土结构工程施工规范：第8.6.3条】

4. 设备基础施工缝留设位置应符合下列规定：

（1）水平施工缝应低于地脚螺栓底端，与地脚螺栓底端的距离应大于150mm；当地脚螺栓直径小于30mm时，水平施工缝可留设在深度不小于地脚螺栓埋入混凝土部分总长度的3/4处。

（2）竖向施工缝与地脚螺栓中心线的距离不应小于250mm，且不应小于螺栓直径的5倍。

【混凝土结构工程施工规范：第8.6.4条】

5. 承受动力作用的设备基础施工缝留设位置，应符合下列规定：

（1）标高不同的两个水平施工缝，其高低结合处应留设成台阶形，台阶的高宽比不应大于1.0；

（2）竖向施工缝或台阶形施工缝的断面处应加插钢筋，插筋数量和规格应由设计确定；

（3）施工缝的留设应经设计单位确认。

【混凝土结构工程施工规范：第8.6.5条】

6. 施工缝、后浇带留设界面，应垂直于结构构件和纵向受力钢筋。结构构件厚度或高度较大时，施工缝或后浇带界面宜采用专用材料封挡。

【混凝土结构工程施工规范：第8.6.6条】

7. 混凝土浇筑过程中，因特殊原因需临时设置施工缝时，施工缝留设应规整，并宜垂直于构件表面，必要时可采取增加插筋、事后修凿等技术措施。

【混凝土结构工程施工规范：第8.6.7条】

8. 施工缝和后浇带应采取钢筋防锈或阻锈等保护措施。

【混凝土结构工程施工规范：第8.6.8条】

4.6.7　大体积混凝土裂缝控制

1. 大体积混凝土宜采用后期强度作为配合比设计、强度评定及验收的依据。基础混凝土，确定混凝土强度时的龄期可取为60d（56d）或90d；柱、墙混凝土强度等级不低于C80时，确定混凝土强度时的龄期可取为60d（56d）。确定混凝土强度时采用大于28d的龄期时，龄期应经设计单位确认。

【混凝土结构工程施工规范：第8.7.1条】

2. 大体积混凝土施工时，应对混凝土进行温度控制，并应符合下列规定：

（1）混凝土入模温度不宜大于30℃；混凝土浇筑体最大温升值不宜大于50℃。

（2）在覆盖养护或带模养护阶段，混凝土浇筑体表面以内40～100mm位置处的温度与混凝土浇筑体表面温度差值不应大于25℃；结束覆盖养护或拆模后，混凝土浇筑体表面以内40～100mm位置处的温度与环境温度差值不应大于25℃。

（3）混凝土浇筑体内部相邻两测温点的温度差值不应大于25℃。

（4）混凝土降温速率不宜大于2.0℃/d；当有可靠经验时，降温速率要求可适当放宽。

【混凝土结构工程施工规范：第8.7.3条】

3. 基础大体积混凝土测温点设置应符合下列规定：

（1）宜选择具有代表性的两个交叉竖向剖面进行测温，竖向剖面交叉位置宜通过基础中部区域。

（2）每个竖向剖面的周边及以内部位应设置测温点，两个竖向剖面交叉处应设置测温点；混凝土浇筑体表面测温点应设置在保温覆盖层底部或模板内侧表面，并应与两个剖面上的周边测温点位置及数量对应；环境测温点不应少于2处。

（3）每个剖面的周边测温点应设置在混凝土浇筑体表面以内40～100mm位置处；每个剖面的测温点宜竖向、横向对齐；每个剖面竖向设置的测温点不应少于3处，间距不应小于0.4m且不宜大于1.0m；每个剖面横向设置的测温点不应少于4处，间距不应小于0.4m且不应大于10m。

（4）对基础厚度不大于1.6m，裂缝控制技术措施完善的工程，可不进行测温。

【混凝土结构工程施工规范：第8.7.4条】

4. 柱、墙、梁大体积混凝土测温点设置应符合下列规定：

（1）柱、墙、梁结构实体最小尺寸大于2m，且混凝土强度等级不低于C60时，应进行测温。

（2）宜选择沿构件纵向的两个横向剖面进行测温，每个横向剖面的周边及中部区域应设置测温点；混凝土浇筑体表面测温点应设置在模板内侧表面，并应与两个剖面上的周边测温点位置及数量对应；环境测温点不应少于1处。

（3）每个横向剖面的周边测温点应设置在混凝土浇筑体表面

以内 40～100mm 位置处；每个横向剖面的测温点宜对齐；每个剖面的测温点不应少于 2 处，间距不应小于 0.4m 且不宜大于 1.0m。

（4）可根据第一次测温结果，完善温差控制技术措施，后续施工可不进行测温。

【混凝土结构工程施工规范：第 8.7.5 条】

5. 大体积混凝土测温应符合下列规定：

（1）宜根据每个测温点被混凝土初次覆盖时的温度确定各测点部位混凝土的入模温度；

（2）浇筑体周边表面以内测温点、浇筑体表面测温点、环境测温点的测温，应与混凝土浇筑、养护过程同步进行；

（3）应按测温频率要求及时提供测温报告，测温报告应包含各测温点的温度数据、温差数据、代表点位的温度变化曲线、温度变化趋势分析等内容；

（4）混凝土浇筑体表面以内 40～100mm 位置的温度与环境温度的差值小于 20℃时，可停止测温。

【混凝土结构工程施工规范：第 8.7.6 条】

6. 大体积混凝土测温频率应符合下列规定：

（1）第一天至第四天，每 4h 不应少于一次；

（2）第五天至第七天，每 8h 不应少于一次；

（3）第七天至测温结束，每 12h 不应少于一次。

【混凝土结构工程施工规范：第 8.7.7 条】

4.6.8　混凝土缺陷修整

1. 混凝土结构缺陷可分为尺寸偏差缺陷和外观缺陷。尺寸偏差缺陷和外观缺陷可分为一般缺陷和严重缺陷。混凝土结构尺寸偏差超出规范规定，但尺寸偏差对结构性能和使用功能未构成影响时，应属于一般缺陷；而尺寸偏差对结构性能和使用功能构成影响时，应属于严重缺陷。外观缺陷分类应符合表 8.9.1 的规定。

表 8.9.1 混凝土结构外观缺陷分类

名称	现象	严重缺陷	一般缺陷
露筋	构件内钢筋未被混凝土包裹而外露	纵向受力钢筋有露筋	其他钢筋有少量露筋
蜂窝	混凝土表面缺少水泥砂浆而形成石子外露	构件主要受力部位有蜂窝	其他部位有少量蜂窝
孔洞	混凝土中孔穴深度和长度均超过保护层厚度	构件主要受力部位有孔洞	其他部位有少量孔洞
夹渣	混凝土中夹有杂物且深度超过保护层厚度	构件主要受力部位有夹渣	其他部位有少量夹渣
疏松	混凝土中局部不密实	构件主要受力部位有疏松	其他部位有少量疏松
裂缝	缝隙从混凝土表面延伸至混凝土内部	构件主要受力部位有影响结构性能或使用功能的裂缝	其他部位有少量不影响结构性能或使用功能的裂缝
连接部位缺陷	构件连接处混凝土有缺陷及连接钢筋、连接件松动	连接部位有影响结构传力性能的缺陷	连接部位有基本不影响结构传力性能的缺陷
外形缺陷	缺棱掉角、棱角不直、翘曲不平、飞边凸肋等	清水混凝土构件有影响使用功能或装饰效果的外形缺陷	其他混凝土构件有不影响使用功能的外形缺陷
外表缺陷	构件表面麻面、掉皮、起砂、沾污等	具有重要装饰效果的清水混凝土构件有外表缺陷	其他混凝土构件有不影响使用功能的外表缺陷

【混凝土结构工程施工规范：第 8.9.1 条】

2. 施工过程中发现混凝土结构缺陷时，应认真分析缺陷产生的原因。对严重缺陷施工单位应制定专项修整方案，方案应经论证审批后再实施，不得擅自处理。

【混凝土结构工程施工规范：第 8.9.2 条】

3. 混凝土结构外观一般缺陷修整应符合下列规定：

（1）露筋、蜂窝、孔洞、夹渣、疏松、外表缺陷，应凿除胶结不牢固部分的混凝土，应清理表面，洒水湿润后应用 1：2～1：2.5 水泥砂浆抹平；

（2）应封闭裂缝；

（3）连接部位缺陷、外形缺陷可与面层装饰施工一并处理。

【混凝土结构工程施工规范：第 8.9.3 条】

4. 混凝土结构外观严重缺陷修整应符合下列规定：

（1）露筋、蜂窝、孔洞、夹渣、疏松、外表缺陷，应凿除胶结不牢固部分的混凝土至密实部位，清理表面，支设模板，洒水湿润，涂抹混凝土界面剂，应采用比原混凝土强度等级高一级的细石混凝土浇筑密实，养护时间不应少于 7d。

（2）开裂缺陷修整应符合下列规定：

1）民用建筑的地下室、卫生间、屋面等接触水介质的构件，均应注浆封闭处理。民用建筑不接触水介质的构件，可采用注浆封闭、聚合物砂浆粉刷或其他表面封闭材料进行封闭。

2）无腐蚀介质工业建筑的地下室、屋面、卫生间等接触水介质的构件，以及有腐蚀介质的所有构件，均应注浆封闭处理。无腐蚀介质工业建筑不接触水介质的构件，可采用注浆封闭、聚合物砂浆粉刷或其他表面封闭材料进行封闭。

（3）清水混凝土的外形和外表严重缺陷，宜在水泥砂浆或细石混凝土修补后用磨光机械磨平。

【混凝土结构工程施工规范：第 8.9.4 条】

4.7　装配式结构工程

4.7.1　一般规定

1. 装配式结构工程应编制专项施工方案。必要时，专业施工单位应根据设计文件进行深化设计。

【混凝土结构工程施工规范：第 9.1.1 条】

2. 装配式结构正式施工前，宜选择有代表性的单元或部分进行试制作、试安装。

【混凝土结构工程施工规范：第 9.1.2 条】

3. 预制构件的吊运应符合下列规定：

(1) 应根据预制构件形状、尺寸、重量和作业半径等要求选择吊具和起重设备，所采用的吊具和起重设备及其施工操作，应符合国家现行有关标准及产品应用技术手册的规定；

(2) 应采取保证起重设备的主钩位置、吊具及构件重心在竖直方向上重合的措施；吊索与构件水平夹角不宜小于 60°，不应小于 45°；吊运过程应平稳，不应有大幅度摆动，且不应长时间悬停；

(3) 应设专人指挥，操作人员应位于安全位置。

【混凝土结构工程施工规范：第 9.1.3 条】

4. 预制构件经检查合格后，应在构件上设置可靠标识。在装配式结构的施工全过程中，应采取防止预制构件损伤或污染的措施。

【混凝土结构工程施工规范：第 9.1.4 条】

5. 装配式结构施工中采用专用定型产品时，专用定型产品及施工操作应符合国家现行有关标准及产品应用技术手册的规定。

【混凝土结构工程施工规范：第 9.1.5 条】

4.7.2 施工验算

1. 装配式混凝土结构施工前，应根据设计要求和施工方案进行必要的施工验算。

【混凝土结构工程施工规范：第 9.2.1 条】

2. 预制构件在脱模、吊运、运输、安装等环节的施工验算，应将构件自重标准值乘以脱模吸附系数或动力系数作为等效荷载标准值，并应符合下列规定：

(1) 脱模吸附系数宜取 1.5，也可根据构件和模具表面状况适当增减；复杂情况，脱模吸附系数宜根据试验确定；

（2）构件吊运、运输时，动力系数宜取1.5；构件翻转及安装过程中就位、临时固定时，动力系数可取1.2。当有可靠经验时，动力系数可根据实际受力情况和安全要求适当增减。

【混凝土结构工程施工规范：第9.2.2条】

4.7.3 构件制作

1. 制作预制构件的场地应平整、坚实，并应采取排水措施。当采用台座生产预制构件时，台座表面应光滑平整，2m长度内表面平整度不应大于2mm，在气温变化较大的地区宜设置伸缩缝。

【混凝土结构工程施工规范：第9.3.1条】

2. 模具应具有足够的强度、刚度和整体稳定性，并应能满足预制构件预留孔、插筋、预埋吊件及其他预埋件的定位要求。模具设计应满足预制构件质量、生产工艺、模具组装与拆卸、周转次数等要求。跨度较大的预制构件的模具应根据设计要求预设反拱。

【混凝土结构工程施工规范：第9.3.2条】

3. 混凝土振捣除可采用本规范第8.4.2条规定的方式外，尚可采用振动台等振捣方式。

【混凝土结构工程施工规范：第9.3.3条】

4. 当采用平卧重叠法制作预制构件时，应在下层构件的混凝土强度达到5.0MPa后，再浇筑上层构件混凝土，上、下层构件之间应采取隔离措施。

【混凝土结构工程施工规范：第9.3.4条】

5. 预制构件可根据需要选择洒水、覆盖、喷涂养护剂养护，或采用蒸汽养护、电加热养护。采用蒸汽养护时，应合理控制升温、降温速度和最高温度，构件表面宜保持90%～100%的相对湿度。

【混凝土结构工程施工规范：第9.3.5条】

6. 预制构件的饰面应符合设计要求。带面砖或石材饰面的预制构件宜采用反打成型法制作，也可采用后贴工艺法制作。

【混凝土结构工程施工规范：第 9.3.6 条】

7. 带保温材料的预制构件宜采用水平浇筑方式成型。采用夹芯保温的预制构件，宜采用专用连接件连接内外两层混凝土，其数量和位置应符合设计要求。

【混凝土结构工程施工规范：第 9.3.7 条】

8. 清水混凝土预制构件的制作应符合下列规定：

(1) 预制构件的边角宜采用倒角或圆弧角；

(2) 模具应满足清水表面设计精度要求；

(3) 应控制原材料质量和混凝土配合比，并应保证每班生产构件的养护温度均匀一致；

(4) 构件表面应采取针对清水混凝土的保护和防污染措施。出现的质量缺陷应采用专用材料修补，修补后的混凝土外观质量应满足设计要求。

【混凝土结构工程施工规范：第 9.3.8 条】

9. 带门窗、预埋管线预制构件的制作，应符合下列规定：

(1) 门窗框、预埋管线应在浇筑混凝土前预先放置并固定，固定时应采取防止窗破坏及污染窗体表面的保护措施；

(2) 当采用铝窗框时，应采取避免铝窗框与混凝土直接接触发生电化学腐蚀的措施；

(3) 应采取控制温度或受力变形对门窗产生的不利影响的措施。

【混凝土结构工程施工规范：第 9.3.9 条】

10. 采用现浇混凝土或砂浆连接的预制构件结合面，制作时应按设计要求进行处理。设计无具体要求时，宜进行拉毛或凿毛处理，也可采用露骨料粗糙面。

【混凝土结构工程施工规范：第 9.3.10 条】

11. 预制构件脱模起吊时的混凝土强度应根据计算确定，且不宜小于 15MPa。后张有粘结预应力混凝土预制构件应在预应力筋张拉并灌浆后起吊，起吊时同条件养护的水泥浆试块抗压强度不宜小于 15MPa。

【混凝土结构工程施工规范：第 9.3.11 条】

4.7.4　运输与堆放

1. 预制构件运输与堆放时的支承位置应经计算确定。

【混凝土结构工程施工规范：第 9.4.1 条】

2. 预制构件的运输应符合下列规定：

(1) 预制构件的运输线路应根据道路、桥梁的实际条件确定，场内运输宜设置循环线路；

(2) 运输车辆应满足构件尺寸和载重要求；

(3) 装卸构件过程中，应采取保证车体平衡、防止车体倾覆的措施；

(4) 应采取防止构件移动或倾倒的绑扎固定措施；

(5) 运输细长构件时应根据需要设置水平支架；

(6) 构件边角部或绳索接触处的混凝土，宜采用垫衬加以保护。

【混凝土结构工程施工规范：第 9.4.2 条】

3. 预制构件的堆放应符合下列规定：

(1) 场地应平整、坚实，并应采取良好的排水措施；

(2) 应保证最下层构件垫实，预埋吊件宜向上，标识宜朝向堆垛间的通道；

(3) 垫木或垫块在构件下的位置宜与脱模、吊装时的起吊位置一致；重叠堆放构件时，每层构件间的垫木或垫块应在同一垂直线上；

(4) 堆垛层数应根据构件与垫木或垫块的承载力及堆垛的稳定性确定，必要时应设置防止构件倾覆的支架；

(5) 施工现场堆放的构件，宜按安装顺序分类堆放，堆垛宜布置在吊车工作范围内且不受其他工序施工作业影响的区域；

(6) 预应力构件的堆放应根据反拱影响采取措施。

【混凝土结构工程施工规范：第 9.4.3 条】

4. 墙板类构件应根据施工要求选择堆放和运输方式。外形复杂墙板宜采用插放架或靠放架直立堆放和运输。插放架、靠放架应安全可靠。采用靠放架直立堆放的墙板宜对称靠放、饰面朝外，与竖向的倾斜角不宜大于10°。

【混凝土结构工程施工规范：第9.4.4条】

5. 吊运平卧制作的混凝土屋架时，应根据屋架跨度、刚度确定吊索绑扎形式及加固措施。屋架堆放时，可将几榀屋架绑扎成整体。

【混凝土结构工程施工规范：第9.4.5条】

4.7.5　安装与连接

1. 安放预制构件时，其搁置长度应满足设计要求。预制构件与其支承构件间宜设置厚度不大于30mm坐浆或垫片。

【混凝土结构工程施工规范：第9.5.3条】

2. 预制构件安装过程中应根据水准点和轴线校正位置，安装就位后应及时采取临时固定措施。预制构件与吊具的分离应在校准定位及临时固定措施安装完成后进行。临时固定措施的拆除应在装配式结构能达到后续施工承载要求后进行。

【混凝土结构工程施工规范：第9.5.4条】

3. 采用临时支撑时，应符合下列规定：

（1）每个预制构件的临时支撑不宜少于2道；

（2）对预制柱、墙板的上部斜撑，其支撑点距离底部的距离不宜小于高度的2/3，且不应小于高度的1/2；

（3）构件安装就位后，可通过临时支撑对构件的位置和垂直度进行微调。

【混凝土结构工程施工规范：第9.5.5条】

4. 装配式结构采用现浇混凝土或砂浆连接构件时，除应符合本规范其他章节的有关规定外，尚应符合下列规定：

（1）构件连接处现浇混凝土或砂浆的强度及收缩性能应满足设计要求。设计无具体要求时，应符合下列规定：

1）承受内力的连接处应采用混凝土浇筑，混凝土强度等级值不应低于连接处构件混凝土强度设计等级值的较大值；

2）非承受内力的连接处可采用混凝土或砂浆浇筑，其强度等级不应低于C15或M15；

3）混凝土粗骨料最大粒径不宜大于连接处最小尺寸的1/4。

（2）浇筑前，应清除浮浆、松散骨料和污物，并宜洒水湿润。

（3）连接节点、水平拼缝应连续浇筑；竖向拼缝可逐层浇筑，每层浇筑高度不宜大于2m，应采取保证混凝土或砂浆浇筑密实的措施。

（4）混凝土或砂浆强度达到设计要求后，方可承受全部设计荷载。

【混凝土结构工程施工规范：第9.5.6条】

5. 装配式结构采用焊接或螺栓连接构件时，应符合设计要求或国家现行有关钢结构施工标准的规定，并应对外露铁件采取防腐和防火措施。采用焊接连接时，应采取避免损伤已施工完成结构、预制构件及配件的措施。

【混凝土结构工程施工规范：第9.5.7条】

6. 装配式结构采用后张预应力筋连接构件时，预应力工程施工应符合本规范第6章的规定。

【混凝土结构工程施工规范：第9.5.8条】

7. 装配式结构构件间的钢筋连接可采用焊接、机械连接、搭接及套筒灌浆连接等方式。钢筋锚固及钢筋连接长度应满足设计要求。钢筋连接施工应符合国家现行有关标准的规定。

【混凝土结构工程施工规范：第9.5.9条】

8. 叠合式受弯构件的后浇混凝土层施工前，应按设计要求检查结合面粗糙度和预制构件的外露钢筋。施工过程中，应控制施工荷载不超过设计取值，并应避免单个预制构件承受较大的集中荷载。

【混凝土结构工程施工规范：第9.5.10条】

5　钢结构工程施工

本章内容摘自现行国家标准《钢结构工程施工规范》GB 50755—2012。

5.1　基本规定

1. 钢结构工程施工单位应具备相应的钢结构工程施工资质，并应有安全、质量和环境管理体系。

【钢结构工程施工规范：第3.0.1条】

2. 钢结构工程实施前，应有经施工单位技术负责人审批的施工组织设计、与其配套的专项施工方案等技术文件，并按有关规定报送监理工程师或业主代表；重要钢结构工程的施工技术方案和安全应急预案，应组织专家评审。

【钢结构工程施工规范：第3.0.2条】

3. 钢结构工程施工的技术文件和承包合同技术文件，对施工质量的要求不得低于本规范和现行国家标准《钢结构工程施工质量验收规范》GB 50205的有关规定。

【钢结构工程施工规范：第3.0.3条】

4. 钢结构工程制作和安装应满足设计施工图的要求。施工单位应对设计文件进行工艺性审查；当需要修改设计时，应取得原设计单位同意，并应办理相关设计变更文件。

【钢结构工程施工规范：第3.0.4条】

5. 钢结构工程施工及质量验收时，应使用有效计量器具。各专业施工单位和监理单位应统一计量标准。

【钢结构工程施工规范：第3.0.5条】

6. 钢结构施工用的专用机具和工具，应满足施工要求，且应在合格检定有效期内。

【钢结构工程施工规范：第3.0.6条】

5.2　材　　料

1. 钢结构工程所用的材料应符合设计文件和国家现行有关标准的规定，应具有质量合格证明文件，并应经进场检验合格后使用。

【钢结构工程施工规范：第5.1.2条】

2. 材料入库前应进行检验，核对材料的品种、规格、批号、质量合格证明文件、中文标志和检验报告等，应检查表面质量、包装等。

【钢结构工程施工规范：第5.7.2条】

3. 检验合格的材料应按品种、规格、批号分类堆放，材料放应有标识。

【钢结构工程施工规范：第5.17.3条】

4. 材料入库和发放应有记录。发料和领料时应核对材料的品种、规格和性能。

【钢结构工程施工规范：第5.7.4条】

5. 剩余材料应回收管理。回收入库时，应核对其品种、规格和数量，并应分类保管。

【钢结构工程施工规范：第5.7.5条】

6. 钢材堆放应减少钢材的变形和锈蚀，并应放置垫木或垫块。

【钢结构工程施工规范：第5.7.6条】

7. 焊接材料存储应符合下列规定：

(1) 焊条、焊丝、焊剂等焊接材料应按品种、规格和批号分别存放在干燥的存储室内；

(2) 焊条、焊剂及栓钉瓷环在使用前，应按产品说明书的要求进行烘焙。

【钢结构工程施工规范：第5.7.7条】

8. 连接用紧固件应防止锈蚀和碰伤，不得混批存储。

【钢结构工程施工规范：第5.7.8条】

9. 涂装材料应按产品说明书的要求进行存储。

【钢结构工程施工规范：第 5.7.9 条】

5.3 施 工 测 量

5.3.1 单层钢结构施工测量

1. 钢柱安装前，应在柱身四面分别画出中线或安装线，弹线允许误差为 1mm。

【钢结构工程施工规范：第 14.4.1 条】

2. 竖直钢柱安装时，应在相互垂直的两轴线方向上采用经纬仪，同时校测钢柱垂直度。当观测面为不等截面时，经纬仪应安置在轴线上；当观测面为等截面时，经纬仪中心与轴线间的水平夹角不得大于 15°。

【钢结构工程施工规范：第 14.4.2 条】

3. 钢结构厂房吊车梁与轨道安装测量应符合下列规定：

（1）应根据厂房平面控制网，用平行借线法测定吊车梁的中心线；吊车梁中心线投测允许误差为±3mm，梁面垫板标高允许偏差为±2mm；

（2）吊车梁上轨道中心线投测的允许误差为±2mm，中间加密点的间距不得超过柱距的两倍，并应将各点平行引测到牛腿顶部靠近柱的侧面，作为轨道安装的依据；

（3）应在柱牛腿面架设水准仪按三等水准精度要求测设轨道安装标高。标高控制点的允许误差为±2mm，轨道跨距允许误差为±2mm，轨道中心线投测允许误差为±2mm，轨道标高点允许误差为±1mm。

【钢结构工程施工规范：第 14.4.3 条】

4. 钢屋架（桁架）安装后应有垂直度、直线度、标高、挠度（起拱）等实测记录。

【钢结构工程施工规范：第 14.4.4 条】

5. 复杂构件的定位可由全站仪直接架设在控制点上进行三

维坐标测定，也可由水准仪对标高、全站仪对平面坐标进行共同测控。

【钢结构工程施工规范：第 14.4.5 条】

5.3.2　多层、高层钢结构施工测量

1. 多层及高层钢结构安装前，应对建筑物的定位轴线、底层柱的轴线、柱底基础标高进行复核，合格后再开始安装。

【钢结构工程施工规范：第 14.5.1 条】

2. 每节钢柱的控制轴线应从基准控制轴线的转点引测，不得从下层柱的轴线引出。

【钢结构工程施工规范：第 14.5.2 条】

3. 安装钢梁前，应测量钢梁两端柱的垂直度变化，还应监测邻近各柱因梁连接而产生的垂直度变化；待一区域整体构件安装完成后，应进行结构整体复测。

【钢结构工程施工规范：第 14.5.3 条】

4. 钢结构安装时，应分析日照、焊接等因素可能引起构件的伸缩或弯曲变形，并应采取相应措施。安装过程中，宜对下列项目进行观测，并应作记录：

（1）柱、梁焊缝收缩引起柱身垂直度偏差值；

（2）钢柱受日照温差、风为影响的变形；

（3）塔吊附着或爬升对结构垂直度的影响。

【钢结构工程施工规范：第 14.5.4 条】

5. 主体结构整体垂直度的允许偏差为 $H/2500+10$mm（H 为高度），但不应大于 50.0mm；整体平面弯曲允许偏差为 $L/1500$（L 为宽度），且不应大于 25.0mm。

【钢结构工程施工规范：第 14.5.5 条】

6. 高度在 150m 以上上的建筑钢结构，整体垂直度宜采用 GPS 或相应方法进行测量复核。

【钢结构工程施工规范：第 14.5.6 条】

5.3.3 高耸钢结构施工测量

1. 高耸钢结构的施工控制网宜在地面布设成田字形、圆形或辐射形。

【钢结构工程施工规范：第 14.6.1 条】

2. 由平面控制点投测到上部直接测定施工轴线点，应采用不同测量法校核，其测量允许误差为 4mm。

【钢结构工程施工规范：第 14.6.2 条】

3. 标高±0.000mm 以上塔身铅垂度的测设宜使用激光铅垂仪，接收靶在标高 100m 处收到的激光仪旋转 360°划出的激光点轨迹圆直径应小于 10mm。

【钢结构工程施工规范：第 14.6.3 条】

4. 高耸钢结构标高低于 100m 时，宜在塔身中心点设置铅垂仪；标高为 100～200m 时，宜设置四台铅垂仪；标高为 200m 以上时，宜设置包括塔身中心点在内的五台铅垂仪。铅垂仪的点位应从塔的轴线点上直接测定，并应用不同的测设方法进行校核。

【钢结构工程施工规范：第 14.6.4 条】

5. 激光铅垂仪投测到接收靶的测量允许误差应符合表 14.6.5 的要求。有特殊要求的高耸钢结构，其允许误差应由设计和施工单位共同确定。

表 14.6.5 激光铅垂仪投测到接收靶的测量允许误差

塔高（m）	50	100	150	200	250	300	350
高耸结构验收允许偏差（mm）	57	85	110	127	143	165	—
测量允许误差（mm）	10	15	20	25	30	35	40

【钢结构工程施工规范：第 14.6.5 条】

6. 高耸钢结构施工到 100m 高度时，宜进行日照变形观测，并绘制出日照变形曲线，列出最小日照变形区间。

【钢结构工程施工规范：第 14.6.6 条】

7. 高耸钢结构标高的测定，宜用钢尺沿塔身铅垂方向往返测量，并宜对测量结果进行尺长、温度和拉力修正，精度应高于 1/10000。

【钢结构工程施工规范：第 14.6.7 条】

8. 高度在 150m 以上的高耸钢结构，整体垂直度宜采用 GPS 进行测量复核。

【钢结构工程施工规范：第 14.6.8 条】

5.4　焊　　接

5.4.1　焊接工艺

5.4.1.1　定位焊

1. 定位焊焊缝的厚度不应小于 3mm，不宜超过设计焊缝厚度的 2/3；长度不宜小于 40mm 和接头中较薄部件厚度的 4 倍；间距宜为 300～600mm。

【钢结构工程施工规范：第 6.3.8 条】

2. 定位焊缝与正式焊缝应具有相同的焊接工艺和焊接质量要求。多道定位焊焊缝的端部应为阶梯状。采用钢衬垫板的焊接接头，定位焊宜在接头坡口内进行。定位焊焊接时预热温度宜高于正式施焊预热温度 20～50℃。

【钢结构工程施工规范：第 6.3.9 条】

5.4.1.2　引弧板、引出板和衬垫板

1. 当引弧板、引出板和衬垫板为钢材时，应选用屈服强度不大于被焊钢材标称强度的钢材，且焊接性应相近。

【钢结构工程施工规范：第 6.3.10 条】

2. 焊接接头的端部应设置焊缝引弧板、引出板。焊条电弧焊和气体保护电弧焊焊缝引出长度应大于 25mm，埋弧焊缝引出长度应大于 80mm。焊接完成并完全冷却后，可采用火焰切割、

碳弧气刨或机械等方法除去引弧板、引出板，并应修磨平整，严禁用锤击落。

【钢结构工程施工规范：第 6.3.11 条】

3. 钢衬垫板应与接头母材密贴连接，其间隙不应大于 1.5mm，并应与焊缝充分熔合。手工电弧焊和气体保护电弧焊时，钢衬垫板厚度不应小于 4mm；埋弧焊接时，钢衬垫板厚度不应小于 6mm；电渣焊时钢衬垫板厚度不应小于 25mm。

【钢结构工程施工规范：第 6.3.12 条】

5.4.1.3　预热和道间温度控制

1. 预热和道间温度控制宜采用电加热、火焰加热和红外线加热等加热方法，并应采用专用的测温仪器测量。预热的加热区域应在焊接坡口两侧，宽度应为焊件施焊处板厚的 1.5 倍以上，且不应小于 100mm。温度测量点，当为非封闭空间构件时，宜在焊件受热面的背面离焊接坡口两侧不小于 75mm 处，当为封闭空间构件时，宜在正面离焊接坡口两侧不小于 100mm 处。

【钢结构工程施工规范：第 6.3.13 条】

2. 焊接接头的预热温度和道间温度，应符合现行国家标准《钢结构焊接规范》GB 50661 的有关规定；当工艺选用的预热温度低于现行国家标准《钢结构焊接规范》GB 50661 的有关规定时，应通过工艺评定试验确定。

【钢结构工程施工规范：第 6.3.14 条】

5.4.1.4　焊接变形的控制

1. 采用的焊接工艺和焊接顺序应使构件的变形和收缩最小，可采用下列控制变形的焊接顺序：

(1) 对接接头、T 形接头和十字接头，在构件放置条件允许或易于翻转的情况下，宜双面对称焊接；有对称截面的构件，宜对称于构件中性轴焊接；有对称连接杆件的节点，宜对称于节点轴线同时对称焊接；

(2) 非对称双面坡口焊缝，宜先焊深坡口侧部分焊缝，然后焊满浅坡口侧，最后完成深坡口侧焊缝。特厚板宜增加轮流对称焊接的循环次数；

（3）长焊缝宜采用分段退焊法、跳焊法或多人对称焊接法。

【钢结构工程施工规范：第 6.3.15 条】

2. 构件焊接时，宜采用预留焊接收缩余量或预置反变形方法控制收缩和变形，收缩余量和反变形值宜通过计算或试验确定。

【钢结构工程施工规范：第 6.3.16 条】

3. 构件装配焊接时，应先焊收缩量较大的接头、后焊收缩量较小的接头，接头应在拘束较小的状态下焊接。

【钢结构工程施工规范：第 6.3.17 条】

5.4.1.5　焊后消除应力处理

1. 设计文件或合同文件对焊后消除应力有要求时，需经疲劳验算的结构中承受拉应力的对接接头或焊缝密集的节点或构件，宜采用电加热器局部退火和加热炉整体退火等方法进行消除应力处理；仅为稳定结构尺寸时，可采用振动法消除应力。

【钢结构工程施工规范：第 6.3.18 条】

2. 焊后热处理应符合现行行业标准《碳钢、低合金钢焊接构件焊后热处理方法》JB/T 6046 的有关规定。当采用电加热器对焊接构件进行局部消除应力热处理时，应符合下列规定：

（1）使用配有温度自动控制仪的加热设备，其加热、测温、控温性能应符合使用要求；

（2）构件焊缝每侧面加热板（带）的宽度应至少为钢板厚度的 3 倍，且不应小于 200mm；

（3）加热板（带）以外构件两侧宜用保温材料覆盖。

【钢结构工程施工规范：第 6.3.19 条】

3. 用锤击法消除中间焊层应力时，应使用圆头手锤或小型振动工具进行，不应对根部焊缝、盖面焊缝或焊缝坡口边缘的母材进行锤击。

【钢结构工程施工规范：第 6.3.20 条】

5.4.2 焊接接头

5.4.2.1 全熔透和部分熔透焊接

1. 全熔透坡口焊缝对接接头的焊缝余高，应符合表 6.4.2 的规定。

表 6.4.2 对接接头的焊缝余高（mm）

设计要求焊缝等级	焊缝宽度	焊缝余高
一、二级焊缝	<20	0～3
	≥20	0～4
三级焊缝	<20	0～3.5
	≥20	0～5

【钢结构工程施工规范：第 6.4.2 条】

2. 全熔透双面坡口焊缝可采用不等厚的坡口深度，较浅坡口深度不应小于接头厚度的 1/4。

【钢结构工程施工规范：第 6.4.3 条】

3. 部分熔透焊接应保证设计文件要求的有效焊缝厚度。T 形接头和角接接头中部分熔透坡口焊缝与角焊缝构成的组合焊缝，其加强角焊缝的焊脚尺寸应力接头中最薄板厚的 1/4，且不应超过 10mm。

【钢结构工程施工规范：第 6.4.4 条】

5.4.2.2 角焊缝接头

1. 由角焊缝连接的部件应密贴，根部间隙不宜超过 2mm；当接头的根部间隙超过 2mm 时，角焊缝的焊脚尺寸应根据根部间隙值增加，但最大不应超过 5mm。

【钢结构工程施工规范：第 6.4.5 条】

2. 当角焊缝的端部在构件上时，转角处宜连续包角焊，起弧和熄弧点距焊缝端部宜大于 10.0mm；当角焊缝端部不设置引弧和引出板的连续焊缝，起熄弧点（图 6.4.6）距焊缝端部宜大于 10.0mm，弧坑应填满。

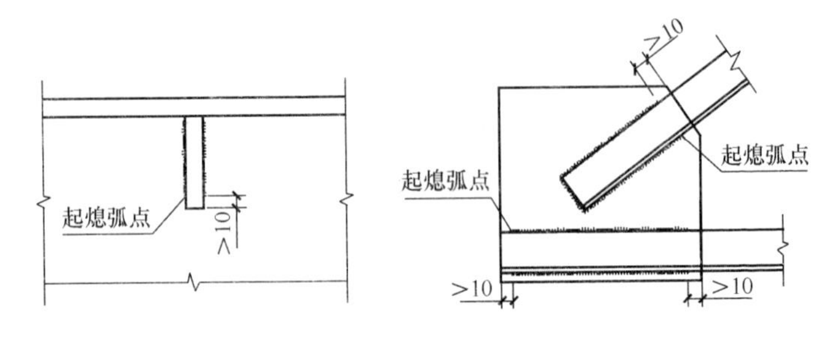

图 6.4.6　起熄弧点位置

【钢结构工程施工规范：第 6.4.6 条】

3. 间断角焊缝每焊段的最小长度不应小于 40mm，焊段之间的最大间距不应超过较薄焊件厚度的 24 倍，且不应大于 300mm。

【钢结构工程施工规范：第 6.4.7 条】

5.4.2.3　塞焊与槽焊

1. 塞焊和槽焊可采用手工电弧焊、气体保护电弧焊及自保护电弧焊等焊接方法。平焊时，应分层熔敷焊接，每层熔渣应冷却凝固并清除后再重新焊接；立焊和仰焊时，每道焊缝焊完后，应待熔渣冷却并清除后再施焊后续焊道。

【钢结构工程施工规范：第 6.4.8 条】

2. 塞焊和槽焊的两块钢板接触面的装配间隙不得超过 1.5mm。塞焊和槽焊焊接时严禁使用填充板材。

【钢结构工程施工规范：第 6.4.9 条】

5.4.2.4　电渣焊

1. 电渣焊应采用专用的焊接设备，可采用熔化嘴和非熔化嘴方式进行焊接。电渣焊采用的衬垫可使用钢衬垫和水冷铜衬垫。

【钢结构工程施工规范：第 6.4.10 条】

2. 箱形构件内隔板与面板 T 形接头的电渣焊焊接宜采取对称方式进行焊接。

【钢结构工程施工规范：第 6.4.11 条】

3. 电渣焊衬垫板与母材的定位焊宜采用连续焊。

【钢结构工程施工规范：第 6.4.12 条】

5.4.2.5 栓钉焊

1. 栓钉应采用专用焊接设备进行施焊。首次栓钉焊接时，应进行焊接工艺评定试验，并应确定焊接工艺参数。

【钢结构工程施工规范：第 6.4.13 条】

2. 每班焊接作业前，应至少试焊 3 个栓钉，并应检查合格后再正式施焊。

【钢结构工程施工规范：第 6.4.14 条】

3. 当受条件限制而不能采用专用设备焊接时，栓钉可采用焊条电弧焊和气体保护电弧焊焊接，并应按相应的工艺参数施焊，其焊缝尺寸应通过计算确定。

【钢结构工程施工规范：第 6.4.15 条】

5.4.3 焊接缺陷返修

1. 焊缝金属或母材的缺欠超过相应的质量验收标准时，可采用砂轮打磨、碳弧气刨、铲凿或机械等方法彻底清除。采用焊接修复前，应清洁修复区域的表面。

【钢结构工程施工规范：第 6.6.1 条】

2. 焊缝缺陷返修应符合下列规定：

(1) 焊缝焊瘤、凸起或余高过大，应采用砂轮或碳弧气刨清除过量的焊缝金属；

(2) 焊缝凹陷、弧坑、咬边或焊缝尺寸不足等缺陷应进行补焊；

(3) 焊缝未熔合、焊缝气孔或夹渣等，在完全清除缺陷后应进行补焊；

(4) 焊缝或母材上裂纹应采用磁粉、渗透或其他无损检测方法确定裂纹的范围及深度，应用砂轮打磨或碳弧气刨清除裂纹及其两端各 50mm 长的完好焊缝或母材，并应用渗透或磁粉探伤方法确定裂纹完全清除后，再重新进行补焊。对于拘束度较大的焊接接头上裂纹的返修，碳弧气刨清除裂纹前，宜在裂纹两端钻止裂孔后再清除裂纹缺陷。焊接裂纹的返修，应通知焊接工程师对裂纹产生的原因进行调查和分析，应制定专门的返修工艺方案后按工艺要求进行；

（5）焊缝缺陷返修的预热温度应高于相同条件下正常焊接的预热温度30～50℃，并应采用低氢焊接方法和焊接材料进行焊接；

（6）焊缝返修部位应连续焊成，中断焊接时应采取后热、保温措施；

（7）焊缝同一部位的缺陷返修次数不宜超过两次。当超过两次时，返修前应先对焊接工艺进行工艺评定，并应评定合格后再进行后续的返修焊接。返修后的焊接接头区域应增加磁粉或着色检查。

【钢结构工程施工规范：第6.6.2条】

5.5　紧固件连接

5.5.1　连接件加工及摩擦面处理

1. 连接件螺栓孔应按本规范第8章的有关规定进行加工，螺栓孔的精度、孔壁表面粗糙度、孔径及孔距的允许偏差等，应符合现行国家标准《钢结构工程施工质量验收规范》GB 50205的有关规定。

【钢结构工程施工规范：第7.2.1条】

2. 螺栓孔孔距超过本规范第7.2.1条规定的允许偏差时，可采用与母材相匹配的焊条补焊，并应经无损检测合格后重新制孔，每组孔中经补焊重新钻孔的数量不得超过该组螺栓数量的20％。

【钢结构工程施工规范：第7.2.2条】

3. 高强度螺栓连接处的摩擦面可根据设计抗滑移系数的要求选择处理工艺，抗滑移系数应符合设计要求。采用手工砂轮打磨时，打磨方向应与受力方向垂直，且打磨范围不应小于螺栓孔径的 4 倍。

【钢结构工程施工规范：第 7.2.4 条】

4. 经表面处理后的高强度螺栓连接摩擦面，应符合下列规定：

（1）连接摩擦面应保持干燥、清洁，不应有飞边、毛刺、焊接飞溅物、焊疤、氧化铁皮、污垢等；

（2）经处理后的摩擦面应采取保护措施，不得在摩擦面上作标记；

（3）摩擦面采用生锈处理方法时，安装前应以细钢丝刷垂直于构件受力方向除去摩擦面上的浮锈。

【钢结构工程施工规范：第 7.2.5 条】

5.5.2 普通紧固件连接

1. 普通螺栓可采用普通扳手紧固，螺栓紧固应使被连接件接触面、螺栓头和螺母与构件表面密贴。普通螺栓紧固应从中间开始，对称向两边进行，大型接头宜采用复拧。

【钢结构工程施工规范：第 7.3.1 条】

2. 普通螺栓作为永久性连接螺栓时，紧固连接应符合下列规定：

（1）螺栓头和螺母侧应分别放置平垫圈，螺栓头侧放置的垫圈不应多于 2 个，螺母侧放置的垫圈不应多于 1 个；

（2）承受动力荷载或重要部位的螺栓连接，设计有防松动要求时，应采取有防松动装置的螺母或弹簧垫圈，弹簧垫圈应放置在螺母侧；

（3）对工字钢、槽钢等有斜面的螺栓连接，宜采用斜垫圈；

（4）同一个连接接头螺栓数量不应少于 2 个；

（5）螺栓紧固后外露丝扣不应少于 2 扣，紧固质量检验可采用锤敲检验。

【钢结构工程施工规范：第 7.3.2 条】

3. 连接薄钢板采用的拉铆钉、自攻钉、射钉等，其规格尺寸应与被连接钢板相匹配，其间距、边距等应符合设计文件的要求。钢拉铆钉和自攻螺钉的钉头部分应靠在较薄的板件一侧。自攻螺钉、钢拉铆钉、射钉等与连接钢板应紧固密贴，外观应排列整齐。

【钢结构工程施工规范：第 7.3.3 条】

4. 射钉施工时，穿透深度不应小于 10.0mm。

【钢结构工程施工规范：第 7.3.4 条】

5.5.3　高强度螺栓连接

1. 高强度螺栓安装时应先使用安装螺栓和冲钉。在每个节点上穿入的安装螺栓和冲钉数量，应根据安装过程所承受的荷载计算确定，并应符合下列规定：

（1）不应少于安装孔总数的 1/3；

（2）安装螺栓不应少于 2 个；

（3）冲钉穿入数量不宜多于安装螺栓数量的 30%；

（4）不得用高强度螺栓兼做安装螺栓。

【钢结构工程施工规范：第 7.4.3 条】

2. 高强度螺栓应在构件安装精度调整后进行拧紧。高强度螺栓安装应符合下列规定：

（1）扭剪型高强度螺栓安装时，螺母带圆台面的一侧应朝向垫圈有倒角的一侧；

（2）大六角头高强度螺栓安装时，螺栓头下垫圈有倒角的一侧应朝向螺栓头，螺母带圆台面的一侧应朝向垫圈有倒角的一侧。

【钢结构工程施工规范：第 7.4.4 条】

3. 高强度螺栓现场安装时应能自由穿入螺栓孔，不得强行穿入。螺栓不能自由穿入时，可采用铰刀或锉刀修整螺栓孔，不得采用气割扩孔，扩孔数量应征得设计单位同意，修整后或扩孔后的孔径不应超过螺栓直径的 1.2 倍。

【钢结构工程施工规范：第 7.4.5 条】

4. 高强度螺栓连接节点螺栓群初拧、复拧和终拧，应采用合理的施拧顺序。

【钢结构工程施工规范：第 7.4.8 条】

5. 高强度螺栓和焊接混用的连接节点，当设计文件无规定时，宜按先螺栓紧固后焊接的施工顺序。

【钢结构工程施工规范：第 7.4.9 条】

6. 高强度螺栓连接副的初拧、复拧、终拧，宜在 24h 内完成。

【钢结构工程施工规范：第 7.4.10 条】

7. 螺栓球节点网架总拼完成后，高强度螺栓与球节点应紧固连接，螺栓拧入螺栓球内的螺纹长度不应小于螺栓直径的 1.1 倍，连接处不应出现有间隙、松动等未拧紧情况。

【钢结构工程施工规范：第 7.4.14 条】

5.6 零件及部件加工

5.6.1 放样和号料

1. 放样和号料应根据施工详图和工艺文件进行，并应按要求预留余量。

【钢结构工程施工规范：第 8.2.1 条】

2. 放样和样板（样杆）的允许偏差应符合表 8.2.2 的规定。

表 8.2.2 放样和样板（样杆）的允许偏差

项目	允许偏差
平行线距离和分段尺寸	±0.5mm
样板长度	±0.5mm
样板宽度	±0.5mm
样板对角线差	1.0mm
样杆长度	±1.0mm
样板的角度	±20′

【钢结构工程施工规范：第 8.2.2 条】

3. 号料的允许偏差应符合表 8.2.3 的规定。

表 8.2.3　号料的允许偏差（mm）

项目	允许偏差
零件外形尺寸	±1.0
孔距	±0.5

【钢结构工程施工规范：第 8.2.3 条】

4. 主要零件应根据构件的受力特点和加工状况，按工艺规定的方向进行号料。

【钢结构工程施工规范：第 8.2.4 条】

5.6.2　切割

1. 钢材切割可采用气割、机械切割、等离子切割等方法，选用的切割方法应满足工艺文件的要求。切割后的飞边、毛刺应清理干净。

【钢结构工程施工规范：第 8.3.1 条】

2. 钢材切割面应无裂纹、夹渣、分层等缺陷和大于 1mm 的缺棱。

【钢结构工程施工规范：第 8.3.2 条】

3. 气割前钢材切割区域表面应清理干净。切割时，应根据设备类型、钢材厚度、切割气体等因素选择适合的工艺参数。

【钢结构工程施工规范：第 8.3.3 条】

4. 气割的允许偏差应符合表 8.3.4 的规定。

表 8.3.4　气割的允许偏差（mm）

项目	允许偏差
零件宽度、长度	±3.0
切割面平面度	0.05t，且不应大于 2.0
割纹深度	0.3
局部缺口深度	1.0

注：t 为切割面厚度。

【钢结构工程施工规范：第 8.3.4 条】

5. 机械剪切的零件厚度不宜大于12.0mm，剪切面应平整。碳素结构钢在环境温度低于－20℃、低合金结构钢在环境温度低于－15℃时，不得进行剪切、冲孔。

【钢结构工程施工规范：第8.3.5条】

6. 机械剪切的允许偏差应符合表8.3.6的规定。

表8.3.6 机械剪切的允许偏差（mm）

项目	允许偏差（mm）
零件宽度、长度	±3.0
边缘缺棱	1.0
型钢端部垂直度	2.0

【钢结构工程施工规范：第8.3.6条】

7. 钢网架（桁架）用钢管杆件宜用管子车床或数控相贯线切割机下料，下料时应预放加工余量和焊接收缩量，焊接收缩量可由工艺试验确定。钢管杆件加工的允许偏差应符合表8.3.7的规定。

表8.3.7 钢管杆件加工的允许偏差（mm）

项目	允许偏差
长度	±1.0
端面对管轴的垂直度	0.005r
管口曲线	1.0

注：r为管半径。

【钢结构工程施工规范：第8.3.7条】

5.6.3 矫正和成型

1. 碳素结构钢在环境温度低于－16℃、低合金结构钢在环境温度低于－12℃时，不应进行冷矫正和冷弯曲。碳素结构钢和低合金结构钢在加热矫正时，加热温度应为700～800℃，最高温度严禁超过900℃，最低温度不得低于600℃。

【钢结构工程施工规范：第8.4.2条】

2. 当零件采用热加工成型时，可根据材料的含碳量，选择不同的加热温度。加热温度应控制在1000～1100℃，也可控制在1100～1300℃；碳素结构钢和低合金结构钢在温度分别下降到700℃和800℃前，应结束加工；低合金结构钢应自然冷却。

【钢结构工程施工规范：第8.4.3条】

3. 热加工成型温度应均匀，同一构件不应反复进行热加工；温度冷却到200～400℃时，严禁捶打、弯曲和成型。

【钢结构工程施工规范：第8.4.4条】

4. 矫正后的钢材表面，不应有明显的凹痕或损伤，划痕深度不得大于0.5mm，且不应超过钢材厚度允许负偏差的1/2。

【钢结构工程施工规范：第8.4.6条】

5.6.4 边缘加工

1. 边缘加工可采用气割和机械加工方法，对边缘有特殊要求时宜采用精密切割。

【钢结构工程施工规范：第8.5.1条】

2. 气割或机械剪切的零件，需要进行边缘加工时，其刨削量不应小于2.0mm。

【钢结构工程施工规范：第8.5.2条】

3. 边缘加工的允许偏差应符合表8.5.3的规定。

表8.5.3 边缘加工的允许偏差

项目	允许偏差
零件宽度、长度	±1.0mm
加工边直线度	l/3000，且不应大于2.0mm
相邻两边夹角	±5°
加工面垂直度	0.025t，且不应大于0.5mm
加工面表面粗糙度	$Ra\leqslant 50\mu m$

【钢结构工程施工规范：第8.5.3条】

4. 焊缝坡口可采用气割、铲削、刨边机加工等方法，焊缝坡口的允许偏差应符合表 8.5.4 的规定。

表 8.5.4 焊缝坡口的允许偏差

项目	允许偏差
坡口角度	±5°
钝边	±1.0mm

【钢结构工程施工规范：第 8.5.4 条】

5. 零部件采用铣床进行铣削加工边缘时，加工后的允许偏差应符合表 8.5.5 的规定。

表 8.5.5 零部件铣削加工后的允许偏差（mm）

项目	允许偏差
两端铣平时零件长度、宽度	±1.0
铣平面的平面度	0.3
铣平面的垂直度	l/1500

【钢结构工程施工规范：第 8.5.5 条】

5.6.5 制孔

1. 制孔可采用钻孔、冲孔、洗孔、铰孔、镗孔和锪孔等方法，对直径较大或长形孔也可采用气割制孔。

【钢结构工程施工规范：第 8.6.1 条】

2. 利用钻床进行多层板钻孔时，应采取有效的防止窜动措施。

【钢结构工程施工规范：第 8.6.2 条】

3. 机械或气割制孔后，应清除孔周边的毛刺、切屑等杂物；孔壁应圆滑，应无裂纹和大于 1.0mm 的缺棱。

【钢结构工程施工规范：第 8.6.3 条】

5.6.6 螺栓球和焊接球加工

1. 螺栓球宜热锻成型，加热温度宜为1150～1250℃，终锻温度不得低于800℃，成型后螺栓球不应有裂纹、褶皱和过烧。

【钢结构工程施工规范：第8.7.1条】

2. 焊接空心球宜采用钢板热压成半圆球，加热温度宜为1000～1100℃，并应经机械加工坡口后焊成圆球。焊接后的成品球表面应光滑平整，不应有局部凸起或褶皱。

【钢结构工程施工规范：第8.7.3条】

5.7 构件组装及加工

5.7.1 一般规定

1. 组装焊接处的连接接触面及沿边缘30～50mm范围内的铁锈、毛刺、污垢等，应在组装前清除干净。

【钢结构工程施工规范：第9.1.3条】

2. 板材、型材的拼接应在构件组装前进行；构件的组装应在部件组装、焊接、校正并经检验合格后进行。

【钢结构工程施工规范：第9.1.4条】

3. 构件组装应根据设计要求、构件形式、连接方式、焊接方法和焊接顺序等确定合理的组装顺序。

【钢结构工程施工规范：第9.1.5条】

4. 构件的隐蔽部位应在焊接和涂装检查合格后封闭；完全封闭的构件内表面可不涂装。

【钢结构工程施工规范：第9.1.6条】

5. 构件应在组装完成并经检验合格后再进行焊接。

【钢结构工程施工规范：第9.1.7条】

5.7.2 部件拼接

1. 焊接H型钢的翼缘板拼接缝和腹板拼接缝的间距，不宜小于 200mm。翼缘板拼接长度不应小于 600mm；腹板拼接宽度不应小于 300mm，长度不应小于 600mm。

【钢结构工程施工规范：第 9.2.1 条】

2. 箱形构件的侧板拼接长度不应小于 600mm，相邻两侧板拼接缝的间距不宜小于 200mm；侧板在宽度方向不宜拼接，当宽度超过 2400mm 确需拼接时，最小拼接宽度不宜小于板宽的 1/4。

【钢结构工程施工规范：第 9.2.2 条】

3. 设计无特殊要求时，用于次要构件的热轧型钢可采用直口全熔透焊接拼接，其拼接长度不应小于 600mm。

【钢结构工程施工规范：第 9.2.3 条】

4. 钢管接长时每个节间宜为一个接头，最短接长长度应符合下列规定：

（1）当钢管直径 $d \leqslant 500$mm 时，不应小于 500mm；

（2）当钢管直径 $500 < d \leqslant 1000$mm，不应小于直径 d；

（3）当钢管直径 $d > 1000$mm 时，不应小于 1000mm；

（4）当钢管采用卷制方式加工成型时，可有若干个接头，但最短接长长度应符合本条第 1～3 款的要求。

【钢结构工程施工规范：第 9.2.4 条】

5. 钢管接长时，相邻管节或管段的纵向焊缝应错开，错开的最小距离（沿弧长方向）不应小于钢管壁厚的 5 倍，且不应小于 200mm。

【钢结构工程施工规范：第 9.2.5 条】

6. 部件拼接焊缝应符合设计文件的要求，当设计无要求时，应采用全熔透等强对接焊缝。

【钢结构工程施工规范：第 9.2.6 条】

5.7.3 构件组装

1. 构件组装宜在组装平台、组装支承架或专用设备上进行，组装平台及组装支承架应有足够的强度和刚度，并应便于构件的装卸、定位。在组装平台或组装支承架上宜画出构件的中心线、端面位置线、轮廓线和标高线等基准线。

【钢结构工程施工规范：第 9.3.1 条】

2. 构件组装可采用地样法、仿形复制装配法、胎模装配法和专用设备装配法等方法；组装时可采用立装、卧装等方式。

【钢结构工程施工规范：第 9.3.2 条】

3. 构件组装间隙应符合设计和工艺文件要求，当设计和工艺文件无规定时，组装间隙不宜大于 2.0mm。

【钢结构工程施工规范：第 9.3.3 条】

4. 焊接构件组装时应预设焊接收缩量，并应对各部件进行合理的焊接收缩量分配。重要或复杂构件宜通过工艺性试验确定焊接收缩量。

【钢结构工程施工规范：第 9.3.4 条】

5. 设计要求起拱的构件，应在组装时按规定的起拱值进行起拱，起拱允许偏差为起拱值的 0～10%，且不应大于 10mm。设计未要求但施工工艺要求起拱的构件，起拱允许偏差不应大于起拱值的±10%，且不应大于±10mm。

【钢结构工程施工规范：第 9.3.5 条】

6. 桁架结构组装时，杆件轴线交点偏移不应大于 3mm。

【钢结构工程施工规范：第 9.3.6 条】

7. 吊车梁和吊车桁架组装、焊接完成后不应允许下挠。吊车梁的下翼缘和重要受力构件的受拉面不得焊接工装夹具、临时定位板、临时连接板等。

【钢结构工程施工规范：第 9.3.7 条】

8. 拆除临时工装夹具、临时定位板、临时连接板等，严禁用锤击落，应在距离构件表面 3～5mm 处采用气割切除，对残留的焊疤应打磨平整，且不得损伤母材。

【钢结构工程施工规范：第 9.3.8 条】

9. 构件端部铣平后顶紧接触面应有 75%以上的面积密贴，应用 0.3mm 的塞尺检查，其塞入面积应小于 25%，边缘最大间隙不应大于 0.8mm。

【钢结构工程施工规范：第 9.3.9 条】

5.7.4 构件端部加工

1. 构件端部加工应在构件组装、焊接完成并经检验合格后进行。构件的端面铣平加工可用端铣床加工。

【钢结构工程施工规范：第 9.4.1 条】

2. 构件的端部铣平加工应符合下列规定：

(1) 应根据工艺要求预先确定端部铣削量，铣削量不宜小于 5mm；

(2) 应按设计文件及现行国家标准《钢结构工程施工质量验收规范》GB 50205 的有关规定，控制铣平面的平面度和垂直度。

【钢结构工程施工规范：第 9.4.2 条】

5.7.5 构件矫正

1. 构件外形矫正宜采取先总体后局部、先主要后次要、先下部后上部的顺序。

【钢结构工程施工规范：第 9.5.1 条】

2. 构件外形矫正可采用冷矫正和热矫正。当设计有要求时，矫正方法和矫正温度应符合设计文件要求；当设计文件无要求时，矫正方法和矫正温度应符合本规范第 8.4 节的规定。

【钢结构工程施工规范：第 9.5.2 条】

5.8 钢结构预拼装

5.8.1 一般规定

1. 预拼装前，单个构件应检查合格；当同一类型构件较多时，可选择一定数量的代表性构件进行预拼装。

【钢结构工程施工规范：第 10.1.2 条】

2. 构件可采用整体预拼装或累积连续预拼装。当采用累积连续预拼装时，两相邻单元连接的构件应分别参与两个单元的预拼装。

【钢结构工程施工规范：第 10.1.3 条】

5.8.2　实体预拼装

1. 预拼装场地应平整、坚实，预拼装所用的临时支承架、支承凳或平台应经测量准确定位，并应符合工艺文件要求。重型构件预拼装所用的临时支承结构应进行结构安全验算。

【钢结构工程施工规范：第 10.2.1 条】

2. 预拼装单元可根据场地条件、起重设备等选择合适的几何形态进行预拼装。

【钢结构工程施工规范：第 10.2.2 条】

3. 构件应在自由状态下进行预拼装。

【钢结构工程施工规范：第 10.2.3 条】

4. 构件预拼装应按设计图的控制尺寸定位，对有预起拱、焊接收缩等的预拼装构件，应按预起拱值或收缩量的大小对尺寸定位进行调整。

【钢结构工程施工规范：第 10.2.4 条】

5. 采用螺栓连接的节点连接件，必要时可在预拼装定位后进行钻孔。

【钢结构工程施工规范：第 10.2.5 条】

6. 当多层板叠采用高强度螺栓或普通螺栓连接时，宜先使用不少于螺栓孔总数 10%的冲钉定位，再采用临时螺栓紧固。

临时螺栓在一组孔内不得少于螺栓孔数量的 20%，且不应少于 2 个；预拼装时应使板层密贴。螺栓孔应采用试孔器进行检查，并应符合下列规定：

（1）当采用比孔公称直径小 1.0mm 的试孔器检查时，每组孔的通过率不应小于 85%；

（2）当采用比螺栓公称直径大 0.3mm 的试孔器检查时，通过率应为100%。

【钢结构工程施工规范：第10.2.6条】

7. 预拼装检查合格后，宜在构件上标注中心线、控制基准线等标记，必要时可设置定位器。

【钢结构工程施工规范：第10.2.7条】

5.9 钢结构安装

5.9.1 一般规定

1. 钢结构安装应根据结构特点按照合理顺序进行，并应形成稳固的空间刚度单元，必要时应增加临时支承结构或临时措施。

【钢结构工程施工规范：第11.1.5条】

2. 钢结构安装校正时应分析温度、日照和焊接变形等因素对结构变形的影响。施工单位和监理单位宜在相同的天气条件和时间段进行测量验收。

【钢结构工程施工规范：第11.1.6条】

3. 钢结构吊装宜在构件上设置专门的吊装耳板或吊装孔。设计文件无特殊要求时，吊装耳板和吊装孔可保留在构件上，需去除耳板时，可采用气割或碳弧气刨方式在离母材3～5mm位置切除，严禁采用锤击方式去除。

【钢结构工程施工规范：第11.1.7条】

5.9.2 起重设备和吊具

1. 钢结构安装宜采用塔式起重机、履带吊、汽车吊等定型产品。选用非定型产品作为起重设备时，应编制专项方案，并应经评审后再组织实施。

【钢结构工程施工规范：第11.2.1条】

2. 起重设备应根据起重设备性能、结构特点、现场环境、作业效率等因素综合确定。

【钢结构工程施工规范：第11.2.2条】

3. 起重设备需要附着或支承在结构上时，应得到设计单位的同意，并应进行结构安全验算。

【钢结构工程施工规范：第 11.2.3 条】

4. 钢结构吊装作业必须在起重设备的额定起重量范围内进行。

【钢结构工程施工规范：第 11.2.4 条】

5. 钢结构吊装不宜采用抬吊。当构件重量超过单台起重设备的额定起重量范围时，构件可采用抬吊的方式吊装。采用抬吊方式时，应符合下列规定：

(1) 起重设备应进行合理的负荷分配，构件重量不得超过两台起重设备额定起重量总和的 75%，单台起重设备的负荷量不得超过额定起重量的 80%；

(2) 吊装作业应进行安全验算并采取相应的安全措施，应有经批准的抬吊作业专项方案；

(3) 吊装操作时应保持两台起重设备升降和移动同步，两台起重设备的吊钩、滑车组均应基本保持垂直状态。

【钢结构工程施工规范：第 11.2.5 条】

6. 用于吊装的钢丝绳、吊装带、卸扣、吊钩等吊具应经检查合格，并应在其额定许用荷载范围内使用。

【钢结构工程施工规范：第 11.2.6 条】

5.9.3　基础、支承面和预埋件

1. 钢结构安装前应对建筑物的定位轴线、基础轴线和标高、地脚螺栓位置等进行检查，并应办理交接验收。当基础工程分批进行交接时，每次交接验收不应少于一个安装单元的柱基基础，并应符合下列规定：

(1) 基础混凝土强度应达到设计要求；

(2) 基础周围回填夯实应完毕；

(3) 基础的轴线标志和标高基准点应准确、齐全。

【钢结构工程施工规范：第 11.3.1 条】

2. 钢柱脚采用钢垫板作支承时，应符合下列规定：

（1）钢垫板面积应根据混凝土抗压强度、柱脚底板承受的荷载和地脚螺栓（锚栓）的紧固拉力计算确定；

（2）垫板应设置在靠近地脚螺栓（锚栓）的柱脚底板加劲板或柱肢下，每根地脚螺栓（锚栓）侧应设1组～2组垫板，每组垫板不得多于5块；

（3）垫板与基础面和柱底面的接触应平整、紧密；当采用成对斜垫板时，其叠合长度不应小于垫板长度的2/3；

（4）柱底二次浇灌混凝土前垫板间应焊接固定。

【钢结构工程施工规范：第11.3.3条】

3. 锚栓及预埋件安装应符合下列规定：

（1）宜采取锚栓定位支架、定位板等辅助固定措施；

（2）锚栓和预埋件安装到位后，应可靠固定；当锚栓埋设精度较高时，可采用预留孔洞、二次埋设等工艺；

（3）锚栓应采取防止损坏、锈蚀和污染的保护措施；

（4）钢柱地脚螺栓紧固后，外露部分应采取防止螺母松动和锈蚀的措施；

（5）当锚栓需要施加预应力时，可采用后张拉方法，张拉力应符合设计文件的要求，并应在张拉完成后进行灌浆处理。

【钢结构工程施工规范：第11.3.4条】

5.9.4 构件安装

1. 钢柱安装应符合下列规定：

（1）柱脚安装时，锚栓宜使用导入器或护套；

（2）首节钢柱安装后应及时进行垂直度、标高和轴线位置校正，钢柱的垂直度可采用经纬仪或线锤测量；校正合格后钢柱应可靠固定，并应进行柱底二次灌浆，灌浆前应清除柱底板与基础面间杂物；

（3）首节以上的钢柱定位轴线应从地面控制轴线直接引上，不得从下层柱的轴线引上；钢柱校正垂直度时，应确定钢梁接头焊接的收缩量，并应预留焊缝收缩变形值；

（4）倾斜钢柱可采用三维坐标测量法进行测校，也可采用柱顶投影点结合标高进行测校，校正合格后宜采用刚性支撑固定。

【钢结构工程施工规范：第11.4.1条】

2. 钢梁安装应符合下列规定：

（1）钢梁宜采用两点起吊；当单根钢梁长度大于21m，采用两点吊装不能满足构件强度和变形要求时，宜设置3～4个吊装点吊装或采用平衡梁吊装，吊点位置应通过计算确定；

（2）钢梁可采用一机一吊或一机串吊的方式吊装，就位后应立即临时固定连接；

（3）钢梁面的标高及两端高差可采用水准仪与标尺进行测量，校正完成后应进行永久性连接。

【钢结构工程施工规范：第11.4.2条】

3. 支撑安装应符合下列规定：

（1）交叉支撑宜按从下到上的顺序组合吊装；

（2）无特殊规定时，支撑构件的校正宜在相邻结构校正固定后进行；

（3）屈曲约束支撑应按设计文件和产品说明书的要求进行安装。

【钢结构工程施工规范：第11.4.3条】

4. 桁架（屋架）安装应在钢柱校正合格后进行，并应符合下列规定：

（1）钢桁架（屋架）可采用整榀或分段安装；

（2）钢桁架（屋架）应在起扳和吊装过程中防止产生变形；

（3）单榀钢桁架（屋架）安装时应采用缆绳或刚性支撑增加侧向临时约束。

【钢结构工程施工规范：第11.4.4条】

5. 钢板剪力墙安装应符合下列规定：

（1）钢板剪力墙吊装时应采取防止平面外的变形措施；

（2）钢板剪力墙的安装时间和顺序应符合设计文件要求。

【钢结构工程施工规范：第 11.4.5 条】

6. 关节轴承节点安装应符合下列规定：

（1）关节轴承节点应采用专门的工装进行吊装和安装；

（2）轴承总成不宜解体安装，就位后应采取临时固定措施；

（3）连接销轴与孔装配时应密贴接触，宜采用锥形孔、轴，应采用专用工具顶紧安装；

（4）安装完毕后应做好成品保护。

【钢结构工程施工规范：第 11.4.6 条】

7. 钢铸件或铸钢节点安装应符合下列规定：

（1）出厂时应标识清晰的安装基准标记；

（2）现场焊接应严格按焊接工艺专项方案施焊和检验。

【钢结构工程施工规范：第 11.4.7 条】

8. 由多个构件在地面组拼的重型组合构件吊装时，吊点位置和数量应经计算确定。

【钢结构工程施工规范：第 11.4.8 条】

9. 后安装构件应根据设计文件或吊装工况的要求进行安装，其加工长度宜根据现场实际测量确定；当后安装构件与已完成结构采用焊接连接时，应采取减少焊接变形和焊接残余应力措施。

【钢结构工程施工规范：第 11.4.9 条】

5.9.5　单层钢结构

1. 单跨结构宜从跨端一侧向另一侧、中间向两端或两端向中间的顺序进行吊装。多跨结构，宜先吊主跨、后吊副跨；当有多台起重设备共同作业时，也可多跨同时吊装。

【钢结构工程施工规范：第 11.5.1 条】

2. 单层钢结构在安装过程中，应及时安装临时柱间支撑或稳定缆绳，应在形成空间结构稳定体系后再扩展安装。单层钢结构安装过程中形成的临时空间结构稳定体系应能承受结构自重、风荷载、雪荷载、施工荷载及吊装过程中冲击荷载的作用。

【钢结构工程施工规范：第 11.5.2 条】

5.9.6　多层、高层钢结构

1. 多层及高层钢结构宜划分多个流水作业段进行安装，流水段宜以每节框架为单位。流水段划分应符合下列规定：

（1）流水段内的最重构件应在起重设备的起重能力范围内；

（2）起重设备的爬升高度应满足下节流水段内构件的起吊高度；

（3）每节流水段内的柱长度应根据工厂加工、运输堆放、现场吊装等因素确定，长度宜取 2～3 个楼层高度，分节位置宜在梁顶标高以上 1.0～1.3m 处；

（4）流水段的划分应与混凝土结构施工相适应；

（5）每节流水段可根据结构特点和现场条件在平面上划分流水区进行施工。

【钢结构工程施工规范：第 11.6.1 条】

2. 流水作业段内的构件吊装宜符合下列规定：

（1）吊装可采用整个流水段内先柱后梁，或局部先柱后梁的顺序；单柱不得长时间处于悬臂状态；

（2）钢楼板及压型金属板安装应与构件吊装进度同步；

（3）特殊流水作业段内的吊装顺序应按安装工艺确定，并应符合设计文件的要求。

【钢结构工程施工规范：第 11.6.2 条】

3. 多层及高层钢结构安装校正应依据基准柱进行，并应符合下列规定：

（1）基准柱应能够控制建筑物的平面尺寸并便于其他柱的校正，宜选择角柱为基准柱；

（2）钢柱校正宜采用合适的测量仪器和校正工具；

（3）基准柱应校正完毕后，再对其他柱进行校正。

【钢结构工程施工规范：第 11.6.3 条】

4. 多层及高层钢结构安装时，楼层标高可采用相对标高或设计标高进行控制，并应符合下列规定：

（1）当采用设计标高控制时，应以每节柱为单位进行柱标高调整，并应使每节柱的标高符合设计的要求；

（2）建筑物总高度的允许偏差和同一层内各节柱的柱顶高度差，应符合现行国家标准《钢结构工程施工质量验收规范》GB 50205 的有关规定。

【钢结构工程施工规范：第 11.6.4 条】

5. 同一流水作业段、同一安装高度的一节柱，当各柱的全部构件安装、校正、连接完毕并验收合格后，应再从地面引放上一节柱的定位轴线。

【钢结构工程施工规范：第 11.6.5 条】

6. 高层钢结构安装时应分析竖向压缩变形对结构的影响，并应根据结构特点和影响程度采取预调安装标高、设置后连接构件等相应措施。

【钢结构工程施工规范：第 11.6.6 条】

5.10 压型金属板

1. 本章适用于楼层和平台中组合楼板的压型金属板施工，也适用于作为浇筑混凝土永久性模板用途的非组合楼板的压型金属板施工。

【钢结构工程施工规范：第 12.0.1 条】

2. 压型金属板安装前，应绘制各楼层压型金属板铺设的排板图；图中应包含压型金属板的规格、尺寸和数量，与主体结构的支承构造和连接详图，以及封边挡板等内容。

【钢结构工程施工规范：第 12.0.2 条】

3. 压型金属板安装前，应在支承结构上标出压型金属板的位置线。铺放时，相邻压型金属板端部的波形槽口应对准。

【钢结构工程施工规范：第 12.0.3 条】

4. 压型金属板应采用专用吊具装卸和转运，严禁直接采用钢丝绳绑扎吊装。

【钢结构工程施工规范：第 12.0.4 条】

5. 压型金属板与主体结构（钢梁）的锚固支承长度应符合设计要求，且不应小于 50mm；端部锚固可采用点焊、贴角焊或射钉连接，设置位置应符合设计要求。

【钢结构工程施工规范：第 12.0.5 条】

6. 转运至楼面的压型金属板应当天安装和连接完毕，当有剩余时应固定在钢梁上或转移到地面堆场。

【钢结构工程施工规范：第 12.0.6 条】

7. 支承压型金属板的钢梁表面应保持清洁，压型金属板与钢梁顶面的间隙应控制在 1mm 以内。

【钢结构工程施工规范：第 12.0.7 条】

8. 安装边模封口板时，应与压型金属板波距对齐，偏差不大于 3mm。

【钢结构工程施工规范：第 12.0.8 条】

9. 压型金属板安装应平整、顺直，板面不得有施工残留物和污物。

【钢结构工程施工规范：第 12.0.9 条】

10. 压型金属板需预留设备孔洞时，应在混凝土浇筑完毕后使用等离子切割或空心钻开孔，不得采用火焰切割。

【钢结构工程施工规范：第 12.0.10 条】

11. 设计文件要求在施工阶段设置临时支承时，应在混凝土浇筑前设置临时支承，待浇筑的混凝土强度达到规定强度后方可拆除。混凝土浇筑时应避免在压型金属板上集中堆载。

【钢结构工程施工规范：第 12.0.11 条】

5.11 涂 装

5.11.1 表面处理

1. 构件采用涂料防腐涂装时，表面除锈等级可按设计文件及现行国家标准《涂装前钢材表面锈蚀等级和除锈等级》GB 8923 的有关规定，采用机械除锈和手工除锈方法进行处理。

【钢结构工程施工规范：第 13.2.1 条】

2. 经处理的钢材表面不应有焊渣、焊疤、灰尘、油污、水和毛刺等；对于镀锌构件，酸洗除锈后，钢材表面应露出金属色泽，并应无污渍、锈迹和残留酸液。

【钢结构工程施工规范：第 13.2.3 条】

5.11.2　油漆防腐涂装

1. 油漆防腐涂装可采用涂刷法、手工滚涂法、空气喷涂法和高压无气喷涂法。

【钢结构工程施工规范：第 13.3.1 条】

2. 钢结构涂装时的环境温度和相对湿度，除应符合涂料产品说明书的要求外，还应符合下列规定：

（1）当产品说明书对涂装环境温度和相对湿度未作规定时，环境温度宜为 5～38℃，相对湿度不应大于 85%，钢材表面温度应高于露点温度 3℃，且钢材表面温度不应超过 40℃；

（2）被施工物体表面不得有凝露；

（3）遇雨、雾、雪、强风天气时应停止露天涂装，应避免在强烈阳光照射下施工；

（4）涂装后 4h 内应采取保护措施，避免淋雨和沙尘侵袭；

（5）风力超过 5 级时，室外不宜喷涂作业。

【钢结构工程施工规范：第 13.3.2 条】

3. 涂料调制应搅拌均匀，应随拌随用，不得随意添加稀释剂。

【钢结构工程施工规范：第 13.3.3 条】

4. 不同涂层间的施工应有适当的重涂间隔时间，最大及最小重涂间隔时间应符合涂料产品说明书的规定，应超过最小重涂间隔再施工，超过最大重涂间隔时应按涂料说明书的指导进行施工。

【钢结构工程施工规范：第 13.3.4 条】

5. 表面除锈处理与涂装的间隔时间宜在 4h 之内，在车间内作业或湿度较低的晴天不应超过 12h。

【钢结构工程施工规范：第 13.3.5 条】

6. 构件油漆补涂应符合下列规定：

（1）表面涂有工厂底漆的构件，因焊接、火焰校正、曝晒和擦伤等造成重新锈蚀或附有白锌盐时，应经表面处理后再按原涂装规定进行补漆；

（2）运输、安装过程的涂层碰损、焊接烧伤等，应根据原涂装规定进行补涂。

【钢结构工程施工规范：第 13.3.7 条】

5.11.3　金属热喷涂

1. 钢结构表面处理与热喷涂施工的间隔时间，晴天或湿度不大的气候条件下应在 12h 以内，雨天、潮湿、有盐雾的气候条件下不应超过 2h。

【钢结构工程施工规范：第 13.4.2 条】

2. 金属热喷涂施工应符合下列规定：

（1）采用的压缩空气应干燥、洁净；

（2）喷枪与表面宜成直角，喷枪的移动速度应均匀，各喷涂层之间的喷枪方向应相互垂直、交叉覆盖；

（3）一次喷涂厚度宜为 25～80μm，同一层内各喷涂带间应有 1/3 的重叠宽度；

（4）当大气温度低于 5℃或钢结构表面温度低于露点 3℃时，应停止热喷涂操作。

【钢结构工程施工规范：第 13.4.3 条】

5.11.4　防火涂装

1. 基层表面应无油污、灰尘和泥沙等污垢，且防锈层应完整、底漆无漏刷。构件连接处的缝隙应采用防火涂料或其他防火材料填平。

【钢结构工程施工规范：第 13.6.2 条】

2. 防火涂料可按产品说明书要求在现场进行搅拌或调配。当天配置的涂料应在产品说明书规定的时间内用完。

【钢结构工程施工规范：第 13.6.4 条】

3. 厚涂型防火涂料，属于下列情况之一时，宜在涂层内设置与构件相连的钢丝网或其他相应的措施：

(1) 承受冲击、振动荷载的钢梁；

(2) 涂层厚度大于或等于 40mm 的钢梁和桁架；

(3) 涂料粘结强度小于或等于 0.05MPa 的构件；

(4) 钢板墙和腹板高度超过 1.5m 的钢梁。

【钢结构工程施工规范：第 13.6.5 条】

4. 厚涂型防火涂料有下列情况之一时，应重新喷涂或补涂：

(1) 涂层干燥固化不良，粘结不牢或粉化、脱落；

(2) 钢结构接头和转角处的涂层有明显凹陷；

(3) 涂层厚度小于设计规定厚度的 85%；

(4) 涂层厚度未达到设计规定厚度，且涂层连续长度超过 1m。

【钢结构工程施工规范：第 13.6.8 条】

5. 薄涂型防火涂料面层涂装施工应符合下列规定：

(1) 面层应在底层涂装干燥后开始涂装；

(2) 面层涂装应颜色均匀、一致，接槎应平整。

【钢结构工程施工规范：第 13.6.9 条】

6　住宅装饰装修工程施工

本章内容摘自现行国家标准《住宅装饰装修工程施工规范》GB 50327—2001。

6.1　基 本 规 定

1. 施工中，严禁损坏房屋原有绝热设施；严禁损坏受力钢筋；严禁超荷载集中堆放物品；严禁在预制混凝土空心楼板上打孔安装埋件。

【住宅装饰装修工程施工规范：第 3.1.3 条】

2. 施工现场用电应符合下列规定：

（1）施工现场用电应从户表以后设立临时施工用电系统。

（2）安装、维修或拆除临时施工用电系统，应由电工完成。

（3）临时施工供电开关箱中应装设漏电保护器。进入开关箱的电源线不得用插销连接。

（4）临时用电线路应避开易燃、易爆物品堆放地。

（5）暂停施工时应切断电源。

【住宅装饰装修工程施工规范：第 3.1.7 条】

3. 严禁使用国家明令淘汰的材料。

【住宅装饰装修工程施工规范：第 3.2.2 条】

6.2　防 火 安 全

1. 施工单位必须制定施工防火安全制度，施工人员必须严格遵守。

【住宅装饰装修工程施工规范：第 4.1.1 条】

2. 易燃物品应相对集中放置在安全区域并应有明显标识。施工现场不得大量积存可燃材料。

【住宅装饰装修工程施工规范：第 4.3.1 条】

3. 易燃易爆材料的施工，应避免敲打、碰撞、摩擦等可能出现火花的操作。配套使用的照明灯、电动机、电气开关、应有安全防爆装置。

【住宅装饰装修工程施工规范：第 4.3.2 条】

4. 施工现场动用电气焊等明火时，必须清除周围及焊渣滴落区的可燃物质，并设专人监督。

【住宅装饰装修工程施工规范：第 4.3.4 条】

5. 施工现场必须配备灭火器、砂箱或其他灭火工具。

【住宅装饰装修工程施工规范：第 4.3.5 条】

6. 严禁在施工现场吸烟。

【住宅装饰装修工程施工规范：第 4.3.6 条】

7. 严禁在运行中的管道、装有易燃易爆的容器和受为构件上进行焊接和切割。

【住宅装饰装修工程施工规范：第 4.3.7 条】

6.3　防水工程

1. 基层表面应平整，不得有松动、空鼓、起沙、开裂等缺陷，含水率应符合防水材料的施工要求。

【住宅装饰装修工程施工规范：第 6.3.1 条】

2. 地漏、套管、卫生洁具根部、阴阳角等部位，应先做防水附加层。

【住宅装饰装修工程施工规范：第 6.3.2 条】

3. 防水层应从地面延伸到墙面，高出地面 100mm；浴室墙面的防水层不得低于 1800mm。

【住宅装饰装修工程施工规范：第 6.3.3 条】

4. 防水砂浆施工应符合下列规定：

(1) 防水砂浆的配合比应符合设计或产品的要求，防水层应与基层结合牢固，表面应平整，不得有空鼓、裂缝和麻面起砂，阴阳角应做成圆弧形；

（2）保护层水泥砂浆的厚度、强度应符合设计要求。

【住宅装饰装修工程施工规范：第6.3.4条】

5. 涂膜防水施工应符合下列规定：

（1）涂膜涂刷应均匀一致，不得漏刷。总厚度应符合产品技术性能要求；

（2）玻纤布的接槎应顺流水方向搭接，搭接宽度应不小于100mm。两层以上玻纤布的防水施工，上、下搭接应错开幅宽的1/2。

【住宅装饰装修工程施工规范：第6.3.5条】

6.4　抹 灰 工 程

1. 基层处理应符合下列规定：

（1）砖砌体，应清除表面杂物、尘土，抹灰前应洒水湿润；

（2）混凝土，表面应凿毛或在表面洒水润湿后涂刷1∶1水泥砂浆（加适量胶粘剂）；

（3）加气混凝土，应在湿润后边刷界面剂，边抹强度不大于M5的水泥混合砂浆。

【住宅装饰装修工程施工规范：第7.3.1条】

2. 大面积抹灰前应设置标筋。抹灰应分层进行，每遍厚度宜为5～7mm。石灰砂浆和水泥混合砂浆每遍厚度宜为7～9mm。当抹灰总厚度超出35mm时，应采取加强措施。

【住宅装饰装修工程施工规范：第7.3.3条】

3. 用水泥砂浆和水泥混合砂浆抹灰时，应待前一抹灰层凝结后方可抹后一层；

用石灰砂浆抹灰时，应待前一抹灰层七八成干后方可抹后一层。

【住宅装饰装修工程施工规范：第7.3.4条】

4. 水泥砂浆拌好后，应在初凝前用完，凡结硬砂浆不得继续使用。

【住宅装饰装修工程施工规范：第7.3.6条】

6.5 吊顶工程

1. 龙骨的安装应符合下列要求：

（1）应根据吊顶的设计标高在四周墙上弹线。弹线应清晰、位置应准确。

（2）主龙骨吊点间距、起拱高度应符合设计要求。当设计无要求时，吊点间距应小于1.2m，应按房间短向跨度的1‰～3‰起拱。主龙骨安装后应及时校正其位置标高。

（3）吊杆应通直，距主龙骨端部距离不得超过300mm。当吊杆与设备相遇时，应调整吊点构造或增设吊杆。

（4）次龙骨应紧贴主龙骨安装。固定板材的次龙骨间距不得大于600mm，在潮湿地区和场所，间距宜为300～400mm。用沉头自攻钉安装饰面板时，接缝处次龙骨宽度不得小于40mm。

（5）暗龙骨系列横撑龙骨应用连接件将其两端连接在通长次龙骨上。明龙骨系列的横撑龙骨与通长龙骨搭接处的间隙不得大于1mm。

（6）边龙骨应按设计要求弹线，固定在四周墙上。

（7）全面校正主、次龙的位置及平整度，连接件应错位安装。

【住宅装饰装修工程施工规范：第8.3.1条】

2. 暗龙骨饰面板（包括纸面石膏板、纤维水泥加压板、胶合板、金属方块板、金属条形板、塑料条形板、石膏板、钙塑板、矿棉板和格栅等）的安装应符合下列规定：

（1）以轻钢龙骨、铝合金龙骨为骨架，采用钉固法安装时应使用沉头自攻钉固定。

（2）以木龙骨为骨架，采用钉固法安装时应使用木螺钉固定，胶合板可用铁钉固定。

（3）金属饰面板采用吊挂连接件、插接件固定时应按产品说明书的规定放置。

（4）采用复合粘贴法安装时，胶粘剂未完全固化前板材不得有强烈振动。

【住宅装饰装修工程施工规范：第 8.3.4 条】

3. 纸面石膏板和纤维水泥加压板安装应符合下列规定：

（1）板材应在自由状态下进行安装，固定时应从板的中间向板的四周固定。

（2）纸面石膏板螺钉与板边距离：纸包边宜为 10～15mm，切割边宜为 15～20mm；水泥加压板螺钉与板边距离宜为 8～15mm。

（3）板周边钉距宜为 150～170mm，板中钉距不得大于 200mm。

（4）安装双层石膏板时，上下层板的接缝应错开，不得在同一根龙骨上接缝。

（5）螺钉头宜略埋入板面，并不得使纸面破损。钉眼应做防锈处理并用腻子抹平。

（6）石膏板的接缝应按设计要求进行板缝处理。

【住宅装饰装修工程施工规范：第 8.3.5 条】

4. 石膏板、钙塑板的安装应符合下列规定：

（1）当采用钉固法安装时，螺钉与板边距离不得小于 15mm，螺钉间距宜为 150～170mm，均匀布置，并应与板面垂直，钉帽应进行防锈处理，并应用与板面颜色相同涂料涂饰或用石膏腻子抹平。

（2）当采用粘接法安装时，胶粘剂应涂抹均匀，不得漏涂。

【住宅装饰装修工程施工规范：第 8.3.6 条】

5. 矿棉装饰吸声板安装应符合下列规定：

（1）房间内湿度过大时不宜安装。

（2）安装前应预先排板，保证花样、图案的整体性。

（3）安装时，吸声板上不得放置其他材料，防止板材受压变形。

【住宅装饰装修工程施工规范：第 8.3.7 条】

6. 明龙骨饰面板的安装应符合以下规定：

（1）饰面板安装应确保企口的相互咬接及图案花纹的吻合。

（2）饰面板与龙骨嵌装时应防止相互挤压过紧或脱挂。

（3）采用搁置法安装时应留有板材安装缝，每边缝隙不宜大于1mm。

（4）玻璃吊顶龙骨上留置的玻璃搭接宽度应符合设计要求，并应采用软连接。

（5）装饰吸声板的安装如采用搁置法安装，应有定位措施。

【住宅装饰装修工程施工规范：第8.3.8条】

6.6 轻质隔墙工程

1. 墙位放线应按设计要求，沿地、墙、顶弹出隔墙的中心线和宽度线，宽度线应与隔墙厚度一致。弹线应清晰，位置应准确。

【住宅装饰装修工程施工规范：第9.3.1条】

2. 轻钢龙骨的安装应符合下列规定：

（1）应按弹线位置固定沿地、沿顶龙骨及边框龙骨，龙骨的边线应与弹线重合。龙骨的端部应安装牢固，龙骨与基体的固定点间距应不大于1m。

（2）安装竖向龙骨应垂直，龙骨间距应符合设计要求。潮湿房间和钢板网抹灰墙，龙骨间距不宜大于400mm。

（3）安装支撑龙骨时，应先将支撑卡安装在竖向龙骨的开口方向，卡距宜为400～600mm，距龙骨两端的距离宜为20～25mm。

（4）安装贯通系列龙骨时，低于3m的隔墙安装一道，3～5m隔墙安装两道。

（5）饰面板横向接缝处不在沿地、沿顶龙骨上时，应加横撑龙骨固定。

（6）门窗或特殊接点处安装附加龙骨应符合设计要求。

【住宅装饰装修工程施工规范：第9.3.2条】

3. 木龙骨的安装应符合下列规定：

（1）木龙骨的横截面积及纵、横向间距应符合设计要求。

（2）骨架横、竖龙骨宜采用开半榫、加胶、加钉连接。

（3）安装饰面板前应对龙骨进行防火处理。

【住宅装饰装修工程施工规范：第9.3.3条】

4. 骨架隔墙在安装饰面板前应检查骨架的牢固程度、墙内设备管线及填充材料的安装是否符合设计要求，如有不符合处应采取措施。

【住宅装饰装修工程施工规范：第9.3.4条】

5. 纸面石膏板的安装应符合以下规定：

（1）石膏板宜竖向铺设，长边接缝应安装在竖龙骨上。

（2）龙骨两侧的石膏板及龙骨一侧的双层板的接缝应错开，不得在同一根龙骨上接缝。

（3）轻钢龙骨应用自攻螺钉固定，木龙骨应用木螺钉固定。沿石膏板周边钉间距不得大于200mm，板中钉间距不得大于300mm，螺钉与板边距离应为10～15mm。

（4）安装石膏板时应从板的中部向板的四边固定。钉头略埋入板内，但不得损坏纸面。钉眼应进行防锈处理。

（5）石膏板的接缝应按设计要求进行板缝处理。石膏板与周围墙或柱应留有3mm的槽口，以便进行防开裂处理。

【住宅装饰装修工程施工规范：第9.3.5条】

6. 胶合板的安装应符合下列规定：

（1）胶合板安装前应对板背面进行防火处理。

（2）轻钢龙骨应采用自攻螺钉固定。木龙骨采用圆钉固定时，钉距宜为80～150mm，钉帽应砸扁；采用钉枪固定时，钉距宜为80～100mm。

（3）阳角处宜作护角；

（4）胶合板用木压条固定时，固定点间距不应大于200mm。

【住宅装饰装修工程施工规范：第9.3.6条】

7. 板材隔墙的安装应符合下列规定：

（1）墙位放线应清晰，位置应准确。隔墙上下基层应平整，牢固。

（2）板材隔墙安装拼接应符合设计和产品构造要求。

（3）安装板材隔墙时宜使用简易支架。

（4）安装板材隔墙所用的金属件应进行防腐处理。

（5）板材隔墙拼接用的芯材应符合防火要求。

（6）在板材隔墙上开槽、打孔应用云石机切割或电钻钻孔，不得直接剔凿和用力敲击。

【住宅装饰装修工程施工规范：第 9.3.7 条】

8. 玻璃砖墙的安装应符合下列规定：

（1）玻璃砖墙宜以 1.5m 高为一个施工段，待下部施工段胶结材料达到设计强度后再进行上部施工。

（2）当玻璃砖墙面积过大时应增加支撑。玻璃砖墙的骨架应与结构连接牢固。

（3）玻璃砖应排列均匀整齐，表面平整，嵌缝的油灰或密封膏应饱满密实。

【住宅装饰装修工程施工规范：第 9.3.8 条】

9. 平板玻璃隔墙的安装应符合下列规定：

（1）墙位放线应清晰，位置应准确。隔墙基层应平整、牢固。

（2）骨架边框的安装应符合设计和产品组合的要求。

（3）压条应与边框紧贴，不得弯棱、凸鼓。

（4）安装玻璃前应对骨架、边框的牢固程度进行检查，如有不牢应进行加固。

（5）玻璃安装应符合本规范门窗工程的有关规定。

【住宅装饰装修工程施工规范：第 9.3.9 条】

6.7 门 窗 工 程

1. 推拉门窗扇必须有防脱落措施，扇与框的搭接量应符合设计要求。

【住宅装饰装修工程施工规范：第 10.1.6 条】

2. 木门窗的安装应符合下列规定：

(1) 门窗框与砖石砌体、混凝土或抹灰层接触部位以及固定用木砖等均应进行防腐处理。

(2) 门窗框安装前应校正方正，加钉必要拉条避免变形。安装门窗框时，每边固定点不得少于两处，其间距不得大于1.2m。

(3) 门窗框需镶贴脸时，门窗框应凸出墙面，凸出的厚度应等于抹灰层或装饰面层的厚度。

(4) 木门窗五金配件的安装应符合下列规定：

1) 合页距门窗扇上下端宜取立梃高度的1/10，并应避开上、下冒头。

2) 五金配件安装应用木螺钉固定。硬木应钻2/3深度的孔，孔径应略小于木螺钉直径。

3) 门锁不宜安装在冒头与立梃的结合处。

4) 窗拉手距地面宜为1.5～1.6m，门拉手距地面宜为0.9～1.05m。

【住宅装饰装修工程施工规范：第10.3.1条】

3. 铝合金门窗的安装应符合下列规定：

(1) 门窗装入洞口应横平竖直，严禁将门窗框直接埋入墙体。

(2) 密封条安装时应留有比门窗的装配边长20～30mm的余量，转角处应斜面断开，并用胶粘剂粘贴牢固，避免收缩产生缝隙。

(3) 门窗框与墙体间缝隙不得用水泥砂浆填塞，应采用弹性材料填嵌饱满，表面应用密封胶密封。

【住宅装饰装修工程施工规范：第10.3.2条】

4. 塑料门窗的安装应符合下列规定：

(1) 门窗安装五金配件时，应钻孔后用自攻螺钉拧入，不得直接锤击钉入。

(2) 门窗框、副框和扇的安装必须牢固。固定片或膨胀螺栓的数量与位置应正确，连接方式应符合设计要求，固定点应距窗角、中横框、中竖框150～100mm，固定点间距应小于或等于 600mm。

(3) 安装组合窗时应将两窗框与拼樘料卡接，卡接后应用紧固件双向拧紧，其间距应小于或等于 600mm，紧固件端头及拼樘料与窗框间的缝隙应用嵌缝膏进行密封处理。拼樘料型钢两端必须与洞口固定牢固。

(4) 门窗框与墙体间缝隙不得用水泥砂浆填塞，应采用弹性材料填嵌饱满，表面应用密封胶密封。

【住宅装饰装修工程施工规范：第 10.3.3 条】

5. 木门窗玻璃的安装应符合下列规定：

(1) 玻璃安装前应检查框内尺寸、将裁口内的污垢清除干净。

(2) 安装长边大于 1.5m 或短边大于 1m 的玻璃，应用橡胶垫并用压条和螺钉固定。

(3) 安装木框、扇玻璃，可用钉子固定，钉距不得大于 300mm，且每边不少于两个；用木压条固定时，应先刷底油后安装，并不得将玻璃压得过紧。

(4) 安装玻璃隔墙时，玻璃在上框面应留有适量缝隙，防止木框变形，损坏玻璃。

(5) 使用密封膏时，接缝处的表面应清洁、干燥。

【住宅装饰装修工程施工规范：第 10.3.4 条】

6. 铝合金、塑料门窗玻璃的安装应符合下列规定：

(1) 安装玻璃前，应清出槽口内的杂物。

(2) 使用密封膏前，接缝处的表面应清洁、干燥。

(3) 玻璃不得与玻璃槽直接接触，并应在玻璃四边垫上不同厚度的垫块，边框上的垫块应用胶粘剂固定。

(4) 镀膜玻璃应安装在玻璃的最外层，单面镀膜玻璃应朝向室内。

【住宅装饰装修工程施工规范：第 10.3.5 条】

6.8　细 部 工 程

1. 木门窗套的制作安装应符合下列规定：

（1）门窗洞口应方正垂直，预埋木砖应符合设计要求，并应进行防腐处理。

（2）根据洞口尺寸、门窗中心线和位置线，用方木制成搁栅骨架并应做防腐处理，横撑位置必须与预埋件位置重合。

（3）搁栅骨架应平整牢固，表面刨平。安装搁栅骨架应方正，除预留出板面厚度外，搁栅骨架与木砖间的间隙应垫以木垫，连接牢固。安装洞口搁栅骨架时，一般先上端后两侧，洞口上部骨架应与紧固件连接牢固。

（4）与墙体对应的基层板板面应进行防腐处理，基层板安装应牢固。

（5）饰面板颜色、花纹应谐调。板面应略大于搁栅骨架，大面应净光，小面应刮直。木纹根部应向下，长度方向需要对接时，花纹应通顺，其接头位置应避开视线平视范围，宜在室内地面 2m 以上或 1.2m 以下，接头应留在横撑上。

（6）贴脸、线条的品种、颜色、花纹应与饰面板谐调。贴脸接头应成 45°角，贴脸与门窗套板面结合应紧密、平整，贴脸或线条盖住抹灰墙面应不小于 10mm。

【住宅装饰装修工程施工规范：第 11.3.1 条】

2. 木窗帘盒的制作安装应符合下列规定：

（1）窗帘盒宽度应符合设计要求。当设计无要求时，窗帘盒宜伸出窗口两侧 200～300mm，窗帘盒中线应对准窗口中线，并使两端伸出窗口长度相同。窗帘盒下沿与窗口上沿应平齐或略低。

（2）当采用木龙骨双包夹板工艺制作窗帘盒时，遮挡板外立面不得有明榫、露钉帽，底边应做封边处理。

（3）窗帘盒底板可采用后置埋木楔或膨胀螺栓固定，遮挡板与顶棚交接处宜用角线收口。窗帘盒靠墙部分应与墙面紧贴。

（4）窗帘轨道安装应平直。窗帘轨固定点必须在底板的龙骨上，连接必须用木螺钉，严禁用圆钉固定。采用电动窗帘轨时，应按产品说明书进行安装调试。

【住宅装饰装修工程施工规范：第 11.3.2 条】

3. 固定橱柜的制作安装应符合下列规定：

（1）根据设计要求及地面及顶棚标高，确定橱柜的平面位置和标高。

（2）制作木框架时，整体立面应垂直、平面应水平，框架交接处应做榫连接，并应涂刷木工乳胶。

（3）侧板、底板、面板应用扁头钉与框架固定牢固，钉帽应做防腐处理。

（4）抽屉应采用燕尾榫连接，安装时应配置抽屉滑轨。

（5）五金件可先安装就位，油漆之前将其拆除，五金件安装应整齐、牢固。

【住宅装饰装修工程施工规范：第 11.3.3 条】

4. 扶手、护栏的制作安装应符合下列规定：

（1）木扶手与弯头的接头要在下部连接牢固。木扶手的宽度或厚度超过 70mm 时，其接头应粘接加强。

（2）扶手与垂直杆件连接牢固，紧固件不得外露。

（3）整体弯头制作前应做足尺样板，按样板划线。弯头粘结时，温度不宜低于 5℃。弯头下部应与栏杆扁钢结合紧密、牢固。

（4）木扶手弯头加工成形应刨光，弯曲应自然，表面应磨光。

（5）金属扶手、护栏垂直杆件与预埋件连接应牢固、垂直，如焊接，则表面应打磨抛光。

（6）玻璃栏板应使用夹层夹玻璃或安全玻璃。

【住宅装饰装修工程施工规范：第 11.3.4 条】

5. 花饰的制作安装应符合下列规定：

（1）装饰线安装的基层必须平整、坚实，装饰线不得随基层起伏。

（2）装饰线、件的安装应根据不同基层，采用相应的连接方式。

（3）木（竹）质装饰线、件的接口应拼对花纹，拐弯接口应齐整无缝，同一种房间的颜色应一致，封口压边条与装饰线、件应连接紧密牢固。

（4）石膏装饰线、件安装的基层应干燥，石膏线与基层连接的水平线和定位线的位置、距离应一致，接缝应45°角拼接。当使用螺钉固定花件时，应用电钻打孔，螺钉钉头应沉入孔内，螺钉应做防锈处理；当使用胶粘剂固定花件时，应选用短时间固化的胶粘材料。

（5）金属类装饰线、件安装前应做防腐处理。基层应干燥、坚实。铆接、焊接或紧固件连接时，紧固件位置应整齐，焊接点应在隐蔽处、焊接表面应无毛刺。刷漆前应去除氧化层。

【住宅装饰装修工程施工规范：第11.3.5条】

6.9　墙面铺装工程

1. 墙面砖铺贴应符合下列规定：

（1）墙面砖铺贴前应进行挑选，并应浸水2h以上，晾干表面水分。

（2）铺贴前应进行放线定位和排砖，非整砖应排放在次要部位或阴角处。每面墙不宜有两列非整砖，非整砖宽度不宜小于整砖的1/3。

（3）铺贴前应确定水平及竖向标志，垫好底尺，挂线铺贴。墙面砖表面应平整、接缝应平直、缝宽应均匀一致。阴角砖应压向正确，阳角线宜做成45°角对接。在墙面突出物处，应整砖套割吻合，不得用非整砖拼凑铺贴。

（4）结合砂浆宜采用1∶2水泥砂浆，砂浆厚度宜为6～10mm。水泥砂浆应满铺在墙砖背面，一面墙不宜一次铺贴到顶，以防塌落。

【住宅装饰装修工程施工规范：第12.3.1条】

2. 墙面石材铺装应符合下列规定：

（1）墙面砖铺贴前应进行挑选，并应按设计要求进行预拼。

（2）强度较低或较薄的石材应在背面粘贴玻璃纤维网布。

（3）当采用湿作业法施工时，固定石材的钢筋网应与预埋件连接牢固。每块石材与钢筋网拉接点不得少于4个。拉接用金属丝应具有防锈性能。灌注砂浆前应将石材背面及基层湿润，并应用填缝材料临时封闭石材板缝，避免漏浆。灌注砂浆宜用1：2.5水泥砂浆，灌注时应分层进行，每层灌注高度宜为150～200mm，且不超过板高的1/3，插捣应密实。待其初凝后方可灌注上层水泥砂浆。

（4）当采用粘贴法施工时，基层处理应平整但不应压光。胶粘剂的配合比应符合产品说明书的要求。胶液应均匀、饱满的刷抹在基层和石材背面，石材就位时应准确，并应立即挤紧、找平、找正，进行顶、卡固定。溢出胶液应随时清除。

【住宅装饰装修工程施工规范：第12.3.2条】

3. 木装饰装修墙制作安装应符合下列规定：

（1）制作安装前应检查基层的垂直度和平整度，有防潮要求的应进行防潮处理。

（2）按设计要求弹出标高、竖向控制线、分格线。打孔安装木砖或木模，深度应不小于40mm，木砖或木模应做防腐处理。

（3）龙骨间距应符合设计要求。当设计无要求时：横向间距宜为300mm，竖向间距宜为400mm。龙骨与木砖或木模连接应牢固。龙骨、木质基层板应进行防火处理。

（4）饰面板安装前应进行选配，颜色、木纹对接应自然谐调。

（5）饰面板固定应采用射钉或胶粘接，接缝应在龙骨上，接缝应平整。

（6）镶接式木装饰墙可用射钉从凹榫边倾斜射入。安装第一块时必须校对竖向控制线。

（7）安装封边收口线条时应用射钉固定，钉的位置应在线条的凹槽处或背视线的一侧。

【住宅装饰装修工程施工规范：第 12.3.3 条】

4. 软包墙面制作安装应符合下列规定：

(1) 软包墙面所用填充材料、纺织面料和龙骨、木基层板等均应进行防火处理。

(2) 墙面防潮处理应均匀涂刷一层清油或满铺油纸。不得用沥青油毛做防潮层。

(3) 木龙骨宜采用凹槽榫工艺预制，可整体或分片安装，与墙体连接应紧密、牢固。

(4) 填充材料制作尺寸应正确，棱角应方正，应与木基层板粘接紧密。

(5) 织物面料裁剪时经纬应顺直。安装应紧贴墙面，接缝应严密，花纹应吻合，无波纹起伏、翘边和褶皱，表面应清洁。

(6) 软包布面与压线条、贴脸线、踢脚板、电气盒等交接处应严密，顺直，无毛边。电气盒盖等开洞处，套割尺寸应准确。

【住宅装饰装修工程施工规范：第 12.3.4 条】

5. 墙面裱糊应符合下列规定：

(1) 基层表面应平整、不得有粉化、起皮、裂缝和突出物，色泽应一致。有防潮要求的应进行防潮处理。

(2) 裱糊前应按壁纸、墙布的品种、花色、规格进行选配、拼花、裁切、编号，裱糊时应按编号顺序粘贴。

(3) 墙面应采用整幅裱糊，先垂直面后水平面，先细部后大面，先保证垂直后对花拼逢，垂直面是先上后下，先长墙面后短墙面，水平面是先高后低。阴角处接缝应搭接，阳角处应包角不得有接缝。

(4) 聚氯乙烯塑料壁纸裱糊前应先将壁纸用水润湿数分钟，墙面裱糊时应在基层表面涂刷胶粘剂，顶棚裱糊时，基层和壁纸背面均应涂刷胶粘剂。

(5) 复合壁纸不得浸水，裱糊前应先在壁纸背面涂刷胶粘剂，放置数分钟，裱糊时，基层表面应涂刷胶粘剂。

(6) 纺织纤维壁纸不宜在水中浸泡，裱糊前宜用湿布清洁背面。

(7) 带背胶的壁纸裱糊前应在水中浸泡数分钟。裱糊顶棚时应涂刷一层稀释的胶粘剂。

(8) 金属壁纸裱糊前应浸水 1～2min，阴干 5～8min 后在其背面刷胶。刷胶应使用专用的壁纸粉胶，一边刷胶，一边将刷过胶的部分，向上卷在发泡壁纸卷上。

(9) 玻璃纤维基材壁纸、无纺墙布无需进行浸润。应选用粘接强度较高的胶粘剂，裱糊前应在基层表面涂胶，墙布背面不涂胶。玻璃纤维墙布裱糊对花时不得横拉斜扯避免变形脱落。

(10) 开关、插座等突出墙面的电气盒，裱糊前应先卸去盒盖。

【住宅装饰装修工程施工规范：第 12.3.5 条】

6.10 涂饰工程

1. 基层处理应符合下列规定：

(1) 混凝土及水泥砂浆抹灰基层：应满刮腻子、砂纸打光，表面应平整光滑、线角顺直。

(2) 纸面石膏板基层：应按设计要求对板缝、钉眼进行处理后，满刮腻子、砂纸打光。

(3) 清漆木质基层：表面应平整光滑、颜色谐调一致、表面无污染、裂缝、残缺等缺陷。

(4) 调和漆木质基层：表面应平整、无严重污染。

(5) 金属基层：表面应进行除锈和防锈处理。

【住宅装饰装修工程施工规范：第 13.3.1 条】

2. 涂饰施工一般方法：

(1) 滚涂法：将蘸取漆液的毛辊先按 W 方式运动将涂料大致涂在基层上，然后用不蘸取漆液的毛辊紧贴基层上下、左右来回滚动，使漆液在基层上均匀展开，最后用蘸取漆液的毛辊按一定方向满滚一遍。阴角及上下口宜采用排笔刷涂找齐。

(2) 喷涂法：喷枪压力宜控制在 0.4～0.8MPa 范围内。喷涂时喷枪与墙面应保持垂直，距离宜在500mm左右，匀速平行移动。两行重叠宽度宜控制在喷涂宽度的1/3。

（3）刷涂法：宜按先左后右、先上后下、先难后易、先边后面的顺序进行。

【住宅装饰装修工程施工规范：第13.3.2条】

3. 木质基层涂刷清漆：木质基层上的节疤、松脂部位应用虫胶漆封闭，钉眼处应用油性腻子嵌补。在刮腻子、上色前，应涂刷一遍封闭底漆，然后反复对局部进行拼色和修色，每修完一次，刷一遍中层漆，干后打磨，直至色调谐调统一，再做饰面漆。

【住宅装饰装修工程施工规范：第13.3.3条】

4. 木质基层涂刷调和漆：先满刷清油一遍，待其干后用油腻子将钉孔、裂缝、残缺处嵌刮平整，干后打磨光滑，再刷中层和面层油漆。

【住宅装饰装修工程施工规范：第13.3.4条】

5. 对泛碱、析盐的基层应先用3%的草酸溶液清洗，然后用清水冲刷干净或在基层上满刷一遍耐碱底漆，待其干后刮腻子，再涂刷面层涂料。

【住宅装饰装修工程施工规范：第13.3.5条】

6. 浮雕涂饰的中层涂料应颗粒均匀，用专用塑料辊蘸煤油或水均匀滚压，厚薄一致，待完全干燥固化后，才可进行面层涂饰。面层为水性涂料应采用喷涂，溶剂型涂料应采用刷涂。间隔时间宜在4h以上。

【住宅装饰装修工程施工规范：第13.3.6条】

7. 涂料、油漆打磨应待涂膜完全干透后进行，打磨应用力均匀，不得磨透露底。

【住宅装饰装修工程施工规范：第13.3.7条】

6.11　地面铺装工程

1. 石材、地面砖铺贴应符合下列规定：

（1）石材、地面砖铺贴前应浸水湿润。天然石材铺贴前应进行对色、拼花并试拼、编号。

（2）铺贴前应根据设计要求确定结合层砂浆厚度，拉十字线控制其厚度和石材、地面砖表面平整度。

（3）结合层砂浆宜采用体积比为 1∶3 的干硬性水泥砂浆，厚度宜高出实铺厚度 2～3mm。铺贴前应在水泥砂浆上刷一道水灰比为 1∶2 的素水泥浆或干铺水泥 1～2mm 后洒水。

（4）石材、地面砖铺贴时应保持水平就位，用橡皮锤轻击使其与砂浆粘结紧密，同时调整其表面平整度及缝宽。

（5）铺贴后应及时清理表面，24h 后应用 1∶1 水泥浆灌缝，选择与地面颜色一致的颜料与白水泥拌和均匀后嵌缝。

【住宅装饰装修工程施工规范：第 14.3.1 条】

2. 竹、实木地板铺装应符合下列规定：

（1）基层平整度误差不得大于 5mm。

（2）铺装前应对基层进行防潮处理，防潮层宜涂刷防水涂料或铺设塑料薄膜。

（3）铺装前应对地板进行选配，宜将纹理、颜色接近的地板集中使用于一个房间或部位。

（4）木龙骨应与基层连接牢固，固定点间距不得大于 600mm。

（5）毛地板应与龙骨成 30°或 45°铺钉，板缝应为 2～3mm，相邻板的接缝应错开。

（6）在龙骨上直接铺装地板时，主次龙骨的间距应根据地板的长宽模数计算确定，地板接缝应在龙骨的中线上。

（7）地板钉长度宜为板厚的 2.5 倍，钉帽应砸扁。固定时应从凹榫边 30°角倾斜钉入。硬木地板应先钻孔，孔径应略小于地板钉直径。

（8）毛地板及地板与墙之间应留有 8～10mm 的缝隙。

（9）地板磨光应先刨后磨，磨削应顺木纹方向，磨削总量应控制在 0.3～0.8mm 内。

（10）单层直铺地板的基层必须平整、无油污。铺贴前应在基层刷一层薄而匀的底胶以提高粘结力。铺贴时基层和地板背面均应刷胶，待不粘手后再进行铺贴。拼板时应用榔头垫木块敲打紧密，板缝不得大于0.3mm。溢出的胶液应及时清理干净。

【住宅装饰装修工程施工规范：第14.3.2条】

3. 强化复合地板铺装应符合下列规定：

（1）防潮垫层应满铺平整，接缝处不得叠压。

（2）安装第一排时应凹槽面靠墙。地板与墙之间应留有8～10mm的缝隙。

（3）房间长度或宽度超过8m时，应在适当位置设置伸缩缝。

【住宅装饰装修工程施工规范：第14.3.3条】

4. 地毯铺装应符合下列规定：

（1）地毯对花拼接应按毯面绒毛和织纹走向的同一方向拼接。

（2）当使用张紧器伸展地毯时，用力方向应呈V字形，应由地毯中心向四周展开。

（3）当使用倒刺板固定地毯时，应沿房间四周将倒刺板与基层固定牢固。

（4）地毯铺装方向，应是毯面绒毛走向的背光方向。

（5）满铺地毯，应用扁铲将毯边塞入卡条和墙壁间的间隙中或塞入踢脚下面。

（6）裁剪楼梯地毯时，长度应留有一定余量，以便在使用中可挪动常磨损的位置。

【住宅装饰装修工程施工规范：第14.3.4条】

6.12　卫生器具及管道安装工程

1. 各种卫生设备与地面或墙体的连接应用金属固定件安装牢固。金属固定件应进行防腐处理。当墙体为多孔砖墙时，应凿孔填实水泥砂浆后再进行固定件安装。当墙体为轻质隔墙时，应在墙体内设后置埋件，后置埋件应与墙体连接牢固。

【住宅装饰装修工程施工规范：第15.3.1条】

2. 各种卫生器具安装的管道连接件应易于拆卸、维修。排水管道连接应采用有橡胶垫片排水栓。卫生器具与金属固定件的连接表面应安置铅质或橡胶垫片。各种卫生陶瓷类器具不得采用水泥砂浆窝嵌。

【住宅装饰装修工程施工规范：第 15.3.2 条】

3. 各种卫生器具与台面、墙面，地面等接触部位均应采用硅酮胶或防水密封条密封。

【住宅装饰装修工程施工规范：第 15.3.3 条】

4. 各种卫生器具安装验收合格后应采取适当的成品保护措施。

【住宅装饰装修工程施工规范：第 15.3.4 条】

5. 管道敷设应横平竖直，管卡位置及管道坡度等均应符合规范要求。各类阀门安装应位置正确且平正，便于使用和维修。

【住宅装饰装修工程施工规范：第 15.3.5 条】

6. 嵌入墙体、地面的管道应进行防腐处理并用水泥砂浆保护，其厚度应符合下列要求：墙内冷水管不小于 10mm、热水管不小于 15mm，嵌入地面的管道不小于 10mm。嵌入墙体、地面或暗敷的管道应作隐蔽工程验收。

【住宅装饰装修工程施工规范：第 15.3.6 条】

7. 冷热水管安装应左热右冷，平行间距应不小于 200mm。当冷热水供水系统采用分水器供水时，应采用半柔性管材连接。

【住宅装饰装修工程施工规范：第 15.3.7 条】

8. 各种新型管材的安装应按生产企业提供的产品说明书进行施工。

【住宅装饰装修工程施工规范：第 15.3.8 条】

7 屋面工程技术规范

本章内容摘自现行国家标准《屋面工程技术规范》GB 50345—2012。

7.1 基本规定

1. 屋面工程应符合下列基本要求：

（1）具有良好的排水功能和阻止水侵入建筑物内的作用；

（2）冬季保温减少建筑物的热损失和防止结露；

（3）夏季隔热降低建筑物对太阳辐射热的吸收；

（4）适应主体结构的受力变形和温差变形；

（5）承受风、雪荷载的作用不产生破坏；

（6）具有阻止火势蔓延的性能；

（7）满足建筑外形美观和使用的要求。

【屋面工程技术规范：第3.0.1条】

2. 屋面防水工程应根据建筑物的类别、重要程度、使用功能要求确定防水等级，并应按相应等级进行防水设防；对防水有特殊要求的建筑屋面，应进行专项防水设计。屋面防水等级和设防要求应符合表3.0.5的规定。

表3.0.5 屋面防水等级和设防要求

防水等级	建筑类别	设防要求
Ⅰ级	重要建筑和高层建筑	两道防水设防
Ⅱ级	一般建筑	一道防水设防

【屋面工程技术规范：第3.0.5条】

7.2 屋面工程设计

1. 卷材、涂膜屋面防水等级和防水做法应符合表4.5.1的

规定。

表 4.5.1 卷材、涂膜屋面防水等级和防水做法

防水等级	防水做法
Ⅰ级	卷材防水层和卷材防水层、卷材防水层和涂膜防水层、复合防水层
Ⅱ级	卷材防水层、涂膜防水层、复合防水层

注：在Ⅰ级屋面防水做法中，防水层仅作单层卷材时，应符合有关单层防水卷材屋面技术的规定。

【屋面工程技术规范：第 4.5.1 条】

2. 每道卷材防水层最小厚度应符合表 4.5.5 的规定。

表 4.5.5 每道卷材防水层最小厚度（mm）

防水等级	合成高分子防水卷材	高聚物改性沥青防水卷材		
		聚酯胎、玻纤胎、聚乙烯胎	自粘聚酯胎	自粘无胎
Ⅰ级	1.2	3.0	2.0	1.5
Ⅱ级	1.5	4.0	3.0	2.0

【屋面工程技术规范：第 4.5.5 条】

3. 每道涂膜防水层最小厚度应符合表 4.5.6 的规定。

表 4.5.6 每道涂膜防水层最小厚度（mm）

防水等级	合成高分子防水涂膜	聚合物水泥防水涂膜	高聚物改性沥青防水涂膜
Ⅰ级	1.5	1.5	2.0
Ⅱ级	2.0	2.0	3.0

【屋面工程技术规范：第 4.5.6 条】

4. 复合防水层最小厚度应符合表 4.5.7 的规定。

表 4.5.7 复合防水层最小厚度（mm）

防水等级	合成高分子防水卷材＋合成高分子防水涂膜	自粘聚合物改性沥青防水卷材（无胎）＋合成高分子防水涂膜	高聚物改性沥青防水卷材＋高聚物改性沥青防水涂膜	聚乙烯丙纶卷材＋聚合物水泥防水胶结材料
Ⅰ级	1.2＋1.5	1.5＋1.5	3.0＋2.0	（0.7＋1.3）×2
Ⅱ级	1.0＋1.0	1.2＋1.0	3.0＋1.2	0.7＋1.3

【屋面工程技术规范：第 4.5.7 条】

5. 附加层设计应符合下列规定：

(1) 檐沟、天沟与屋面交接处、屋面平面与立面交接处，以及水落口、伸出屋面管道根部等部位，应设置卷材或涂膜附加层；

(2) 屋面找平层分格缝等部位，宜设置卷材空铺附加层，其空铺宽度不宜小于100mm；

(3) 附加层最小厚度应符合表4.5.9的规定。

表4.5.9　附加层最小厚度（mm）

附加层材料	最小厚度
合成高分子防水卷材	1.2
高聚物改性沥青防水卷材（聚酯胎）	3.0
合成高分子防水涂料、聚合物水泥防水涂料	1.5
高聚物改性沥青防水涂料	2.0

注：涂膜附加层应夹铺胎体增强材料。

【屋面工程技术规范：第4.5.9条】

6. 瓦屋面防水等级和防水做法应符合表4.8.1的规定。

表4.8.1　瓦屋面防水等级和防水做法

防水等级	防水做法
Ⅰ	瓦+防水层
Ⅱ	瓦+防水垫层

注：防水层厚度应符合本规范第4.5.5条或第4.5.6条Ⅱ级防水的规定。

【屋面工程技术规范：第4.8.1条】

7. 防水垫层宜采用自粘聚合物沥青防水垫层、聚合物改性沥青防水垫层，其最小厚度和搭接宽度应符合表4.8.6的规定。

表4.8.6　防水垫层的最小厚度和搭接宽度（mm）

防水垫层品种	最小厚度	搭接宽度
自粘聚合物沥青防水垫层	1.0	80
聚合物改性沥青防水垫层	2.0	100

【屋面工程技术规范：第4.8.6条】

8. 金属板屋面防水等级和防水做法应符合表 4.9.1 的规定。

表 4.9.1 金属板屋面防水等级和防水做法

防水等级	防水做法
Ⅰ级	压型金属板+防水垫层
Ⅱ级	压型金属板、金属面绝热夹芯板

注：1 当防水等级为Ⅰ级时，压型铝合金板基板厚度不应小于 0.9mm；压型钢板基板厚度不应小于 0.6mm；

2 当防水等级为Ⅰ级时，压型金属板应采用 360°咬口锁边连接方式；

3 在Ⅰ级屋面防水做法中，仅作压型金属板时，应符合《金属压型板应用技术规范》等相关技术的规定。

【屋面工程技术规范：第 4.9.1 条】

7.3 屋面工程施工

7.3.1 一般规定

1. 屋面工程施工的防火安全应符合下列规定：

(1) 可燃类防水、保温材料进场后，应远离火源；露天堆放时，应采用不燃材料完全覆盖；

(2) 防火隔离带施工应与保温材料施工同步进行；

(3) 不得直接在可燃类防水、保温材料上进行热熔或热粘法施工；

(4) 喷涂硬泡聚氨酯作业时，应避开高温环境；施工工艺、工具及服装等应采取防静电措施；

(5) 施工作业区应配备消防灭火器材；

(6) 火源、热源等火灾危险源应加强管理；

(7) 屋面上需要进行焊接、钻孔等施工作业时，周围环境应采取防火安全措施。

【屋面工程技术规范：第 5.1.5 条】

2. 屋面工程施工必须符合下列安全规定：

（1）严禁在雨天、雪天和五级风及其以上时施工；

（2）屋面周边和预留孔洞部位，必须按临边、洞口防护规定设置安全护栏和安全网；

（3）屋面坡度大于30%时，应采取防滑措施；

（4）施工人员应穿防滑鞋，特殊情况下无可靠安全措施时，操作人员必须系好安全带并扣好保险钩。

【屋面工程技术规范：第5.1.6条】

7.3.2　找坡层和找平层施工

1. 装配式钢筋混凝土板的板缝嵌填施工应符合下列规定：

（1）嵌填混凝土前板缝内应清理干净，并应保持湿润；

（2）当板缝宽度大于40mm或上窄下宽时，板缝内应按设计要求配置钢筋；

（3）嵌填细石混凝土的强度等级不应低于C20，填缝高度宜低于板面10～20mm，且应振捣密实和浇水养护；

（4）板端缝应按设计要求增加防裂的构造措施。

【屋面工程技术规范：第5.2.1条】

2. 找坡层和找平层的基层的施工应符合下列规定：

（1）应清理结构层、保温层上面的松散杂物，凸出基层表面的硬物应剔平扫净；

（2）抹找坡层前，宜对基层洒水湿润；

（3）突出屋面的管道、支架等根部，应用细石混凝土堵实和固定；

（4）对不易与找平层结合的基层应做界面处理。

【屋面工程技术规范：第5.2.2条】

3. 卷材防水层的基层与突出屋面结构的交接处，以及基层的转角处，找平层均应做成圆弧形，且应整齐平顺。找平层圆弧半径应符合表5.2.7的规定。

表 5.2.7 找平层圆弧半径（mm）

卷材种类	圆弧半径
高聚物改性沥青防水卷材	50
合成高分子防水卷材	20

【屋面工程技术规范：第 5.2.7 条】

7.3.3 保温层和隔热层施工

1. 倒置式屋面保温层施工应符合下列规定：

（1）施工完的防水层，应进行淋水或蓄水试验，并应在合格后再进行保温层的铺设；

（2）板状保温层的铺设应平稳，拼缝应严密；

（3）保护层施工时，应避免损坏保温层和防水层。

【屋面工程技术规范：第 5.3.2 条】

2. 隔汽层施工应符合下列规定：

（1）隔汽层施工前，基层应进行清理，宜进行找平处理；

（2）屋面周边隔汽层应沿墙面向上连续铺设，高出保温层上表面不得小于 150mm；

（3）采用卷材做隔汽层时，卷材宜空铺，卷材搭接缝应满粘，其搭接宽度不应小于 80mm；采用涂膜做隔汽层时，涂料涂刷应均匀，涂层不得有堆积、起泡和露底现象；

（4）穿过隔汽层的管道周围应进行密封处理。

【屋面工程技术规范：第 5.3.3 条】

3. 屋面排汽构造施工应符合下列规定：

（1）排汽道及排汽孔的设置应符合本规范第 4.4.5 条的有关规定；

（2）排汽道应与保温层连通，排汽道内可填入透气性好的材料；

（3）施工时，排汽道及排汽孔均不得被堵塞；

（4）屋面纵横排汽道的交叉处可埋设金属或塑料排汽管，排汽管宜设置在结构层上，穿过保温层及排汽道的管壁四周应打孔。排汽管应作好防水处理。

【屋面工程技术规范：第5.3.4条】

4. 板状材料保温层施工应符合下列规定：

（1）基层应平整、干燥、干净；

（2）相邻板块应错缝拼接，分层铺设的板块上下层接缝应相互错开，板间缝隙应采用同类材料嵌填密实；

（3）采用干铺法施工时，板状保温材料应紧靠在基层表面上，并应铺平垫稳；

（4）采用粘结法施工时，胶粘剂应与保温材料相容，板状保温材料应贴严、粘牢，在胶粘剂固化前不得上人踩踏；

（5）采用机械固定法施工时，固定件应固定在结构层上，固定件的间距应符合设计要求。

【屋面工程技术规范：第5.3.5条】

5. 纤维材料保温层施工应符合下列规定：

（1）基层应平整、干燥、干净；

（2）纤维保温材料在施工时，应避免重压，并应采取防潮措施；

（3）纤维保温材料铺设时，平面拼接缝应贴紧，上下层拼接缝应相互错开；

（4）屋面坡度较大时，纤维保温材料宜采用机械固定法施工；

（5）在铺设纤维保温材料时，应做好劳动保护工作。

【屋面工程技术规范：第5.3.6条】

6. 喷涂硬泡聚氨酯保温层施工应符合下列规定：

（1）基层应平整、干燥、干净；

（2）施工前应对喷涂设备进行调试，并应喷涂试块进行材料性能检测；

（3）喷涂时喷嘴与施工基面的间距应由试验确定；

（4）喷涂硬泡聚氨酯的配比应准确计量，发泡厚度应均匀一致；

（5）一个作业面应分遍喷涂完成，每遍喷涂厚度不宜大于15mm，硬泡聚氨酯喷涂后20min内严禁上人；

（6）喷涂作业时，应采取防止污染的遮挡措施。

【屋面工程技术规范：第5.3.7条】

7. 现浇泡沫混凝土保温层施工应符合下列规定：

（1）基层应清理干净，不得有油污、浮尘和积水；

（2）泡沫混凝土应按设计要求的干密度和抗压强度进行配合比设计，拌制时应计量准确，并应搅拌均匀；

（3）泡沫混凝土应按设计的厚度设定浇筑面标高线，找坡时宜采取挡板辅助措施；

（4）泡沫混凝土的浇筑出料口离基层的高度不宜超过1m，泵送时应采取低压泵送；

（5）泡沫混凝土应分层浇筑，一次浇筑厚度不宜超过200mm，终凝后应进行保湿养护，养护时间不得少于7d。

【屋面工程技术规范：第5.3.8条】

8. 种植隔热层施工应符合下列规定：

（1）种植隔热层挡墙或挡板施工时，留设的泄水孔位置应准确，并不得堵塞；

（2）凹凸型排水板宜采用搭接法施工，搭接宽度应根据产品的规格具体确定；网状交织排水板宜采用对接法施工；采用陶粒作排水层时，铺设应平整，厚度应均匀；

（3）过滤层土工布铺设应平整、无皱折，搭接宽度不应小于100mm，搭接宜采用粘合或缝合处理；土工布应沿种植土周边向上铺设至种植土高度；

（4）种植土层的荷载应符合设计要求；种植土、植物等应在屋面上均匀堆放，且不得损坏防水层。

【屋面工程技术规范：第5.3.12条】

9. 架空隔热层施工应符合下列规定：

（1）架空隔热层施工前，应将屋面清扫干净，并应根据架空隔热制品的尺寸弹出支座中线；

（2）在架空隔热制品支座底面，应对卷材、涂膜防水层采取加强措施；

（3）铺设架空隔热制品时，应随时清扫屋面防水层上的落灰、杂物等，操作时不得损伤已完工的防水层；

（4）架空隔热制品的铺设应平整、稳固，缝隙应勾填密实。

【屋面工程技术规范：第 5.3.13 条】

10. 蓄水隔热层施工应符合下列规定：

（1）蓄水池的所有孔洞应预留，不得后凿。所设置的溢水管、排水管和给水管等，应在混凝土施工前安装完毕；

（2）每个蓄水区的防水混凝土应一次浇筑完毕，不得留置施工缝；

（3）蓄水池的防水混凝土施工时，环境气温宜为 5～35℃，并应避免在冬期和高温期施工；

（4）蓄水池的防水混凝土完工后，应及时进行养护，养护时间不得少于 14d；蓄水后不得断水；

（5）蓄水池的溢水口标高、数量、尺寸应符合设计要求；过水孔应设在分仓墙底部，排水管应与水落管连通。

【屋面工程技术规范：第 5.3.14 条】

7.3.4　卷材防水层施工

1. 卷材防水层铺贴顺序和方向应符合下列规定：

（1）卷材防水层施工时，应先进行细部构造处理，然后由屋面最低标高向上铺贴；

（2）檐沟、天沟卷材施工时，宜顺檐沟、天沟方向铺贴，搭接缝应顺流水方向；

（3）卷材宜平行屋脊铺贴，上下层卷材不得相互垂直铺贴。

【屋面工程技术规范：第 5.4.2 条】

2. 采用基层处理剂时，其配制与施工应符合下列规定：

（1）基层处理剂应与卷材相容；

（2）基层处理剂应配比准确，并应搅拌均匀；

（3）喷、涂基层处理剂前，应先对屋面细部进行涂刷；

（4）基层处理剂可选用喷涂或涂刷施工工艺，喷、涂应均匀一致，干燥后应及时进行卷材施工。

【屋面工程技术规范：第5.4.4条】

3. 卷材搭接缝应符合下列规定：

（1）平行屋脊的搭接缝应顺流水方向，搭接缝宽度应符合本规范第4.5.10条的规定；

（2）同一层相邻两幅卷材短边搭接缝错开不应小于500mm；

（3）上下层卷材长边搭接缝应错开，且不应小于幅宽的1/3；

（4）叠层铺贴的各层卷材，在天沟与屋面的交接处，应采用叉接法搭接，搭接缝应错开；搭接缝宜留在屋面与天沟侧面，不宜留在沟底。

【屋面工程技术规范：第5.4.5条】

4. 冷粘法铺贴卷材应符合下列规定：

（1）胶粘剂涂刷应均匀，不得露底、堆积；卷材空铺、点粘、条粘时，应按规定的位置及面积涂刷胶粘剂；

（2）应根据胶粘剂的性能与施工环境、气温条件等，控制胶粘剂涂刷与卷材铺贴的间隔时间；

（3）铺贴卷材时应排除卷材下面的空气，并应辊压粘贴牢固；

（4）铺贴的卷材应平整顺直，搭接尺寸应准确，不得扭曲、皱折；搭接部位的接缝应满涂胶粘剂，辊压应粘贴牢固；

（5）合成高分子卷材铺好压粘后，应将搭接部位的粘合面清理干净，并应采用与卷材配套的接缝专用胶粘剂，在搭接缝粘合面上应涂刷均匀，不得露底、堆积，应排除缝间的空气，并用辊压粘贴牢固；

（6）合成高分子卷材搭接部位采用胶粘带粘结时，粘合面应清理干净，必要时可涂刷与卷材及胶粘带材性相容的基层胶粘剂，撕去胶粘带隔离纸后应及时粘合接缝部位的卷材，并应辊压粘贴牢固；低温施工时，宜采用热风机加热；

（7）搭接缝口应用材性相容的密封材料封严。

【屋面工程技术规范：第5.4.6条】

5. 热粘法铺贴卷材应符合下列规定：

（1）熔化热熔型改性沥青胶结料时，宜采用专用导热油炉加热，加热温度不应高于200℃，使用温度不宜低于180℃；

（2）粘贴卷材的热熔型改性沥青胶结料厚度宜为1.0～1.5mm。

（3）采用热熔型改性沥青胶结料铺贴卷材时，应随刮随滚铺，并应展平压实。

【屋面工程技术规范：第5.4.7条】

6. 热熔法铺贴卷材应符合下列规定：

（1）火焰加热器的喷嘴距卷材面的距离应适中，幅宽内加热应均匀，应以卷材表面熔融至光亮黑色为度，不得过分加热卷材；厚度小于3mm的高聚物改性沥青防水卷材，严禁采用热熔法施工；

（2）卷材表面沥青热熔后应立即滚铺卷材，滚铺时应排除卷材下面的空气；

（3）搭接缝部位宜以溢出热熔的改性沥青胶结料为度，溢出的改性沥青胶结料宽度宜为8mm，并宜均匀顺直；当接缝处的卷材上有矿物粒或片料时，应用火焰烘烤及清除干净后再进行热熔和接缝处理；

（4）铺贴卷材时应平整顺直，搭接尺寸应准确，不得扭曲。

【屋面工程技术规范：第5.4.8条】

7. 自粘法铺贴卷材应符合下列规定：

（1）铺粘卷材前，基层表面应均匀涂刷基层处理剂，干燥后应及时铺贴卷材；

（2）铺贴卷材时应将自粘胶底面的隔离纸完全撕净；

（3）铺贴卷材时应排除卷材下面的空气，并应辊压粘贴牢固；

(4) 铺贴的卷材应平整顺直，搭接尺寸应准确，不得扭曲、皱折；低温施工时，立面、大坡面及搭接部位宜采用热风机加热，加热后应随即粘贴牢固；

(5) 搭接缝口应采用材性相容的密封材料封严。

【屋面工程技术规范：第5.4.9条】

8. 焊接法铺贴卷材应符合下列规定：

(1) 对热塑性卷材的搭接缝可采用单缝焊或双缝焊，焊接应严密；

(2) 焊接前，卷材应铺放平整、顺直，搭接尺寸应准确，焊接缝的结合面应清理干净；

(3) 应先焊长边搭接缝，后焊短边搭接缝；

(4) 应控制加热温度和时间，焊接缝不得漏焊、跳焊或焊接不牢。

【屋面工程技术规范：第5.4.10条】

9. 机械固定法铺贴卷材应符合下列规定：

(1) 固定件应与结构层连接牢固；

(2) 固定件间距应根据抗风揭试验和当地的使用环境与条件确定，并不宜大于600mm；

(3) 卷材防水层周边800mm范围内应满粘，卷材收头应采用金属压条钉压固定和密封处理。

【屋面工程技术规范：第5.4.11条】

7.3.5 涂膜防水层施工

1. 涂膜防水层的基层应坚实、平整、干净，应无孔隙、起砂和裂缝。基层的干燥程度应根据所选用的防水涂料特性确定；当采用溶剂型、热熔型和反应固化型防水涂料时，基层应干燥。

【屋面工程技术规范：第5.5.1条】

2. 双组分或多组分防水涂料应按配合比准确计量，应采用电动机具搅拌均匀，已配制的涂料应及时使用。配料时，可加入适量的缓凝剂或促凝剂调节固化时间，但不得混合已固化的涂料。

【屋面工程技术规范：第5.5.3条】

3. 涂膜防水层施工应符合下列规定：

(1) 防水涂料应多遍均匀涂布，涂膜总厚度应符合设计要求；

(2) 涂膜间夹铺胎体增强材料时，宜边涂布边铺胎体；胎体应铺贴平整，应排除气泡，并应与涂料粘结牢固。在胎体上涂布涂料时，应使涂料浸透胎体，并应覆盖完全，不得有胎体外露现象。最上面的涂膜厚度不应小于1.0mm；

(3) 涂膜施工应先做好细部处理，再进行大面积涂布；

(4) 屋面转角及立面的涂膜应薄涂多遍，不得流淌和堆积。

【屋面工程技术规范：第5.5.4条】

4. 涂膜防水层施工工艺应符合下列规定：

(1) 水乳型及溶剂型防水涂料宜选用滚涂或喷涂施工；

(2) 反应固化型防水涂料宜选用刮涂或喷涂施工；

(3) 热熔型防水涂料宜选用刮涂施工；

(4) 聚合物水泥防水涂料宜选用刮涂法施工；

(5) 所有防水涂料用于细部构造时，宜选用刷涂或喷涂施工。

【屋面工程技术规范：第5.5.5条】

7.3.6　接缝密封防水施工

1. 密封防水部位的基层应符合下列规定：

(1) 基层应牢固，表面应平整、密实，不得有裂缝、蜂窝、麻面、起皮和起砂等现象；

(2) 基层应清洁、干燥，应无油污、无灰尘；

(3) 嵌入的背衬材料与接缝壁间不得留有空隙；

(4) 密封防水部位的基层宜涂刷基层处理剂，涂刷应均匀，不得漏涂。

【屋面工程技术规范：第5.6.1条】

2. 改性沥青密封材料防水施工应符合下列规定：

（1）采用冷嵌法施工时，宜分次将密封材料嵌填在缝内，并应防止裹入空气；

（2）采用热灌法施工时，应由下向上进行，并宜减少接头；密封材料熬制及浇灌温度，应按不同材料要求严格控制。

【屋面工程技术规范：第 5.6.2 条】

3. 合成高分子密封材料防水施工应符合下列规定：

（1）单组分密封材料可直接使用；多组分密封材料应根据规定的比例准确计量，并应拌合均匀；每次拌合量、拌合时间和拌合温度，应按所用密封材料的要求严格控制；

（2）采用挤出枪嵌填时，应根据接缝的宽度选用口径合适的挤出嘴，应均匀挤出密封材料嵌填，并应由底部逐渐充满整个接缝；

（3）密封材料嵌填后，应在密封材料表干前用腻子刀嵌填修整。

【屋面工程技术规范：第 5.6.3 条】

7.3.7 保护层和隔离层施工

1. 块体材料保护层铺设应符合下列规定：

（1）在砂结合层上铺设块体时，砂结合层应平整，块体间应预留 10mm 的缝隙，缝内应填砂，并应用 1∶2 水泥砂浆勾缝；

（2）在水泥砂浆结合层上铺设块体时，应先在防水层上做隔离层，块体间应预留 10mm 的缝隙，缝内应用 1∶2 水泥砂浆勾缝；

（3）块体表面应洁净、色泽一致，应无裂纹、掉角和缺楞等缺陷。

【屋面工程技术规范：第 5.7.5 条】

2. 水泥砂浆及细石混凝土保护层铺设应符合下列规定：

（1）水泥砂浆及细石混凝土保护层铺设前，应在防水层上做隔离层；

（2）细石混凝土铺设不宜留施工缝；当施工间隙超过时间规

定时，应对接槎进行处理；

（3）水泥砂浆及细石混凝土表面应抹平压光，不得有裂纹、脱皮、麻面、起砂等缺陷。

【屋面工程技术规范：第5.7.6条】

3. 浅色涂料保护层施工应符合下列规定：

（1）浅色涂料应与卷材、涂膜相容，材料用量应根据产品说明书的规定使用；

（2）浅色涂料应多遍涂刷，当防水层为涂膜时，应在涂膜固化后进行；

（3）涂层应与防水层粘结牢固，厚薄应均匀，不得漏涂；

（4）涂层表面应平整，不得流淌和堆积。

【屋面工程技术规范：第5.7.7条】

4. 干铺塑料膜、土工布、卷材时，其搭接宽度不应小于50mm，铺设应平整，不得有皱折。

【屋面工程技术规范：第5.7.11条】

7.3.8　瓦屋面施工

1. 屋面木基层应铺钉牢固、表面平整；钢筋混凝土基层的表面应平整、干净、干燥。

【屋面工程技术规范：第5.8.2条】

2. 防水垫层的铺设应符合下列规定：

（1）防水垫层可采用空铺、满粘或机械固定；

（2）防水垫层在瓦屋面构造层次中的位置应符合设计要求；

（3）防水垫层宜自下而上平行屋脊铺设；

（4）防水垫层应顺流水方向搭接，搭接宽度应符合本规范第4.8.6条的规定；

（5）防水垫层应铺设平整，下道工序施工时，不得损坏已铺设完成的防水垫层。

【屋面工程技术规范：第5.8.3条】

3. 持钉层的铺设应符合下列规定：

（1）屋面无保温层时，木基层或钢筋混凝土基层可视为持钉层；钢筋混凝土基层不平整时，宜用1∶2.5的水泥砂浆进行找平；

（2）屋面有保温层时，保温层上应按设计要求做细石混凝土持钉层，内配钢筋网应骑跨屋脊，并应绷直与屋脊和檐口、檐沟部位的预埋锚筋连牢；预埋锚筋穿过防水层或防水垫层时，破损处应进行局部密封处理；

（3）水泥砂浆或细石混凝土持钉层可不设分格缝；持钉层与突出屋面结构的交接处应预留30mm宽的缝隙。

【屋面工程技术规范：第5.8.4条】

7.3.8.1 烧结瓦、混凝土瓦屋面

1. 顺水条应顺流水方向固定，间距不宜大于500mm，顺水条应铺钉牢固、平整。钉挂瓦条时应拉通线，挂瓦条的间距应根据瓦片尺寸和屋面坡长经计算确定，挂瓦条应铺钉牢固、平整，上棱应成一直线。

【屋面工程技术规范：第5.8.5条】

2. 铺设瓦屋面时，瓦片应均匀分散堆放在两坡屋面基层上，严禁集中堆放。铺瓦时，应由两坡从下向上同时对称铺设。

【屋面工程技术规范：第5.8.6条】

3. 瓦片应铺成整齐的行列，并应彼此紧密搭接，应做到瓦榫落槽、瓦脚挂牢、瓦头排齐，且无翘角和张口现象，檐口应成一直线。

【屋面工程技术规范：第5.8.7条】

4. 脊瓦搭盖间距应均匀，脊瓦与坡面瓦之间的缝隙应用聚合物水泥砂浆填实抹平，屋脊或斜脊应顺直。沿山墙一行瓦宜用聚合物水泥砂浆做出披水线。

【屋面工程技术规范：第5.8.8条】

5. 檐口第一根挂瓦条应保证瓦头出檐口50～70mm；屋脊两坡最上面的一根挂瓦条，应保证脊瓦在坡面瓦上的搭盖宽度不小于40mm；钉檐口条或封檐板时，均应高出挂瓦条20～30mm。

【屋面工程技术规范：第5.8.9条】

7.3.8.2　沥青瓦屋面

1. 铺设沥青瓦前，应在基层上弹出水平及垂直基准线，并应按线铺设。

【屋面工程技术规范：第5.8.13条】

2. 檐口部位宜先铺设金属滴水板或双层檐口瓦，并应将其固定在基层上，再铺设防水垫层和起始瓦片。

【屋面工程技术规范：第5.8.14条】

3. 沥青瓦应自檐口向上铺设，起始层瓦应由瓦片经切除垂片部分后制得，且起始层瓦沿檐口应平行铺设并伸出檐口10mm，再用沥青基胶结材料和基层粘结；第一层瓦应与起始层瓦叠合，但瓦切口应向下指向檐口；第二层瓦应压在第一层瓦上且露出瓦切口，但不得超过切口长度。相邻两层沥青瓦的拼缝及切口应均匀错开。

【屋面工程技术规范：第5.8.15条】

4. 檐口、屋脊等屋面边沿部位的沥青瓦之间、起始层沥青瓦与基层之间，应采用沥青基胶结材料满粘牢固。

【屋面工程技术规范：第5.8.16条】

5. 在沥青瓦上钉固定钉时，应将钉垂直钉入持钉层内；固定钉穿入细石混凝土持钉层的深度不应小于20mm，穿入木质持钉层的深度不应小于15mm，固定钉的钉帽不得外露在沥青瓦表面。

【屋面工程技术规范：第5.8.17条】

6. 每片脊瓦应用两个固定钉固定；脊瓦应顺年最大频率风向搭接，并应搭盖住两坡面沥青瓦每边不小于150mm；脊瓦与脊瓦的压盖面不应小于脊瓦面积的1/2。

【屋面工程技术规范：第5.8.18条】

7. 沥青瓦屋面与立墙或伸出屋面的烟囱、管道的交接处应做泛水，在其周边与立面250mm的范围内应铺设附加层，然后在其表面用沥青基胶结材料满粘一层沥青瓦片。

【屋面工程技术规范：第5.8.19条】

7.3.9 金属板屋面施工

1. 金属板屋面施工测量应与主体结构测量相配合，其误差应及时调整，不得积累；施工过程中应定期对金属板的安装定位基准点进行校核。

【屋面工程技术规范：第5.9.3条】

2. 金属板的横向搭接方向宜顺主导风向；当在多维曲面上雨水可能翻越金属板板肋横流时，金属板的纵向搭接应顺流水方向。

【屋面工程技术规范：第5.9.6条】

3. 金属板铺设过程中应对金属板采取临时固定措施，当天就位的金属板材应及时连接固定。

【屋面工程技术规范：第5.9.7条】

4. 金属板安装应平整、顺滑，板面不应有施工残留物；檐口线、屋脊线应顺直，不得有起伏不平现象。

【屋面工程技术规范：第5.9.8条】

5. 金属板屋面施工完毕，应进行雨后观察、整体或局部淋水试验，檐沟、天沟应进行蓄水试验，并应填写淋水和蓄水试验记录。

【屋面工程技术规范：第5.9.9条】

7.3.10 玻璃采光顶施工

1. 玻璃采光顶的施工测量应与主体结构测量相配合，测量偏差应及时调整，不得积累；施工过程中应定期对采光顶的安装定位基准点进行校核。

【屋面工程技术规范：第5.10.2条】

2. 玻璃采光顶施工完毕，应进行雨后观察、整体或局部淋水试验，檐沟、天沟应进行蓄水试验，并应填写淋水和蓄水试验记录。

【屋面工程技术规范：第5.10.4条】

3. 框支承玻璃采光顶的安装施工应符合下列规定：

（1）应根据采光顶分格测量，确定采光顶各分格点的空间定位；

（2）支承结构应按顺序安装，采光顶框架组件安装就位、调整后应及时紧固；不同金属材料的接触面应采用隔离材料；

（3）采光顶的周边封堵收口、屋脊处压边收口、支座处封口处理，均应铺设平整且可靠固定；

（4）采光顶天沟、排水槽、通气槽及雨水排出口等细部构造应符合设计要求；

（5）装饰压板应顺流水方向设置，表面应平整，接缝应符合设计要求。

【屋面工程技术规范：第 5.10.5 条】

4. 点支承玻璃采光顶的安装施工应符合下列规定：

（1）应根据采光顶分格测量，确定采光顶各分格点的空间定位；

（2）钢桁架及网架结构安装就位、调整后应及时紧固；钢索杆结构的拉索、拉杆预应力施加应符合设计要求；

（3）采光顶应采用不锈钢驳接组件装配，爪件安装前应精确定出其安装位置；

（4）玻璃宜采用机械吸盘安装，并应采取必要的安全措施；

（5）玻璃接缝应采用硅酮耐候密封胶；

（6）中空玻璃钻孔周边应采取多道密封措施。

【屋面工程技术规范：第 5.10.6 条】

5. 明框玻璃组件组装应符合下列规定：

（1）玻璃与构件槽口的配合应符合设计要求和技术标准的规定；

（2）玻璃四周密封胶条的材质、型号应符合设计要求，镶嵌应平整、密实，胶条的长度宜大于边框内槽口长度 1.5%～2.0%，胶条在转角处应斜面断开，并应用粘结剂粘结牢固；

（3）组件中的导气孔及排水孔设置应符合设计要求，组装时应保持孔道通畅；

（4）明框玻璃组件应拼装严密，框缝密封应采用硅酮耐候密封胶。

【屋面工程技术规范：第 5.10.7 条】

6. 隐框及半隐框玻璃组件组装应符合下列规定：

（1）玻璃及框料粘结表面的尘埃、油渍和其他污物，应分别使用带溶剂的擦布和干擦布清除干净，并应在清洁 1h 内嵌填密封胶；

（2）所用的结构粘结材料应采用硅酮结构密封胶，其性能应符合现行国家标准《建筑用硅酮结构密封胶》GB 16776 的有关规定；硅酮结构密封胶应在有效期内使用；

（3）硅酮结构密封胶应嵌填饱满，并应在温度 15～30℃、相对湿度 50%以上、洁净的室内进行，不得在现场嵌填；

（4）硅酮结构密封胶的粘结宽度和厚度应符合设计要求，胶缝表面应平整光滑，不得出现气泡；

（5）硅酮结构密封胶固化期间，组件不得长期处于单独受力状态。

【屋面工程技术规范：第 5.10.8 条】

7. 玻璃接缝密封胶的施工应符合下列规定：

（1）玻璃接缝密封应采用硅酮耐候密封胶，其性能应符合现行行业标准《幕墙玻璃接缝用密封胶》JC/T 882 的有关规定，密封胶的级别和模量应符合设计要求；

（2）密封胶的嵌填应密实、连续、饱满，胶缝应平整光滑、缝边顺直；

（3）玻璃间的接缝宽度和密封胶的嵌填深度应符合设计要求；

（4）不宜在夜晚、雨天嵌填密封胶，嵌填温度应符合产品说明书规定，嵌填密封胶的基面应清洁、干燥。

【屋面工程技术规范：第 5.10.9 条】

8　通风与空调工程施工

本章内容摘自现行国家标准《通风与空调工程施工规范》GB 50738—2011。

8.1　施工管理

1. 施工图变更需经原设计单位认可，当施工图变更涉及通风与空调工程的使用效果和节能效果时，该项变更应经原施工图设计文件审查机构审查，在实施前应办理变更手续，并应获得监理和建设单位的确认。

【通风与空调工程施工规范：第 3.1.5 条】

2. 管道穿越墙体和楼板时，应按设计要求设置套管，套管与管道间应采用阻燃材料填塞密实；当穿越防火分区时，应采用不燃材料进行防火封堵。

【通风与空调工程施工规范：第 3.2.3 条】

3. 通风与空调工程施工应根据施工图及相关产品技术文件的要求进行，使用的材料与设备应符合设计要求及国家现行有关标准的规定。严禁使用国家明令禁止使用或淘汰的材料与设备。

【通风与空调工程施工规范：第 3.3.1 条】

8.2　金属风管与配件制作

8.2.1　一般规定

金属风管与配件的制作应满足设计要求，并应符合下列规定：

（1）表面应平整，无明显扭曲及翘角，凹凸不应大于 10mm；

（2）风管边长（直径）小于或等于 300mm 时，边长（直径）的允许偏差为±2mm；风管边长（直径）大于 300mm 时，边长（直径）的允许偏差为±3mm；

（3）管口应平整，其平面度的允许偏差为 2mm；

（4）矩形风管两条对角线长度之差不应大于 3mm；圆形风管管口任意正交两直径之差不应大于 2mm。

【通风与空调工程施工规范：第 4.1.7 条】

8.2.2　金属风管制作

1. 风管板材拼接及接缝应符合下列规定：

（1）风管板材的拼接方法可按表 4.2.4 确定；

表 4.2.4　风管板材的拼接方法

<table>
<tr><th>板厚（mm）</th><th>镀锌钢板（有保护层的钢板）</th><th>普通钢板</th><th>不锈钢板</th><th>铝板</th></tr>
<tr><td>$\delta\leq1.0$</td><td rowspan="2">咬口连接</td><td rowspan="2">咬口连接</td><td>咬口连接</td><td rowspan="2">咬口连接</td></tr>
<tr><td>$1.0<\delta\leq1.2$</td><td rowspan="3">氩弧焊或电焊</td></tr>
<tr><td>$1.2<\delta\leq1.5$</td><td>咬口连接或铆接</td><td rowspan="2">电焊</td><td>铆接</td></tr>
<tr><td>$\delta>1.5$</td><td>焊接</td><td>气焊或氩弧焊</td></tr>
</table>

（2）风管板材拼接的咬口缝应错开，不应形成十字形交叉缝；

（3）洁净空调系统风管不应采用横向拼缝。

【通风与空调工程施工规范：第 4.2.4 条】

2. 风管焊接连接应符合下列规定：

（1）板厚大于 1.5mm 的风管可采用电焊、氩弧焊等；

（2）焊接前，应采用点焊的方式将需要焊接的风管板材进行成型固定；

（3）焊接时宜采用间断跨越焊形式，间距宜为 100～150mm，焊缝长度宜为 30～50mm，依次循环。焊材应与母材相匹配，焊缝应满焊、均匀。焊接完成后，应对焊缝除渣、防腐，板材校平。

【通风与空调工程施工规范：第 4.2.7 条】

3. 风管与法兰组合成型应符合下列规定：

（1）圆风管与扁钢法兰连接时，应采用直接翻边，预留翻边量不应小于 6mm，且不应影响螺栓紧固。

（2）板厚小于或等于 1.2mm 的风管与角钢法兰连接时，应采用翻边铆接。风管的翻边应紧贴法兰，翻边量均匀、宽度应一致，不应小于 6mm，且不应大于 9mm。铆接应牢固，铆钉间距宜为 100～120mm，且数量不宜少于 4 个。

（3）板厚大于 1.2mm 的风管与角钢法兰连接时，可采用间断焊或连续焊。管壁与法兰内侧应紧贴，风管端面不应凸出法兰接口平面，间断焊的焊缝长度宜为 30～50mm，间距不应大于 50mm。点焊时，法兰与管壁外表面贴合；满焊时，法兰应伸出风管管口 4～5mm。焊接完成后，应对施焊处进行相应的防腐处理。

（4）不锈钢风管与法兰铆接时，应采用不锈钢铆钉；法兰及连接螺栓为碳素钢时，其表面应采用镀铬或镀锌等防腐措施。

（5）铝板风管与法兰连接时，宜采用铝铆钉；法兰为碳素钢时，其表面应按设计要求作防腐处理。

【通风与空调工程施工规范：第 4.2.9 条】

4. 薄钢板法兰风管制作应符合下列规定：

（1）薄钢板法兰应采用机械加工；薄钢板法兰应平直，机械应力造成的弯曲度不应大于 5‰。

（2）薄钢板法兰与风管连接时，宜采用冲压连接或铆接。低、中压风管与法兰的铆（压）接点间距宜为 120～150mm；高压风管与法兰的铆（压）接点间距宜为 80～100mm；

（3）薄钢板法兰弹簧夹的材质应与风管板材相同，形状和规格应与薄钢板法兰相匹配，厚度不应小于 1.0mm，长度宜为 130～150mm。

【通风与空调工程施工规范：第 4.2.10 条】

5. 矩形风管采用立咬口或包边立咬口连接时，其立筋的高度应大于或等于角钢法兰的高度，同一规格风管的立咬口或包边立咬口的高度应一致，咬口采用铆钉紧固时，其间距不应大于 150mm。

【通风与空调工程施工规范：第 4.2.13 条】

8.2.3 配件制作

1. 矩形风管的弯头可采用直角、弧形或内斜线形，宜采用内外同心弧形，曲率半径宜为一个平面边长。

【通风与空调工程施工规范：第 4.3.2 条】

2. 圆形风管弯头的弯曲半径（以中心线计）及最少分段数应符合表 4.3.4 的规定。

表 4.3.4 圆形风管弯头的弯曲半径和最少分段数

风管直径 D (mm)	弯曲半径 R (mm)	弯曲角度和最少节数							
		90°		60°		45°		30°	
		中节	端节	中节	端节	中节	端节	中节	端节
80<D≤220	≥1.5D	2	2	1	2	1	2		2
240<D≤450	≥1.5D	3	12	2	2	1	2		2
480<D≤800	D~1.5D	4	2	2	2	1	2	1	2
850<D≤1400	D	5	2	3	2	2	2	1	2
1500<D≤2000	D	8	2	5	2	3	2	2	2

【通风与空调工程施工规范：第 4.3.4 条】

3. 变径管单面变径的夹角宜小于 30°，双面变径的夹角宜小于 60°。圆形风管三通、四通、支管与总管夹角宜为 15°~60°。

【通风与空调工程施工规范：第 4.3.5 条】

8.3 非金属与复合风管及配件制作

8.3.1 一般规定

非金属与复合风管及法兰制作的允许偏差应符合表 5.1.6 的

规定。

表 5.1.6　非金属与复合风管及法兰制作的允许偏差（mm）

风管长边尺寸 b 或直径 D	允许偏差(mm)				
	边长或直径偏差	矩形风管表面平面度	端口对角线之差	法兰或端口端面平面度	圆形法兰任意正交两直径
$b(D) \leqslant 320$	±2	3	3	2	3
$320 < b(D) \leqslant 2000$	±3	5	4	4	5

【通风与空调工程施工规范：第 5.1.6 条】

8.3.2　聚氨酯铝箔与酚醛铝箔复合风管及配件制作

1. 风管粘结成型应符合下列规定：

（1）风管粘合成型前需预组合，检查接缝准确、角线平直后，再涂胶粘剂。

（2）粘结时，切口处应均匀涂满胶粘剂，接缝应平整，不应有歪扭、错位、局部开裂等缺陷。管段成型后，风管内角缝应采用密封材料封堵；外角缝铝箔断开处应采用铝箔胶带封贴，封贴宽度每边不应小于 20mm。

（3）粘结成型后的风管端面应平整，平面度和对角线偏差应符合本规范表 5.1.6 的规定。风管垂直摆放至定型后再移动。

【通风与空调工程施工规范：第 5.2.3 条】

2. 插接连接件或法兰与风管连接应符合下列规定：

（1）插接连接件或法兰应根据风管采用的连接方式，按本规范表 5.1.4 中关于附件材料的规定选用。

（2）插接连接件的长度不应影响其正常安装，并应保证其在风管两个垂直方向安装时接触紧密。

（3）边长大于 320mm 的矩形风管安装插接连接件时，应在风管四角粘贴厚度不小于 0.75mm 的镀锌直角垫片，直角垫片宽度应与风管板材厚度相等，边长不应小于 55mm。插接连接件与风管粘结应牢固。

（4）低压系统风管边长大于2000mm、中压或高压系统风管边长大于1500mm时，风管法兰应采用铝合金等金属材料。

【通风与空调工程施工规范：第5.2.4条】

8.3.3　玻璃纤维复合风管与配件制作

风管粘结成型应符合下列规定：

（1）风管粘结成型应在洁净、平整的工作台上进行。

（2）风管粘结前，应清除管板表面的切割纤维、油渍、水渍，在槽口的切割面处均匀满涂胶粘剂。

（3）风管粘接成型时，应调整风管端面的平面度，槽口不应有间隙和错口。风管外接缝宜用预留搭接覆面层材料和热敏或压敏铝箔胶带搭叠粘贴密封（图5.3.3a）。当板材无预留搭接覆面层时，应用两层铝箔胶带重叠封闭（图5.3.3b）。

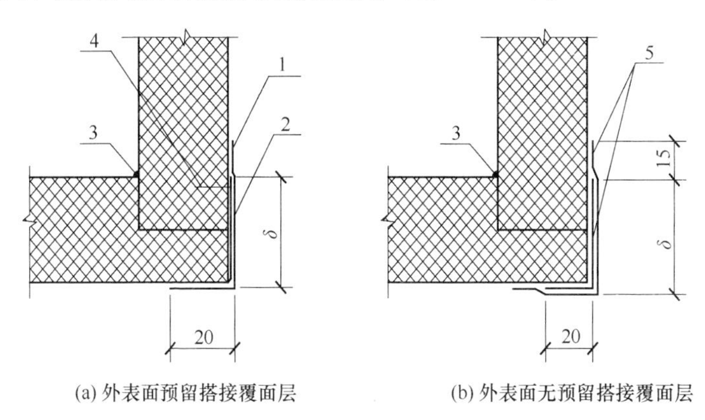

(a) 外表面预留搭接覆面层　　(b) 外表面无预留搭接覆面层

图5.3.3　风管直角组合示意

1—热敏或压敏铝箔胶带；2—预留覆面层；3—密封胶勾缝；

4—扒钉；5—两层热敏或压敏铝箔胶带；

δ—风管板厚

（4）风管成型后，内角接缝处应采用密封胶勾缝。

（5）内面层采用丙烯酸树脂的风管成型后，在外接缝处宜采用扒钉加固，其间距不宜大于 50mm，并应采用宽度大于 50mm 的热敏胶带粘贴密封。

【通风与空调工程施工规范：第 5.3.3 条】

8.3.4　玻镁复合风管与配件制作

风管组合粘结成型应符合下列规定：

（1）风管端口应制作成错位接口形式。

（2）板材粘结前，应清除粘结口处的油渍、水渍、灰尘及杂物等。胶粘剂应涂刷均匀、饱满。

（3）组装风管时，先将风管底板放于组装垫块上，然后在风管左右侧板阶梯处涂胶粘剂，插在底板边沿，对口纵向粘结应与底板错位 100mm，最后将顶板盖上，同样应与左右侧板错位 100mm，形成风管端门错位接口形式（图 5.4.4-1）。

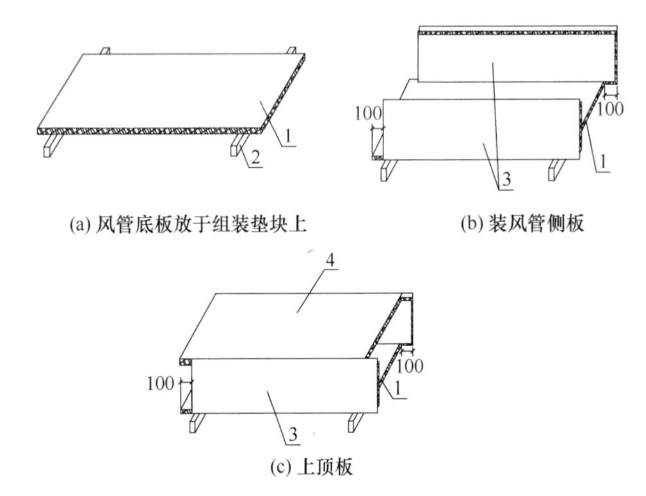

图 5.4.4-1　风管组装示意

1—底板；2—垫块；3—侧板；4—顶板

（4）风管组装完成后，应在组合好的风管两端扣上角钢制成的“Π”形箍，“Π”形箍的内边尺寸应比风管长边尺寸大 3～5mm，高度应与风管短边尺寸相同。然后用捆扎带对风管进行捆扎，捆扎间距不应大于700mm，捆扎带离风管两端短板的距离应小于50mm（图5.4.4-2）。

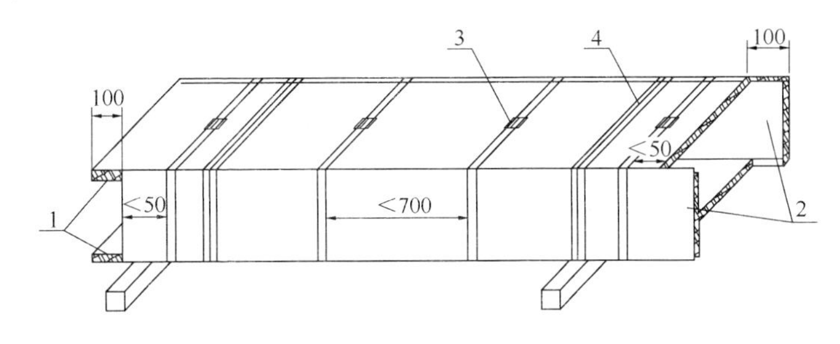

图5.4.4-2 风管捆扎示意

1—风管上下板；2—风管侧板；3—扎带紧固；4—“∏”形箍

（5）风管捆扎后，应及时清除管内外壁挤出的余胶，填充空隙。风管四角应平直，其端口对角线之差应符合表5.1.6的规定。

（6）粘结后的风管应根据环境温度，按照规定的时间确保胶粘剂固化。在此时间内，不应搬移风管。胶粘剂固化后，应拆除捆扎带及“∏”形箍，并再次修整粘接缝余胶，填充空隙，在平整的场地放置。

【通风与空调工程施工规范：第5.4.4条】

8.3.5 硬聚氯乙烯风管与配件制作

风管加热成型应符合下列规定：

（1）硬聚氯乙烯板加热可采用电加热、蒸汽加热或热空气加热等方法。硬聚氯乙烯板加热时间应符合表5.5.3的规定。

表5.5.3 硬聚氯乙烯板加热时间

板材厚度(mm)	2～4	5～6	8～10	11～15
加热时间(min)	3～7	7～10	10～14	15～24

（2）圆形直管加热成型时，加热箱里的温度上升到130～150℃并保持稳定后，应将板材放入加热箱内，使板材整个表面

均匀受热。板材被加热到柔软状态时应取出，放在帆布上，采用木模卷制成圆管，待完全冷却后，将管取出。木模外表应光滑，圆弧应正确，木模应比风管长100mm。

（3）矩形风管加热成型时，矩形风管四角宜采用加热折方成型。风管折方采用普通的折方机和管式电加热器配合进行，电热丝的选用功率应能保证板表面被加热到150～180℃的温度。折方时，把画线部位置于两根管式电加热器中间并加热，变软后，迅速抽出，放在折方机上折成90°角，待加热部位冷却后，取出成型后的板材。

（4）各种异形管件应使用光滑木材或铁皮制成的胎模，按第（2）、（3）款规定的圆形直管和矩形风管加热成型方法煨制成型。

【通风与空调工程施工规范：第5.5.3条】

8.4 风阀与部件制作

8.4.1 风阀

1. 成品风阀质量应符合下列规定：

（1）风阀规格应符合产品技术标准的规定，并应满足设计和使用要求；

（2）风阀应启闭灵活，结构牢固，壳体严密，防腐良好，表面平整，无明显伤痕和变形，并不应有裂纹、锈蚀等质量缺陷；

（3）风阀内的转动部件应为耐磨、耐腐蚀材料，转动机构灵活，制动及定位装置可靠；

（4）风阀法兰与风管法兰应相匹配。

【通风与空调工程施工规范：第6.2.1条】

2. 手动调节阀应以顺时针方向转动为关闭，调节开度指示应与叶片开度相一致，叶片的搭接应贴合整齐，叶片与阀体的间隙应小于2mm。

【通风与空调工程施工规范：第6.2.2条】

8.4.2 风罩与风帽

1. 现场制作的风罩尺寸及构造应满足设计及相关产品技术文件要求，并应符合下列规定：

(1) 风罩应结构牢固，形状规则，内外表面平整、光滑，外壳无尖锐边角；

(2) 厨房锅灶的排烟罩下部应设置集水槽；用于排出蒸汽或其他潮湿气体的伞形罩，在罩口内侧也应设置排出凝结液体的集水槽；集水槽应进行通水试验，排水畅通，不渗漏；

(3) 槽边侧吸罩、条缝抽风罩的吸入口应平整，转角处应弧度均匀，罩口加强板的分隔间距应一致；

(4) 厨房锅灶排烟罩的油烟过滤器应便于拆卸和清洗。

【通风与空调工程施工规范：第 6.3.2 条】

2. 现场制作的风帽尺寸及构造应满足设计及相关技术文件的要求，风帽应结构牢固。内、外形状规则，表面平整，并应符合下列规定：

(1) 伞形风帽的伞盖边缘应进行加固，支撑高度一致；

(2) 锥形风帽锥体组合的连接缝应顺水，保证下部排水畅通；

(3) 筒形风帽外筒体的上下沿口应加固，伞盖边缘与外筒体的距离应一致，挡风圈的位置应正确；

(4) 三叉形风帽支管与主管的连接应严密，夹角一致。

【通风与空调工程施工规范：第 6.3.3 条】

8.4.3 风口

1. 成品风口应结构牢固，外表面平整，叶片分布均匀，颜色一致，无划痕和变形，符合产品技术标准的规定。表面应经过防腐处理，并应满足设计及使用要求。风口的转动调节部分应灵活、可靠，定位后应无松动现象。

【通风与空调工程施工规范：第 6.4.1 条】

2. 百叶风口叶片两端轴的中心应在同一直线上，叶片平直，与边框无碰擦。

【通风与空调工程施工规范：第 6.4.2 条】

3. 散流器的扩散环和调节环应同轴，轴向环片间距应分布均匀。

【通风与空调工程施工规范：第 6.4.3 条】

4. 孔板风口的孔口不应有毛刺，孔径一致，孔距均匀，并应符合设计要求。

【通风与空调工程施工规范：第 6.4.4 条】

5. 旋转式风口活动件应轻便灵活，与固定框接合严密，叶片角度调节范围应符合设计要求。

【通风与空调工程施工规范：第 6.4.5 条】

6. 球形风口内外球面间的配合应松紧适度、转动自如、定位后无松动。

【通风与空调工程施工规范：第 6.4.6 条】

8.4.4　消声器、消声风管、消声弯头及消声静压箱

1. 外壳及框架结构制作应符合下列规定：

(1) 框架应牢固，壳体不漏风；框、内盖板、隔板、法兰制作及铆接、咬口连接、焊接等可按本规范第 4 章的有关规定执行；内外尺寸应准确，连接应牢固，其外壳不应有锐边。

(2) 金属穿孔板的孔径和穿孔率应符合设计要求。穿孔板孔口的毛刺应锉平，避免将覆面织布划破。

(3) 消声片单体安装时，应排列规则，上下两端应装有固定消声片的框架，框架应固定牢固，不应松动。

【通风与空调工程施工规范：第 6.5.2 条】

2. 消声材料应具备防腐、防潮功能，其卫生性能、密度、导热系数、燃烧等级应符合国家有关技术标准的规定。消声材料应按设计及相关技术文件要求的单位密度均匀敷设，需粘贴的部分应按规定的厚度粘贴牢固，拼缝密实，表面平整。

【通风与空调工程施工规范：第 6.5.3 条】

3. 消声材料填充后，应采用透气的覆面材料覆盖。覆面材料的拼接应顺气流方向、拼缝密实、表面平整、拉紧，不应有凹凸不平。

【通风与空调工程施工规范：第 6.5.4 条】

4. 消声器、消声风管、消声弯头及消声静压箱的内外金属构件表面应进行防腐处理，表面平整。

【通风与空调工程施工规范：第 6.5.5 条】

5. 消声器、消声风管、消声弯头及消声静压箱制作完成后，应进行规格、方向标识，并通过专业检测。

【通风与空调工程施工规范：第 6.5.6 条】

8.4.5 软接风管

1. 软接风管包括柔性短管和柔性风管，软接风管接缝连接处应严密。

【通风与空调工程施工规范：第 6.6.1 条】

2. 软接风管材料的选用应满足设计要求，并应符合下列规定：

（1）应采用防腐、防潮、不透气、不易霉变的柔性材料；

（2）软接风管材料与胶粘剂的防火性能应满足设计要求；

（3）用于空调系统时，应采取防止结露的措施，外保温软管应包覆防潮层；

（4）用于洁净空调系统时，应不易产尘、不透气、内壁光滑。

【通风与空调工程施工规范：第 6.6.2 条】

3. 柔性短管制作应符合下列规定：

（1）柔性短管的长度宜为 150～300mm，应无开裂、扭曲现象。

（2）柔性短管不应制作成变径管，柔性短管两端面形状应大小一致，两侧法兰应平行。

（3）柔性短管与角钢法兰组装时，可采用条形镀锌钢板压条的方式，通过铆接连接（图 6.6.3）。压条翻边宜为 6～9mm，紧贴法兰，铆接平顺；铆钉间距宜为 60～80mm。

（4）柔性短管的法兰规格应与风管的法兰规格相同。

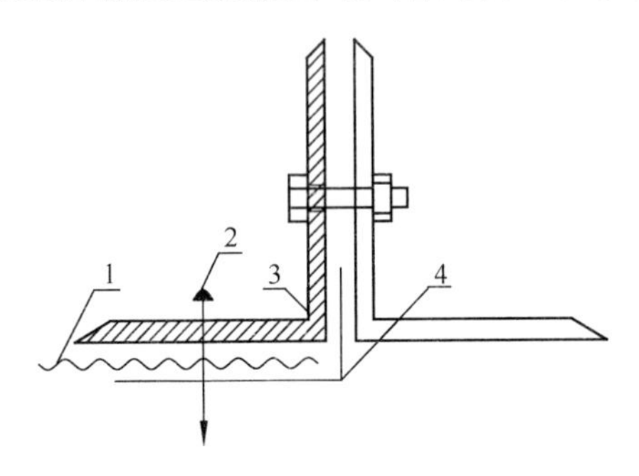

图 6.6.3　柔性短管与角钢法兰连接示意

1—柔性短管；2—铆钉；3—角钢法兰；4—镀锌钢板压条

【通风与空调工程施工规范：第 6.6.3 条】

8.4.6　过滤器

成品过滤器应根据使用功能要求选用。过滤器的规格及材质应符合设计要求；过滤器的过滤速度、过滤效率、阻力和容尘量等应符合设计及产品技术文件要求；框架与过滤材料应连接紧密、牢固，并应标注气流方向。

【通风与空调工程施工规范：第 6.7.1 条】

8.4.7　风管内加热器

1. 加热器的加热形式、加热管用电参数、加热量等应符合设计要求。

【通风与空调工程施工规范：第 6.8.1 条】

2. 加热器的外框应结构牢固、尺寸正确，与加热管连接应牢固，无松动。

【通风与空调工程施工规范：第 6.8.2 条】

3. 加热器进场应进行测试，加热管与框架之间应绝缘良好，接线正确。

【通风与空调工程施工规范：第6.8.3条】

8.5　支吊架制作与安装

8.5.1　一 般 规 定

1. 支、吊架的固定方式及配件的使用应满足设计要求，并应符合下列规定：

（1）支、吊架应满足其承重要求；

（2）支、吊架应固定在可靠的建筑结构上，不应影响结构安全；

（3）严禁将支、吊架焊接在承重结构及屋架的钢筋上；

（4）埋设支架的水泥砂浆应在达到强度后，再搁置管道。

【通风与空调工程施工规范：第7.1.1条】

2. 支、吊架的预埋件位置应正确、牢固可靠，埋入结构部分应除锈、除油污，并不应涂漆，外露部分应做防腐处理。

【通风与空调工程施工规范：第7.1.2条】

3. 空调风管和冷热水管的支、吊架选用的绝热衬垫应满足设计要求，并应符合下列规定：

（1）绝热衬垫厚度不应小于管道绝热层厚度，宽度应大于支、吊架支承面宽度，衬垫应完整，与绝热材料之间应密实、无空隙；

（2）绝热衬垫应满足其承压能力，安装后不变形；

（3）采用木质材料作为绝热衬垫时，应进行防腐处理；

（4）绝热衬垫应形状规则，表面平整，无缺损。

【通风与空调工程施工规范：第7.1.3条】

4. 支、吊架制作与安装的成品保护措施应包括下列内容：

（1）支、吊架制作完成后，应用钢刷、砂布进行除锈，并应清除表面污物，再进行刷漆处理；

（2）支、吊架明装时，应涂面漆；

(3) 管道成品支、吊架应分类单独存放，做好标识。

【通风与空调工程施工规范：第 7.1.4 条】

5. 支、吊架制作与安装的安全和环境保护措施应包括下列内容：

(1) 支、吊架安装进行电锤操作时，严禁下方站人；

(2) 安装支、吊架用的梯子应完好、轻便、结实、稳固，使用时应有人扶持；

(3) 脚手架应固定牢固，作业前应检查脚手板的固定。

【通风与空调工程施工规范：第 7.1.5 条】

8.5.2 支吊架制作

1. 型钢应采用机械开孔，开孔尺寸应与螺栓相匹配。

【通风与空调工程施工规范：第 7.2.6 条】

2. 采用圆钢制作 U 形卡时，应采用圆板牙扳手在圆钢的两端套出螺纹，活动支架上的 U 形卡可一头套丝，螺纹的长度宜套上固定螺母后留出 2～3 扣。

【通风与空调工程施工规范：第 7.2.7 条】

3. 支、吊架焊接应采用角焊缝满焊，焊缝高度应与较薄焊接件厚度相同，焊缝饱满、均匀，不应出现漏焊、夹渣、裂纹、咬肉等现象。采用圆钢吊杆时，与吊架根部焊接长度应大于 6 倍的吊杆直径。

【通风与空调工程施工规范：第 7.2.8 条】

8.5.3 支吊架安装

1. 风管系统支、吊架的安装应符合下列规定：

(1) 风机、空调机组、风机盘管等设备的支、吊架应按设计要求设置隔振器，其品种、规格应符合设计及产品技术文件要求。

(2) 支、吊架不应设置在风口、检查口处以及阀门、自控机构的操作部位，且距风口不应小于 200mm。

(3) 圆形风管U形管卡圆弧应均匀，且应与风管外径相一致。

(4) 支、吊架距风管末端不应大于1000mm，距水平弯头的起弯点间距不应大于500mm，设在支管上的支吊架距干管不应大于1200mm。

(5) 吊杆与吊架根部连接应牢固。吊杆采用螺纹连接时，拧入连接螺母的螺纹长度应大于吊杆直径，并应有防松动措施。吊杆应平直，螺纹完整、光洁。安装后，吊架的受力应均匀，无变形。

(6) 边长（直径）大于或等于630mm的防火阀宜设独立的支、吊架；水平安装的边长（直径）大于200mm的风阀等部件与非金属风管连接时，应单独设置支、吊架。

(7) 水平安装的复合风管与支、吊架接触面的两端，应设置厚度大于或等于1.0mm，宽度宜为60～80mm，长度宜为100m～120mm的镀锌角形垫片。

(8) 垂直安装的非金属与复合风管，可采用角钢或槽钢加工成“井”字形抱箍作为支架。支架安装时，风管内壁应衬镀锌金属内套，并应采用镀锌螺栓穿过管壁将抱箍与内套固定。螺孔间距不应大于120mm，螺母应位于风管外侧。螺栓穿过的管壁处应进行密封处理。

(9) 消声弯头或边长（直径）大于1250mm的弯头、三通等应设置独立的支、吊架。

(10) 长度超过20m的水平悬吊风管，应设置至少1个防晃支架。

(11) 不锈钢板、铝板风管与碳素钢支、吊架的接触处，应采取防电化学腐蚀措施。

【通风与空调工程施工规范：第7.3.6条】

2. 水管系统支、吊架的安装应符合下列规定：

(1) 设有补偿器的管道应设置固定支架和导向支架，其形式和位置应符合设计要求。

（2）支、吊架安装应平整、牢固，与管道接触紧密。支、吊架与管道焊缝的距离应大于100mm。

（3）管道与设备连接处，应设独立的支、吊架，并应有减振措施。

（4）水平管道采用单杆吊架时，应在管道起始点、阀门、弯头、三通部位及长度在15m内的直管段上设置防晃支、吊架。

（5）无热位移的管道吊架，其吊杆应垂直安装；有热位移的管道吊架，其吊架应向热膨胀或冷收缩的反方向偏移安装，偏移量为1/2的膨胀值或收缩值。

（6）塑料管道与金属支、吊架之间应有柔性垫料。

（7）沟槽连接的管道，水平管道接头和管件两侧应设置支吊架，支、吊架与接头的间距不宜小于150mm，且不宜大于300mm。

【通风与空调工程施工规范：第7.3.7条】

3. 制冷剂系统管道支、吊架的安装应符合下列规定：

（1）与设备连接的管道应设独立的支、吊架；

（2）管径小于或等于20mm的铜管道，在阀门处应设置支、吊架；

（3）不锈钢管、铜管与碳素钢支、吊架接触处应采取防电化学腐蚀措施。

【通风与空调工程施工规范：第7.3.8条】

4. 支、吊架安装后，应按管道坡向对支、吊架进行调整和固定，支、吊架纵向应顺直、美观。

【通风与空调工程施工规范：第7.3.9条】

8.5.4　装配式管道吊架安装

1. 装配式管道吊架应按设计要求及相关技术标准选用。装配式管道吊架进行综合排布安装时，吊架的组合方式应根据组合管道数量、承载负荷进行综合选配，并应单独绘制施工图，经原设计单位签字确认后，再进行安装。

【通风与空调工程施工规范：第7.4.1条】

2. 装配式管道吊架安装应符合下列规定：

（1）吊架安装位置及间距应符合设计要求，并应固定牢靠；

（2）采用膨胀螺栓固定时，螺栓规格应符合产品技术文件的要求，并应进行拉拔试验；

（3）装配式管道吊架各配件的连接应牢固，并应有防松动措施。

【通风与空调工程施工规范：第 7.4.2 条】

8.6 风管与部件安装

8.6.1 一般规定

1. 风管穿过需要密闭的防火、防爆的楼板或墙体时，应设壁厚不小于 1.6mm 的钢制预埋管或防护套管，风管与防护套管之间应采用不燃且对人体无害的柔性材料封堵。

【通风与空调工程施工规范：第 8.1.2 条】

2. 风管安装应符合下列规定：

（1）按设计要求确定风管的规格尺寸及安装位置；

（2）风管及部件连接接口距墙面、楼板的距离不应影响操作，连接阀部件的接口严禁安装在墙内或楼板内；

（3）风管采用法兰连接时，其螺母应在同一侧；法兰垫片不应凸入风管内壁，也不应凸出法兰外；

（4）风管与风道连接时，应采取风道预埋法兰或安装连接件的形式接口，结合缝应填耐火密封填料，风道接口应牢固；

（5）风管内严禁穿越和敷设各种管线；

（6）固定室外立管的拉索，严禁与避雷针或避雷网相连；

（7）输送含有易燃、易爆气体或安装在易燃、易爆环境的风管系统应有良好的接地措施，通过生活区或其他辅助生产房间时，不应设置接口，并应具有严密不漏风措施；

（8）输送产生凝结水或含蒸汽的潮湿空气风管，其底部不应设置拼接缝，并应在风管最低处设排液装置；

(9) 风管测定孔应设置在不产生涡流区且便于测量和观察的部位；吊顶内的风管测定孔部位，应留有活动吊顶板或检查口。

【通风与空调工程施工规范：第 8.1.3 条】

3. 非金属风管或复合风管与金属风管及设备连接时，应采用“h”形金属短管作为连接件；短管一端为法兰，应与金属风管法兰或设备法兰相连接；另一端为深度不小于 100mm 的“h”形承口，非金属风管或复合风管应插入“h”形承口内，并应采用铆钉固定牢固、密封严密。

【通风与空调工程施工规范：第 8.1.7 条】

4. 洁净空调系统风管安装应符合下列规定：

(1) 风管安装场地所用机具应保持清洁，安装人员应穿戴清洁工作服、手套和工作鞋等。

(2) 经清洗干净包装密封的风管、静压箱及其部件，在安装前不应拆封。安装时，拆开端口封膜后应随即连接，安装中途停顿时，应将端口重新封好。

(3) 法兰垫料应采用不产尘、不易老化并具有一定强度和弹性的材料，厚度宜为 5～8mm，不应采用乳胶海绵、厚纸板、石棉橡胶板、铅油麻丝及油毡纸等。法兰垫料不应直缝对接连接，表面严禁涂刷涂料。

(4) 风管与洁净室吊顶、隔墙等围护结构的接缝处应严密。

【通风与空调工程施工规范：第 8.1.8 条】

8.6.2 金属风管安装

1. 金属矩形风管连接宜采用角钢法兰连接、薄钢板法兰连接、C 形或 S 形插条连接、立咬口等形式；金属圆形风管宜采用角钢法兰连接、芯管连接。风管连接应牢固、严密，并应符合下列规定：

(1) 角钢法兰连接时，接口应无错位，法兰垫料无断裂、无扭曲，并在中间位置。螺栓应与风管材质相对应，在室外及潮湿环境中，螺栓应有防腐措施或采用镀锌螺栓。

（2）薄钢板法兰连接时，薄钢板法兰应与风管垂直、贴合紧密，四角采用螺栓固定，中间采用弹簧夹或顶丝卡等连接件，其间距不应大于150mm，最外端连接件距风管边缘不应大于100mm。

（3）边长小于或等于630mm的风管可采用S形平插条连接；边长小于或等于1250mm的风管可采用S形立插条连接，应先安装S形立插条，再将另一端直接插入平缝中。

（4）C形、S形直角插条连接适用于矩形风管主管与支管连接．插条应从中间外弯90°做连接件，插入翻边的主管、支管，压实结合面，并应在接缝处均匀涂抹密封胶。

（5）立咬口连接适用于边长（直径）小于或等于1000mm的风管。应先将风管两端翻边制作小边和大边的咬口，然后将咬口小边全部嵌入咬口大边中，并应固定几点，检查无误后进行整个咬口的合缝，在咬口接缝处应涂抹密封胶。

（6）芯管连接时，应先制作连接短管，然后在连接短管和风管的结合面涂胶，再将连接短管插入两侧风管，最后用自攻螺钉或铆钉紧固，铆钉间距宜为100～120mm。带加强筋时，在连接管1/2长度处应冲压一圈ϕ8mm的凸筋，边长（直径）小于700mm的低压风管可不设加强筋。

【通风与空调工程施工规范：第8.2.6条】

2. 边长小于或等于630mm的支风管与主风管连接应符合下列规定：

（1）S形直角咬接（图8.2.7a）支风管的分支气流内侧应有

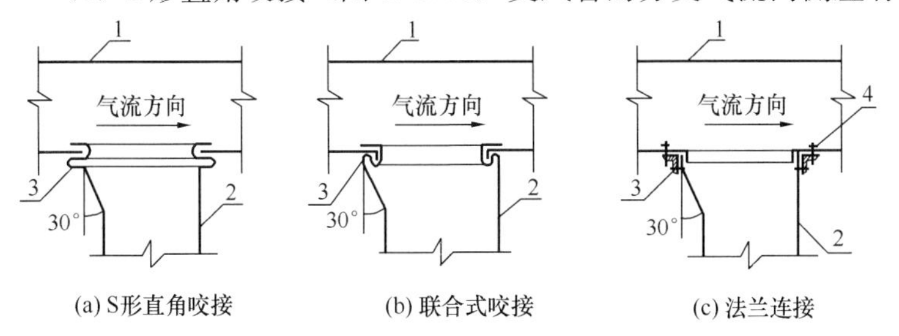

(a) S形直角咬接 (b) 联合式咬接 (c) 法兰连接

图8.2.7 支风管与主风管连接方式

1—主风管；2—支风管；3—接口；4—扁钢垫

30°斜面或曲率半径为150mm的弧面，连接四角处应进行密封处理；

（2）联合式咬接（图8.2.7b）连接四角处应作密封处理；

（3）法兰连接（图8.2.7c）主风管内壁处应加扁钢垫，连接处应密封。

【通风与空调工程施工规范：第8.2.7条】

8.6.3　非金属与复合风管安装

1. 非金属风管连接应符合下列规定：

（1）法兰连接时，应以单节形式提升管段至安装位置，在支、吊架上临时定位，侧面插入密封垫料，套上带镀锌垫圈的螺栓，检查密封垫料无偏斜后，做两次以上对称旋紧螺母，并检查间隙均匀一致。在风管与支吊架横担间应设置宽于支撑面、厚1.2mm的钢制垫板。

（2）插接连接时，应逐段顺序插接，在插口处涂专用胶，并应用自攻螺钉固定。

【通风与空调工程施工规范：第8.3.5条】

2. 复合风管连接宜采用承插阶梯粘接、插件连接或法兰连接。风管连接应牢固、严密，并应符合下列规定：

（1）承插阶梯粘结时（图8.3.6-1），应根据管内介质流向，上游的管段接口应设置为内凸插口，下游管段接口为内凹承口，

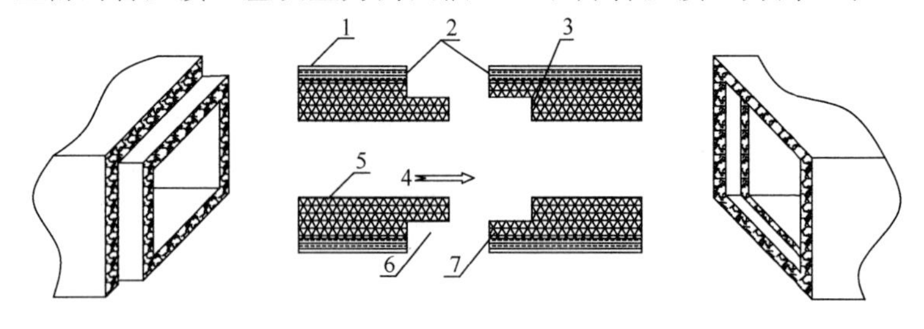

图8.3.6-1　承插阶梯粘结接口示意

1—铝箔成玻璃纤维布；2—结合面；3—玻璃纤维布90°折边；4—介质流向；5—玻璃纤维布；6—内凸插口；7—内凹承口

且承口表层玻璃纤维布翻边折成90°。清扫粘结口结合面，在密封面连续、均匀涂抹胶粘剂，晾干一定的时间后，将承插口粘合，清理连接处挤压出的余胶，并进行临时固定；在外接缝处应采用扒钉加固，间距不宜大于50mm，并用宽度大于或等于50mm的压敏胶带沿接合缝两边宽度均等进行密封，也可采用电熨斗加热热敏胶带粘结密封。临时固定应在风管接口牢固后才能拆除。

(2) 错位对接粘结（图8.3.6-2）时，应先将风管错口连接处的保温层刮磨平整，然后试装，贴合严密后涂胶粘剂，提升到支、吊架上对接，其他安装要求同承插阶梯粘结。

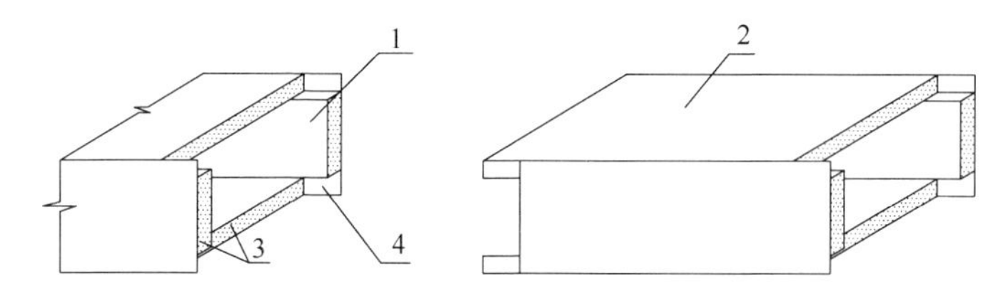

图8.3.6-2 错位对接粘结示意

1—垂直板；2—水平板；3—涂胶粘剂；4—预留表面层

(3) 工形插接连接时，应先在风管四角横截面上粘贴镀锌板直角垫片，然后涂胶粘剂粘结法兰，胶粘剂凝固后，插入工形插件，最后在插条端头填抹密封胶，四角装入护角。

(4) 空调风管采用PVC及铝合金插件连接时，应采取防冷桥措施。在PVC及铝合金插件接口凹槽内可填满橡塑海绵、玻璃纤维等碎料，应采用胶粘剂粘结在凹槽内，碎料四周外部应采用绝热材料覆盖，绝热材料在风管上搭接长度应大于20mm。中、高压风管的插接法兰之间应加密封垫料或采取其他密封措施。

(5) 风管预制的长度不宜超过2800mm。

【通风与空调工程施工规范：第8.3.6条】

8.6.4 软接风管安装

1. 风管与设备相连处应设置长度为150～300mm的柔性短

管，柔性短管安装后应松紧适度，不应扭曲，并不应作为找正、找平的异径连接管。

【通风与空调工程施工规范：第 8.4.2 条】

2. 风管穿越建筑物变形缝空间时，应设置长度为 200～300mm 的柔性短管（图 8.4.3-1）；风管穿越建筑物变形缝墙体时，应设置钢制套管，风管与套管之间应采用柔性防水材料填塞密实。穿越建筑物变形缝墙体的风管两端外侧应设置长度为 150～300mm 的柔性短管，柔性短管距变形缝墙体的距离宜为 150～200mm（图 8.4.3-2），柔性短管的保温性能应符合风管系统功能要求。

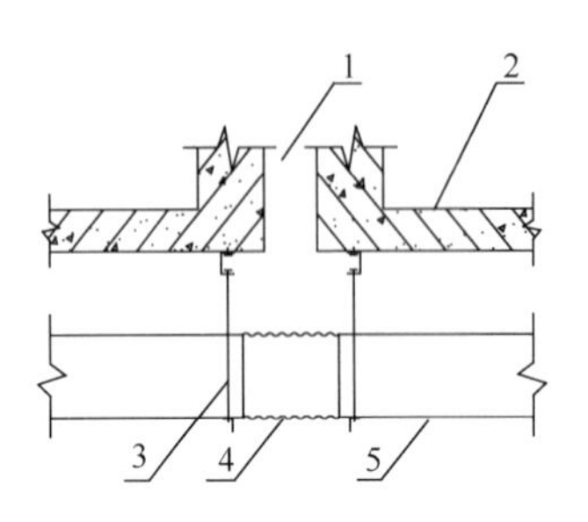

图 8.4.3-1　风管过变形缝空间的安装示意

1—变形缝；2—楼板；3—吊架；4—柔性短管；5—风管

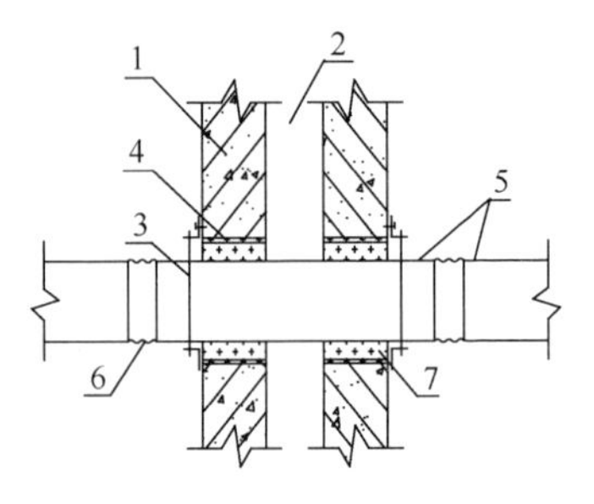

图 8.4.3-2　风管穿越变形缝墙体的安装示意

1—墙体；2—变形缝；3—吊架；4—钢制套管；5—风管；6—柔性短管；7—柔性防水填充材料

【通风与空调工程施工规范：第 8.4.3 条】

3. 柔性风管连接应顺畅、严密，并应符合下列规定：

（1）金属圆形柔性风管与风管连接时，宜采用卡箍（抱箍）连接（图 8.4.4），柔性风管的插接长度应大于 50mm。当连接风管直径小于或等于 300mm 时，宜用不少于 3 个自攻螺钉在卡箍紧固件圆周上均布紧固；当连接风管直径大于 300mm 时，宜用不少于 5 个自攻螺钉紧固。

（2）柔性风管转弯处的截面不应缩小，弯曲长度不宜超过

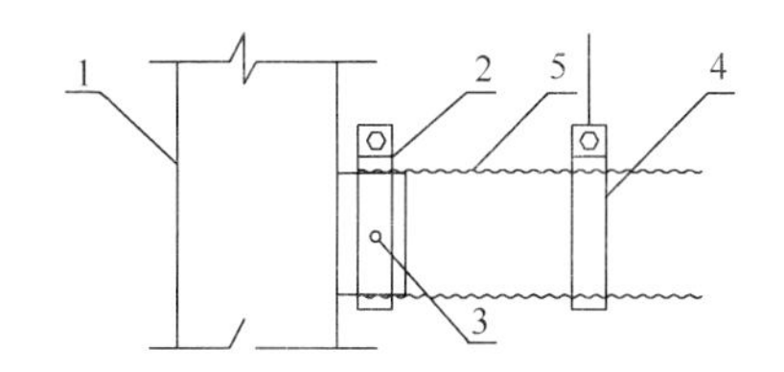

图 8.4.4　卡箍（抱箍）连接示意

1—主风管；2—卡箍；3—自攻螺钉；4—抱箍吊架；5—柔性风管

2m，弯曲形成的角度应大于 90°。

（3）柔性风管安装时长度应小于 2m，并不应有死弯或塌凹。

【通风与空调工程施工规范：第 8.4.4 条】

8.6.5　风口安装

1. 风管与风口连接宜采用法兰连接，也可采用槽形或工形插接连接。

【通风与空调工程施工规范：第 8.5.1 条】

2. 风口不应直接安装在主风管上，风口与主风管间应通过短管连接。

【通风与空调工程施工规范：第 8.5.2 条】

3. 风口安装位置应正确，调节装置定位后应无明显自由松动。室内安装的同类型风口应规整，与装饰面应贴合严密。

【通风与空调工程施工规范：第 8.5.3 条】

4. 吊顶风口可直接固定在装饰龙骨上，当有特殊要求或风口较重时，应设置独立的支、吊架。

【通风与空调工程施工规范：第 8.5.4 条】

8.6.6　风阀安装

1. 带法兰的风阀与非金属风管或复合风管插接连接时，应按本规范第 8.1.7 条执行。

【通风与空调工程施工规范：第 8.6.1 条】

2. 阀门安装方向应正确、便于操作，启闭灵活。斜插板风阀的阀板向上为拉启，水平安装时，阀板应顺气流方向插入。手动密闭阀安装时，阀门上标志的箭头方向应与受冲击波方向一致。

【通风与空调工程施工规范：第 8.6.2 条】

3. 电动、气动调节阀的安装应保证执行机构动作的空间。

【通风与空调工程施工规范：第 9.6.4 条】

8.6.7　消声器、静压箱、过滤器、风管内加热器安装

1. 消声器、静压箱安装时，应单独设置支、吊架，固定应牢固。

【通风与空调工程施工规范：第 8.7.1 条】

2. 消声器、静压箱等设备与金属风管连接时，法兰应匹配。

【通风与空调工程施工规范：第 8.7.2 条】

3. 消声器、静压箱等部件与非金属或复合风管连接时，应按本规范第 8.1.7 条执行。

【通风与空调工程施工规范：第 8.7.3 条】

4. 回风箱作为静压箱时，回风口应设置过滤网。

【通风与空调工程施工规范：第 8.7.4 条】

5. 过滤器的种类、规格及安装位置应满足设计要求，并应符合下列规定：

（1）过滤器的安装应便于拆卸和更换；

（2）过滤器与框架及框架与风管或机组壳体之间应严密；

（3）静电空气过滤器的安装应能保证金属外壳接地良好。

【通风与空调工程施工规范：第 8.7.5 条】

6. 风管内电加热器的安装应符合下列规定：

（1）电加热器接线柱外露时，应加装安全防护罩；

（2）电加热器外壳应接地良好；

（3）连接电加热器的风管法兰垫料应采用耐热、不燃材料。

【通风与空调工程施工规范：第 8.7.6 条】

8.7　空气处理设备安装

8.7.1　一般规定

空气处理设备的运输和吊装应符合下列规定：

（1）应核实设备与运输通道的尺寸，保证设备运输通道畅通；

（2）应复核设备重量与运输通道的结构承载能力，确保结构梁、柱、板的承载安全；

（3）设备应运输平稳，并应采取防振、防滑、防倾斜等安全保护措施；

（4）采用的吊具应能承受吊装设备的整个重量，吊索与设备接触部位应衬垫软质材料；

（5）设备应捆扎稳固，主要受力点应高于设备重心，具有公共底座设备的吊装，其受力点不应使设备底座产生扭曲和变形。

【通风与空调工程施工规范：第 9.1.2 条】

8.7.2　空调末端装置安装

1. 风机盘管、变风量空调末端装置的叶轮应转动灵活、方向正确，机械部分无摩擦、松脱，电机接线无误；应通电进行三速试运转，电气部分不漏电，声音正常。

【通风与空调工程施工规范：第 9.2.3 条】

2. 风机盘管、空调末端装置安装时，应设置独立的支、吊架，并应符合本规范第 7 章的有关规定。

【通风与空调工程施工规范：第 9.2.4 条】

3. 风机盘管、变风量空调末端装置的安装及配管应满足设计要求，并应符合下列规定：

（1）风机盘管、变风量空调末端装置安装位置应符合设计要求，固定牢靠，且平正；

（2）与进、出风管连接时，均应设置柔性短管；

（3）与冷热水管道的连接，宜采用金属软管，软管连接应牢固，无扭曲和瘪管现象；

（4）冷凝水管与风机盘管连接时，宜设置透明胶管，长度不宜大于150mm，接口应连接牢固、严密，坡向正确，无扭曲和瘪管现象；

（5）冷热水管道上的阀门及过滤器应靠近风机盘管、变风量空调末端装置安装；调节阀安装位置应正确，放气阀应无堵塞现象；

（6）金属软管及阀门均应保温。

【通风与空调工程施工规范：第9.2.5条】

4. 诱导器安装时，方向应正确，喷嘴不应脱落和堵塞，静压箱封头的密封材料应无裂痕、脱落现象。一次风调节阀应灵活可靠。

【通风与空调工程施工规范：第9.2.6条】

5. 直接蒸发冷却式室内机可采用吊顶式、嵌入式、壁挂式等安装方式；制冷剂管道应采用铜管，以锥形锁母连接；冷凝水管道敷设应有坡度，保证排放畅通。

【通风与空调工程施工规范：第9.2.8条】

8.7.3　风机安装

1. 风机安装前应检查电机接线正确无误；通电试验，叶片转动灵活、方向正确，机械部分无摩擦、松脱，无漏电及异常声响。

【通风与空调工程施工规范：第9.3.2条】

2. 风机落地安装的基础标高、位置及主要尺寸、预留洞的位置和深度应符合设计要求；基础表面应无蜂窝、裂纹、麻面、露筋；基础表面应水平。

【通风与空调工程施工规范：第9.3.3条】

3. 风机安装应符合下列规定：

（1）风机安装位置应正确，底座应水平；

（2）落地安装时，应固定在隔振底座上，底座尺寸应与基础大小匹配，中心线一致；隔振底座与基础之间应按设计要求设置减振装置；

（3）风机吊装时，吊架及减振装置应符合设计及产品技术文件的要求。

【通风与空调工程施工规范：第 9.3.4 条】

4. 风机与风管连接时，应采用柔性短管连接，风机的进出风管、阀件应设置独立的支、吊架。

【通风与空调工程施工规范：第 9.3.5 条】

8.7.4 空气处理机组与空气热回收装置安装

1. 空气处理机组安装前，应检查各功能段的设置符合设计要求，外表及内部清洁干净，内部结构无损坏。手盘叶轮叶片应转动灵活、叶轮与机壳无摩擦。检查门应关闭严密。

【通风与空调工程施工规范：第 9.4.2 条】

2. 基础表面应无蜂窝、裂纹、麻面、露筋；基础位置及尺寸应符合设计要求；当设计无要求时，基础高度不应小于 150mm，并应满足产品技术文件的要求，且能满足凝结水排放坡度要求；基础旁应留有不小于机组宽度的空间。

【通风与空调工程施工规范：第 9.4.3 条】

3. 设备吊装安装时，其吊架及减振装置应符合设计及产品技术文件的要求。

【通风与空调工程施工规范：第 9.4.4 条】

4. 空气处理机组与空气热回收装置的过滤网应在单机试运转完成后安装。

【通风与空调工程施工规范：第 9.4.6 条】

5. 组合式空调机组的配管应符合下列规定：

（1）水管道与机组连接宜采用橡胶柔性接头，管道应设置独立的支、吊架；

（2）机组接管最低点应设泄水阀，最高点应设放气阀；

（3）阀门、仪表应安装齐全，规格、位置应正确，风阀开启方向应顺气流方向；

（4）凝结水的水封应按产品技术文件的要求进行设置；

（5）在冬季使用时，应有防止盘管、管路冻结的措施；

（6）机组与风管采用柔性短管连接时，柔性短管的绝热性能应符合风管系统的要求。

【通风与空调工程施工规范：第 9.4.7 条】

6. 空气热回收装置可按空气处理机组进行配管安装。接管方向应正确，连接可靠、严密。

【通风与空调工程施工规范：第 9.4.8 条】

8.8　空调冷热源与辅助设备安装

8.8.1　一般规定

空调冷热源与辅助设备的运输和吊装应符合下列规定：

（1）应核实设备与运输通道的尺寸，保证设备运输通道畅通；

（2）应复核设备重量与运输通道的结构承载能力，确保结构梁、柱、板的承载安全；

（3）设备运输应平稳，并采取防振、防滑、防倾斜等安全保护措施；

（4）采用的吊具应能承受吊装设备的整个重量，吊索与设备接触部位应衬垫软质材料；

（5）设备应捆扎稳固，主要受力点应高于设备重心，具有公共底座设备的吊装．其受力点不应使设备底座产生扭曲和变形。

【通风与空调工程施工规范：第 10.1.3 条】

8.8.2　蒸汽压缩式制冷（热泵）机组安装

1. 蒸汽压缩式制冷（热泵）机组的基础应满足设计要求，并应符合下列规定：

（1）型钢或混凝土基础的规格和尺寸应与机组匹配；

（2）基础表面应平整，无蜂窝、裂纹、麻面和露筋；

（3）基础应坚固，强度经测试满足机组运行时的荷载要求；

（4）混凝土基础预留螺栓孔的位置、深度、垂直度应满足螺栓安装要求；基础预埋件应无损坏，表面光滑平整；

（5）基础四周应有排水设施；

（6）基础位置应满足操作及检修的空间要求。

【通风与空调工程施工规范：第 10.2.2 条】

2. 蒸汽压缩式制冷（热泵）机组的运输和吊装应符合本规范第 10.1.3 条的规定；水平滚动运输机组时，机组应始终处在滚动垫木上，直到运至预定位置后，将防振软垫放于机组底脚与基础之间，并校准水平后，再去掉滚动垫木。

【通风与空调工程施工规范：第 10.2.3 条】

3. 蒸汽压缩式制冷（热泵）机组就位安装应符合下列规定：

（1）机组安装位置应符合设计要求，同规格设备成排就位时，尺寸应一致；

（2）减振装置的种类、规格、数量及安装位置应符合产品技术文件的要求；采用弹簧隔振器时，应设有防止机组运行时水平位移的定位装置；

（3）机组应水平，当采用垫铁调整机组水平度时，垫铁放置位置应正确、接触紧密，每组不超过 3 块。

【通风与空调工程施工规范：第 10.2.4 条】

4. 蒸汽压缩式制冷（热泵）机组配管应符合下列规定：

（1）机组与管道连接应在管道冲（吹）洗合格后进行；

（2）与机组连接的管路上应按设计及产品技术文件的要求安装过滤器、阀门、部件、仪表等，位置应正确、排列应规整；

（3）机组与管道连接时，应设置软接头，管道应设独立的支吊架；

（4）压力表距阀门位置不宜小于 200mm。

【通风与空调工程施工规范：第 10.2.5 条】

5. 空气源热泵机组安装还应符合下列规定：

（1）机组安装在屋面或室外平台上时，机组与基础间的隔振装置应符合设计要求，并应采取防雷措施和可靠的接地措施；

（2）机组配管与室内机安装应同步进行。

【通风与空调工程施工规范：第 10.2.6 条】

8.8.3　吸收式制冷机组安装

1. 吸收式制冷机组的基础应符合本规范第 10.2.2 条的规定。

【通风与空调工程施工规范：第 10.3.2 条】

2. 吸收式制冷机组运输和吊装可按本规范第 10.2.3 条执行。

【通风与空调工程施工规范：第 10.3.3 条】

3. 吸收式制冷机组就位安装可按本规范第 10.2.4 条执行，并应符合下列规定：

（1）分体机组运至施工现场后，应及时运入机房进行组装，并抽真空。

（2）吸收式制冷机组的真空泵就位后，应找正、找平。抽气连接管宜采用直径与真空泵进口直径相同的金属管，采用橡胶管时，宜采用真空胶管，并对管接头处采取密封措施。

（3）吸收式制冷机组的屏蔽泵就位后，应找正、找平，其电线接头处应采取防水密封。

（4）吸收式机组安装后，应对设备内部进行清洗。

【通风与空调工程施工规范：第 10.3.4 条】

4. 燃油吸收式制冷机组安装尚应符合下列规定：

（1）燃油系统管道及附件安装位置及连接方法应符合设计与消防的要求。

（2）油箱上不应采用玻璃管式油位计。

（3）油管道系统应设置可靠的防静电接地装置，其管道法兰应采用镀锌螺栓连接或在法兰处用铜导线进行跨接，且接合良好。油管道与机组的连接不应采用非金属软管。

（4）燃烧重油的吸收式制冷机组就位安装时，轻、重油油箱的相对位置应符合设计要求。

【通风与空调工程施工规范：第 10.3.5 条】

5. 直燃型吸收式制冷机组的排烟管出口应按设计要求设置防雨帽、避雷针和防风罩等。

【通风与空调工程施工规范：第 10.3.6 条】

8.8.4 冷却塔安装

1. 冷却塔的基础应符合本规范第 10.2.2 条的规定。

【通风与空调工程施工规范：第 10.4.2 条】

2. 冷却塔运输吊装可按本规范第 10.2.3 条执行。

【通风与空调工程施工规范：第 10.4.3 条】

3. 冷却塔安装应符合下列规定：

（1）冷却塔的安装位置应符合设计要求，进风侧距建筑物应大于 1000mm；

（2）冷却塔与基础预埋件应连接牢固，连接件应采用热镀锌或不锈钢螺栓，其紧固力应一致，均匀；

（3）冷却塔安装应水平，单台冷却塔安装的水平度和垂直度允许偏差均为 2/1000。同一冷却水系统的多台冷却塔安装时，各台冷却塔的水面高度应一致，高差不应大于 30mm；

（4）冷却塔的积水盘应无渗漏，布水器应布水均匀；

（5）冷却塔的风机叶片端部与塔体四周的径向间隙应均匀。对于可调整角度的叶片，角度应一致；

（6）组装的冷却塔，其填料的安装应在所有电、气焊接作业完成后进行。

【通风与空调工程施工规范：第 10.4.4 条】

4. 冷却塔配管可按本规范第 10.2.5 条执行。

【通风与空调工程施工规范：第 10.4.5 条】

8.8.5　换热设备安装

1. 换热设备的基础应符合本规范第 10.2.2 条的规定。

【通风与空调工程施工规范：第 10.5.2 条】

2. 换热设备运输吊装可按本规范第 10.2.3 条执行。

【通风与空调工程施工规范：第 10.5.3 条】

3. 换热设备安装应符合下列规定：

(1) 安装前应清理干净设备上的油污、灰尘等杂物，设备所有的孔塞或盖，在安装前不应拆除；

(2) 应按施工图核对设备的管口方位、中心线和重心位置，确认无误后再就位；

(3) 换热设备的两端应留有足够的清洗、维修空间。

【通风与空调工程施工规范：第 10.5.4 条】

4. 换热设备与管道冷热介质进出口的接管应符合设计及产品技术文件的要求，并应在管道上安装阀门、压力表、温度计、过滤器等。流量控制阀应安装在换热设备的进口处。

【通风与空调工程施工规范：第 10.5.5 条】

8.8.6　蓄热蓄冷设备安装

1. 冰蓄冷、水蓄热蓄冷设备基础应符合本规范第 10.2.2 条的规定。

【通风与空调工程施工规范：第 10.6.2 条】

2. 蓄冰槽、蓄冰盘管吊装就位应符合下列规定：

(1) 临时放置设备时，不应拆卸冰槽下的垫木，防止设备变形；

(2) 吊装前，应清除蓄冰槽内或封板上的水、冰及其他残渣；

(3) 蓄冰槽就位前，应画出安装基准线，确定设备找正、调平的定位基准线；

(4) 应将蓄冰盘管吊装至预定位置，找正、找平。

【通风与空调工程施工规范：第 10.6.3 条】

3. 蓄冰盘管布置应紧凑，蓄冰槽上方应预留不小于1.2m的净高作为检修空间。

【通风与空调工程施工规范：第10.6.4条】

4. 蓄冰设备的接管应满足设计要求，并应符合下列规定：

(1) 温度和压力传感器的安装位置处应预留检修空间；

(2) 盘管上方不应有主干管道、电缆、桥架、风管等。

【通风与空调工程施工规范：第10.6.5条】

5. 管道系统试压和清洗时，应将蓄冰槽隔离。

【通风与空调工程施工规范：第10.6.6条】

6. 乙二醇溶液的填充应符合下列规定：

(1) 添加乙二醇溶液前，管道应试压合格，且冲洗干净；

(2) 乙二醇溶液的成分及比例应符合设计要求；

(3) 乙二醇溶液添加完毕后，在开始蓄冰模式运转前，系统应运转不少于6h，系统内的空气应完全排出，乙二醇溶液应混合均匀，再次测试乙二醇溶液的密度，浓度应符合要求。

【通风与空调工程施工规范：第10.6.8条】

8.8.7 软化水装置安装

1. 软化水装置的安装场地应平整，软化水装置的基础应符合本规范第10.2.2条规定。

【通风与空调工程施工规范：第10.7.2条】

2. 软化水装置安装应符合下列规定：

(1) 软化水装置的电控器上方或沿电控器开启方向应预留不小于600mm的检修空间；

(2) 盐罐安装位置应靠近树脂罐，并应尽量缩短吸盐管的长度；

(3) 过滤型的软化水装置应按设备上的水流方向标识安装，不应装反；非过滤型的软化水装置安装时可根据实际情况选择进出口。

【通风与空调工程施工规范：第10.7.3条】

3. 软化水装置配管应符合设计要求，并应符合下列规定：

(1) 进、出水管道上应装有压力表和手动阀门，进、出水管道之间应安装旁通阀，出水管道阀门前应安装取样阀，进水管道宜安装 Y 形过滤器；

(2) 排水管道上不应安装阀门，排水管道不应直接与污水管道连接；

(3) 与软化水装置连接的管道应设独立支架。

【通风与空调工程施工规范：第 10.7.4 条】

8.8.8　水泵安装

1. 水泵基础应符合本规范第 10.2.2 条的规定。

【通风与空调工程施工规范：第 10.8.2 条】

2. 水泵减振装置安装应满足设计及产品技术文件的要求，并应符合下列规定：

(1) 水泵减振板可采用型钢制作或采用钢筋混凝土浇筑。多台水泵成排安装时，应排列整齐。

(2) 水泵减振装置应安装在水泵减振板下面。

(3) 减振装置应成对放置。

(4) 弹簧减振器安装时，应有限制位移措施。

【通风与空调工程施工规范：第 10.8.3 条】

3. 水泵就位安装应符合下列规定：

(1) 水泵就位时，水泵纵向中心轴线应与基础中心线重合对齐，并找平找正；

(2) 水泵与减振板固定应牢靠，地脚螺栓应有防松动措施。

【通风与空调工程施工规范：第 10.8.4 条】

4. 水泵吸入管安装应满足设计要求，并应符合下列规定：

(1) 吸入管水平段应有沿水流方向连续上升的不小于 0.5% 坡度。

(2) 水泵吸入口处应有不小于 2 倍管径的直管段，吸入口不应直接安装弯头。

（3）吸入管水平段上严禁因避让其他管道安装向上或向下的弯管。

（4）水泵吸入管变径时，应做偏心变径管，管顶上平。

（5）水泵吸入管应按设计要求安装阀门、过滤器。水泵吸入管与泵体连接处，应设置可挠曲软接头，不宜采用金属软管；

（6）吸入管应设置独立的管道支、吊架。

【通风与空调工程施工规范：第 10.8.5 条】

5. 水泵出水管安装应满足设计要求，并应符合下列规定：

（1）出水管段安装顺序应依次为变径管、可挠曲软接头、短管、止回阀、闸阀（蝶阀）；

（2）出水管变径应采用同心变径；

（3）出水管应设置独立的管道支、吊架。

【通风与空调工程施工规范：第 10.8.6 条】

8.8.9　制冷制热附属设备安装

1. 制冷制热附属设备基础应符合本规范第 10.2.2 条的规定。

【通风与空调工程施工规范：第 10.9.2 条】

2. 制冷制热附属设备就位安装应符合设计及产品技术文件的要求，并应符合下列规定：

（1）附属设备支架、底座应与基础紧密接触，安装平正、牢固，地脚螺栓应垂直拧紧；

（2）定压稳压装置的罐顶至建筑物结构最低点的距离不应小于 1.0m，罐与罐之间及罐壁与墙面的净距不宜小于 0.7m；

（3）电子净化装置、过滤装置安装应位置正确，便于维修和清理。

【通风与空调工程施工规范：第 10.9.3 条】

8.9　空调水系统管道与附件安装

8.9.1　一般规定

1. 管道穿过地下室或地下构筑物外墙时，应采取防水措施，并应符合设计要求。对有严格防水要求的建筑物，必须采用柔性防水套管。

【通风与空调工程施工规范：第 11.1.2 条】

2. 管道穿楼板和墙体处应设置套管，并应符合下列规定：

（1）管道应设置在套管中心，套管不应作为管道支撑；管道接口不应设置在套管内，管道与套管之间应用不燃绝热材料填塞密实；

（2）管道的绝热层应连续不间断穿过套管，绝热层与套管之间应采用不燃材料填实，不应有空隙；

（3）设置在墙体内的套管应与墙体两侧饰面相平，设置在楼板内的套管，其顶部应高出装饰地面 20mm，设置在卫生间或厨房内的穿楼板套管，其顶部应高出装饰地面 50mm，底部应与楼板相平。

【通风与空调工程施工规范：第 11.1.3 条】

8.9.2　管道连接

1. 空调水系统管道连接应满足设计要求，并应符合下列规定：

（1）管径小于或等于 *DN*32 的焊接钢管宜采用螺纹连接；管径大于 *DN* 32 的焊接钢管宜采用焊接。

（2）管径小于或等于 *DN*100 的镀锌钢管宜采用螺纹连接；管径大于 *DN*100 的镀锌钢管可采用沟槽式或法兰连接。采用螺纹连接或沟槽连接时，镀锌层破坏的表面及外露螺纹部分应进行防腐处理；采用焊接法兰连接时，对焊缝及热影响地区的表面应进行二次镀锌或防腐处理。

(3) 塑料管及复合管道的连接方法应符合产品技术标准的要求，管材及配件应为同一厂家的配套产品。

【通风与空调工程施工规范：第11.2.1条】

2. 管道螺纹连接应符合下列规定：

(1) 管道与管件连接应采用标准螺纹，管道与阀门连接应采用短螺纹，管道与设备连接应采用长螺纹。

(2) 螺纹应规整，不应有毛刺、乱丝，不应有超过10%的断丝或缺扣。

(3) 管道螺纹应留有足够的装配余量可供拧紧，不应用填料来补充螺纹的松紧度。

(4) 填料应按顺时针方向薄而均匀地紧贴缠绕在外螺纹上，上管件时，不应将填料挤出。

(5) 螺纹连接应紧密牢固。管道螺纹应一次拧紧，不应倒回。螺纹连接后管螺纹根部应有2～3扣的外露螺纹。多余的填料应清理干净，并做好外露螺纹的防腐处理。

【通风与空调工程施工规范：第11.2.2条】

3. 管道熔接应符合下列规定：

(1) 管材连接前，端部宜去掉20～30mm，切割管材宜采用专用剪和割刀，切口应平整、无毛刺，并应擦净连接断面上的污物。

(2) 承插热熔连接前，应标出承插深度，插入的管材端口外部宜进行坡口处理，坡角不宜小于30°，坡口长度不宜大于4mm。

(3) 对接热熔连接前，检查连接管的两个端面应吻合，不应有缝隙，调整好对口的两连接管间的同心度，错口不宜大于管道壁厚的10%。

(4) 电熔连接前，应检查机具与管件的导线连接正确，通电加热电压满足设备技术文件的要求。

(5) 熔接加热温度、加热时间、冷却时间、最小承插深度应满足热熔加热设备和管材产品技术文件的要求。

(6) 熔接接口在未冷却前可校正，严禁旋转。管道接口冷却过程中，不应移动、转动管道及管件，不应在连接件上施加张拉及剪切力。

(7) 热熔接口应接触紧密、完全重合，熔接圈的高度宜为2～4mm，宽度宜为4～8mm，高度与宽度的环向应均匀一致，电熔接口的熔接圈应均匀地挤在管件上。

【通风与空调工程施工规范：第11.2.3条】

4. 焊缝的位置应符合下列规定：

(1) 直管段管径大于或等于*DN*150时，焊缝间距不应小于150mm，管径小于*DN*150时，焊缝间距不应小于管道外径；

(2) 管道弯曲部位不应有焊缝；

(3) 管道接口焊缝距支、吊架边缘不应小于100mm；

(4) 焊缝不应紧贴墙壁和楼板，并严禁置于套管内。

【通风与空调工程施工规范：第11.2.5条】

5. 法兰连接应符合下列规定：

(1) 法兰应焊接在长度大于100mm的重管段上，不应焊接在弯管或弯头上。

(2) 支管上的法兰与主管外壁净距应大于100mm，穿墙管道上的法兰与墙面净距应大于200mm。

(3) 法兰不应埋入地下或安装在套管中，埋地管道或不通行地沟内的法兰处应设检查井。

(4) 法兰垫片应放在法兰的中心位置，不应偏斜，且不应凸入管内，其外边缘宜接近螺栓孔。除设计要求外，不应使用双层、多层或倾斜形垫片。拆卸重新连接法兰时，应更换新垫片。

(5) 法兰对接应平行、紧密，与管道中心线垂直，连接法兰的螺栓应长短一致，朝向相同，螺栓露出螺母部分不应大于螺栓直径的一半。

【通风与空调工程施工规范：第11.2.6条】

8.9.3 管道安装

1. 管道安装应符合下列规定：

(1) 管道安装位置、敷设方式、坡度及坡向应符合设计要求。

(2) 管道与设备连接应在设备安装完毕，外观检查合格，且冲洗干净后进行；与水泵、空调机组、制冷机组的接管应采用可挠曲软接头连接，软接头宜为橡胶软接头，且公称压力应符合系统工作压力的要求。

(3) 管道和管件在安装前，应对其内、外壁进行清洁。管道安装间断时，应及时封闭敞开的管口。

(4) 管道变径应满足气体排放及泄水要求。

(5) 管道开三通时，应保证支路管道伸缩不影响主干管。

【通风与空调工程施工规范：第 11.3.4 条】

2. 冷凝水管道安装应符合下列规定：

(1) 冷凝水管道的坡度应满足设计要求，当设计无要求时，干管坡度不宜小于 0.8%，支管坡度不宜小于 1%。

(2) 冷凝水管道与机组连接应按设计要求安装存水弯。采用的软管应牢固可靠、顺直，无扭曲，软管连接长度不宜大于 150mm。

(3) 冷凝水管道严禁直接接入生活污水管道，且不应接入雨水管道。

【通风与空调工程施工规范：第 11.3.5 条】

8.9.4 阀门安装

1. 阀门安装应符合下列规定：

(1) 阀门安装前，应清理干净与阀门连接的管道。

(2) 阀门安装进、出口方向应正确；植埋于地下或地沟内管道上的阀门，应设检查井（室）。

(3) 安装螺纹阀门时，严禁填料进入阀门内。

（4）安装法兰阀门时，应将阀门关闭，对称均匀地拧紧螺母。阀门法兰与管道法兰应平行。

（5）与管道焊接的阀门应先点焊，再将关闭件全开，然后施焊。

（6）阀门前后应有直管段，严禁阀门直接与管件相连。水平管道上安装阀门时，不应将阀门手轮朝下安装。

（7）阀门连接应牢固、紧密，启闭灵活，朝向合理；并排水平管道设计间距过小时，阀门应错开安装；并排垂直管道上的阀门应安装于同一高度上，手轮之间的净距不应小于100mm。

【通风与空调工程施工规范：第11.4.2条】

2. 电动阀门安装尚应符合下列规定：

（1）电动阀安装前，应进行模拟动作和压力试验。执行机构行程、开关动作及最大关紧力应符合设计和产品技术文件的要求。

（2）阀门的供电电压、控制信号及接线方式应符合系统功能和产品技术文件的要求。

（3）电动阀门安装时，应将执行机构与阀体一体安装，执行机构和控制装置应灵敏可靠，无松动或卡涩现象。

（4）有阀位指示装置的电磁阀，其阀位指示装置应面向便于观察的方向。

【通风与空调工程施工规范：第11.4.3条】

3. 安全阀安装应符合下列规定：

（1）安全阀应由专业检测机构校验，外观应无损伤，铅封应完好。

（2）安全阀应安装在便于检修的地方，并垂直安装；管道、压力容器与安全阀之间应保持通畅。

（3）与安全阀连接的管道直径不应小于阀的接口直径。

（4）螺纹连接的安全阀，其连接短管长度不宜超过100mm；法兰连接的安全阀，其连接短管长度不宜超过120mm。

（5）安全阀排放管应引向室外或安全地带，并应固定牢固。

(6) 设备运行前，应对安全阀进行调整校正，开启和回座压力应符合设计要求。调整校正时，每个安全阀启闭试验不应少于3次。安全阀经调整后，在设计工作压力下不应有泄漏。

【通风与空调工程施工规范：第11.4.4条】

8.10 空调制冷剂管道与附件安装

8.10.1 一般规定

制冷剂管道弯曲半径不应小于管道直径的4倍。铜管煨弯可采用热弯或冷弯，椭圆率不应大于8%。

【通风与空调工程施工规范：第12.1.4条】

8.10.2 管道与附件安装

1. 制冷剂管道与附件安装应符合下列规定：

(1) 管道安装位置、坡度及坡向应符合设计要求。

(2) 制冷剂系统的液体管道不应有局部上凸现象；气体管道不应有局部下凹现象。

(3) 液体干管引出支管时，应从干管底部或侧面接出；气体干管引出支管时，应从干管上部或侧面接出。有两根以上的支管从干管引出时，连接部位应错开，间距不应小于支管管径的2倍，且不应小于200mm。

(4) 管道三通连接时，应将支管按制冷剂流向弯成弧形再进行焊接，当支管与干管直径相同且管道内径小于50mm时，应在干管的连接部位换上大一号管径的管段，再进行焊接。

(5) 不同管径的管道直接焊接时，应同心。

【通风与空调工程施工规范：第12.2.4条】

2. 分体式空调制冷剂管道安装应符合设计要求及产品技术文件的规定，并应符合下列规定：

(1) 连接前，应清洗制冷剂管道及盘管；

(2) 制冷剂配管安装时，应尽量减少钎焊接头和转弯；

（3）分歧管应依据室内机负荷大小进行选用；

（4）分歧管应水平或竖直安装，安装时不应改变其定型尺寸和装配角度；

（5）有两根以上的支管从干管引出时，连接部位应错开，分歧管间距不应小于200mm；

（6）制冷剂管道安装应顺直、固定牢固，不应出现管道扁曲、褶皱现象。

【通风与空调工程施工规范：第12.2.5条】

8.10.3　阀门与附件安装

1. 制冷系统阀门安装前应进行水压试验，试验合格后，应保持阀体内干燥。

【通风与空调工程施工规范：第12.3.1条】

2. 制冷系统阀门及附件安装除应按本规范第11.4节的规定执行，尚应符合下列规定：

（1）阀门安装位置、方向应符合设计要求；

（2）安装带手柄的手动截止阀，手柄不应向下；电磁阀、调节阀、热力膨胀阀、升降式止回阀等的阀头均应向上竖直安装；

（3）热力膨胀阀的感温包应安装在蒸发器末端的回气管上，接触良好，绑扎紧密，并用绝热材料密封包扎、其厚度与管道绝热层相同。

【通风与空调工程施工规范：第12.3.2条】

8.11　防腐与绝热

8.11.1　一般规定

防腐与绝热施工完成后，应按设计要求进行标识，当设计无要求时，应符合下列规定：

（1）设备机房、管道层、管道井、吊顶内等部位的主干管道，应在管道的起点、终点、交叉点、转弯处，阀门、穿墙管道两侧以及其他需要标识的部位进行管道标识。直管道上标识间隔宜为 10m。

（2）管道标识应采用文字和箭头。文字应注明介质种类，箭头应指向介质流动方向。文字和箭头尺寸应与管径大小相匹配，文字应在箭头尾部。

（3）空调冷热水管道色标宜用黄色，空调冷却水管道色标宜用蓝色，空调冷凝水管道及空调补水管道的色标宜用淡绿色，蒸汽管道色标宜用红色，空调通风管道色标宜为白色，防排烟管道色标宜为黑色。

【通风与空调工程施工规范：第 13.1.3 条】

8.11.2 管道与设备防腐

1. 管道与设备表面除锈后不应有残留锈斑、焊渣和积尘，除锈等级应符合设计及防腐涂料产品技术文件的要求。

【通风与空调工程施工规范：第 13.2.4 条】

2. 涂刷防腐涂料时，应控制涂刷厚度，保持均匀，不应出现漏涂、起泡等现象，并应符合下列规定：

（1）手工涂刷涂料时，应根据涂刷部位选用相应的刷子，宜采用纵、横交叉涂抹的作业方法。快干涂料不宜采用手工涂刷。

（2）底层涂料与金属表面结合应紧密。其他层涂料涂刷应精细，不宜过厚。面层涂料为调和漆或瓷漆时，涂刷应薄而均匀。每一层漆干燥后再涂下一层。

（3）机械喷涂时，涂料射流应垂直喷漆面。漆面为平面时，喷嘴与漆面距离宜为 250～350mm；漆面为曲面时，喷嘴与漆面的距离宜为 400mm。喷嘴的移动应均匀，速度宜保持在 13m/～18m/min。喷漆使用的压缩空气压力宜为 0.3～0.4MPa；

（4）多道涂层的数量应满足设计要求，不应加厚涂层或减少涂刷次数。

【通风与空调工程施工规范：第 13.2.6 条】

8.11.3　空调水系统管道与设备绝热

1. 涂刷胶粘剂和粘结固定保温钉应符合下列规定：

（1）应控制胶粘剂的涂刷厚度，涂刷应均匀，不宜多遍涂刷。

（2）保温钉的长度应满足压紧绝热层固定压片的要求，保温钉与管道和设备的粘结应牢固可靠，其数量应满足绝热层固定要求。在设备上粘接固定保温钉时，底面每平方米不应少于16个，侧面每平方米不应少于10个，顶面每平方米不应少于8个；首行保温钉距绝热材料边沿应小于120mm。

【通风与空调工程施工规范：第13.3.4条】

2. 空调水系统管道与设备绝热层施工应符合下列规定：

（1）绝热材料粘结时，固定宜一次完成，并应按胶粘剂的种类，保持相应的稳定时间。

（2）绝热材料厚度大于80mm时，应采用分层施工，同层的拼缝应错开，且层间的拼缝应相压，搭接间距不应小于130mm。

（3）绝热管壳的粘贴应牢固，铺设应平整；每节硬质或半硬质的绝热管壳应用防腐金属丝捆扎或专用胶带粘贴不少于2道，其间距宜为300～350mm，捆扎或粘贴应紧密，无滑动、松弛与断裂现象。

（4）硬质或半硬质绝热管壳用于热水管道时拼接缝隙不应大于5mm，用于冷水管道时不应大于2mm，并用粘接材料勾缝填满；纵缝应错开，外层的水平接缝应设在侧下方。

（5）松散或软质保温材料应按规定的密度压缩其体积，疏密应均匀；毡类材料在管道上包扎时，搭接处不应有空隙。

（6）管道阀门、过滤器及法兰部位的绝热结构应能单独拆卸，且不应影响其操作功能。

（7）补偿器绝热施工时，应分层施工，内层紧贴补偿器，外层需沿补偿方向预留相应的补偿距离。

（8）空调冷热水管道穿楼板或穿墙处的绝热层应连续不间断。

【通风与空调工程施工规范：第13.3.5条】

3. 防潮层与绝热层应结合紧密，封闭良好，不应有虚粘、气泡、皱褶、裂缝等缺陷，并应符合下列规定：

（1）防潮层（包括绝热层的端部）应完整，且封闭良好。水平管道防潮层施工时，纵向搭接缝应位于管道的侧下方，并顺水；立管的防潮层施工时，应自下而上施工，环向搭接缝应朝下。

（2）采用卷材防潮材料螺旋形缠绕施工时，卷材的搭接宽度宜为30～50mm。

（3）采用玻璃钢防潮层时，与绝热层应结合紧密，封闭良好，不应有虚粘、气泡、皱褶、裂缝等缺陷。

（4）带有防潮层、隔汽层绝热材料的拼缝处，应用胶带密封，胶带的宽度不应小于50mm。

【通风与空调工程施工规范：第13.3.6条】

4. 保护层施工应符合下列规定：

（1）采用玻璃纤维布缠裹时，端头应采用卡子卡牢或用胶粘剂粘牢。立管应自下而上，水平管道应从最低点向最高点进行缠裹。玻璃纤维布缠裹应严密，搭接宽度应均匀，宜为1/2布宽或30～50mm，表面应平整，无松脱、翻边、皱褶或鼓包。

（2）采用玻璃纤维布外刷涂料作防水与密封保护时，施工前应清除表面的尘土、油污，涂层应将玻璃纤维布的网孔堵密。

（3）采用金属材料作保护壳时，保护壳应平整，紧贴防潮层，不应有脱壳、皱褶、强行接口现象，保护壳端头应封闭；采用平搭接时，搭接宽度宜为30～40mm；采用凸筋加强搭接时，搭接宽度宜为20～25mm；采用自攻螺钉固定时，螺钉间距应匀称，不应刺破防潮层。

（4）立管的金属保护壳应自下而上进行施工，环向搭接缝应朝下；水平管道的金属保护壳应从管道低处向高处进行施工，环向搭接缝口应朝向低端，纵向搭接缝应位于管道的侧下方，并顺水。

【通风与空调工程施工规范：第 13.3.7 条】

8.11.4　空调风管系统与设备绝热

1. 风管绝热层采用保温钉固定时，应符合下列规定：

（1）保温钉与风管、部件及设备表面的连接宜采用粘接，结合应牢固，不应脱落。

（2）固定保温钉的胶粘剂宜为不燃材料，其粘结力应大于 $25N/cm^2$。

（3）矩形风管与设备的保温钉分布应均匀，保温钉的长度和数量可按本规范第 13.3.4 条的规定执行。

（4）保温钉粘结后应保证相应的固化时间，宜为 12h～24h，然后再铺覆绝热材料。

（5）风管的圆弧转角段或几何形状急剧变化的部位，保温钉的布置应适当加密。

【通风与空调工程施工规范：第 13.4.4 条】

2. 风管绝热材料应按长边加 2 个绝热层厚度，短边为净尺寸的方法下料。绝热材料应尽量减少拼接缝，风管的底面不应有纵向拼缝，小块绝热材料可铺覆在风管上平面。

【通风与空调工程施工规范：第 13.4.5 条】

3. 绝热层施工应满足设计要求，并应符合下列规定：

（1）绝热层与风管、部件及设备应紧密贴合，无裂缝、空隙等缺陷，且纵、横向的接缝应错开。绝热层材料厚度大于 80mm 时，应采用分层施工，同层的拼缝应错开，层间的拼缝应相压，搭接间距不应小于 130mm。

（2）阀门、三通、弯头等部位的绝热层宜采用绝热板材切割预组合后，再进行施工。

（3）风管部件的绝热不应影响其操作功能。调节阀绝热要留出调节转轴或调节手柄的位置，并标明启闭位置，保证操作灵活方便。风管系统上经常拆卸的法兰、阀门、过滤器及检测点等应采用能单独拆卸的绝热结构，其绝热层的厚度不应小于风管绝热层的厚度，与固定绝热层结构之间的连接应严密。

（4）带有防潮层的绝热材料接缝处，宜用宽度不小于50mm的粘胶带粘贴，不应有胀裂、皱褶和脱落现象。

（5）软接风管宜采用软性的绝热材料，绝热层应留有变形伸缩的余量。

（6）空调风管穿楼板和穿墙处套管内的绝热层应连续不间断，且空隙处应用不燃材料进行密封封堵。

【通风与空调工程施工规范：第13.4.6条】

4. 绝热材料粘接固定应符合下列规定：

（1）胶粘剂应与绝热材料相匹配，并应符合其使用温度的要求；

（2）涂刷胶粘剂前应清洁风管与设备表面，采用横、竖两方向的涂刷方法将胶粘剂均匀地涂在风管、部件、设备和绝热材料的表面上；

（3）涂刷完毕，应根据气温条件按产品技术文件的要求静放一定时间后，再进行绝热材料的粘接；

（4）粘结宜一次到位，并加压，粘结应牢固，不应有气泡。

【通风与空调工程施工规范：第13.4.7条】

Ⅱ　土建施工专用标准

9　土方与爆破工程施工

本章内容摘自现行国家标准《土方与爆破工程施工及验收规范》GB 50201—2012。

9.1　基本规定

1. 在土方与爆破工程施工前，应具备施工图、工程地质与水文地质、气象、施工测量控制点等资料，并查明施工场地影响范围内原有建（构）筑物及地下管线等情况。

【土方与爆破工程施工及验收规范：第3.0.1条】

2. 土方与爆破工程施工前，对施工场地及其周边可能发生崩塌、滑坡、泥石流等危及安全的情况，建设单位应组织进行地质灾害危险性评估，并实施处理措施。

【土方与爆破工程施工及验收规范：第3.0.2条】

3. 施工单位应结合工程实际情况，在土方与爆破工程施工前编制专项施工方案。

【土方与爆破工程施工及验收规范：第3.0.3条】

4. 在有地上或地下管线及设施的地段进行土方与爆破工程施工时，建设单位应事先取得相关管理部门或单位的同意，并在施工中采取保护措施。

【土方与爆破工程施工及验收规范：第3.0.4条】

5. 施工中发现有文物、古墓、古迹遗址或古化石、爆炸物或危险化学品等，应妥善保护，并立即报有关主管部门处理后，再继续施工。

【土方与爆破工程施工及验收规范：第3.0.5条】

6. 当发现有测量用的永久性标桩或地质、地震部门设置的长期观测设施等，应加以保护。当因施工必须损毁时，应事先取得原设置单位或保管单位的书面同意。

【土方与爆破工程施工及验收规范：第 3.0.6 条】

7. 在施工区域内，有碍施工的既有建（构）筑物、道路、管线、沟渠、塘堰、墓穴、树木等，应在施工前由建设单位妥善处理。

【土方与爆破工程施工及验收规范：第 3.0.7 条】

9.2 土 方 工 程

9.2.1 一般规定

1. 土方工程施工中，应定期测量和校核其平面位置、标高和边坡坡度是否符合设计要求。平面控制桩和水准控制点应采取可靠措施加以保护，定期检查和复测。

【土方与爆破工程施工及验收规范：第 4.1.2 条】

2. 土方工程施工方案应进行开挖、回填的平衡计算，做好土方调配，减少重复挖运。

【土方与爆破工程施工及验收规范：第 4.1.3 条】

3. 临时排水和降水时，应防止损坏附近建（构）筑物的地基和基础，并应避免污染环境和损害农田、植被、道路。

【土方与爆破工程施工及验收规范：第 4.1.5 条】

4. 土方工程施工时，应防止超挖、铺填超厚。采用机械或机组联合施工时，大型机械无法施工的边坡修整和场地边角、小型沟槽的开挖或回填等，可采用人工或小型机具配合进行。

【土方与爆破工程施工及验收规范：第 4.1.6 条】

5. 平整场地的表面坡度应符合设计要求，当设计无要求时，应向排水沟方向作成不小于 2‰的坡度。

【土方与爆破工程施工及验收规范：第 4.1.7 条】

6. 基坑、管沟边沿及边坡等危险地段施工时，应设置安全护栏和明显警示标志。夜间施工时，现场照明条件应满足施工需要。

【土方与爆破工程施工及验收规范：第 4.1.8 条】

9.2.2　排水和地下水控制

9.2.2.1　排水

1. 临时排水系统宜与原排水系统相结合，当确需改变原排水系统时，应取得有关单位的同意。山区施工应充分利用自然排水系统，并应保护自然排水系统和山地植被。

【土方与爆破工程施工及验收规范：第4.2.1条】

2. 在山坡地区施工，宜优先按设计要求做好永久性截水沟，或设置临时截水沟，沟壁、沟底应防止渗漏。在平坦或低洼地区施工，应根据场地的具体情况，在场地周围或需要地段设置临时排水沟或修建挡水堤。

【土方与爆破工程施工及验收规范：第4.2.2条】

3. 临时截水沟和临时排水沟的设置，应防止破坏挖、回填的边坡，并应符合下列规定：

（1）临时截水沟至挖方边坡上缘的距离，应根据施工区域内的土质确定，不宜小于3m；

（2）临时排水沟至回填坡脚应有适当距离；

（3）排水沟底宜低于开挖面300～500mm。

【土方与爆破工程施工及验收规范：第4.2.3条】

4. 临时排水当需排入市政排水管网，应设置沉淀池；当水体受到污染时，应采取措施。排水水质应符合现行国家标准《污水综合排放标准》GB 8978的有关规定。

【土方与爆破工程施工及验收规范：第4.2.4条】

9.2.2.2　地下水控制

1. 土方工程施工前，应在具备场地工程地质与水文地质及周边水文资料的基础上，根据基坑（槽）的平面尺寸、开挖深度进行地下水控制的设计及施工。

【土方与爆破工程施工及验收规范：第4.2.5条】

2. 地下水位宜保持低于开挖作业面和基坑（槽）底面500mm。

【土方与爆破工程施工及验收规范：第4.2.8条】

3. 降水应严格控制出水含砂量，含砂量应小于表 4.2.9 的规定值。

表 4.2.9 含砂量控制标准（体积比）

粗砂	中砂	粉细砂	备注
1/50000	1/20000	1/10000	指稳定抽水 8h 后的含砂量

【土方与爆破工程施工及验收规范：第 4.2.9 条】

4. 当基底下有承压水时，应进行坑底突涌验算，必要时，应采取封底隔渗透或钻孔减压措施；当出现流砂、管涌现象时，应及时处理。

【土方与爆破工程施工及验收规范：第 4.2.10 条】

5. 降水施工应满足下列要求：

(1) 降水开始前应完成排水系统，抽出的地下水应不渗漏地排至降水影响范围以外；

(2) 降水过程中应进行降水监测；

(3) 降水过程中应配备保持连续抽水的备用电源；

(4) 降水结束后应及时拆除降水系统，并进行回填处理。回填物不得影响地下水水质。

【土方与爆破工程施工及验收规范：第 4.2.11 条】

9.2.3 边坡及基坑支护

1. 支护结构的设计与施工应符合国家现行标准《建筑边坡工程技术规范》GB 50330 及《建筑基坑支护技术规程》JGJ 120 的有关规定。

【土方与爆破工程施工及验收规范：第 4.3.1 条】

2. 边坡及基坑支护施工应符合下列规定：

(1) 做好边坡及基坑四周的防、排水处理；

(2) 严格按设计要求分层分段进行土方开挖；

(3) 坡肩荷载应满足设计要求，不得随意堆载；

（4）施工过程中，应进行边坡及基坑的变形监测。

【土方与爆破工程施工及验收规范：第 4.3.4 条】

9.2.4 土方开挖

1. 土方开挖的坡度应符合下列规定：

（1）永久性挖方边坡坡度应符合设计要求。当工程地质与设计资料不符，需修改边坡坡度或采取加固措施时，应由设计单位确定；

（2）临时性挖方边坡坡度应根据工程地质和开挖边坡高度要求，结合当地同类土体的稳定坡度确定；

（3）在坡体整体稳定的情况下，如地质条件良好、土（岩）质较均匀，高度在 3m 以内的临时性挖方边坡坡度宜符合表 4.4.1 的规定。

表 4.4.1 临时性挖方边坡坡度值

土的类别		边坡坡度
砂土	不包括细砂、粉砂	1∶1.25～1∶1.50
一般黏性土	坚硬	1∶0.75～1∶1.00
	硬塑	1∶1.00～1∶1.25
碎石类土	密实、中密	1∶0.50～1∶1.00
	稍密	1∶1.00～1∶1.50

【土方与爆破工程施工及验收规范：第 4.4.1 条】

2. 土方开挖应从上至下分层分段依次进行，随时注意控制边坡坡度，并在表面上做成一定的流水坡度。当开挖的过程中，发现土质弱于设计要求，土（岩）层外倾于（顺坡）挖方的软弱夹层，应通知设计单位调整坡度或采取加固措施，防止土（岩）体滑坡。

【土方与爆破工程施工及验收规范：第 4.4.2 条】

3. 在坡地开挖时，挖方上侧不宜堆土；对于临时性堆土，应视挖方边坡处的土质情况、边坡坡度和高度，设计确定堆放的安全距离，确保边坡的稳定。在挖方下侧堆土时，应将土堆表面平整，其高程应低于相邻挖方场地设计标高，保持排水畅通，堆土边坡不宜大于 1∶1.5；在河岸处堆土时，不得影响河堤稳定安全和排水，不得阻塞污染河道。

【土方与爆破工程施工及验收规范：第 4.4.3 条】

4. 不具备自然放坡条件或有重要建（构）筑物地段的开挖，应根据具体情况采用支护措施。土方施工应按设计方案要求分层开挖，严禁超挖，且上一层支护结构施工完成，强度达到设计要求后，再进行下一层土方开挖，并对支护结构进行保护。

【土方与爆破工程施工及验收规范：第 4.4.5 条】

5. 石方开挖应根据岩石的类别、风化程度和节理发育程度等确定开挖方式。对软地质岩石和强风化岩石，可以采用机械开挖或人工开挖；对于坚硬岩石宜采取爆破开挖；对开挖区周边有防震要求的重要结构或设施的地区进行开挖，宜采用机械和人工开挖或控制爆破。

【土方与爆破工程施工及验收规范：第 4.4.6 条】

6. 在滑坡地段挖方时，应符合下列规定：

（1）施工前应熟悉工程地质勘察设计资料，了解现场地形、地貌及滑坡迹象等情况；

（2）不宜在雨期施工；

（3）宜遵守先整治后开挖的施工程序；

（4）施工前应做好地面和地下排水设施，上边坡作截水沟，防止地表水渗入滑坡体；

（5）在施工过程中，应设置位移观测点，定时观测滑坡体平面位移和沉降变化，并做好记录，当出现位移突变或滑坡迹象时，应立即暂停施工，必要时，所有人员和机械撤至安全地点；

（6）严禁在滑坡体上堆载；

（7）必须遵循由上至下的开挖顺序，严禁先切除坡脚；

（8）采用爆破施工时，应采取控制爆破，防止因爆破影响边坡稳定。

【土方与爆破工程施工及验收规范：第 4.4.7 条】

7. 治理滑坡体的抗滑桩、挡土墙宜避开雨期施工，基槽开挖或孔桩开挖应分段跳槽（孔）进行，并加强支撑，施工完一段墙（桩）后再进行下一段施工。

【土方与爆破工程施工及验收规范：第 4.4.8 条】

9.2.5　土方回填

1. 土方回填工程应符合下列规定：

（1）土方回填前，应根据设计要求和不同质量等级标准来确定施工工艺和方法；

（2）土方回填时，应先低处后高处，逐层填筑。

【土方与爆破工程施工及验收规范：第 4.5.1 条】

2. 回填基底的处理，应符合设计要求。设计无要求时，应符合下列规定：

（1）基底上的树墩及主根应拔除，排干水田、水库、鱼塘等的积水，对软土进行处理；

（2）设计标高 500mm 以内的草皮、垃圾及软土应清除；

（3）坡度大于 1∶5 时，应将基底挖成台阶，台阶面内倾，台阶高宽比为 1∶2，台阶高度不大于 1m；

（4）当坡面有渗水时，应设置盲沟将渗水引出填筑体外。

【土方与爆破工程施工及验收规范：第 4.5.2 条】

3. 填料应符合设计要求，不同填料不应混填。设计无要求时，应符合下列规定：

（1）不同土类应分别经过击实试验测定填料的最大干密度和最佳含水量，填料含水量与最佳含水量的偏差控制在±2%范围内；

（2）草皮土和有机质含量大于 8%的土，不应用于有压实要求的回填区域；

（3）淤泥和淤泥质土不宜作为填料，在软土或沼泽地区，经过处理且符合压实要求后，可用于回填次要部位或无压实要求的区域；

(4) 碎石类土或爆破石渣，可用于表层以下回填，可采用碾压法或强夯法施工。采用分层碾压时，厚度应根据压实机具通过试验确定，一般不宜超过 500mm，其最大粒径不得超过每层厚度的 3/4；采用强夯法施工时，填筑厚度和最大粒径应根据强夯夯击能量大小和施工条件通过试验确定，为了保证填料的均匀性，粒径一般不宜大于 1m，大块填料不应集中，且不宜填在分段接头处或回填与山坡连接处；

(5) 两种透水性不同的填料分层填筑时，上层宜填透水性较小的填料；

(6) 填料为黏性土时，回填前应检验其含水量是否在控制范围内，当含水量偏高，可采用翻松晾晒或均匀掺入干土或生石灰等措施；当含水量偏低，可采用预先洒水湿润。

【土方与爆破工程施工及验收规范：第 4.5.3 条】

4. 土方回填应填筑压实，且压实系数应满足设计要求。当采用分层回填时，应在下层的压实系数经试验合格后，才能进行上层施工。

【土方与爆破工程施工及验收规范：第 4.5.4 条】

5. 土方回填施工时应符合下列规定：

(1) 碾压机械压实回填时，一般先静压后振动或先轻后重，并控制行驶速度，平碾和振动碾不宜超过 2km/h，羊角碾不宜超过 3km/h；

(2) 每次碾压，机具应从两侧向中央进行，主轮应重叠 150mm 以上；

(3) 对有排水沟、电缆沟、涵洞、挡土墙等结构的区域进行回填时，可用小型机具或人工分层夯实。填料宜使用砂土、砂砾石、碎石等，不宜用黏土回填。在挡土墙泄水孔附近应按设计做好滤水层和排水盲沟；

(4) 施工中应防止出现翻浆或弹簧土现象，特别是雨期施工时，应集中力量分段回填碾压，还应加强临时排水设施，回填面应保持一定的流水坡度，避免积水。对于局部翻浆或弹簧土可以采取换填或翻松晾晒等方法处理。在地下水位较高的区域施工时，应设置盲沟疏干地下水。

【土方与爆破工程施工及验收规范：第 4.5.5 条】

10　约束砌体与配筋砌体结构施工

本章内容摘自现行行业标准《约束砌体与配筋砌体结构技术规程》JGJ 13—2014。

10.1　材料强度等级

1. 块体的强度等级，应按下列规定采用：

（1）烧结普通砖、烧结多孔砖的强度等级不应低于MU 10；

（2）蒸压灰砂普通砖、蒸压粉煤灰普通砖的强度等级不应低于MU15；

（3）混凝土普通砖、混凝土多孔砖的强度等级不应低于MU15；

（4）约束砌体混凝土砌块的强度等级不应低于MU7.5；

（5）配筋砌体混凝土砌块的强度等级不应低于MU10；

（6）多孔砖及蒸压砖还应按现行国家标准《墙体材料应用统一技术规范》GB 50574进行折压比控制。

【约束砌体与配筋砌体结构技术规程：第3.1.1条】

2. 夹心墙外叶墙的砖及混凝土砌块的强度等级不应低于MU10。

【约束砌体与配筋砌体结构技术规程：第3.1.2条】

3. 砂浆的强度等级应按下列规定采用：

（1）约束砌体的砌筑砂浆强度等级不宜低于M5或Mb5；

（2）配筋砌体的砌筑砂浆强度等级不应低于M7.5或Mb7.5。

【约束砌体与配筋砌体结构技术规程：第3.1.3条】

4. 混凝土的强度等级应按下列规定采用：

（1）构造柱、圈梁、连梁混凝土的强度等级不应低于 C20；

（2）芯柱或灌孔混凝土的强度等级不应低于 Cb20。

【约束砌体与配筋砌体结构技术规程：第 3.1.4 条】

5. 约束砌体与配筋砌块砌体结构中的钢筋宜按下列规定采用：

（1）构造柱和圈梁的纵筋宜采用 HPB300 级和 HRB400 级钢筋，箍筋宜采用 HPB300 级钢筋；

（2）配筋砌块砌体结构的钢筋宜采用 HRB400 级和 RRB400 级钢筋，也可采用 HPB300 级钢筋；

（3）重要部位及直接承受疲劳荷载构件的受力钢筋不宜采用 RRB400 级钢筋。

【约束砌体与配筋砌体结构技术规程：第 3.1.5 条】

10.2　抗震设计一般规定

1. 多层砌体结构房屋的层数和总高度，应符合下列要求：

（1）房屋的层数和总高度不应超过表 5.1.5 的规定；

（2）各层横墙较少的多层砌体房屋，总高度应比表 5.1.5 的规定降低 3m，层数相应减少一层；各层横墙很少的多层砌体房屋，还应再减少一层；

（3）抗震设防烈度为 6 度、7 度时，横墙较少的丙类多层砌体房屋，当按现行国家标准《建筑抗震设计规范》GB 50011 规定采取加强措施并满足抗震承载力要求时，其高度和层数应允许仍按表 5.1.5 的规定采用；

（4）采用蒸压灰砂普通砖和蒸压粉煤灰砖的砌体房屋，当砌体的抗剪强度仅达到普通黏土砖砌体的 70%时，房屋的层数应比普通砖房屋减少一层，总高度应减少 3m；当砌体的抗剪强度达到普通黏土砖砌体的取值时，房屋层数和总高度的要求同普通砖房屋。

表 5.1.5 多层砌体房屋的层数和总高度限值（m）

房屋类别		最小墙体厚度（mm）	烈度和设计基本地震加速度											
			6度		7度				8度				9度	
			0.05g		0.10g		0.15g		0.20g		0.30g		0.40g	
			高度	层数	高度	层数	高度	层数	高度	层数	高度	层数	高度	层数
多层砌体房屋	普通砖	240	21	7	21	7	21	7	18	6	15	5	12	4
	多孔砖	240	21	7	21	7	18	6	18	6	15	5	9	3
	多孔砖	190	21	7	18	6	15	5	15	5	12	4	—	—
	混凝土砌块	190	21	7	21	7	18	6	18	6	15	5	9	3
底部框架-抗震墙砌体房屋	普通砖、多孔砖	240	22	7	22	7	19	6	16	5	—	—	—	—
	多孔砖	190	22	7	19	6	16	5	13	4	—	—	—	—
	混凝土砌块	190	22	7	22	7	19	6	16	5	—	—	—	—

注：乙类的多层砌体房屋仍按本地区设防烈度查表，其层数应减少一层且总高度应降低 3m；不应采用底部框架-抗震墙砌体房屋。

【约束砌体与配筋砌体结构技术规程：第 5.1.5 条】

2. 约束砌体房屋的层高不应超过 3.9m。

【约束砌体与配筋砌体结构技术规程：第 5.1.6 条】

10.3 施工质量控制

1. 砌体构件所用的材料应有产品合格证书、产品性能型式检验报告，质量应符合国家现行有关标准的规定。块体、水泥、钢筋、外加剂尚应有材料主要性能的进场复验报告，并应满足设计要求。严禁使用国家明令淘汰的材料。

【约束砌体与配筋砌体结构技术规程：第 7.1.1 条】

2. 设有钢筋混凝土构造柱、芯柱的砌体墙的施工程序应为先砌墙后浇混凝土柱，构造柱与墙体连接处应砌成马牙槎，马牙槎应先退后进对称砌筑，预留的拉结筋位置应正确。

【约束砌体与配筋砌体结构技术规程：第7.1.5条】

3. 基础或每一楼层施工完后，应校核砌体的轴线和标高，轴线偏差应以基础顶面或圈梁顶面轴线为基准校正，标高偏差应通过调整上部灰缝厚度逐步调整。

【约束砌体与配筋砌体结构技术规程：第7.1.6条】

4. 砌筑砂浆应采用机械搅拌并随拌随用，拌制的砂浆应在3h内使用完毕，当施工期间最高气温超过30℃时，应在2h内使用完毕。砌体砂浆灰缝应饱满，约束砌体的水平灰缝的砂浆饱满度不应低于85%，竖向灰缝的砂浆饱满度不应低于80%；配筋砌体的水平及竖向灰缝的砂浆饱满度不应低于90%。

【约束砌体与配筋砌体结构技术规程：第7.1.7条】

5. 构造柱和圈梁的模板应支撑牢固，模板应与砌体墙严密贴紧，防止漏浆。

【约束砌体与配筋砌体结构技术规程：第7.1.9条】

6. 构造柱混凝土浇筑可分段进行，亦可按层一次浇筑。柱混凝土应分层振捣密实，每次振捣的分层厚度不宜超过振捣棒长的1.25倍，应避免振捣棒直接碰触墙壁，禁止通过墙体传振。预制钢筋混凝土梁垫应与圈梁同时浇筑，混凝土的坍落度宜为50～70mm，也可根据施工条件、季节情况进行调整。

【约束砌体与配筋砌体结构技术规程：第7.1.10条】

7. 门窗过梁应与砌体同时施工，不得预留洞口后安装。

【约束砌体与配筋砌体结构技术规程：第7.1.11条】

8. 当在横墙上留置施工洞口时，应留设在横墙中间1/3的范围内。洞口的高度不得超过2/3墙高，并应设置洞口过梁和拉结筋，拉结筋沿洞口高度方向间距不应大于500mm，伸入两侧墙内长度不应小于500mm。

【约束砌体与配筋砌体结构技术规程：第7.1.12条】

9. 配筋砌体尚应符合下列规定：

(1) 施工配筋砌块砌体剪力墙，应采用专用的砌块砌筑砂浆砌筑，专用砌块灌孔混凝土浇筑芯柱。

（2）网状配筋砌体构件内所用的方格钢筋网或连弯钢筋网不得采用分离的单根钢筋代替。

（3）配筋砌体钢筋网应设置在砌体的水平灰缝中，灰缝厚度应能保证钢筋上下至少各有 2mm 厚的砂浆层。

（4）组合砌体柱与砌体墙应同时施工，应把箍筋同时砌入砌体内。组合柱应随砌筑墙体随即绑扎钢筋，应分段浇注混凝土或砂浆并捣实，柱的外侧模板应固定牢固，防止漏浆，砌体柱竖向钢筋应按设计要求的位置设置。箍筋应在水平灰缝中间设置，水平灰缝厚度应符合本条第 3 款的规定。

（5）配筋砌块砌体剪力墙应对孔错缝搭砌，并应采用砌块专用的砌筑砂浆和灌孔混凝土，一次灌孔混凝土最大浇筑高度不得大于 1.2m，并应插捣密实。

（6）配筋砌块砌体剪力墙内竖向插筋应与基础或基础梁内的预埋钢筋连接。

（7）砌入砌体内的钢筋网，每一钢筋网的钢筋应有一根露出砌体外 5mm 便于施工检查。

（8）设置在潮湿环境或有化学侵蚀性介质的环境中的砌体灰缝内的钢筋应采取防腐措施。

【约束砌体与配筋砌体结构技术规程：第 7.1.13 条】

11　石膏砌块砌体施工

本章内容摘自现行行业标准《石膏砌块砌体技术规程》JGJ/T 201—2010。

11.1　砌筑施工要求

1. 石膏砌块砌筑时应上下错缝搭接，搭接长度不应小于石膏砌块长度的1/3，石膏砌块的长度方向应与砌体长度方向平行一致，榫槽应向下。砌体转角、丁字墙、十字墙连接部位应上下搭接咬砌。

【石膏砌块砌体技术规程：第5.3.1条】

2. 石膏砌块砌体灰缝应符合下列规定：

（1）砌体的水平和竖向灰缝应横平、竖直、厚度均匀、密实饱满，不得出现假缝。

（2）水平灰缝的厚度和竖向灰缝的宽度应控制在7～10mm。

（3）在砌筑时，粘结浆应随铺随砌，水平灰缝宜采用铺浆法砌筑，当采用石膏基粘结浆时，一次铺浆长度不得超过一块石膏砌块的长度；当采用水泥基粘结浆时，一次铺浆长度不得超过两块石膏砌块的长度，铺浆应满铺。竖向灰缝应采用满铺端面法。

【石膏砌块砌体技术规程：第5.3.2条】

3. 粘结浆应符合下列规定：

（1）当采用石膏基粘结浆时，应在初凝前使用完毕，硬化后不得继续使用。

（2）当采用水泥基粘结浆时，拌合时间自投料完算起不得少于3min，并应在初凝前使用完毕。当出现泌水现象时，应在砌筑前再次搅拌。

【石膏砌块砌体技术规程：第5.3.3条】

4. 石膏砌块砌体与主体结构梁或顶板的连接应符合下列规定：

（1）当石膏砌块砌体与主体结构梁或顶板采用柔性连接时，应采用粘结石膏将10～15mm厚泡沫交联聚乙烯带粘贴在主体结构梁或顶板底面，石膏砌块应砌筑至泡沫交联聚乙烯带；泡沫交联聚乙烯宽度宜为砌体厚度减去10mm。

（2）当石膏砌块砌体与主体结构梁或顶板采用刚性连接时，砌块砌筑至接近梁或顶板底面处宜留置20～25mm空隙，在空隙处应打入木楔挤紧，并应至少间隔7d后用粘结浆将空隙嵌填密实。木楔应经过防腐处理，每块石膏砌块不得少于一副。

【石膏砌块砌体技术规程：第5.3.4条】

5. 当石膏砌块砌体与主体结构柱或墙采用刚性连接时，应先将木构件用钢钉固定在主体结构柱或墙侧面，钢钉间距不得大于500mm，然后应在石膏砌块断面凹槽内铺满粘结浆，通过石膏砌块凹槽卡住木构件。木构件应经过防腐处理。

【石膏砌块砌体技术规程：第5.3.5条】

6. 砌入石膏砌块砌体内的拉结筋应放置在水平灰缝的粘结浆中，不得外露。

【石膏砌块砌体技术规程：第5.3.6条】

7. 石膏砌块砌体的转角处和交接处宜同时砌筑。在需要留置的临时间断处，应砌成斜槎；接槎时，应先清理基面，并应填实粘结浆，保持灰缝平直、密实。

【石膏砌块砌体技术规程：第5.3.7条】

8. 施工中需要在砌体中设置的临时性施工洞口的侧边距端部不应小于600mm。洞口宜留置成马牙槎，洞口上部应设置过梁，过梁的设置应符合本规程第4.0.7条的规定。

【石膏砌块砌体技术规程：第5.3.8条】

9. 石膏砌块砌体不得留设脚手架眼。

【石膏砌块砌体技术规程：第5.3.9条】

10. 石膏砌块砌体每天的砌筑高度，当采用石膏基粘结浆砌筑时不宜超过 3m，当采用水泥基粘结浆砌筑时不宜超过 1.5m。

【石膏砌块砌体技术规程：第 5.3.10 条】

11. 石膏砌块砌筑过程中，应随时用靠尺、水平尺和线坠检查，调整砌体的平整度和垂直度。不得在粘结浆初凝后敲打校正。

【石膏砌块砌体技术规程：第 5.3.11 条】

12. 石膏砌块砌体砌筑完成后，应用石膏基粘结浆或石膏腻子将缺损或掉角处修补平整，砌体面应用原粘结浆作嵌缝处理。

【石膏砌块砌体技术规程：第 5.3.12 条】

13. 对设计要求或施工所需的各种孔洞，应在砌筑时进行预留，不得在已砌筑的砌体上开洞、剔凿。

【石膏砌块砌体技术规程：第 5.3.13 条】

14. 管线安装应符合下列规定：

（1）在砌体上埋设管线，应待砌体粘结浆达到设计要求的强度等级后进行；埋设管线应使用专用开槽工具，不得用人工敲凿。

（2）埋入砌体内的管线外表面距砌体面不应小于 4mm，并应与石膏砌块砌体固定牢固，不得有松动、反弹现象。管线安装后空隙部位应采用原粘结浆填实补平，填补表面应加贴耐碱玻璃纤维网布。

【石膏砌块砌体技术规程：第 5.3.14 条】

11.2 构造柱施工要求

1. 设置钢筋混凝土构造柱的石膏砌块砌体，应按绑扎钢筋、砌筑石膏砌块、支设模板、浇筑混凝土的施工顺序进行。

【石膏砌块砌体技术规程：第 5.4.1 条】

2. 石膏砌块砌体与构造柱连接处应砌成马牙槎，从每层柱脚开始，砌体应先退后进，并应形成 100mm 宽、一皮砌块高度的凹凸槎口。在构造柱与砌体交接处，沿砌体高度方向每皮石膏砌块应设 2ϕ6 拉结筋，每边伸入砌体内的长度应符合设计要求。

【石膏砌块砌体技术规程：第 5.4.2 条】

3. 构造柱两侧模板应紧贴砌体面，模板支撑应牢固，板缝不得漏浆。

【石膏砌块砌体技术规程：第 5.4.3 条】

4. 构造柱在浇筑混凝土前，应将砌体槎口凸出部位及底部落地灰等杂物清理干净，然后应先注入与混凝土配合比相同的 50mm 厚水泥砂浆，再浇筑混凝土。凹形槎口的腋部及构造柱顶部与梁或顶板间应振捣密实。

【石膏砌块砌体技术规程：第 5.4.4 条】

11.3　砌体面装饰层施工要求

1. 在砌体面装饰层施工前，应清理砌体表面浮灰、杂物，设备孔洞、管线槽口周围应用石膏基粘结浆批嵌刮平。

【石膏砌块砌体技术规程：第 5.5.1 条】

2. 在刮腻子前，应先刷界面剂一度，随后应满批腻子二度共 3～5mm 厚，最后施工装饰面层。

【石膏砌块砌体技术规程：第 5.5.2 条】

3. 石膏砌块砌体与其他材料的接缝处和阴阳角部位应采用粘结石膏粘贴耐碱玻璃纤维网布加强带进行处理，加强带与各基体的搭接宽度不应小于 150mm，耐碱玻璃纤维网布之间搭接宽度不得小于 50mm。

【石膏砌块砌体技术规程：第 5.5.3 条】

4. 厨房、卫生间等粘贴瓷砖施工应按下列工序进行：

(1) 先满贴耐碱玻璃纤维网布或满铺镀锌钢丝网；

(2) 再刷界面剂一度；

(3) 然后水泥砂浆打底后施工防水层；

(4) 最后粘贴瓷砖面层。

【石膏砌块砌体技术规程：第 5.5.4 条】

12 钢筋焊接施工

本章内容摘自现行行业标准《钢筋焊接及验收规程》JGJ 18—2012。

12.1 钢筋焊接基本规定

1. 电渣压力焊应用于柱、墙等构筑物现浇混凝土结构中竖向受力钢筋的连接；不得用于梁、板等构件中水平钢筋的连接。

【钢筋焊接及验收规程：第 4.1.2 条】

2. 在钢筋工程焊接开工之前，参与该项工程施焊的焊工必须进行现场条件下的焊接工艺试验，应经试验合格后，方准于焊接生产。

【钢筋焊接及验收规程：第 4.1.3 条】

3. 钢筋焊接施工之前，应清除钢筋、钢板焊接部位以及钢筋与电极接触处表面上的锈斑、油污、杂物等；钢筋端部当有弯折、扭曲时，应予以矫直或切除。

【钢筋焊接及验收规程：第 4.1.4 条】

4. 带肋钢筋进行闪光对焊、电弧焊、电渣压力焊和气压焊时，应将纵肋对纵肋安放和焊接。

【钢筋焊接及验收规程：第 4.1.5 条】

5. 焊剂应存放在干燥的库房内，若受潮时，在使用前应经 250～330℃烘焙 2h。使用中回收的焊剂应清除熔渣和杂物，并应与新焊剂混合均匀后使用。

【钢筋焊接及验收规程：第 4.1.6 条】

6. 两根同牌号、不同直径的钢筋可进行闪光对焊、电渣压力焊或气压焊。闪光对焊时钢筋径差不得超过 4mm，电渣压力焊或气压焊时，钢筋径差不得超过 7mm。焊接工艺参数可在大、小直径钢筋焊接工艺参数之间偏大选用，两根钢筋的轴线应在同一直线上，轴线偏移的允许值应按较小直径钢筋计算；对接头强度的要求，应按较小直径钢筋计算。

【钢筋焊接及验收规程：第 4.1.7 条】

7. 两根同直径、不同牌号的钢筋可进行闪光对焊、电弧焊、电渣压力焊或气压焊，其钢筋牌号应在本规程表 4.1-1 规定的范围内。焊条、焊丝和焊接工艺参数应按较高牌号钢筋选用，对接头强度的要求应按较低牌号钢筋强度计算。

【钢筋焊接及验收规程：第 4.1.8 条】

8. 进行电阻点焊、闪光对焊、埋弧压力焊、埋弧螺柱焊时，应随时观察电源电压的波动情况；当电源电压下降大于 5%、小于 8%时，应采取提高焊接变压器级数等措施；当大于或等于 8%时，不得进行焊接。

【钢筋焊接及验收规程：第 4.1.9 条】

9. 在环境温度低于－5℃条件下施焊时，焊接工艺应符合下列要求：

（1）闪光对焊时，宜采用预热闪光焊或闪光－预热闪光焊；可增加调伸长度，采用较低变压器级数，增加预热次数和间歇时间。

（2）电弧焊时，宜增大焊接电流，降低焊接速度。电弧帮条焊或搭接焊时，第一层焊缝应从中间引弧，向两端施焊；以后各层控温施焊，层间温度应控制在 150～350℃之间。多层施焊时，可采用回火焊道施焊。

【钢筋焊接及验收规程：第 4.1.10 条】

10. 当环境温度低于－20℃时，不应进行各种焊接。

【钢筋焊接及验收规程：第 4.1.11 条】

11. 雨天、雪天进行施焊时，应采取有效遮蔽措施。焊后未冷却接头不得碰到雨和冰雪，并应采取有效的防滑、防触电措施，确保人身安全。

【钢筋焊接及验收规程：第 4.1.12 条】

12. 当焊接区风速超过 8m/s 在现场进行闪光对焊或焊条电弧焊时，当风速超过 5m/s 进行气压焊时，当风速超过 2m/s 进行二氧化碳气体保护电弧焊时，均应采取挡风措施。

【钢筋焊接及验收规程：第 4.1.13 条】

13. 焊机应经常维护保养和定期检修，确保正常使用。

【钢筋焊接及验收规程：第 4.1.14 条】

12.2　钢筋电阻点焊

1. 混凝土结构中钢筋焊接骨架和钢筋焊接网，宜采用电阻点焊制作。

【钢筋焊接及验收规程：第 4.2.1 条】

2. 钢筋焊接骨架和钢筋焊接网在焊接生产中，当两根钢筋直径不同时，焊接骨架较小钢筋直径小于或等于 10mm 时，大、小钢筋直径之比不宜大于 3 倍；当较小钢筋直径为 12～16mm 时，大、小钢筋直径之比不宜大于 2 倍。焊接网较小钢筋直径不得小于较大钢筋直径的 60%。

【钢筋焊接及验收规程：第 4.2.2 条】

3. 电阻点焊的工艺参数应根据钢筋牌号、直径及焊机性能等具体情况，选择变压器级数、焊接通电时间和电极压力。

【钢筋焊接及验收规程：第 4.2.4 条】

4. 焊点的压入深度应为较小钢筋直径的 18%～25%。

【钢筋焊接及验收规程：第 4.2.5 条】

5. 钢筋焊接网、钢筋焊接骨架宜用于成批生产；焊接时应按设备使用说明书中的规定进行安装、调试和操作，根据钢筋直径选用合适电极压力、焊接电流和焊接通电时间。

【钢筋焊接及验收规程：第 4.2.6 条】

6. 在点焊生产中，应经常保持电极与钢筋之间接触面的清洁平整；当电极使用变形时，应及时修整。

【钢筋焊接及验收规程：第 4.2.7 条】

7. 钢筋点焊生产过程中，应随时检查制品的外观质量；当发现焊接缺陷时，应查找原因并采取措施，及时消除。

【钢筋焊接及验收规程：第 4.2.8 条】

12.3 钢筋闪光对焊

1. 连续闪光焊所能焊接的钢筋直径上限，应根据焊机容量、钢筋牌号等具体情况而定，并应符合表 4.3.2 的规定。

表 4.3.2 连续闪光焊钢筋直径上限

焊机容量（kVA）	钢筋牌号	钢筋直径（mm）
160 (150)	HPB300 HRB335、HRBF335 HRB400、HRBF400	22 22 20
100	HPB300 HRB335、HRBF335 HRB400、HRBF400	20 20 18
80 (75)	HPB300 HRB335、HRBF335 HRB400、HRBF400	16 14 12

【钢筋焊接及验收规程：第 4.3.2 条】

2. 闪光对焊时，应按下列规定选择调伸长度、烧化留量、顶锻留量以及变压器级数等焊接参数：

（1）调伸长度的选择，应随着钢筋牌号的提高和钢筋直径的加大而增长，主要是减缓接头的温度梯度，防止热影响区产生淬硬组织；当焊接 HRB400、HRBF400 等牌号钢筋时，调伸长度宜在 40～60mm 内选用；

（2）烧化留量的选择，应根据焊接工艺方法确定。当连续闪光焊时，闪光过程应较长；烧化留量应等于两根钢筋在断料时切断机刀口严重压伤部分（包括端面的不平整度），再加 8～10mm；当闪光一预热闪光焊时，应区分一次烧化留量和二次烧化留量。一次烧化留量不应小于 10mm，二次烧化留量不应小于 6mm；

（3）需要预热时，宜采用电阻预热法。预热留量应为 1～2mm，预热次数应为 1 次～4 次；每次预热时间应为 1.5～2s，间歇时间应为 3～4s；

（4）顶锻留量应为 3～7mm，并应随钢筋直径的增大和钢筋牌号的提高而增加。其中，有电顶锻留量约占 1/3，无电顶锻留量约占 2/3，焊接时必须控制得当。焊接 HRB500 钢筋时，顶锻留量宜稍微增大，以确保焊接质量。

【钢筋焊接及验收规程：第 4.3.4 条】

3. 当 HRBF335 钢筋、HRBF400 钢筋、HRBF500 钢筋或 RRB400W 钢筋进行闪光对焊时，与热轧钢筋比较，应减小调伸长度，提高焊接变压器级数，缩短加热时间，快速顶锻，形成快热快冷条件，使热影响区长度控制在钢筋直径的 60%范围之内。

【钢筋焊接及验收规程：第 4.3.5 条】

4. 变压器级数应根据钢筋牌号、直径、焊机容量以及焊接工艺方法等具体情况选择。

【钢筋焊接及验收规程：第 4.3.6 条】

5. HRB500、HRBF5000 钢筋焊接时，应采用预热闪光焊或闪光一预热闪光焊工艺。当接头拉伸试验结果，发生脆性断裂或弯曲试验不能达到规定要求时，尚应在焊机上进行焊后热处理。

【钢筋焊接及验收规程：第 4.3.7 条】

6. 在闪光对焊生产中，当出现异常现象或焊接缺陷时，应查找原因，采取措施，及时消除。

【钢筋焊接及验收规程：第 4.3.8 条】

12.4　箍筋闪光对焊

1. 箍筋闪光对焊的焊点位置宜设在箍筋受力较小一边的中部。不等边的多边形柱箍筋对焊点位置宜设在两个边上的中部。

【钢筋焊接及验收规程：第 4.4.1 条】

2. 箍筋下料长度应预留焊接总留量（Δ），其中包括烧化留量（A）、预热留量（B）和顶锻留量（C）。

矩形箍筋下料长度可按下式计算：

$$L_g = 2(a_g + b_g) + \Delta$$

式中：L_g——箍筋下料长度（mm）；

a_g——箍筋内净长度（mm）；

b_g——箍筋内净宽度（mm）；

Δ——焊接总留量（mm）。

当切断机下料，增加压痕长度，采用闪光一预热闪光焊工艺时，焊接总留量Δ随之增大，约为1.0d（d为箍筋直径）。上列计算箍筋下料长度经试焊后核对，箍筋外皮尺寸应符合设计图纸的规定。

【钢筋焊接及验收规程：第4.4.2条】

3. 待焊箍筋为半成品，应进行加工质量的检查，属中间质量检查。按每一工作班、同一牌号钢筋、同一加工设备完成的待焊箍筋作为一个检验批，每批随机抽查5%件。检查项目应符合下列规定：

（1）两钢筋头端面应闭合，无斜口；

（2）接口处应有一定弹性压力。

【钢筋焊接及验收规程：第4.4.4条】

4. 箍筋闪光对焊应符合下列规定：

（1）宜使用100kVA的箍筋专用对焊机；

（2）宜采用预热闪光焊，焊接工艺参数、操作要领、焊接缺陷的产生与消除措施等，可按本规程第4.3节相关规定执行；

（3）焊接变压器级数应适当提高，二次电流稍大；

（4）两钢筋顶锻闭合后，应延续数秒钟再松开夹具。

【钢筋焊接及验收规程：第4.4.5条】

5. 箍筋闪光对焊过程中，当出现异常现象或焊接缺陷时，应查找原因，采取措施，及时消除。

【钢筋焊接及验收规程：第4.4.6条】

12.5　钢筋电弧焊

1. 钢筋二氧化碳气体保护电弧焊时，应根据焊机性能、焊接接头形状、焊接位置等条件选用下列焊接工艺参数：

（1）焊接电流；

（2）极性；

（3）电弧电压（弧长）；

（4）焊接速度；

（5）焊丝伸出长度（干伸长）；

（6）焊枪角度；

（7）焊接位置；

（8）焊丝直径。

【钢筋焊接及验收规程：第4.5.2条】

2. 钢筋电弧焊应包括帮条焊、搭接焊、坡口焊、窄间隙焊和熔槽帮条焊5种接头形式。焊接时，应符合下列规定：

（1）应根据钢筋牌号、直径，接头形式和焊接位置，选择焊接材料，确定焊接工艺和焊接参数；

（2）焊接时，引弧应在垫板、帮条或形成焊缝的部位进行，不得烧伤主筋；

（3）焊接地线与钢筋应接触良好；

（4）焊接过程中应及时清渣，焊缝表面应光滑，焊缝余高应平缓过渡，弧坑应填满。

【钢筋焊接及验收规程：第4.5.3条】

12.6　钢筋电渣压力焊

1. 电渣压力焊应用于现浇钢筋混凝土结构中竖向或斜向（倾斜度不大于10°）钢筋的连接。

【钢筋焊接及验收规程：第4.6.1条】

2. 直径12mm钢筋电渣压力焊时，应采用小型焊接夹具，上下两钢筋对正，不偏歪，多做焊接工艺试验，确保焊接质量。

【钢筋焊接及验收规程：第 4.6.2 条】

3. 电渣压力焊焊机容量应根据所焊钢筋直径选定，接线端应连接紧密，确保良好导电。

【钢筋焊接及验收规程：第 4.6.3 条】

4. 焊接夹具应具有足够刚度，夹具形式、型号应与焊接钢筋配套，上下钳口应同心，在最大允许荷载下应移动灵活，操作便利，电压表、时间显示器应配备齐全。

【钢筋焊接及验收规程：第 4.6.4 条】

5. 在焊接生产中焊工应进行自检，当发现偏心、弯折、烧伤等焊接缺陷时，应查找原因，采取措施，及时消除。

【钢筋焊接及验收规程：第 4.6.7 条】

12.7 钢筋气压焊

1. 气压焊可用于钢筋在垂直位置、水平位置或倾斜位置的对接焊接。

【钢筋焊接及验收规程：第 4.7.1 条】

2. 气压焊按加热温度和工艺方法的不同，可分为固态气压焊和熔态气压焊两种，施工单位应根据设备等情况选择采用。

【钢筋焊接及验收规程：第 4.7.2 条】

3. 气压焊按加热火焰所用燃料气体的不同，可分为氧乙炔气压焊和氧液化石油气气压焊两种。氧液化石油气火焰的加热温度稍低，施工单位应根据具体情况选用。

【钢筋焊接及验收规程：第 4.7.3 条】

4. 气压焊设备应符合下列规定：

（1）供气装置应包括氧气瓶、溶解乙炔气瓶或液化石油气瓶、减压器及胶管等；溶解乙炔气瓶或液化石油气瓶出口处应安装干式回火防止器；

（2）焊接夹具应能夹紧钢筋，当钢筋承受最大的轴向压力时，钢筋与夹头之间不得产生相对滑移；应便于钢筋的安装定位，并在施焊过程中保持刚度；动夹头应与定夹头同心，并且当不同直径钢筋焊接时，亦应保持同心；动夹头的位移应大于或等于现场最大直径钢筋焊接时所需要的压缩长度；

（3）采用半自动钢筋固态气压焊或半自动钢筋熔态气压焊时，应增加电动加压装置、带有加压控制开关的多嘴环管加热器，采用固态气压焊时，宜增加带有陶瓷切割片的钢筋常温直角切断机；

（4）当采用氧液化石油气火焰进行加热焊接时，应配备梅花状喷嘴的多嘴环管加热器。

【钢筋焊接及验收规程：第 4.7.4 条】

5. 采用熔态气压焊时，焊接工艺应符合下列规定：

（1）安装时，两钢筋端面之间应预留 3～5mm 间隙；

（2）当采用氧液化石油气熔态气压焊时，应调整好火焰，适当增大氧气用量；

（3）气压焊开始时，应首先使用中性焰加热，待钢筋端头至熔化状态，附着物随熔滴流走，端部呈凸状时，应加压，挤出熔化金属，并密合牢固。

【钢筋焊接及验收规程：第 4.7.6 条】

6. 在加热过程中，当在钢筋端面缝隙完全密合之前发生灭火中断现象时，应将钢筋取下重新打磨、安装，然后点燃火焰进行焊接。当灭火中断发生在钢筋端面缝隙完全密合之后，可继续加热加压。

【钢筋焊接及验收规程：第 4.7.4 条】

7. 在焊接生产中，焊工应自检，当发现焊接缺陷时，应查找原因，并采取措施，及时消除。

【钢筋焊接及验收规程：第 4.7.8 条】

12.8　预埋件钢筋埋弧压力焊

1. 埋弧压力焊的焊接参数应包括引弧提升高度、电弧电压、焊接电流和焊接通电时间。

【钢筋焊接及验收规程：第 4.8.3 条】

2. 在埋弧压力焊生产中，引弧、燃弧（钢筋维持原位或缓慢下送）和顶压等环节应紧密配合；焊接地线应与铜板电极接触紧密，并应及时消除电极钳口的铁锈和污物，修理电极钳口的形状。

【钢筋焊接及验收规程：第 4.8.4 条】

3. 在埋弧压力焊生产中，焊工应自检，当发现焊接缺陷时，应查找原因，并采取措施，及时消除。

【钢筋焊接及验收规程：第 4.8.5 条】

12.9 预埋件钢筋埋弧螺柱焊

埋弧螺柱焊焊枪有电磁铁提升式和电机拖动式两种，生产中，应根据钢筋直径和长度选用焊枪。

【钢筋焊接及验收规程：第 4.9.3 条】

13 组合钢模板施工

本章内容摘自现行国家标准《组合钢模板技术规范》GB/T 50214—2013。

13.1 施工准备

1. 组合钢模板安装前，应向施工班组进行施工技术交底及安全技术交底，并应履行签字手续。有关施工及操作人员应熟悉施工图及模板工程的施工设计。

【组合钢模板技术规范：第5.1.1条】

2. 施工现场应有可靠的能满足模板安装和检查需用的测量控制点。

【组合钢模板技术规范：第5.1.2条】

3. 施工单位应对进场的模板、连接件、支承件等配件的产品合格证、生产许可证、检测报告进行复核，并应对其表面观感、重量等物理指标进行抽检。

【组合钢模板技术规范：第5.1.3条】

4. 现场使用的模板及配件应对其规格、数量逐项清点检查。损坏未经修复的部件不得使用。

【组合钢模板技术规范：第5.1.4条】

5. 采用预组装模板施工时，模板的预组装应在组装平台或经平整处理过的场地上进行。组装完毕后应予编号，并应按表5.1.5的组装质量标准逐块检验后进行试吊，试吊完毕后应进行复查，并应再检查配件的数量、位置和紧固情况。

表 5.1.5 钢模板施工组装质量标准（mm）

项　　目	允　许　偏　差
两块模板之间拼接缝隙	≤2.00
相邻模板面的高低差	≤2.00
组装模板板面平整度	≤3.00（用 2m 长平尺检查）
组装模板板面的长宽尺寸	≤长度和宽度的 1/1000 最大±4.00
组装模板两对角线长度差值	≤对角线长度的 1/1000 最大≤7.00

【组合钢模板技术规范：第 5.1.5 条】

6. 经检查合格的组装模板，应按安装程序进行堆放和装车。平行叠放时应稳当妥帖，并应避免碰撞，每层之间应加垫木，模板与垫木均应上下对齐，底层模板应垫离地面不小于 100mm。立放时，应采取防止倾倒并保证稳定的措施，平装运输时，应整堆捆紧。

【组合钢模板技术规范：第 5.1.6 条】

7. 钢模板安装前，应涂刷脱模剂，但不得采用影响结构性能或妨碍装饰工程施工的脱模剂，在涂刷模板脱模剂时，不得沾污钢筋和混凝土接槎处，不得在模板上涂刷废机油。

【组合钢模板技术规范：第 5.1.7 条】

8. 模板安装时的准备工作，应符合下列要求：

（1）梁和楼板模板的支柱支设在土壤地面，遇松软土、回填土等时，应根据土质情况进行平整、夯实，并应采取防水、排水措施，同时应按规定在模板支撑立柱底部采用具有足够强度和刚度的垫板。

（2）竖向模板的安装底面应平整坚实、清理干净，并应采取定位措施。

（3）竖向模板应按施工设计要求预埋支承锚固件。

【组合钢模板技术规范：第 5.1.8 条】

9. 在钢模板施工中，不得用钢板替代扣件、钢筋替代对拉螺栓，以及木方替代柱箍。

【组合钢模板技术规范：第 5.1.9 条】

13.2　安装及拆除

1. 现场安装组合钢模板时，应符合下列规定：

（1）应按配板图与施工说明书循序拼装。

（2）配件应装插牢固。支柱和斜撑下的支承面应平整垫实，并应有足够的受压面积，支撑件应着力于外钢楞。

（3）预埋件与预留孔洞应位置准确，并应安设牢固。

（4）基础模板应支拉牢固，侧模斜撑的底部应加设垫木。

（5）墙和柱子模板的底面应找平，下端应与事先做好的定位基准靠紧垫平，在墙、柱上继续安装模板时，模板应有可靠的支承点，其平直度应进行校正。

（6）楼板模板支模时，应先完成一个格构的水平支撑及斜撑安装，再逐渐向外扩展。

（7）墙柱与梁板同时施工时，应先支设墙柱模板调整固定后再在其上架设梁、板模板。

（8）当墙柱混凝土已经浇筑完毕时，可利用已灌筑的混凝土结构来支承梁、板模板。

（9）预组装墙模板吊装就位后，下端应垫平，并应紧靠定位基准；两侧模板均应利用斜撑调整和固定其垂直度。

（10）支柱在高度方向所设的水平撑与剪力撑，应按构造与整体稳定性布置。

（11）多层及高层建筑中，上下层对应的模板支柱应设置在同一竖向中心线上。

（12）模板、钢筋及其他材料等施工荷载应均匀堆置，并应放平放稳。施工总荷载不得超过模板支承系统设计荷载要求。

（13）模板支承系统应为独立的系统，不得与物料提升机、施工升降机、塔吊等起重设备钢结构架体机身及附着设施相连接；不得与施工脚手架、物料周转材料平台等架体相连接。

【组合钢模板技术规范：第5.2.1条】

2. 模板工程的安装应符合下列要求：

（1）同一条拼缝上的U形卡，不宜向同一方向卡紧。

（2）墙两侧模板的对拉螺栓孔应平直相对，穿插螺栓时不得斜拉硬顶。钻孔应采用机具，不得用电、气焊灼孔。

（3）钢楞宜取用整根杆件，接头应错开设置，搭接长度不应少于200mm。

【组合钢模板技术规范：第5.2.2条】

3. 模板安装的起拱、支模的方法、焊接钢筋骨架的安装、预埋件和预留孔洞的允许偏差、预组装模板安装的允许偏差，以及预制构件模板安装的允许偏差等，均应按现行国家标准《混凝土结构工程施工质量验收规范》GB 50204的有关规定执行。

【组合钢模板技术规范：第5.2.3条】

4. 曲面结构可用双曲可调模板，采用平面模板组装时，应使模板面与设计曲面的最大差值不超过设计的允许值。

【组合钢模板技术规范：第5.2.4条】

5. 模板工程安装完毕，应经检查验收后再进行下道工序。混凝土的浇筑应按现行国家标准《混凝土结构工程施工质量验收规范》GB 50204的有关规定执行。

【组合钢模板技术规范：第5.2.5条】

6. 模板及其支架拆除前，应核查混凝土同条件试块强度报告，拆除时的混凝土强度应符合现行国家标准《混凝土结构工程施工质量验收规范》GB 50204的有关规定。

【组合钢模板技术规范：第5.2.6条】

7. 现场拆除组合钢模板时应符合下列规定：

（1）拆模前应制订拆模顺序、拆模方法及安全措施。

（2）应先拆除侧面模板，再拆除承重模板。

（3）组合大模板宜大块整体拆除。

（4）支承件和连接件应逐件拆卸，模板应逐块拆卸传递，拆除时不得损伤模板和混凝土。

（5）拆下的模板和配件均应分类堆放整齐，附件应放在工具箱内。

【组合钢模板技术规范：第5.2.7条】

13.3 安 全 要 求

1. 在组合钢模板上架设的电线和使用的电动工具，应采用36V的低压电源或采取其他有效的安全措施。在操作平台上进行电、气焊作业时，应有防火措施和专人看护。

【组合钢模板技术规范：第5.3.1条】

2. 登高作业时，连接件应放在箱盒或工具袋中，不应放在模板或脚手板上，扳手等各类工具应系挂在身上或置放于工具袋内，不得掉落。

【组合钢模板技术规范：第5.3.2条】

3. 高耸建筑施工时，遇到雷电、6级及以上大风、大雪和浓雾等天气时，应停止施工，应对设备、工具、零散材料等进行整理、固定，并应做好防护，全部人员撤离后应立即切断电源。

【组合钢模板技术规范：第5.3.3条】

4. 高空作业人员不得攀登组合钢模板或脚手架等上下，也不得在高空的墙顶、独立梁及其模板等上面行走。

【组合钢模板技术规范：第5.3.4条】

5. 组合钢模板装拆时，上下应有人接应，钢模板应随装拆随转运，不得堆放在脚手板上，不得抛掷踩撞，中途停歇时，应将活动部件固定牢靠。

【组合钢模板技术规范：第5.3.5条】

6. 装拆模板应有稳固的登高工具或脚手架，高度超过3.5m时，应搭设脚手架。装拆过程中，除操作人员外，脚手架下面不得站人，高处作业时，操作人员应系安全带，地面应设置安全通道、围栏和警戒标志，并应派专人看守，非操作人员不得进入作业范围内。

【组合钢模板技术规范：第5.3.6条】

7. 安装墙、柱模板时，应随时支撑固定。

【组合钢模板技术规范：第5.3.7条】

8. 安装预组装成片模板时，应边就位、边校正和安设连接件，并应加设临时支撑稳固。

【组合钢模板技术规范：第 5.3.8 条】

9. 预组装模板装拆时，垂直吊运应采取两个以上的吊点，水平吊运应采取四个吊点，吊点应合理布置并进行受力计算。

【组合钢模板技术规范：第 5.3.9 条】

10. 预组装模板拆除时，宜整体拆除，并应先挂好吊索，然后拆除支撑及拼接两片模板的配件，待模板离开结构表面后再起吊，吊钩不得脱钩。

【组合钢模板技术规范：第 5.3.10 条】

11. 拆除承重模板时，应先设立临时支撑，然后进行拆卸。

【组合钢模板技术规范：第 5.3.11 条】

12. 模板支承系统在使用过程中，立柱底部不得松动悬空，不得任意拆除任何杆件，不得松动扣件，且不得用作缆风绳的拉接。

【组合钢模板技术规范：第 5.3.12 条】

13.4 检 查 验 收

1. 模板支撑系统应在搭设完成后，由项目负责人组织施工单位、监理单位及项目相关人员进行验收。验收合格，应经施工单位项目技术负责人及项目总监理工程师签字后再进入后续工序的施工。

【组合钢模板技术规范：第 5.4.1 条】

2. 组合钢模板工程安装过程中，应进行质量检查和验收，并应检查下列内容：

（1）组合钢模板的布局和施工顺序。

（2）连接件、支承件的规格、质量和紧固情况。

（3）支承着力点和模板结构整体稳定性。

（4）模板轴线位置和标志。

（5）竖向模板的垂直度和横向模板的侧向弯曲度。

（6）模板的拼缝宽度和高低差。

（7）预埋件和预留孔洞的规格、数量及固定情况。

【组合钢模板技术规范：第 5.4.2 条】

3. 模板工程验收时，应提供下列文件：

（1）模板工程的施工设计或有关模板排列图和支承系统布置图。

（2）模板工程质量检查记录及验收记录。

（3）模板工程支模的重大问题及处理记录。

【组合钢模板技术规范：第 5.4.4 条】

14 装配式混凝土结构施工

本章内容摘自现行行业标准《装配式混凝土结构技术规程》JGJ 1—2014。

14.1 构件制作与运输

14.1.1 一般规定

1. 预制构件制作单位应具备相应的生产工艺设施，并应有完善的质量管理体系和必要的试验检测手段。

【装配式混凝土结构技术规程：第 11.1.1 条】

2. 预制构件制作前，应对其技术要求和质量标准进行技术交底，并应制定生产方案；生产方案应包括生产工艺、模具方案、生产计划、技术质量控制措施、成品保护、堆放及运输方案等内容。

【装配式混凝土结构技术规程：第 11.1.2 条】

3. 预制结构构件采用钢筋套筒灌浆连接时，应在构件生产前进行钢筋套筒灌浆连接接头的抗拉强度试验，每种规格的连接接头试件数量不应少于 3 个。

【装配式混凝土结构技术规程：第 11.1.4 条】

4. 预制构件用钢筋的加工、连接与安装应符合国家现行标准《混凝土结构工程施工规范》GB 50666 和《混凝土结构工程施工质量验收规范》GB 50204 等的有关规定。

【装配式混凝土结构技术规程：第 11.1.5 条】

14.1.2 构件制作

1. 在混凝土浇筑前应进行预制构件的隐蔽工程检查，检查项目应包括下列内容：

（1）钢筋的牌号、规格、数量、位置、间距等；

（2）纵向受力钢筋的连接方式、接头位置、接头质量、接头面积百分率、搭接长度等；

（3）箍筋、横向钢筋的牌号、规格、数量、位置、间距，箍筋弯钩的弯折角度及平直段长度；

（4）预埋件、吊环、插筋的规格、数量、位置等；

（5）灌浆套筒、预留孔洞的规格、数量、位置等；

（6）钢筋的混凝土保护层厚度；

（7）夹心外墙板的保温层位置、厚度，拉结件的规格、数量、位置等；

（8）预埋管线、线盒的规格、数量、位置及固定措施。

【装配式混凝土结构技术规程：第 11.3.1 条】

2. 带面砖或石材饰面的预制构件宜采用反打一次成型工艺制作，并应符合下列要求：

（1）当构件饰面层采用面砖时，在模具中铺设面砖前，应根据排砖图的要求进行配砖和加工；饰面砖应采用背面带有燕尾槽或粘结性能可靠的产品。

（2）当构件饰面层采用石材时，在模具中铺设石材前，应根据排板图的要求进行配板和加工；应按设计要求在石材背面钻孔、安装不锈钢卡钩、涂覆隔离层。

（3）应采用具有抗裂性和柔韧性、收缩小且不污染饰面的材料嵌填面砖或石材之间的接缝，并应采取防止面砖或石材在安装钢筋、浇筑混凝土等生产过程中发生位移的措施。

【装配式混凝土结构技术规程：第 11.3.2 条】

3. 夹心外墙板宜采用平模工艺生产，生产时应先浇筑外叶墙板混凝土层，再安装保温材料和拉结件，最后浇筑内叶墙板混凝土层；当采用立模工艺生产时，应同步浇筑内外叶墙板混凝土层，并应采取保证保温材料及拉结件位置准确的措施。

【装配式混凝土结构技术规程：第 11.3.3 条】

4. 预制构件采用洒水、覆盖等方式进行常温养护时，应符合现行国家标准《混凝土结构工程施工规范》GB 50666 的要求。

预制构件采用加热养护时，应制定养护制度对静停、升温、恒温和降温时间进行控制，宜在常温下静停 2h～6h，升温、降温速度不应超过 20℃/h，最高养护温度不宜超过 70℃，预制构件出池的表面温度与环境温度的差值不宜超过 25℃。

【装配式混凝土结构技术规程：第 11.3.5 条】

5. 脱模起吊时，预制构件的混凝土立方体抗压强度应满足设计要求，且不应小于 $15N/mm^2$。

【装配式混凝土结构技术规程：第 11.3.6 条】

6. 采用后浇混凝土或砂浆、灌浆料连接的预制构件结合面，制作时应按设计要求进行粗糙面处理。设计无具体要求时，可采用化学处理、拉毛或凿毛等方法制作粗糙面。

【装配式混凝土结构技术规程：第 11.3.7 条】

14.1.3 构件检验

1. 预制构件的外观质量不应有严重缺陷，且不宜有一般缺陷。对已出现的一般缺陷，应按技术方案进行处理，并应重新检验。

【装配式混凝土结构技术规程：第 11.4.1 条】

2. 夹心外墙板的内外叶墙板之间的拉结件类别、数量及使用位置应符合设计要求。

【装配式混凝土结构技术规程：第 11.4.5 条】

3. 预制构件检查合格后，应在构件上设置表面标识，标识内容宜包括构件编号、制作日期、合格状态、生产单位等信息。

【装配式混凝土结构技术规程：第 11.4.6 条】

14.1.4 运输与堆放

1. 应制定预制构件的运输与堆放方案，其内容应包括运输时间、次序、堆放场地、运输线路、固定要求、堆放支垫及成品保护措施等。对于超高、超宽、形状特殊的大型构件的运输和堆放应有专门的质量安全保证措施。

【装配式混凝土结构技术规程：第 11.5.1 条】

2. 预制构件的运输车辆应满足构件尺寸和载重要求，装卸与运输时应符合下列规定：

（1）装卸构件时，应采取保证车体平衡的措施；

（2）运输构件时，应采取防止构件移动、倾倒、变形等的固定措施；

（3）运输构件时，应采取防止构件损坏的措施，对构件边角部或链索接触处的混凝土，宜设置保护衬垫。

【装配式混凝土结构技术规程：第 11.5.2 条】

3. 预制构件堆放应符合下列规定：

（1）堆放场地应平整、坚实，并应有排水措施；

（2）预埋吊件应朝上，标识宜朝向堆垛间的通道；

（3）构件支垫应坚实，垫块在构件下的位置宜与脱模、吊装时的起吊位置一致；

（4）重叠堆放构件时，每层构件间的垫块应上下对齐，堆垛层数应根据构件、垫块的承载力确定，并应根据需要采取防止堆垛倾覆的措施；

（5）堆放预应力构件时，应根据构件起拱值的大小和堆放时间采取相应措施。

【装配式混凝土结构技术规程：第 11.5.3 条】

4. 墙板的运输与堆放应符合下列规定：

（1）当采用靠放架堆放或运输构件时，靠放架应具有足够的承载力和刚度，与地面倾斜角度宜大于 80°；墙板宜对称靠放且外饰面朝外，构件上部宜采用木垫块隔离；运输时构件应采取固定措施。

（2）当采用插放架直立堆放或运输构件时，宜采取直立运输方式；插放架应有足够的承载力和刚度，并应支垫稳固。

（3）采用叠层平放的方式堆放或运输构件时，应采取防止构件产生裂缝的措施。

【装配式混凝土结构技术规程：第 11.5.4 条】

14.2 结构施工

14.2.1 一般规定

1. 装配式结构的后浇混凝土部位在浇筑前应进行隐蔽工程验收。验收项目应包括下列内容：

(1) 钢筋的牌号、规格、数量、位置、间距等；

(2) 纵向受力钢筋的连接方式、接头位置、接头数量、接头面积百分率、搭接长度等；

(3) 纵向受力钢筋的锚固方式及长度；

(4) 箍筋、横向钢筋的牌号、规格、数量、位置、间距，箍筋弯钩的弯折角度及平直段长度；

(5) 预埋件的规格、数量、位置；

(6) 混凝土粗糙面的质量，键槽的规格、数量、位置；

(7) 预留管线、线盒等的规格、数量、位置及固定措施。

【装配式混凝土结构技术规程：第 12.1.2 条】

2. 钢筋套筒灌浆前，应在现场模拟构件连接接头的灌浆方式，每种规格钢筋应制作不少于 3 个套筒灌浆连接接头，进行灌注质量以及接头抗拉强度的检验；经检验合格后，方可进行灌浆作业。

【装配式混凝土结构技术规程：第 12.1.5 条】

3. 在装配式结构的施工全过程中，应采取防止预制构件及预制构件上的建筑附件、预埋件、预埋吊件等损伤或污染的保护措施。

【装配式混凝土结构技术规程：第 12.1.6 条】

4. 未经设计允许不得对预制构件进行切割、开洞。

【装配式混凝土结构技术规程：第 12.1.7 条】

14.2.2　安装与连接

1. 采用钢筋套筒灌浆连接、钢筋浆锚搭接连接的预制构件就位前，应检查下列内容：

（1）套筒、预留孔的规格、位置、数量和深度；

（2）被连接钢筋的规格、数量、位置和长度。

当套筒、预留孔内有杂物时，应清理干净；当连接钢筋倾斜时，应进行校直。连接钢筋偏离套筒或孔洞中心线不宜超过5mm。

【装配式混凝土结构技术规程：第12.3.2条】

2. 墙、柱构件的安装应符合下列规定：

（1）构件安装前，应清洁结合面；

（2）构件底部应设置可调整接缝厚度和底部标高的垫块；

（3）钢筋套筒灌浆连接接头、钢筋浆锚搭接连接接头灌浆前，应对接缝周围进行封堵，封堵措施应符合结合面承载力设计要求；

（4）多层预制剪力墙底部采用坐浆材料时，其厚度不宜大于20mm。

【装配式混凝土结构技术规程：第12.3.3条】

3. 钢筋套筒灌浆连接接头、钢筋浆锚搭接连接接头应按检验批划分要求及时灌浆，灌浆作业应符合国家现行有关标准及施工方案的要求，并应符合下列规定：

（1）灌浆施工时，环境温度不应低于5℃；当连接部位养护温度低于10℃时，应采取加热保温措施；

（2）灌浆操作全过程应有专职检验人员负责旁站监督并及时形成施工质量检查记录；

（3）应按产品使用说明书的要求计量灌浆料和水的用量，并搅拌均匀；每次拌制的灌浆料拌合物应进行流动度的检测，且其流动度应满足本规程的规定；

（4）灌浆作业应采用压浆法从下口灌注，当浆料从上口流出后应及时封堵，必要时可设分仓进行灌浆；

（5）灌浆料拌合物应在制备后 30min 内用完。

【装配式混凝土结构技术规程：第 12.3.4 条】

4. 后浇混凝土的施工应符合下列规定：

（1）预制构件结合面疏松部分的混凝土应剔除并清理干净；

（2）模板应保证后浇混凝土部分形状、尺寸和位置准确，并应防止漏浆；

（3）在浇筑混凝土前应洒水润湿结合面，混凝土应振捣密实；

（4）同一配合比的混凝土，每工作班且建筑面积不超过 $1000m^2$ 应制作一组标准养护试件，同一楼层应制作不少于 3 组标准养护试件。

【装配式混凝土结构技术规程：第 12.3.7 条】

5. 构件连接部位后浇混凝土及灌浆料的强度达到设计要求后，方可拆除临时固定措施。

【装配式混凝土结构技术规程：第 12.3.8 条】

6. 受弯叠合构件的装配施工应符合下列规定：

（1）应根据设计要求或施工方案设置临时支撑；

（2）施工荷载宜均匀布置，并不应超过设计规定；

（3）在混凝土浇筑前，应按设计要求检查结合面的粗糙度及

（4）叠合构件应在后浇混凝土强度达到设计要求后，方可拆除临时支撑。

【装配式混凝土结构技术规程：第 12.3.9 条】

7. 安装预制受弯构件时，端部的搁置长度应符合设计要求，端部与支承构件之间应坐浆或设置支承垫块，坐浆或支承垫块厚度不宜大于 20mm。

【装配式混凝土结构技术规程：第 12.3.10 条】

8. 外挂墙板的连接节点及接缝构造应符合设计要求；墙板安装完成后，应及时移除临时支承支座、墙板接缝内的传力垫块。

【装配式混凝土结构技术规程：第 12.3.11 条】

9. 外墙板接缝防水施工应符合下列规定：

（1）防水施工前，应将板缝空腔清理干净；

（2）应按设计要求填塞背衬材料；

（3）密封材料嵌填应饱满、密实、均匀、顺直、表面平滑，其厚度应符合设计要求。

【装配式混凝土结构技术规程：第 12.3.12 条】

15 高层建筑混凝土结构施工

本章内容摘自现行行业标准《高层建筑混凝土结构技术规程》JGJ 3—2010。

15.1 一般规定

1. 本规程适用于10层及10层以上或房屋高度大于28m的住宅建筑以及房屋高度大于24m的其他高层民用建筑混凝土结构。非抗震设计和抗震设防烈度为6至9度抗震设计的高层民用建筑结构，其适用的房屋最大高度和结构类型应符合本规程的有关规定。

本规程不适用于建造在危险地段以及发震断裂最小避让距离内的高层建筑结构。

【高层建筑混凝土结构技术规程：第1.0.2条】

2. 承担高层、超高层建筑结构施工的单位应具备相应的资质。

【高层建筑混凝土结构技术规程：第13.1.1条】

3. 施工单位应认真熟悉图纸，参加设计交底和图纸会审。

【高层建筑混凝土结构技术规程：第13.1.2条】

4. 施工前，施工单位应根据工程特点和施工条件，按有关规定编制施工组织设计和施工方案，并进行技术交底。

【高层建筑混凝土结构技术规程：第13.1.3条】

5. 编制施工方案时，应根据施工方法、附墙爬升设备、垂直运输设备及当地的温度、风力等自然条件对结构及构件受力的影响，进行相应的施工工况模拟和受力分析。

【高层建筑混凝土结构技术规程：第13.1.4条】

15.2 施 工 测 量

1. 高层建筑施工采用的测量器具，应按国家计量部门的有关规定进行检定、校准，合格后方可使用。测量仪器的精度应满足下列规定：

（1）在场地平面控制测量中，宜使用测距精度不低于$\pm(3mm+2\times10^{-6}\times D)$、测角精度不低于±5″级的全站仪或测距仪（$D$为测距，以毫米为单位）；

（2）在场地标高测量中，宜使用精度不低于DSZ3的自动安平水准仪；

（3）在轴线竖向投测中，宜使用±2″级激光经纬仪或激光自动铅直仪。

【高层建筑混凝土结构技术规程：第13.2.2条】

2. 高层建筑结构施工可采用内控法或外控法进行轴线竖向投测。首层放线验收后，应根据测量方案设置内控点或将控制轴线引测至结构外立面上，并作为各施工层主轴线竖向投测的基准。轴线的竖向投测，应以建筑物轴线控制桩为测站。竖向投测的允许偏差应符合表13.2.5的规定。

表13.2.5 轴线竖向投测允许偏差

项　目		允许偏差（mm）
每　层		3
总高H（m）	$H\leqslant30$	5
	$30<H\leqslant60$	10
	$60<H\leqslant90$	15
	$90<H\leqslant120$	20
	$120<H\leqslant150$	25
	$H>150$	30

【高层建筑混凝土结构技术规程：第13.2.5条】

3. 控制轴线投测至施工层后，应进行闭合校验。控制轴线应包括：

（1）建筑物外轮廓轴线；

（2）伸缩缝、沉降缝两侧轴线；

（3）电梯间、楼梯间两侧轴线；

（4）单元、施工流水段分界轴线。

施工层放线时，应先在结构平面上校核投测轴线，再测设细部轴线和墙、柱、梁、门窗洞口等边线，放线的允许偏差应符合表 13.2.6 的规定。

表 13.2.6 施工层放线允许偏差

项目		允许偏差（mm）
外廓主轴线长度 L（m）	$L \leqslant 30$	±5
	$30 < L \leqslant 60$	±10
	$60 < L \leqslant 90$	±15
	$L > 90$	±20
细部轴线		±2
承重墙、梁、柱边线		±3
非承重墙边线		±3
门窗洞口线		±3

【高层建筑混凝土结构技术规程：第 13.2.6 条】

4. 场地标高控制网应根据复核后的水准点或已知标高点引测，引测标高宜采用附合测法，其闭合差不应超过$\pm 6\sqrt{n}$mm（n为测站数）或$\pm 20\sqrt{L}$mm（L 为测线长度，以千米为单位）。

【高层建筑混凝土结构技术规程：第 13.2.7 条】

5. 标高的竖向传递，应从首层起始标高线竖直量取，且每栋建筑应由三处分别向上传递。当三个点的标高差值小于 3mm 时，应取其平均值；否则应重新引测。标高的允许偏差应符合表 13.2.8 的规定。

表 13.2.8　标高竖向传递允许偏差

项目		允许偏差（mm）
每层		±3
总高 H（m）	$H \leq 30$	±5
	$30 < H \leq 60$	±10
	$60 < H \leq 90$	±15
	$90 < H \leq 120$	±20
	$120 < H \leq 150$	±25
	$H > 150$	±30

【高层建筑混凝土结构技术规程：第 13.2.8 条】

6. 建筑物围护结构封闭前，应将外控轴线引测至结构内部，作为室内装饰与设备安装放线的依据。

【高层建筑混凝土结构技术规程：第 13.2.9 条】

15.3　基础施工

1. 基础施工前，应根据施工图、地质勘察资料和现场施工条件，制定地下水控制、基坑支护、支护结构拆除和基础结构的施工方案；深基坑支护方案宜进行专门论证。

【高层建筑混凝土结构技术规程：第 13.3.1 条】

2. 深基础施工，应符合国家现行标准《高层建筑箱形与筏形基础技术规范》JGJ 6、《建筑桩基技术规范》JGJ 94、《建筑基坑支护技术规程》JGJ 120、《建筑施工土石方工程安全技术规范》JGJ 180、《锚杆喷射混凝土支护技术规范》GB 50086、《建筑地基基础工程施工质量验收规范》GB 50202、《建筑基坑工程监测技术规范》GB 50497 等的有关规定。

【高层建筑混凝土结构技术规程：第 13.3.2 条】

3. 基坑和基础施工时，应采取降水、回灌、止水帷幕等措施防止地下水对施工和环境的影响。可根据土质和地下水状态、不同的降水深度，采用集水明排、单级井点、多级井点、喷射井点或管井等降水方案；停止降水时间应符合设计要求。

【高层建筑混凝土结构技术规程：第13.3.3条】

4. 支护结构可选用土钉墙、排桩、钢板桩、地下连续墙、逆作拱墙等方法，并考虑支护结构的空间作用及与永久结构的结合。当不能采用悬臂式结构时，可选用土层锚杆、水平内支撑、斜支撑、环梁支护等锚拉或内支撑体系。

【高层建筑混凝土结构技术规程：第13.3.5条】

5. 基坑施工时应加强周边建（构）筑物和地下管线的全过程安全监测和信息反馈，并制定保护措施和应急预案。

【高层建筑混凝土结构技术规程：第13.3.7条】

6. 支护拆除应按照支护施工的相反顺序进行，并监测拆除过程中护坡的变化情况，制定应急预案。

【高层建筑混凝土结构技术规程：第13.3.8条】

7. 工程桩质量检验可采用高应变、低应变、静载试验或钻芯取样等方法检测桩身缺陷、承载力及桩身完整性。

【高层建筑混凝土结构技术规程：第13.3.9条】

15.4 垂直运输

1. 垂直运输设备应有合格证书，其质量、安全性能应符合国家相关标准的要求，并应按有关规定进行验收。

【高层建筑混凝土结构技术规程：第13.4.1条】

2. 高层建筑施工所选用的起重设备、混凝土泵送设备和施工升降机等，其验收、安装、使用和拆除应分别符合国家现行标准《起重机械安全规程》GB 6067、《塔式起重机》GB/T 5031、《塔式起重机安全规程》GB 5144、《混凝土泵》GB/T 13333、《施工升降机标准》GB/T 10054、《施工升降机安全规程》GB 10055、《混凝土泵送施工技术规程》JGJ/T 10、《建筑机械使用安全技术规程》JGJ 33、《施工现场机械设备检查技术规程》JGJ 160等的有关规定。

【高层建筑混凝土结构技术规程：第13.4.2条】

3．塔式起重机的配备、安装和使用应符合下列规定：

（1）应根据起重机的技术要求，对地基基础和工程结构进行承载力、稳定性和变形验算；当塔式起重机布置在基坑槽边时，应满足基坑支护安全的要求。

（2）采用多台塔式起重机时，应有防碰撞措施。

（3）作业前，应对索具、机具进行检查，每次使用后应按规定对各设施进行维修和保养。

（4）当风速大于五级时，塔式起重机不得进行顶升、接高或拆除作业。

（5）附着式塔式起重机与建筑物结构进行附着时，应满足其技术要求，附着点最大间距不宜大于25m，附着点的埋件设置应经过设计单位同意。

【高层建筑混凝土结构技术规程：第13.4.4条】

4．混凝土输送泵配备、安装和使用应符合下列规定：

（1）混凝土泵的选型和配备台数，应根据混凝土最大输送高度、水平距离、输出量及浇筑量确定。

（2）编制泵送混凝土专项方案时应进行配管设计；季节性施工时，应根据需要对输送管道采取隔热或保温措施。

（3）采用接力泵进行混凝土泵送时，上、下泵的输送能力应匹配；设置接力泵的楼面应验算其结构承载能力。

【高层建筑混凝土结构技术规程：第13.4.5条】

5．施工升降机配备和安装应符合下列规定：

（1）建筑高度超高15层或40m时，应设置施工电梯，并应选择具有可靠防坠落升降系统的产品；

（2）施工升降机的选择，应根据建筑物体型、建筑面积、运输总量、工期要求以及供货条件等确定；

（3）施工升降机位置的确定，应方便安装以及人员和物料的集散；

（4）施工升降机安装前应对其基础和附墙锚固装置进行设计，并在基础周围设置排水设施。

【高层建筑混凝土结构技术规程：第13.4.6条】

15.5　脚手架及模板支架

1. 外脚手架应根据建筑物的高度选择合理的形式：

(1) 低于50m的建筑，宜采用落地脚手架或悬挑脚手架；

(2) 高于50m的建筑，宜采用附着式升降脚手架、悬挑脚手架。

2. 落地脚手架宜采用双排扣件式钢管脚手架、门式钢管脚手架、承插式钢管脚手架。

【高层建筑混凝土结构技术规程：第13.5.3条】

3. 悬挑脚手架应符合下列规定：

(1) 悬挑构件宜采用工字钢，架体宜采用双排扣件式钢管脚手架或碗扣式、承插式钢管脚手架；

(2) 分段搭设的脚手架，每段高度不得超过20m；

(3) 悬挑构件可采用预埋件固定，预埋件应采用未经冷处理的钢材加工；

(4) 当悬挑支架放置在阳台、悬挑梁或大跨度梁等部位时，应对其安全性进行验算。

【高层建筑混凝土结构技术规程：第13.5.5条】

4. 卸料平台应符合下列规定：

(1) 应对卸料平台结构进行设计和验算，并编制专项施工方案；

(2) 卸料平台应与外脚手架脱开；

(3) 卸料平台严禁超载使用。

【高层建筑混凝土结构技术规程：第13.5.6条】

5. 模板支架宜采用工具式支架，并应符合相关标准的规定。

【高层建筑混凝土结构技术规程：第13.5.7条】

15.6　模 板 工 程

1. 模板选型应符合下列规定：

(1) 墙体宜选用大模板、倒模、滑动模板和爬升模板等工具式模板施工；

（2）柱模宜采用定型模板。圆柱模板可采用玻璃钢或钢板成型；

（3）梁、板模板宜选用钢框胶合板、组合钢模板或不带框胶合板等，采用整体或分片预制安装；

（4）楼板模板可选用飞模（台模、桌模）、密助楼板模壳、永久性模板等；

（5）电梯井筒内模宜选用铰接式筒形大模板，核心筒宜采用爬升模板；

（6）清水混凝土、装饰混凝土模板应满足设计对混凝土造型及观感的要求。

【高层建筑混凝土结构技术规程：第 13.6.3 条】

2. 现浇空心楼板模板施工时，应采取防止混凝土浇筑时预制芯管及钢筋上浮的措施。

【高层建筑混凝土结构技术规程：第 13.6.8 条】

3. 模板拆除应符合下列规定：

（1）常温施工时，柱混凝土拆模强度不应低于 1.5MPa，墙体拆模强度不应低于 1.2MPa；

（2）冬期拆模与保温应满足混凝土抗冻临界强度的要求；

（3）梁、板底模拆模时，跨度不大于 8m 时混凝土强度应达到设计强度的 75%，跨度大于 8m 时混凝土强度应达到设计强度的 100%；

（4）悬挑构件拆模时，混凝土强度应达到设计强度的 100%；

（5）后浇带拆模时，混凝土强度应达到设计强度的 100%。

【高层建筑混凝土结构技术规程：第 13.6.9 条】

15.7 钢筋工程

1. 框架梁、柱交叉处，梁纵向受力钢筋应置于柱纵向钢筋内侧；次梁钢筋宜放在主梁钢筋内侧。当双向均为主梁时，钢筋位置应按设计要求摆放。

【高层建筑混凝土结构技术规程：第13.7.6条】

2. 箍筋的弯曲半径、内径尺寸、弯钩平直长度、绑扎间距与位置等构造做法应符合设计规定。采用开口箍筋时，开口方向应置于受压区，并错开布置。采用螺旋箍等新型箍筋时，应符合设计及工艺要求。

【高层建筑混凝土结构技术规程：第13.7.7条】

3. 压型钢板-混凝土组合楼板施工时，应保证钢筋位置及保护层厚度准确。可采用在工厂加工钢筋桁架，并与压型钢板焊接成一体的钢筋桁架模板系统。

【高层建筑混凝土结构技术规程：第13.7.8条】

4. 梁、板、墙、柱的钢筋宜采用预制安装方法。钢筋骨架、钢筋网在运输和安装过程中，应采取加固等保护措施。

【高层建筑混凝土结构技术规程：第13.7.9条】

15.8 混凝土工程

1. 高层建筑宜根据不同工程需要，选用特定的高性能混凝土。采用高强混凝土时，应优选水泥、粗细骨料、外掺合料和外加剂，并应作好配制、浇筑与养护。

【高层建筑混凝土结构技术规程：第13.8.3条】

2. 预拌混凝土运至浇筑地点，应进行坍落度检查，其允许偏差应符合表13.8.4的规定。

表13.8.4 现场实测混凝土坍落度允许偏差

要求坍落度（mm）	允许偏差（mm）
<50	±10
50～90	±20
>90	±30

【高层建筑混凝土结构技术规程：第13.8.4条】

3. 混凝土浇筑高度应保证混凝土不发生离析。混凝土自高处倾落的自由高度不应大于 2m；柱、墙模板内的混凝土倾落高度应满足表 13.8.5 的规定；当不能满足表 13.8.5 的规定时，宜加设串通、溜槽、溜管等装置。

表 13.8.5 柱、墙模板内混凝土倾落高度限值（mm）

条 件	混凝土倾落高度
骨料粒径大于 25mm	≤3
滑料粒径不大于 25mm	≤6

【高层建筑混凝土结构技术规程：第 13.8.5 条】

4. 混凝土浇筑过程中，应设专人对模板支架、钢筋、预埋件和预留孔洞的变形、移位进行观测，发现问题及时采取措施。

【高层建筑混凝土结构技术规程：第 13.8.6 条】

5. 结构柱、墙混凝土设计强度等级高于梁、板混凝土设计强度等级时，应在交界区域采取分隔措施。分隔位置应在低强度等级的构件中，且与高强度等级构件边缘的距离不宜小于 500mm。应先浇筑高强度等级混凝土，后浇筑低强度等级混凝土。

【高层建筑混凝土结构技术规程：第 13.8.9 条】

6. 混凝土施工缝宜留置在结构受力较小且便于施工的位置。

【高层建筑混凝土结构技术规程：第 13.8.10 条】

7. 后浇带应按设计要求预留，并按规定时间浇筑混凝土，进行覆盖养护。当设计对混凝土无特殊要求时，后浇带混凝土应高于其相邻结构一个强度等级。

【高层建筑混凝土结构技术规程：第 13.8.11 条】

15.9 大体积混凝土施工

1. 大体积基础底板及地下室外墙混凝土，当采用粉煤灰混凝土时，可利用 60d 或 90d 强度进行配合比设计和施工。

【高层建筑混凝土结构技术规程：第 13.9.3 条】

2. 大体积与超长结构混凝土配合比应经过试配确定。原材料应符合相关标准的要求，宜选用中低水化热低碱水泥，掺入适量的粉煤灰和缓凝型外加剂，并控制水泥用量。

【高层建筑混凝土结构技术规程：第 13.9.4 条】

3. 大体积混凝土浇筑、振捣应满足下列规定：

（1）宜避免高温施工；当必须暑期高温施工时，应采取措施降低混凝土拌合物和混凝土内部温度。

（2）根据面积、厚度等因素，宜采取整体分层连续浇筑或推移式连续浇筑法；混凝土供应速度应大于混凝土初凝速度，下层混凝土初凝前应进行第二层混凝土浇筑。

（3）分层设置水平施工缝时，除应符合设计要求外，尚应根据混凝土浇筑过程中温度裂缝控制的要求、混凝土的供应能力、钢筋工程的施工、预埋管件安装等因素确定其位置及间隔时间。

（4）宜采用二次振捣工艺，浇筑面应及时进行二次抹压处理。

【高层建筑混凝土结构技术规程：第 13.9.5 条】

4. 大体积混凝土养护、测温应符合下列规定：

（1）大体积混凝土浇筑后，应在 12h 内采取保湿、控温措施。混凝土浇筑体的里表温差不宜大于 25℃，混凝土浇筑体表面与大气温差不宜大于 20℃；

（2）宜采用自动测温系统测量温度，并设专人负责；测温点布置应具有代表性，测温频次应符合相关标准的规定。

【高层建筑混凝土结构技术规程：第 13.9.6 条】

5. 超长大体积混凝土施工可采取留置变形缝、后浇带施工或跳仓法施工。

【高层建筑混凝土结构技术规程：第 13.9.7 条】

15.10 混合结构施工

1. 核心筒应先于钢框架或型钢混凝土框架施工，高差宜控制在 4～8 层，并应满足施工工序的穿插要求。

【高层建筑混凝土结构技术规程：第 13.10.5 条】

2. 型钢混凝土竖向构件应按照钢结构、钢筋、模板、混凝土的顺序组织施工，型钢安装应先于混凝土施工至少一个安装节。

【高层建筑混凝土结构技术规程：第 13.10.6 条】

3. 钢框架-钢筋混凝土筒体结构施工时，应考虑内外结构的竖向变形差异控制。

【高层建筑混凝土结构技术规程：第 13.10.7 条】

4. 钢管混凝土结构浇筑应符合下列规定：

（1）宜采用自密实混凝土，管内混凝土浇筑可选用管顶向下普通浇筑法、泵送顶升浇筑法和高位抛落法等。

（2）采用从管顶向下浇筑时，应加强底部管壁排气孔观察，确认浆体流出和浇筑密实后封堵排气孔。

（3）采用泵送顶升浇筑法时，应合理选择顶升浇筑设备，控制混凝土顶升速度，钢管直径宜不小于泵管直径的两倍。

（4）采用高位抛落免振法浇筑混凝土时，混凝土技术参数宜通过试验确定；对于抛落高度不足 4m 的区段，应配合人工振捣；混凝土一次抛落量应控制在 0.7m^3左右。

（5）混凝土浇筑面与尚待焊接部位焊缝的距离不应小于 600mm。

（6）钢管内混凝土浇灌接近顶面时，应测定混凝土浮浆厚度，计算与原混凝土相同级配的石子量并投入和振捣密实。

（7）管内混凝土的浇灌质量，可采用管外敲击法、超声波检测法或钻芯取样法检测；对不密实的部位，应采用钻孔压浆法进行补强。

【高层建筑混凝土结构技术规程：第 13.10.8 条】

5. 型钢混凝土柱的箍筋宜采用封闭箍，不宜将箍筋直接焊在钢柱上。梁柱节点部位柱的箍筋可分段焊接。

【高层建筑混凝土结构技术规程：第 13.10.9 条】

6. 当利用型钢梁钢骨架吊挂梁模板时，应对其承载力和变形进行核算。

【高层建筑混凝土结构技术规程：第13.10.10条】

7. 压型钢板楼面混凝土施工时，应根据压型钢板的刚度适当设置支撑系统。

【高层建筑混凝土结构技术规程：第13.10.11条】

8. 型钢剪力墙、钢板剪力墙、暗支撑剪力墙混凝土施工时，应在型钢翼缘处留置排气孔，必要时可在墙体模板侧面留设浇筑孔。

【高层建筑混凝土结构技术规程：第13.10.12条】

9. 型钢混凝土梁柱接头处和型钢翼缘下部，宜预留排气孔和混凝土浇筑孔。钢筋密集时，可采用自密实混凝土浇筑。

【高层建筑混凝土结构技术规程：第13.10.13条】

15.11　复杂混凝土结构施工

1. 混凝土结构转换层、加强层施工应符合下列规定：

（1）当转换层梁或板混凝土支撑体系利用下层楼板或其他结构传递荷载时，应通过计算确定，必要时应采取加固措施；

（2）混凝土桁架、空腹钢架等斜向构件的模板和支架应进行荷载分析及水平推力计算。

【高层建筑混凝土结构技术规程：第13.11.2条】

2. 悬挑结构施工应符合下列规定：

（1）悬挑构件的模板支架可采用钢管支撑、型钢支撑和悬挑桁架等，模板起拱值宜为悬挑长度的0.2%～0.3%；

（2）当采用悬挂支模时，应对钢架或骨架的承载力和变形进行计算；

（3）应有控制上部受力钢筋保护层厚度的措施。

3. 大底盘多塔楼结构，塔楼间施工顺序和施工高差、后浇带设置及混凝土浇筑时间应满足设计要求。

【高层建筑混凝土结构技术规程：第13.11.3条】

4. 塔楼连接体施工应符合下列规定：

（1）应在塔楼主体施工前确定连接体施工或吊装方案；

（2）应根据施工方案，对主体结构局部和整体受力进行验算，必要时应采取加强措施；

（3）塔楼主体施工时应按连接体施工安装方案的要求设置预埋件或预留洞。

【高层建筑混凝土结构技术规程：第 13.11.5 条】

15.12 施工安全

1. 高层建筑结构施工应符合现行行业标准《建筑施工高处作业安全技术规范》JGJ 80、《建筑机械使用安全技术规程》JGJ 33、《施工现场临时用电安全技术规范》JGJ 46、《建筑施工门式钢管脚手架安全技术规程》JGJ 128、《建筑施工扣件式钢管脚手架安全技术规范》JGJ 130 和《液压滑动模板施工安全技术规程》JGJ 65 等的有关规定。

【高层建筑混凝土结构技术规程：第 13.12.1 条】

2. 附着式整体爬升脚手架应经鉴定，并有产品合格证、使用证和准用证。

【高层建筑混凝土结构技术规程：第 13.12.2 条】

3. 施工现场应设立可靠的避雷装置。

【高层建筑混凝土结构技术规程：第 13.12.3 条】

4. 建筑物的出入口、楼梯口、洞口、基坑和每层建筑的周边均应设置防护设施。

【高层建筑混凝土结构技术规程：第 13.12.4 条】

5. 钢模板施工时，应有防漏电措施。

【高层建筑混凝土结构技术规程：第 13.12.5 条】

6. 采用自动提升、顶升脚手架或工作平台施工时，应严格执行操作规程，并经验收后实施。

【高层建筑混凝土结构技术规程：第 13.12.6 条】

7. 高层建筑施工，应采取上、下通信联系措施。

【高层建筑混凝土结构技术规程：第 13.12.7 条】

8. 高层建筑施工应有消防系统，消防供水系统应满足楼层防火要求。

【高层建筑混凝土结构技术规程：第 13.12.8 条】

9. 施工用油漆和涂料应妥善保管，并远离火源。

【高层建筑混凝土结构技术规程：第 13.12.9 条】

15.13 绿 色 施 工

1. 高层建筑施工组织设计和施工方案应符合绿色施工的要求，并应进行绿色施工教育和培训。

【高层建筑混凝土结构技术规程：第 13.13.1 条】

2. 应控制混凝土中碱、氯、氨等有害物质含量。

【高层建筑混凝土结构技术规程：第 13.13.2 条】

3. 施工中应采用下列节能与能源利用措施：

（1）制定措施提高各种机械的使用率和满载率；

（2）采用节能设备和施工节能照明工具，使用节能型的用电器具；

（3）对设备进行定期维护保养。

【高层建筑混凝土结构技术规程：第 13.13.3 条】

4. 施工中应采用下列节水及水资源利用措施：

（1）施工过程中对水资源进行管理；

（2）采用施工节水工艺、节水设施并安装计量装置；

（3）深基坑施工时，应采取地下水的控制措施；

（4）有条件的工地宜建立水网，实施水资源的循环使用。

【高层建筑混凝土结构技术规程：第 13.13.4 条】

5. 施工中应采用下列节材及材料利用措施：

（1）采用节材与材料资源合理利用的新技术、新工艺、新材料和新设备；

（2）宜采用可循环利用材料；

（3）废弃物应分类回收，并进行再生利用。

【高层建筑混凝土结构技术规程：第 13.13.5 条】

6. 施工中应采取下列节地措施：

（1）合理布置施工总平面；

（2）节约施工用地及临时设施用地，避免或减少二次搬运；

（3）组织分段流水施工，进行劳动力平衡，减少临时设施和周转材料数量。

【高层建筑混凝土结构技术规程：第 13.13.6 条】

7. 施工中的环境保护应符合下列规定：

（1）对施工过程中的环境因素进行分析，制定环境保护措施；

（2）现场采取降尘措施；

（3）现场采取降噪措施；

（4）采用环保建筑材料；

（5）采取防光污染措施；

（6）现场污水排放应符合相关规定，进出现场车辆应进行清洗；

（7）施工现场垃圾应按规定进行分类和排放；

（8）油漆、机油等应妥善保存，不得遗洒。

【高层建筑混凝土结构技术规程：第 13.13.7 条】

16 钢结构焊接施工

本章内容摘自现行国家标准《钢结构焊接规范》GB 50661—2011。

16.1 材 料

钢结构焊接工程用钢材及焊接材料应符合设计文件的要求，并应具有钢厂和焊接材料厂出具的产品质量证明书或检验报告，其化学成分、力学性能和其他质量要求应符合国家现行有关标准的规定。

【钢结构焊接规范：第 4.0.1 条】

16.2 焊接工艺评定

除符合本规范第 6.6 节规定的免予评定条件外，施工单位首次采用的钢材、焊接材料、焊接方法、接头形式、焊接位置、焊后热处理制度以及焊接工艺参数、预热和后热措施等各种参数的组合条件，应在钢结构构件制作及安装施工之前进行焊接工艺评定。

【钢结构焊接规范：第 6.1.1 条】

16.3 焊 接 工 艺

16.3.1 母材准备

母材上待焊接的表面和两侧应均匀、光洁，且应无毛刺、裂纹和其他对焊缝质量有不利影响的缺陷。待焊接的表面及距焊缝坡口边缘位置 30mm 范围内不得有影响正常焊接和焊缝质量的氧化皮、锈蚀、油脂、水等杂质。

16.3.2　焊接材料要求

1. 焊接材料熔敷金属的力学性能不应低于相应母材标准的下限值或满足设计文件要求。

【钢结构焊接规范：第 7.2.1 条】

2. 焊接材料贮存场所应干燥、通风良好，应由专人保管、烘干、发放和回收，并应有详细记录。

【钢结构焊接规范：第 7.2.2 条】

3. 焊条的保存、烘干应符合下列要求：

（1）酸性焊条保存时应有防潮措施，受潮的焊条使用前应在 100℃～150℃范围内烘焙 1h～2h；

（2）低氢型焊条应符合下列要求：

1）焊条使用前应在 300～430℃范围内烘焙 1～2h，或按厂家提供的焊条使用说明书进行烘干。焊条放入时烘箱的温度不应超过规定最高烘焙温度的一半，烘焙时间以烘箱达到规定最高烘焙温度后开始计算；

2）烘干后的低氢焊条应放置于温度不低于 120℃的保温箱中存放、待用；使用时应置于保温筒中，随用随取；

3）焊条烘干后在大气中放置时间不应超过 4h，用于焊接Ⅲ、Ⅳ类钢材的焊条，烘干后在大气中放置时间不应超过 2h。重新烘干次数不应超过 1 次。

【钢结构焊接规范：第 7.2.3 条】

4. 焊剂的烘干应符合下列要求：

（1）使用前应按制造厂家推荐的温度进行烘焙，已受潮或结块的焊剂严禁使用；

（2）用于焊接Ⅲ、Ⅳ类钢材的焊剂，烘干后在大气中放置时间不应超过 4h。

【钢结构焊接规范：第 7.2.4 条】

5. 焊丝和电渣焊的熔化或非熔化导管表面以及栓钉焊接端

面应无油污、锈蚀。

【钢结构焊接规范：第 7.2.5 条】

6. 栓钉焊瓷环保存时应有防潮措施，受潮的焊接瓷环使用前应在 120～150℃范围内烘焙 1～2h。

【钢结构焊接规范：第 7.2.6 条】

16.3.3 焊接接头的装配要求

1. 接头间隙中严禁填塞焊条头、铁块等杂物。

【钢结构焊接规范：第 7.3.2 条】

2. 对接接头的错边量不应超过本规范表 8.2.2 的规定。当不等厚部件对接接头的错边量超过 3mm 时，较厚部件应按不大于 1∶2.5 坡度平缓过渡。

表 8.2.2 焊缝余高和错边允许偏差（mm）

序号	项目	示意图	允许偏差	
			一、二级	三级
1	对接焊缝余高（C）	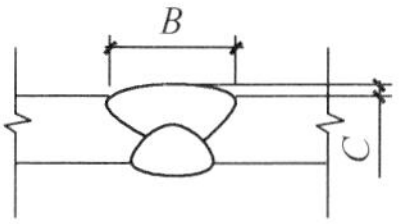	B<20 时，C 为 0～3；B≥20 时，C 为 0～4	B<20 时，C 为 0～3.5；B≥20 时，C 为 0～5
2	对接焊缝错边（Δ）	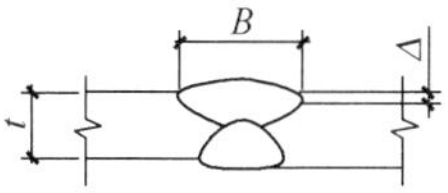	Δ<0.1t 且≤2.0	Δ<0.15t 且≤3.0
3	角焊缝余高（C）	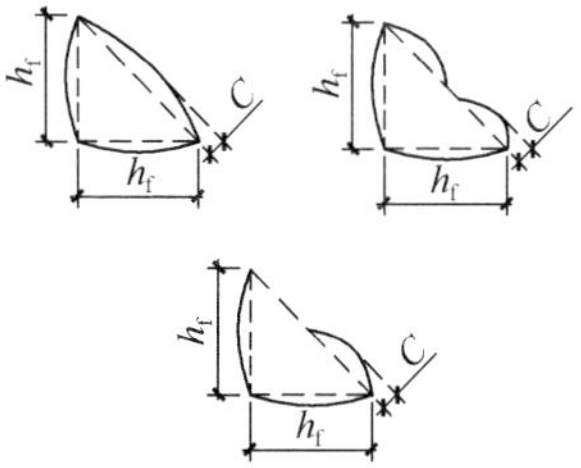	h_f≤6 时 C 为 0～1.5；h_f≤6 时 C 为 0～3.0	

注：t 为对接接头较薄件母材厚度。

【钢结构焊接规范：第 7.3.4 条】

3. 采用角焊缝及部分焊透焊缝连接的T形接头，两部件应密贴，根部间隙不应超过5mm；当间隙超过5mm时，应在待焊板端表面堆焊并修磨平整使其间隙符合要求。

【钢结构焊接规范：第7.3.5条】

4. T形接头的角焊缝连接部件的根部间隙大于1.5mm且小于5mm时，角焊缝的焊脚尺寸应按根部间隙值予以增加。

【钢结构焊接规范：第7.3.6条】

5. 对于搭接接头及塞焊、槽焊以及钢衬垫与母材间的连接接头，接触面之间的间隙不应超过1.5mm。

【钢结构焊接规范：第7.3.7条】

16.3.4　定位焊

1. 定位焊必须由持相应资格证书的焊工施焊，所用焊接材料应与正式焊缝的焊接材料相当。

【钢结构焊接规范：第7.4.1条】

2. 定位焊缝附近的母材表面质量应符合本规范第7.1节的规定。

【钢结构焊接规范：第7.4.2条】

3. 定位焊缝厚度不应小于3mm，长度不应小于40mm，其间距宜为300～600mm。

【钢结构焊接规范：第7.4.3条】

4. 采用钢衬垫的焊接接头，定位焊宜在接头坡口内进行；定位焊焊接时预热温度宜高于正式施焊预热温度20～50℃；定位焊缝与正式焊缝应具有相同的焊接工艺和焊接质量要求；定位焊焊缝存在裂纹、气孔、夹渣等缺陷时，应完全清除。

【钢结构焊接规范：第7.4.4条】

5. 对于要求疲劳验算的动荷载结构，应根据结构特点和本节要求制定定位焊工艺文件。

【钢结构焊接规范：第7.4.5条】

16.3.5 焊接环境

1. 焊条电弧焊和自保护药芯焊丝电弧焊，其焊接作业区最大风速不宜超过 8m/s，气体保护电弧焊不宜超过 2m/s，如果超出上述范围，应采取有效措施以保障焊接电弧区域不受影响。

【钢结构焊接规范：第 7.5.1 条】

2. 当焊接作业处于下列情况之一时严禁焊接：

(1) 焊接作业区的相对湿度大于 90%；

(2) 焊件表面潮湿或暴露于雨、冰、雪中；

(3) 焊接作业条件不符合现行国家标准《焊接与切割安全》GB 9448 的有关规定。

【钢结构焊接规范：第 7.5.2 条】

3. 焊接环境温度低于 0℃但不低于－10℃时，应采取加热或防护措施，应确保接头焊接处各方向不小于 2 倍板厚且不小于 100mm 范围内的母材温度，不低于 20℃或规定的最低预热温度二者的较高值，且在焊接过程中不应低于这一温度。

【钢结构焊接规范：第 7.5.3 条】

4. 焊接环境温度低于－10℃时，必须进行相应焊接环境下的工艺评定试验，并应在评定合格后再进行焊接，如果不符合上述规定，严禁焊接。

【钢结构焊接规范：第 7.5.4 条】

16.3.6 预热和道间温度控制

1. 预热温度和道间温度应根据钢材的化学成分、接头的拘束状态、热输入大小、熔敷金属含氢量水平及所采用的焊接方法等综合因素确定或进行焊接试验。

【钢结构焊接规范：第 7.6.1 条】

2. 电渣焊和气电立焊在环境温度为 0℃以上施焊时可不进行预热；但板厚大于 60mm 时，宜对引弧区域的母材预热且预热温度不应低于 50℃。

【钢结构焊接规范：第 7.6.3 条】

3. 焊接过程中，最低道间温度不应低于预热温度；静载结构焊接时，最大道间温度不宜超过 250℃；需进行疲劳验算的动荷载结构和调质钢焊接时，最大道间温度不宜超过 230℃。

【钢结构焊接规范：第 7.6.4 条】

4. 预热及道间温度控制应符合下列规定：

(1) 焊前预热及道间温度的保持宜采用电加热法、火焰加热法，并应采用专用的测温仪器测量；

(2) 预热的加热区域应在焊缝坡口两侧，宽度应大于焊件施焊处板厚的 1.5 倍，且不应小于 100mm；预热温度宜在焊件受热面的背面测量，测量点应在离电弧经过前的焊接点各方向不小于 75mm 处；当采用火焰加热器预热时正面测温应在火焰离开后进行。

【钢结构焊接规范：第 7.6.5 条】

5. Ⅲ、Ⅳ类钢材及调质钢的预热温度、道间温度的确定，应符合钢厂提供的指导性参数要求。

【钢结构焊接规范：第 7.6.6 条】

16.3.7　焊后消氢热处理

当要求进行焊后消氢热处理时，应符合下列规定：

(1) 消氢热处理的加热温度应为 250～350℃，保温时间应根据工件板厚按每 25mm 板厚不小于 0.5h，且总保温时间不得小于 1h 确定。达到保温时间后应缓冷至常温；

(2) 消氢热处理的加热和测温方法应按本规范第 7.6.5 条的规定执行。

【钢结构焊接规范：第 7.7.1 条】

16.3.8　焊后消应力处理

1. 设计或合同文件对焊后消除应力有要求时，需经疲劳验算的动荷载结构中承受拉应力的对接接头或焊缝密集的节点或构件，宜采用电加热器局部退火和加热炉整体退火等方法进行消除应力处理；如仅为稳定结构尺寸，可采用振动法消除应力。

【钢结构焊接规范：第7.8.1条】

2. 焊后热处理应符合现行行业标准《碳钢、低合金钢焊接构件焊后热处理方法》JB/T 6046的有关规定。当采用电加热器对焊接构件进行局部消除应力热处理时，尚应符合下列要求：

（1）使用配有温度自动控制仪的加热设备，其加热、测温、控温性能应符合使用要求；

（2）构件焊缝每侧面加热板（带）的宽度应至少为钢板厚度的3倍，且不应小于200mm；

（3）加热板（带）以外构件两侧宜用保温材料适当覆盖。

【钢结构焊接规范：第7.8.2条】

3. 用锤击法消除中间焊层应力时，应使用圆头手锤或小型振动工具进行，不应对根部焊缝、盖面焊缝或焊缝坡口边缘的母材进行锤击。

【钢结构焊接规范：第7.8.3条】

16.3.9　引弧板、引出板和衬垫

1. 引弧板、引出板和钢衬垫板的钢材应符合本规范第4章的规定，其强度不应大于被焊钢材强度，且应具有与被焊钢材相近的焊接性。

【钢结构焊接规范：第7.9.1条】

2. 在焊接接头的端部应设置焊缝引弧板、引出板，应使焊缝在提供的延长段上引弧和终止。焊条电弧焊和气体保护电弧焊焊缝引弧板、引出板长度应大于25mm，埋弧焊引弧板、引出板长度应大于80mm。

【钢结构焊接规范：第7.9.2条】

3. 引弧板和引出板宜采用火焰切割、碳弧气刨或机械等方法去除，去除时不得伤及母材并将割口处修磨至与焊缝端部平

整。严禁使用锤击去除引弧板和引出板。

【钢结构焊接规范：第 7.9.3 条】

4. 当使用钢衬垫时，应符合下列要求：

（1）钢衬垫应与接头母材金属贴合良好，其间隙不应大于 1.5mm；

（2）钢衬垫在整个焊缝长度内应保持连续；

（3）钢衬垫应有足够的厚度以防止烧穿。用于焊条电弧焊、气体保护电弧焊和自保护药芯焊丝电弧焊焊接方法的衬垫板厚度不应小于 4mm；用于埋弧焊焊接方法的衬垫板厚度不应小于 6mm；用于电渣焊焊接方法的衬垫板厚度不应小于 25mm；

（4）应保证钢衬垫与焊缝金属熔合良好。

【钢结构焊接规范：第 7.9.5 条】

16.3.10　焊接工艺技术要求

1. 对于焊条电弧焊、实心焊丝气体保护焊、药芯焊丝气体保护焊和埋弧焊（SAW）焊接方法，每一道焊缝的宽深比不应小于 1.1。

【钢结构焊接规范：第 7.10.2 条】

2. 除用于坡口焊缝的加强角焊缝外，如果满足设计要求，应采用最小角焊缝尺寸，最小角焊缝尺寸应符合本规范表 5.4.2 的规定。

【钢结构焊接规范：第 7.10.3 条】

3. 多层焊时应连续施焊，每一焊道焊接完成后应及时清理焊渣及表面飞溅物，遇有中断施焊的情况，应采取适当的保温措施，必要时应进行后热处理，再次焊接时重新预热温度应高于初始预热温度。

【钢结构焊接规范：第 7.10.5 条】

4. 塞焊和槽焊可采用焊条电弧焊、气体保护电弧焊及药芯焊丝自保护焊等焊接方法。平焊时，应分层焊接，每层熔渣冷却凝固后必须清除再重新焊接；立焊和仰焊时，每道焊缝焊完后，应待熔渣冷却并清除再施焊后续焊道。

【钢结构焊接规范：第 7.10.6 条】

5. 在调质钢上严禁采用塞焊和槽焊焊缝。

【钢结构焊接规范：第 7.10.7 条】

16.3.11 焊接变形的控制

1. 钢结构焊接时，采用的焊接工艺和焊接顺序应能使最终构件的变形和收缩最小。

【钢结构焊接规范：第 7.11.1 条】

2. 根据构件上焊缝的布置，可按下列要求采用合理的焊接顺序控制变形：

（1）对接接头、T 形接头和十字接头，在工件放置条件允许或易于翻转的情况下，宜双面对称焊接；有对称截面的构件，宜对称于构件中性轴焊接；有对称连接杆件的节点，宜对称于节点轴线同时对称焊接；

（2）非对称双面坡口焊缝，宜先在深坡口面完成部分焊缝焊接，然后完成浅坡口面焊缝焊接，最后完成深坡口面焊缝焊接。特厚板宜增加轮流对称焊接的循环次数；

（3）对长焊缝宜采用分段退焊法或多人对称焊接法；

（4）宜采用跳焊法，避免工件局部热量集中。

【钢结构焊接规范：第 7.11.2 条】

3. 构件装配焊接时，应先焊收缩量较大的接头，后焊收缩量较小的接头，接头应在小的拘束状态下焊接。

【钢结构焊接规范：第 7.11.3 条】

4. 对于有较大收缩或角变形的接头，正式焊接前应采用预留焊接收缩裕量或反变形方法控制收缩和变形。

【钢结构焊接规范：第 7.11.4 条】

5. 多组件构成的组合构件应采取分部组装焊接，矫正变形后再进行总装焊接。

【钢结构焊接规范：第 7.11.5 条】

6. 对于焊缝分布相对于构件的中性轴明显不对称的异形截面的构件，在满足设计要求的条件下，可采用调整填充焊缝熔敷量或补偿加热的方法。

【钢结构焊接规范：第 7.11.6 条】

16.3.12　返修焊

1. 焊缝金属和母材的缺欠超过相应的质量验收标准时，可采用砂轮打磨、碳弧气刨、铲凿或机械加工等方法彻底清除。对焊缝进行返修，应按下列要求进行：

（1）返修前，应清洁修复区域的表面；

（2）焊瘤、凸起或余高过大，应采用砂轮或碳弧气刨清除过量的焊缝金属；

（3）焊缝凹陷或弧坑、焊缝尺寸不足、咬边、未熔合、焊缝气孔或夹渣等应在完全清除缺陷后进行焊补；

（4）焊缝或母材的裂纹应采用磁粉、渗透或其他无损检测方法确定裂纹的范围及深度，用砂轮打磨或碳弧气刨清除裂纹及其两端各 50mm 长的完好焊缝或母材，修整表面或磨除气刨渗碳层后，应采用渗透或磁粉探伤方法确定裂纹是否彻底清除，再重新进行焊补；对于拘束度较大的焊接接头的裂纹用碳弧气刨清除前，宜在裂纹两端钻止裂孔；

（5）焊接返修的预热温度应比相同条件下正常焊接的预热温度提高 30%～50%，并应采用低氢焊接材料和焊接方法进行焊接；

（6）返修部位应连续焊接。如中断焊接时，应采取后热、保温措施，防止产生裂纹；厚板返修焊宜采用消氢处理；

（7）焊接裂纹的返修，应由焊接技术人员对裂纹产生的原因进行调查和分析，制定专门的返修工艺方案后进行；

（8）同一部位两次返修后仍不合格时，应重新制定返修方案，并经业主或监理工程师认可后方可实施。

【钢结构焊接规范：第 7.12.1 条】

2. 返修焊的焊缝应按原检测方法和质量标准进行检测验收，填报返修施工记录及返修前后的无损检测报告，作为工程验收及存档资料。

【钢结构焊接规范：第 7.12.2 条】

16.3.13　焊件矫正

1. 焊接变形超标的构件应采用机械方法或局部加热的方法进行矫正。

【钢结构焊接规范：第 7.13.1 条】

2. 采用加热矫正时，调质钢的矫正温度严禁超过其最高回火温度，其他供货状态的钢材的矫正温度不应超过 800℃或钢厂推荐温度两者中的较低值。

【钢结构焊接规范：第 7.13.2 条】

3. 构件加热矫正后宜采用自然冷却，低合金钢在矫正温度高于 650℃时严禁急冷。

【钢结构焊接规范：第 7.13.3 条】

16.3.14　焊缝清根

1. 全焊透焊缝的清根应从反面进行，清根后的凹槽应形成不小于 10　°的 U 形坡口。

【钢结构焊接规范：第 7.14.1 条】

2. 碳弧气刨清根应符合下列规定：

(1) 碳弧气刨工的技能应满足清根操作技术要求；

(2) 刨槽表面应光洁，无夹碳、粘渣等；

(3) Ⅲ、Ⅳ类钢材及调质钢在碳弧气刨后，应使用砂轮打磨刨槽表面，去除渗碳淬硬层及残留熔渣。

【钢结构焊接规范：第 7.14.2 条】

16.3.15　临时焊缝

1. 临时焊缝的焊接工艺和质量要求应与正式焊缝相同。临时焊缝清除时应不伤及母材，并应将临时焊缝区域修磨平整。

【钢结构焊接规范：第 7.15.1 条】

2. 需经疲劳验算结构中受拉部件或受拉区域严禁设置临时焊缝。

【钢结构焊接规范：第 7.15.2 条】

3. 对于Ⅲ、Ⅳ类钢材、板厚大于 60mm 的Ⅰ、Ⅱ类钢材、需经疲劳验算的结构，临时焊缝清除后，应采用磁粉或渗透探伤方法对母材进行检测，不允许存在裂纹等缺陷。

【钢结构焊接规范：第 7.15.3 条】

16.3.16　引弧和熄弧

1. 不应在焊缝区域外的母材上引弧和熄弧。

【钢结构焊接规范：第 7.16.1 条】

2. 母材的电弧擦伤应打磨光滑，承受动载或Ⅲ、Ⅳ类钢材的擦伤处还应进行磁粉或渗透探伤检测，不得存在裂纹等缺陷。

【钢结构焊接规范：第 7.16.2 条】

16.3.17　电渣焊和气电立焊

1. 采用熔嘴电渣焊时，应防止熔嘴上的药皮受潮和脱落，受潮的熔嘴应经过 120℃约 1.5h 的烘焙后方可使用，药皮脱落、锈蚀和带有油污的熔嘴不得使用。

【钢结构焊接规范：第 7.17.2 条】

2. 电渣焊和气电立焊在引弧和熄弧时可使用钢制或铜制引熄弧块。电渣焊使用的铜制引熄弧块长度不应小于 100mm，引弧槽的深度不应小于 50mm，引弧槽的截面积应与正式电渣焊接头的截面积一致，可在引弧块的底部加入适当的碎焊丝（ϕ1mm×1mm）便于起弧。

【钢结构焊接规范：第 7.17.3 条】

3. 电渣焊用焊丝应控制 S、P 含量，同时应具有较高的脱氧元素含量。

【钢结构焊接规范：第7.17.4条】

4. 焊接过程中出现电弧中断或焊缝中间存在缺陷，可钻孔清除已焊焊缝，重新进行焊接。必要时应刨开面板采用其他焊接方法进行局部焊补，返修后应重新按检测要求进行无损检测。

【钢结构焊接规范：第7.17.4条】

16.4 焊接检验

1. 焊接检验的一般程序包括焊前检验、焊中检验和焊后检验，并应符合下列规定：

(1) 焊前检验应至少包括下列内容：

1) 按设计文件和相关标准的要求对工程中所用钢材、焊接材料的规格、型号（牌号）、材质、外观及质量证明文件进行确认；

2) 焊工合格证及认可范围确认；

3) 焊接工艺技术文件及操作规程审查；

4) 坡口形式、尺寸及表面质量检查；

5) 组对后构件的形状、位置、错边量、角变形、间隙等检查；

6) 焊接环境、焊接设备等条件确认；

7) 定位焊缝的尺寸及质量认可；

8) 焊接材料的烘干、保存及领用情况检查；

9) 引弧板、引出板和衬垫板的装配质量检查。

(2) 焊中检验应至少包括下列内容：

1) 实际采用的焊接电流、焊接电压、焊接速度、预热温度、层间温度及后热温度和时间等焊接工艺参数与焊接工艺文件的符合性检查；

2) 多层多道焊焊道缺欠的处理情况确认；

3) 采用双面焊清根的焊缝，应在清根后进行外观检查及规定的无损检测；

4）多层多道焊中焊层、焊道的布置及焊接顺序等检查。

（3）焊后检验应至少包括下列内容：

1）焊缝的外观质量与外形尺寸检查；

2）焊缝的无损检测；

3）焊接工艺规程记录及检验报告审查。

【钢结构焊接规范：第8.1.2条】

16.5　焊接补强与加固

1. 钢结构焊接补强和加固设计应符合现行国家标准《建筑结构加固工程施工质量验收规范》GB 50550及《建筑抗震设计规范》GB 50011的有关规定。补强与加固的方案应由设计、施工和业主等各方共同研究确定。

【钢结构焊接规范：第9.0.1条】

2. 钢结构的焊接补强或加固，可按下列两种方式进行：

（1）卸载补强或加固：在需补强或加固的位置使结构或构件完全卸载，条件允许时，可将构件拆下进行补强或加固；

（2）负荷或部分卸载状态下进行补强或加固：在需补强或加固的位置上未经卸载或仅部分卸载状态下进行结构或构件的补强或加固。

【钢结构焊接规范：第9.0.6条】

3. 负荷状态下进行补强与加固工作时，应符合下列规定：

（1）应卸除作用于待加固结构上的可变荷载和可卸除的永久荷载。

（2）应根据加固时的实际荷载（包括必要的施工荷载），对结构、构件和连接进行承载力验算，当待加固结构实际有效截面的名义应力与其所用钢材的强度设计值之间的比值符合下列规定时应进行补强或加固：

1）β不大于0.8（对承受静态荷载或间接承受动态荷载的构件）；

2）β不大于0.4（对直接承受动态荷载的构件）。

（3）轻钢结构中的受拉构件严禁在负荷状态下进行补强和加固。

【钢结构焊接规范：第 9.0.7 条】

4. 在负荷状态下进行焊接补强或加固时，可根据具体情况采取下列措施：

（1）必要的临时支护；

（2）合理的焊接工艺。

【钢结构焊接规范：第 9.0.8 条】

5. 负荷状态下焊接补强或加固施工应符合下列要求：

（1）对结构最薄弱的部位或构件应先进行补强或加固；

（2）加大焊缝厚度时，必须从原焊缝受力较小部位开始施焊。道间温度不应超过 200℃，每道焊缝厚度不宜大于 3mm；

（3）应根据钢材材质，选择相应的焊接材料和焊接方法。应采用合理的焊接顺序和小直径焊材以及小电流、多层多道焊接工艺；

（4）焊接补强或加固的施工环境温度不宜低于 10℃。

【钢结构焊接规范：第 9.0.9 条】

6. 对有缺损的构件应进行承载力评估。当缺损严重，影响结构安全时，应立即采取卸载、加固措施或对损坏构件及时更换；对一般缺损，可按下列方法进行焊接修复或补强：

（1）对于裂纹，应查明裂纹的起止点，在起止点分别钻直径为 12～16mm 的止裂孔，彻底清除裂纹后并加工成侧边斜面角大于 10°的凹槽，当采用碳弧气刨方法时，应磨掉渗碳层。预热温度宜为 100～150℃，并应采用低氢焊接方法按全焊透对接焊缝要求进行。对承受动荷载的构件，应将补焊焊缝的表面磨平；

（2）对于孔洞，宜将孔边修整后采用加盖板的方法补强；

（3）构件的变形影响其承载能力或正常使用时，应根据变形的大小采取矫正、加固或更换构件等措施。

【钢结构焊接规范：第 9.0.10 条】

7. 用于补强或加固的零件宜对称布置。加固焊缝宜对称布置，不宜密集、交叉，在高应力区和应力集中处，不宜布置加固焊缝。

【钢结构焊接规范：第 9.0.12 条】

17 钢结构高强度螺栓连接施工

本章内容摘自现行行业标准《钢结构高强度螺栓连接技术规程》JGJ 82—2011。

17.1 基 本 规 定

17.1.1 一般规定

1. 高强度螺栓连接长期受辐射热（环境温度）达150℃以上，或短时间受火焰作用时，应采取隔热降温措施予以保护。当构件采用防火涂料进行防火保护时，其高强度螺栓连接处的涂料厚度不应小于相邻构件的涂料厚度。

当高强度螺栓连接的环境温度为100～150℃时，其承载力应降低10%。

【钢结构高强度螺栓连接技术规程：第3.1.4条】

2. 在同一连接接头中，高强度螺栓连接不应与普通螺栓连接混用。承压型高强度螺栓连接不应与焊接连接并用。

【钢结构高强度螺栓连接技术规程：第3.1.7条】

17.1.2 连接构造

1. 每一杆件在高强度螺栓连接节点及拼接接头的一端，其连接的高强度螺栓数量不应少于2个。

【钢结构高强度螺栓连接技术规程：第4.3.1条】

2. 当型钢构件的拼接采用高强度螺栓时，其拼接件宜采用钢板；当连接处型钢斜面斜度大于1/20时，应在斜面上采用斜垫板。

【钢结构高强度螺栓连接技术规程：第4.3.2条】

17.2　施　　工

17.2.1　储运和保管

1. 大六角头高强度螺栓连接副由一个螺栓、一个螺母和两个垫圈组成，使用组合应按表 6.1.1 规定。扭剪型高强度连接副由一个螺栓、一个螺母和一个垫圈组成。

表 6.1.1　大六角头高强度螺栓连接副组合

螺　栓	螺　母	垫　圈
10.9s	10H	(35～45)HRC
8.8s	8H	(35～45)HRC

【钢结构高强度螺栓连接技术规程：第 6.1.1 条】

2. 高强度螺栓连接副应按批配套进场，并附有出厂质量保证书。高强度螺栓连接副应在同批内配套使用。

【钢结构高强度螺栓连接技术规程：第 6.1.2 条】

3. 高强度螺栓连接副在运输、保管过程中，应轻装、轻卸，防止损伤螺纹。

【钢结构高强度螺栓连接技术规程：第 6.1.3 条】

4. 高强度螺栓连接副应按包装箱上注明的批号、规格分类保管；室内存放，堆放应有防止生锈、潮湿及沾染脏物等措施。高强度螺栓连接副在安装使用前严禁随意开箱。

【钢结构高强度螺栓连接技术规程：第 6.1.4 条】

5. 高强度螺栓连接副的保管时间不应超过 6 个月。当保管时间超过 6 个月后使用时，必须按要求重新进行扭矩系数或紧固轴力试验，检验合格后，方可使用。

【钢结构高强度螺栓连接技术规程：第 6.1.5 条】

17.2.2　连接构件的制作

1. 高强度螺栓连接处的钢板表面处理方法及除锈等级应符

合设计要求。连接处钢板表面应平整、无焊接飞溅、无毛刺、无油污。经处理后的摩擦型高强度螺栓连接的摩擦面抗滑移系数应符合设计要求。

【钢结构高强度螺栓连接技术规程：第 6.2.6 条】

2. 经处理后的高强度螺栓连接处摩擦面应采取保护措施，防止沾染脏物和油污。严禁在高强度螺栓连接处摩擦面上作标记。

【钢结构高强度螺栓连接技术规程：第 6.2.7 条】

17.2.3　高强度螺栓连接副检验

1. 高强度大六角头螺栓连接副应进行扭矩系数、螺栓楔负载、螺母保证载荷检验，其检验方法和结果应符合现行国家标准《钢结构用高强度大六角头螺栓、大六角螺母、垫圈技术条件》GB/T 1231 规定。高强度大六角头螺栓连接副扭矩系数的平均值及标准偏差应符合表 6.3.1 的要求。

表 6.3.1　高强度大六角头螺栓连接副扭矩系数平均值及标准偏差值

连接副表面状态	扭矩系数平均值	扭矩系数标准偏差
符合现行国家标准《钢结构用高强度大六角头螺栓、大六角螺母、垫圈技术条件》GB/T 1231 的要求	0.110～0.150	≤0.0100

注：每套连接副只做一次试验，不得重复使用。试验时，垫圈发生转动，试验无效。

【钢结构高强度螺栓连接技术规程：第 6.3.1 条】

2. 扭剪型高强度螺栓连接副应进行紧固轴力、螺栓楔负载、螺母保证载荷检验，检验方法和结果应符合现行国家标准《钢结构用扭剪型高强度螺栓连接副》GB/T 3632 规定。扭剪型高强度螺栓连接副的紧固轴力平均值及标准偏差应符合表 6.3.2 的要求。

表 6.3.2　扭剪型高强度螺栓连接副紧固轴力平均值及标准偏差值

螺栓公称直径		M16	M20	M22	M24	M27	M30
紧固轴力值（kN）	最小值	100	155	190	225	290	355
	最大值	121	187	231	270	351	430
标准偏差(kN)		≤10.0	≤15.4	≤19.0	≤22.5	≤29.0	≤35.4

注：每套连接副只做一次试验，不得重复使用。试验时，垫圈发生转动，试验无效。

【钢结构高强度螺栓连接技术规程：第 6.3.2 条】

17.2.4　安装

1. 高强度螺栓长度 l 应保证在终拧后，螺栓外露丝扣为 2～3 扣。其长度应按下式计算：

$$l = l' + \Delta l \tag{6.4.1}$$

式中：l'——连接板层总厚度(mm)；

Δl——附加长度(mm)，$\Delta l = m + n_w s + 3p$；

m——高强度螺母公称厚度(mm)；

n_w——垫圈个数；扭剪型高强度螺栓为 1，大六角头高强度螺栓为 2；

s——高强度垫圈公称厚度(mm)；

p——螺纹的螺距(mm)。

当高强度螺栓公称直径确定之后，Δl 可按表 6.4.1 取值。但采用大圆孔或槽孔时，高强度垫圈公称厚度(s)应按实际厚度取值。根据式(6.4.1)计算出的螺栓长度按修约间隔 5mm 进行修约，修约后的长度为螺栓公称长度。

表 6.4.1　高强度螺栓附加长度 Δl(mm)

螺栓公称直径	M12	M16	M20	M22	M24	M27	M30
高强度螺母公称厚度	12.0	16.0	20.0	22.0	24.0	27.0	30.0
高强度垫圈公称厚度	3.00	4.00	4.00	5.00	5.00	5.00	5.00

续表 6.4.1

螺纹的螺距	1.75	2.00	2.50	2.50	3.00	3.00	3.50
大六角头高强度螺栓附加长度	23.0	30.0	35.5	39.5	43.0	46.0	50.5
扭剪型高强度螺栓附加长度	—	26.0	31.5	34.5	38.0	41.0	45.5

【钢结构高强度螺栓连接技术规程：第 6.4.1 条】

2. 高强度螺栓连接处摩擦面如采用喷砂(丸)后生赤锈处理方法时，安装前应以细钢丝刷除去摩擦面上的浮锈。

【钢结构高强度螺栓连接技术规程：第 6.4.2 条】

3. 对因板厚公差、制造偏差或安装偏差等产生的接触面间隙，应按表 6.4.3 规定进行处理。

表 6.4.3　接触面间隙处理

项目	示意图	处理方法
1	Δ	$\Delta<1.0$mm 时不予处理
2	Δ 磨斜面	$\Delta=(1.0\sim3.0)$mm 时将厚板一侧磨成 1∶10 缓坡，使间隙小于 1.0mm
3	Δ	$\Delta>3.0$mm 时加垫板，垫板厚度不小于 3mm，最多不超过 3 层，垫板材质和摩擦面处理方法应与构件相同

【钢结构高强度螺栓连接技术规程：第 6.4.3 条】

4. 高强度螺栓连接安装时，在每个节点上应穿入的临时螺栓和冲钉数量，由安装时可能承担的荷载计算确定，并应符合下列规定：

(1) 不得少于节点螺栓总数的 1/3；

（2）不得少于2个临时螺栓；

（3）冲钉穿入数量不宜多于临时螺栓数量的30%。

【钢结构高强度螺栓连接技术规程：第6.4.4条】

5. 在安装过程中，不得使用螺纹损伤及沾染脏物的高强度螺栓连接副，不得用高强度螺栓兼作临时螺栓。

【钢结构高强度螺栓连接技术规程：第6.4.5条】

6. 工地安装时，应按当天高强度螺栓连接副需要使用的数量领取。当天安装剩余的必须妥善保管，不得乱扔、乱放。

【钢结构高强度螺栓连接技术规程：第6.4.6条】

7. 高强度螺栓的安装应在结构构件中心位置调整后进行，其穿入方向应以施工方便为准，并力求一致。高强度螺栓连接副组装时，螺母带圆台面的一侧应朝向垫圈有倒角的一侧。对于大六角头高强度螺栓连接副组装时，螺栓头下垫圈有倒角的一侧应朝向螺栓头。

【钢结构高强度螺栓连接技术规程：第6.4.7条】

8. 安装高强度螺栓时，严禁强行穿入。当不能自由穿入时，该孔应用铰刀进行修整，修整后孔的最大直径不应大于1.2倍螺栓直径，且修孔数量不应超过该节点螺栓数量的25%。修孔前应将四周螺栓全部拧紧，使板迭密贴后再进行铰孔。严禁气割扩孔。

【钢结构高强度螺栓连接技术规程：第6.4.8条】

9. 按标准孔型设计的孔，修整后孔的最大直径超过1.2倍螺栓直径或修孔数量超过该节点螺栓数量的25%时，应经设计单位同意。扩孔后的孔型尺寸应作记录，并提交设计单位，按大圆孔、槽孔等扩大孔型进行折减后复核计算。

【钢结构高强度螺栓连接技术规程：第6.4.9条】

10. 安装高强度螺栓时，构件的摩擦面应保持干燥，不得在雨中作业。

【钢结构高强度螺栓连接技术规程：第6.4.10条】

11. 大六角头高强度螺栓施工所用的扭矩扳手，班前必须校正，其扭矩相对误差应为±5%，合格后方准使用。校正用的扭矩扳手，其扭矩相对误差应为±3%。

【钢结构高强度螺栓连接技术规程：第 6.4.11 条】

12. 大六角头高强度螺栓拧紧时，应只在螺母上施加扭矩。

【钢结构高强度螺栓连接技术规程：第 6.4.12 条】

13. 大六角头高强度螺栓的施工终拧扭矩可由下式计算确定：

$$T_c = kP_c d \tag{6.4.13}$$

式中：d——高强度螺栓公称直径（mm）；

k——高强度螺栓连接副的扭矩系数平均值，该值由第 6.3.1 条试验测得；

P_c——高强度螺栓施工预拉力（kN），按表 6.4.13 取值；

T_c——施工终拧扭矩（N·m）。

表 6.4.13　高强度大六角头螺栓施工预拉力（kN）

螺栓性能等级	螺栓公称直径						
	M12	M16	M20	M22	M24	M27	M30
8.8s	50	90	140	165	195	255	310
10.9s	60	110	170	210	250	320	390

【钢结构高强度螺栓连接技术规程：第 6.4.13 条】

14. 高强度大六角头螺栓连接副的拧紧应分为初拧、终拧。对于大型节点应分为初拧、复拧、终拧。初拧扭矩和复拧扭矩为终拧扭矩的 50%左右。初拧或复拧后的高强度螺栓应用颜色在螺母上标记，按本规程第 6.4.13 条规定的终拧扭矩值进行终拧。终拧后的高强度螺栓应用另一种颜色在螺母上标记。高强度大六角头螺栓连接副的初拧、复拧、终拧宜在一天内完成。

【钢结构高强度螺栓连接技术规程：第 6.4.14 条】

15. 扭剪型高强度螺栓连接副的拧紧应分为初拧、终拧。对于大型节点应分为初拧、复拧、终拧。初拧扭矩和复拧扭矩值为

$0.065 \times P_c \times d$，或按表 6.4.15 选用。初拧或复拧后的高强度螺栓应用颜色在螺母上标记，用专用扳手进行终拧，直至拧掉螺栓尾部梅花头。对于个别不能用专用扳手进行终拧的扭剪型高强度螺栓，应按本规程第 6.4.13 条规定的方法进行终拧（扭矩系数可取 0.13）。扭剪型高强度螺栓连接副的初拧、复拧、终拧宜在一天内完成。

表 6.4.15　扭剪型高强度螺栓初拧（复拧）扭矩值（N·m）

螺栓公称直径	M16	M20	M22	M24	M27	M30
初拧扭矩	115	220	300	390	560	760

【钢结构高强度螺栓连接技术规程：第 6.4.15 条】

16. 当采用转角法施工时，大六角头高强度螺栓连接副应按本规程第 6.3.1 条检验合格，且应按本规程第 6.4.14 条规定进行初拧、复拧。初拧（复拧）后连接副的终拧角度应按表 6.4.16 规定执行。

表 6.4.16　初拧(复拧)后大六角头高强度螺栓连接副的终拧转角

螺栓长度 L 范围	螺母转角	连接状态
$L \leqslant 4d$	1/3 圈(120°)	连接形式为一层芯板加两层盖板
$4d < L \leqslant 8d$ 或 200mm 及以下	1/2 圈(180°)	
$8d < L \leqslant 12d$ 或 200mm 以上	2/3 圈(240°)	

注：1 螺母的转角为螺母与螺栓杆之间的相对转角；
2 当螺栓长度 L 超过螺栓公称直径 d 的 12 倍时，螺母的终拧角度应由试验确定。

【钢结构高强度螺栓连接技术规程：第 6.4.16 条】

17. 高强度螺栓在初拧、复拧和终拧时，连接处的螺栓应按一定顺序施拧，确定施拧顺序的原则为由螺栓群中央顺序向外拧紧，和从接头刚度大的部位向约束小的方向拧紧（图 6.4.17）。几种常见接头螺栓施拧顺序应符合下列规定：

（1）一般接头应从接头中心顺序向两端进行（图 6.4.17a）；

（2）箱形接头应按 A、C、B、D 的顺序进行（图 6.4.17b）；

（3）工字梁接头栓群应按①～⑥顺序进行（图 6.4.17c）；

（4）工字形柱对接螺栓紧固顺序为先翼缘后腹板；

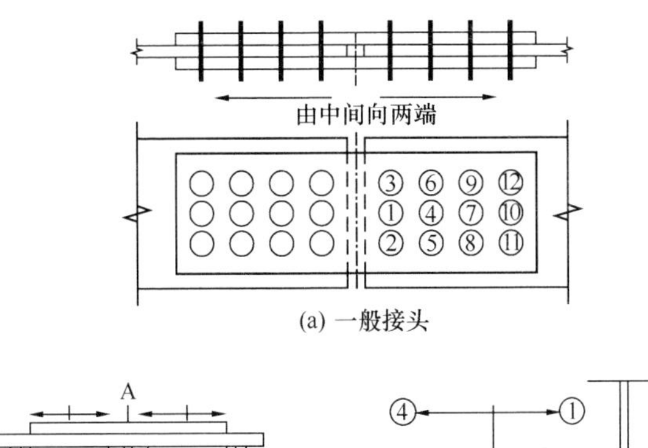

(a) 一般接头

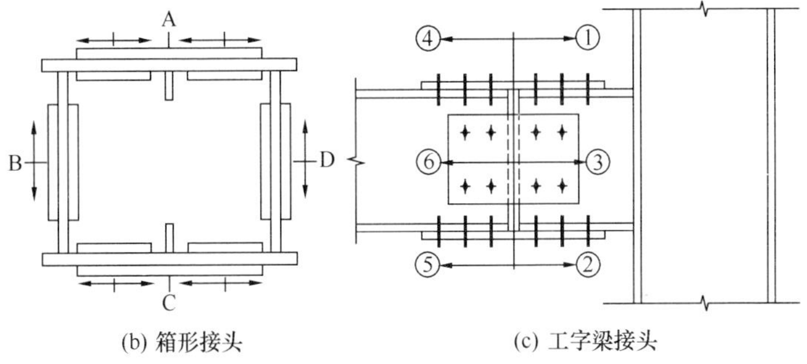

(b) 箱形接头　(c) 工字梁接头

图 6.4.17　常见螺栓连接接头施拧顺序

（5）两个或多个接头栓群的拧紧顺序应先主要构件接头，后次要构件接头。

【钢结构高强度螺栓连接技术规程：第 6.4.17 条】

18. 对于露天使用或接触腐蚀性气体的钢结构，在高强度螺栓拧紧检查验收合格后，连接处板缝应及时用腻子封闭。

【钢结构高强度螺栓连接技术规程：第 6.4.18 条】

19. 经检查合格后的高强度螺栓连接处，防腐、防火应按设计要求涂装。

【钢结构高强度螺栓连接技术规程：第 6.4.19 条】

17.2.5　紧固质量检验

1. 大六角头高强度螺栓连接施工紧固质量检查应符合下列规定：

（1）扭矩法施工的检查方法应符合下列规定：

1）用小锤（约 0.3kg）敲击螺母对高强度螺栓进行普查，不得漏拧；

2）终拧扭矩应按节点数抽查 10%，且不应少于 10 个节点；对每个被抽查节点应按螺栓数抽查 10%，且不应少于 2 个螺栓；

3）检查时先在螺杆端面和螺母上画一直线，然后将螺母拧松约 60°；再用扭矩扳手重新拧紧，使两线重合，测得此时的扭矩应在 $0.9T_{ch}$～$1.1T_{ch}$范围内。T_{ch}应按下式计算：

$$T_{ch} = kPd \tag{6.5.1}$$

式中：P——高强度螺栓预拉力设计值（kN），按本规程表 3.2.5 取用；

T_{ch}——检查扭矩（N·m）。

4）如发现有不符合规定的，应再扩大 1 倍检查，如仍有不合格者，则整个节点的高强度螺栓应重新施拧；

5）扭矩检查宜在螺栓终拧 1h 以后、24h 之前完成；检查用的扭矩扳手，其相对误差应为±3%。

（2）转角法施工的检查方法应符合下列规定：

1）普查初拧后在螺母与相对位置所画的终拧起始线和终止线所夹的角度应达到规定值；

2）终拧转角应按节点数抽查 10%，且不应少于 10 个节点；对每个被抽查节点按螺栓数抽查 10%，且不应少于 2 个螺栓；

3）在螺杆端面和螺母相对位置画线，然后全部卸松螺母，再按规定的初拧扭矩和终拧角度重新拧紧螺栓，测量终止线与原终止线画线间的角度，应符合本规程表 6.4.16 要求，误差在±30°者为合格；

4）如发现有不符合规定的，应再扩大 1 倍检查，如仍有不合格者，则整个节点的高强度螺栓应重新施拧；

5）转角检查宜在螺栓终拧1h以后、24h之前完成。

【钢结构高强度螺栓连接技术规程：第6.5.1条】

2. 扭剪型高强度螺栓终拧检查，以目测尾部梅花头拧断为合格。对于不能用专用扳手拧紧的扭剪型高强度螺栓，应按本规程第6.5.1条的规定进行终拧紧固质量检查。

【钢结构高强度螺栓连接技术规程：第6.5.2条】

18 低层冷弯薄壁型钢房屋建筑施工

本章内容摘自现行行业标准《低层冷弯薄壁型钢房屋建筑技术规程》JGJ 227—2011。

18.1 一般规定

1. 本规程适用于以冷弯薄壁型钢为主要承重构件，层数不大于3层，檐口高度不大于12m的低层房屋建筑的设计、施工及验收。

【低层冷弯薄壁型钢房屋建筑技术规程：第1.0.2条】

2. 冷弯薄壁型钢结构承重构件的壁厚不应小于0.6mm，主要承重构件的壁厚不应小于0.75mm。

【低层冷弯薄壁型钢房屋建筑技术规程：第4.5.3条】

3. 低层冷弯薄壁型钢房屋同一榀构架的立柱、楼板梁、屋架宜在同一平面内，构件形心之间的偏心不宜超过20mm。

【低层冷弯薄壁型钢房屋建筑技术规程：第4.5.4条】

18.2 制 作

1. 冷弯薄壁型钢构件应根据设计文件进行构件详图、清单、制作工艺的编制。

【低层冷弯薄壁型钢房屋建筑技术规程：第10.1.1条】

2. 原材料的品种、规格和性能应符合现行国家相关产品标准和设计的要求。

【低层冷弯薄壁型钢房屋建筑技术规程：第10.1.2条】

3. 冷弯薄壁型钢的冷弯和矫正加工环境温度不得低于—10℃。

【低层冷弯薄壁型钢房屋建筑技术规程：第10.1.3条】

4. 钢构件应进行标识，标识应清晰、明显、不易涂改。

【低层冷弯薄壁型钢房屋建筑技术规程：第 10.1.4 条】

5. 构件拼装宜在专用的平台上进行，在拼装前应对平台的平整度、角度、垂直度进行检测，合格后方可进行；拼装完成的单元应保证整体平整度、垂直度在允许偏差范围以内。

【低层冷弯薄壁型钢房屋建筑技术规程：第 10.1.5 条】

18.3　防　　腐

1. 对于一般腐蚀性地区，结构用冷弯薄壁型钢构件镀层的镀锌量不应低于 180g/m^2（双面）或镀铝锌量不应低于 100g/m^2（双面）；对于高腐蚀性地区或特殊建筑物，镀锌量不应低于 275g/m^2（双面）或镀铝锌量不应低于 100g/m^2（双面），并应满足现行国家或行业标准的规定。

【低层冷弯薄壁型钢房屋建筑技术规程：第 10.2.1 条】

2. 冷弯薄壁型钢结构的连接件应根据不同腐蚀性地区，采用镀锌或镀铝锌材料。

【低层冷弯薄壁型钢房屋建筑技术规程：第 10.2.2 条】

3. 冷弯薄壁型钢结构构件严禁进行热切割。

【低层冷弯薄壁型钢房屋建筑技术规程：第 10.2.3 条】

4. 在冷弯薄壁型钢和其他材料之间应使用下列有效的隔离措施进行防护，防止两种材料相互腐蚀：

（1）金属管线与钢构件之间应放置橡胶垫圈，避免两者直接接触。

（2）墙体与混凝土基础之间应放置防腐防潮垫。

【低层冷弯薄壁型钢房屋建筑技术规程：第 10.2.4 条】

5. 当构件表面镀层出现局部破坏时，应进行防腐处理。

【低层冷弯薄壁型钢房屋建筑技术规程：第 10.2.6 条】

18.4　安　　装

1. 在进行整体组装时，应符合下列要求：

（1）墙体结构要增设临时支撑、十字交叉支撑。

（2）楼面梁应增设梁间支撑。

（3）桁架单元之间应增设水平和垂直支撑。

（4）应采取有效措施将施工荷载分布至较大面积。

【低层冷弯薄壁型钢房屋建筑技术规程：第10.3.2条】

2. 用于石膏板、结构用定向刨花板与钢板连接的螺钉，其头部应沉入石膏板、结构用定向刨花板（0～1）mm，螺钉周边板材应无破损。

【低层冷弯薄壁型钢房屋建筑技术规程：第10.3.4条】

18.5　防　　火

1. 低层冷弯薄壁型钢房屋建筑的防火设计除应符合本规程的规定外，尚应符合现行国家标准《建筑设计防火规范》GB 50016 的有关规定。

【低层冷弯薄壁型钢房屋建筑技术规程：第12.0.1条】

2. 建筑中的下列部位应采用耐火极限不低于1.00h的不燃烧体墙和楼板与其他部位分隔：

（1）配电室、锅炉房、机动车库。

（2）资料库（室）、档案库（室）、仓储室。

（3）公共厨房。

【低层冷弯薄壁型钢房屋建筑技术规程：第12.0.2条】

3. 附建于冷弯薄壁型钢住宅建筑并仅供该住宅使用的机动车库，与居住部分相连通的门应采用乙级防火门，且车库隔墙距地面100mm范围内不应开设任何洞口。

【低层冷弯薄壁型钢房屋建筑技术规程：第12.0.3条】

4. 位于住宅单元之间的墙两侧的门窗洞口，其最近边缘之间的水平间距不应小于1.0m。

【低层冷弯薄壁型钢房屋建筑技术规程：第12.0.4条】

5. 由不同高度组成的一座冷弯薄壁型钢建筑，较低部分屋面上开设的天窗与相接的较高部分外墙上的门窗洞口之间的最小距离不应小于 4.0m。当符合下列情况之一时，该距离可不受限制：

（1）较低部分安装了自动喷水灭火系统或天窗为固定式乙级防火窗。

（2）较高部分外墙面上的门为火灾时能够自动关闭的乙级防火门，窗口、洞口设有固定式乙级防火窗。

【低层冷弯薄壁型钢房屋建筑技术规程：第 12.0.5 条】

6. 浴室、卫生间和厨房的垂直排风管，应采取防回流措施或在支管上设置防火阀。厨房的排油烟管道与垂直排风管连接的支管处应设置动作温度为 150℃的防火阀。

【低层冷弯薄壁型钢房屋建筑技术规程：第 12.0.6 条】

7. 建筑内管道穿过楼板、住宅建筑单元之间的墙和分户墙时，应采用防火封堵材料将空隙紧密填实；当管道为难燃或可燃材质时，应在贯穿部位两侧采取阻火措施。

【低层冷弯薄壁型钢房屋建筑技术规程：第 12.0.7 条】

8. 低层冷弯薄壁型钢住宅建筑内可设置火灾报警装置。

【低层冷弯薄壁型钢房屋建筑技术规程：第 12.0.8 条】

19 建筑钢结构防腐蚀

本章内容摘自现行行业标准《建筑钢结构防腐蚀技术规程》JGJ/T 251—2011。

19.1 一 般 规 定

1. 钢结构防腐蚀工程施工使用的设备、仪器应具备出厂质量合格证或质量检验报告。设备、仪器应经计量检定合格且在时效期内方可使用。

【建筑钢结构防腐蚀技术规程：第4.1.2条】

2. 钢结构防腐蚀材料的品种、规格、性能等应符合国家现行有关产品标准和设计的规定。

【建筑钢结构防腐蚀技术规程：第4.1.3条】

19.2 表 面 处 理

1. 表面处理方法应根据钢结构防腐蚀设计要求的除锈等级、粗糙度和涂层材料、结构特点及基体表面的原始状况等因素确定。

【建筑钢结构防腐蚀技术规程：第4.2.1条】

2. 钢结构在除锈处理前应进行表面净化处理，表面脱脂净化方法可按表4.2.2选用。当采用溶剂做清洗剂时，应采取通风、防火、呼吸保护和防止皮肤直接接触溶剂等防护措施。

表4.2.2 表面脱脂净化方法

表面脱脂净化方法	适用范围	注意事项
采用汽油、过氯乙烯、丙酮等溶剂清洗	清除油脂、可溶污物、可溶涂层	若需保留旧涂层，应使用对该涂层无损的溶剂。溶剂及抹布应经常更换

续表 4.2.2

表面脱脂净化方法	适用范围	注意事项
采用如氢氧化钠、碳酸钠等碱性清洗剂清洗	除掉可皂化涂层、油脂和污物	清洗后应充分冲洗，并作钝化和干燥处理
采用 OP 乳化剂等乳化清洗	清除油脂及其他可溶污物	清洗后应用水冲洗干净，并作干燥处理

【建筑钢结构防腐蚀技术规程：第 4.2.2 条】

3. 喷射清理后的钢结构除锈等级应符合本规程第 3.2.4 条的规定。工作环境应满足空气相对湿度低于 85%，施工时钢结构表面温度应高于露点 3℃以上。露点可按本规程附录 D 进行换算。

【建筑钢结构防腐蚀技术规程：第 4.2.3 条】

4. 喷射清理所用的压缩空气应经过冷却装置和油水分离器处理。油水分离器应定期清理。

【建筑钢结构防腐蚀技术规程：第 4.2.4 条】

5. 喷射式喷砂机的工作压力宜为 0.50～0.70MPa；喷砂机喷口处的压力宜为 0.35～0.50MPa。

【建筑钢结构防腐蚀技术规程：第 4.2.5 条】

6. 喷嘴与被喷射钢结构表面的距离宜为 100～300mm；喷射方向与被喷射钢结构表面法线之间的夹角宜为 15°～30°。

【建筑钢结构防腐蚀技术规程：第 4.2.6 条】

7. 当喷嘴孔口磨损直径增大 25%时，宜更换喷嘴。

【建筑钢结构防腐蚀技术规程：第 4.2.7 条】

8. 喷射清理所用的磨料应清洁、干燥。磨料的种类和粒度应根据钢结构表面的原始锈蚀程度、设计或涂装规格书所要求的喷射工艺、清洁度和表面粗糙度进行选择。壁厚大于或等于 4mm 的钢构件可选用粒度为 0.5～1.5mm 的磨料，壁厚小于 4mm 的钢构件应选用粒度小于 0.5mm 的磨料。

【建筑钢结构防腐蚀技术规程：第 4.2.8 条】

9. 涂层缺陷的局部修补和无法进行喷射清理时可采用手动和动力工具除锈。

【建筑钢结构防腐蚀技术规程：第 4.2.9 条】

10. 表面清理后，应采用吸尘器或干燥、洁净的压缩空气清除浮尘和碎屑，清理后的表面不得用手触摸。

【建筑钢结构防腐蚀技术规程：第 4.2.10 条】

11. 清理后的钢结构表面应及时涂刷底漆，表面处理与涂装之间的间隔时间不宜超过 4h，车间作业或相对湿度较低的晴天不应超过 12h。否则，应对经预处理的有效表面采用干净牛皮纸、塑料膜等进行保护。涂装前如发现表面被污染或返锈，应重新清理至原要求的表面清洁度等级。

【建筑钢结构防腐蚀技术规程：第 4.2.11 条】

12. 喷砂工人在进行喷砂作业时应穿戴防护用具，在工作间内进行喷砂作业时呼吸用空气应进行净化处理。喷砂完工后，应采用真空吸尘器、无水的压缩空气除去喷砂残渣和表面灰尘。

【建筑钢结构防腐蚀技术规程：第 4.2.12 条】

19.3　涂层施工

1. 钢结构涂层施工环境应符合下列规定：

(1) 施工环境温度宜为 5～38℃，相对湿度不宜大于 85%；

(2) 钢材表面温度应高于露点 3℃以上；

(3) 在大风、雨、雾、雪天、有较大灰尘及强烈阳光照射下，不宜进行室外施工；

(4) 当施工环境通风较差时，应采取强制通风。

【建筑钢结构防腐蚀技术规程：第 4.3.1 条】

2. 涂装前应对钢结构表面进行外观检查，表面除锈等级和表面粗糙度应满足设计要求。

【建筑钢结构防腐蚀技术规程：第 4.3.2 条】

3. 涂装方法和涂刷工艺应根据所选用涂料的物理性能、施工条件和被涂钢结构的形状进行确定，并应符合涂料规格书或产品说明书的规定。

【建筑钢结构防腐蚀技术规程：第4.3.3条】

4. 防腐蚀涂料和稀释剂在运输、储存、施工及养护过程中，不得与酸、碱等化学介质接触。严禁明火，并应采取防尘、防曝晒措施。

【建筑钢结构防腐蚀技术规程：第4.3.4条】

5. 需在工地拼装焊接的钢结构，其焊缝两侧应先涂刷不影响焊接性能的车间底漆，焊接完毕后应对焊缝热影响区进行二次表面清理，并应按设计要求进行重新涂装。

【建筑钢结构防腐蚀技术规程：第4.3.5条】

6. 每次涂装应在前一层涂膜实干后进行。

【建筑钢结构防腐蚀技术规程：第4.3.6条】

7. 涂料储存环境温度应在25℃以下。常见涂料施工的间隔时间和储存期应符合产品说明书的相关规定。

【建筑钢结构防腐蚀技术规程：第4.3.7条】

8. 钢结构防腐蚀涂料涂装结束，涂层应自然养护后方可使用。其中化学反应类涂料形成的涂层，养护时间不应少于7d。

【建筑钢结构防腐蚀技术规程：第4.3.8条】

19.4 金属热喷涂

1. 采用金属热喷涂的钢结构表面应进行喷射或抛射处理。

【建筑钢结构防腐蚀技术规程：第4.4.3条】

2. 采用金属热喷涂的钢结构构件应与未喷涂的钢构件做到电气绝缘。

【建筑钢结构防腐蚀技术规程：第4.4.4条】

3. 表面处理与热喷涂施工之间的间隔时间，晴天不得超过12h，雨天、有雾的气候条件下不得超过2h。

【建筑钢结构防腐蚀技术规程：第4.4.5条】

4. 工作环境的大气温度低于5℃、钢结构表面温度低于露点3℃和空气相对湿度大于85%时，不得进行金属热喷涂施工操作。

【建筑钢结构防腐蚀技术规程：第 4.4.6 条】

5. 热喷涂金属丝应光洁、无锈、无油、无折痕，金属丝直径宜为 2.0mm 或 3.0mm。

【建筑钢结构防腐蚀技术规程：第 4.4.7 条】

6. 金属热喷涂所用的压缩空气应干燥、洁净，同一层内各喷涂带之间应有 1/3 的重叠宽度。喷涂时应留出一定的角度。

【建筑钢结构防腐蚀技术规程：第 4.4.8 条】

7. 金属热喷涂层的封闭剂或首道封闭涂料施工宜在喷涂层尚有余温时进行，并宜采用刷涂方式施工。

【建筑钢结构防腐蚀技术规程：第 4.4.9 条】

8. 钢构件的现场焊缝两侧应预留 100～150mm 宽度涂刷车间底漆临时保护，待工地拼装焊接后，对预留部分应按相同的技术要求重新进行表面清理和喷涂施工。

【建筑钢结构防腐蚀技术规程：第 4.4.10 条】

9. 装卸、运输或其他施工作业过程应采取防止金属热喷涂层局部损坏的措施。如有损坏，应按设计要求和施工工艺进行修补。

【建筑钢结构防腐蚀技术规程：第 4.4.11 条】

20　木质地板铺装和使用

本章内容摘自现行国家标准《木质地板铺装、验收和使用规范》GB/T 20238—2006。

20.1　一 般 规 定

（1）在铺装前，应将铺装方法、铺装要求、工期、验收规范等向用户说明并征得其认可。

（2）地板铺装应在地面隐蔽工程、吊顶工程、墙面工程、水电工程完成并验收后进行。

（3）地面基础的强度和厚度应符合房屋验收规定。

（4）地面应平整，用2m靠尺检测地面平整度，靠尺与地面的最大弦高应≤5mm。

（5）地面含水率应低于20%，否则应进行防潮处理。

（6）严禁使用超出强制性标准限量的材料。

【木质地板铺装、验收和使用规范：第4.1.1条】

20.2　铺装技术要求

1. 铺装前准备

（1）彻底清理地面，确保地面无浮土、无明显凸出物和施工废弃物。

（2）测量地面的含水率、地面含水率合格后方可施工。严禁湿地施工，并防止有水源处（如暖气出水处、厨房和卫生间连接处）向地面渗漏。

（3）根据用户房屋已铺设的管道、线路布置情况，标明各管道、线路的位置，以便于施工。

（4）制定合理的铺装方案。若铺装环境特殊应及时与用户协商，并采取合理的解决方案。

（5）测量并计算所需木龙骨、踢脚板、扣条数量。

2. 木龙骨安装

（1）根据用户要求确定地板铺装方向后，确定木龙骨的铺设方向。

（2）根据地板的长度模数计算确定木龙骨的间距并划线标明，应确保地板端部接缝在木龙骨上。

（3）根据木龙骨的长度，合理布置固定木龙骨的位置；打孔孔距≤300mm，孔深度≤60mm，以免击穿楼板；使用的木栓应采用握钉力较好的干燥材，木栓直径大于电锤钻头直径。

（4）为避免木龙骨固定时被劈裂，采用专用木龙骨钉将其固定，不允许用水泥或含水建筑胶固定。

（5）木龙骨与地面有缝隙时，应用耐腐、硬质材料垫实。如木龙骨不平整，应刨平或垫平。

（6）木龙骨安装时，木龙骨间距允差≤5mm，平整度成3mm/2m，与墙面间的伸缩缝为8～12mm。

3. 地板铺装

实木地板、实木集成地板和竹地板铺装结构见图4.1.4。

（1）根据用户要求，可在木龙骨间撒放防虫剂和干燥剂。

（2）在木龙骨上可铺钉毛地板，毛地板严禁整张使用，宜锯成规格为1.2m×0.6m或0.6m×0.6m的板材。毛地板铺装间隙为5～10mm，与墙面及地面固定物间的间距为8mm～12mm。毛地板固定钉距应小于350mm。固定后脚踩无异响和明显下陷现象，毛地板铺装应水平，平整度≤3mm/2m。

（3）铺设防潮膜，防潮膜交接处应重叠50mm以上并用胶带粘接严实，墙角处上卷50mm。

（4）在地板企口处打引眼，引眼孔径应略小于地板钉直径，用地板钉从引眼处将地板固定。地板应错缝铺装地板钉长度宜为板厚的2.5倍，固定时应从企口处30°～50°角倾斜钉入。

（5）在铺装过程中应随时检查，如发现问题应及时采取

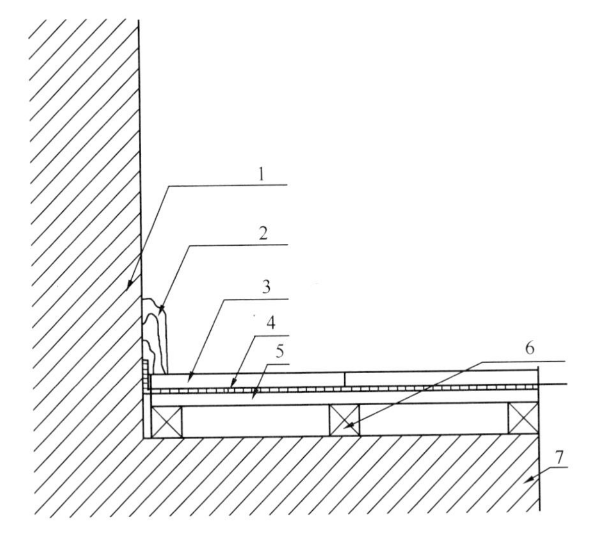

图 4.1.4　实木地板、实木集成地板和竹地板铺装结构图
1—墙体；2—踢脚板；3—地板；4—防潮膜；5—毛地板；
6—木龙骨；7—地面基础

措施。

（6）地板的拼接缝隙应根据铺装时的环境温湿度状况、地板宽度、地板的含水率、木材材性以及铺设面积情况合理确定。

（7）在地板与其他地面材料衔接处，应进行隔断（间隙≥8mm)，并征得用户认可。扣条过渡应安装稳固。

（8）地板宽度方向铺设长度≥6m 时，或地板长度方向铺设长度≥15m 时，应在适当位置设置伸缩缝，并用扣条过渡。靠近门口处，宜设置伸缩缝，并用扣条过渡。扣条应安装稳固。

（9）铺装完毕后，铺装人员要全面清扫施工现场，并且全面检查地板的铺装质量，确定无铺装缺陷后方可要求用户在铺装验收单上签字确认。

【木质地板铺装、验收和使用规范：第 4.1.4 条】

21　建筑涂饰工程施工

本章内容摘自现行行业标准《建筑涂饰工程施工及验收规程》JGJ/T 29—2015。

21.1　基本规定

1. 本规程适用于墙体保温防护层、混凝土基层、砂浆基层、人造板基层、旧涂层基层和旧瓷砖基层等基层上的涂饰施工及验收。

【建筑涂饰工程施工及验收规程：第 1.0.2 条】

2. 涂饰施工温度，对于水性产品，环境温度和基层温度应保证在 5℃以上，对于溶剂型产品，应遵照产品使用要求的温度范围；施工时空气相对湿度宜小于 85%，当遇大雾、大风、下雨时，应停止户外工程施工。

【建筑涂饰工程施工及验收规程：第 3.0.2 条】

21.2　基　　层

1. 基层质量应符合下列规定：

（1）基层应牢固不开裂、不掉粉、不起砂、不空鼓、无剥离、无石灰爆裂点和无附着力不良的旧涂层等；

（2）基层应表面平整、立面垂直、阴阳角方正和无缺棱掉角，分格缝（线）应深浅一致且横平竖直；允许偏差应符合现行国家标准《建筑装饰装修工程质量验收规范》GB 50210 的规定，且表面应平而不光；

（3）基层应清洁：表面无灰尘、无浮浆、无油迹、无锈斑、无霉点、无盐类析出物等；

（4）基层应干燥：涂刷溶剂型涂料时，基层含水率不得大于

8%；涂刷水性涂料时，基层含水率不得大于10%；

（5）基层pH值不得大于10。

【建筑涂饰工程施工及验收规程：第4.0.1条】

2. 建筑涂饰工程涂饰前，应对基层进行检验，合格后，方可进行涂饰施工。

【建筑涂饰工程施工及验收规程：第4.0.2条】

21.3 施　　工

1. 涂饰工程施工应按“基层处理、底涂层、中涂层、面涂层”的顺序进行，并应符合下列规定：

（1）涂饰材料应干燥后方可进行下一道工序施工；

（2）涂饰材料应涂饰均匀，各层涂饰材料应结合牢固；

（3）旧墙面重新复涂时，应对不同基层进行不同处理。

【建筑涂饰工程施工及验收规程：第7.0.1条】

2. 涂饰材料使用应满足下列规定：

（1）涂饰材料的施工黏度应根据施工方法、施工季节、温度、湿度等条件严格控制，应有专人负责调配。

（2）双组分涂饰材料的施工，应严格按产品使用要求配制，根据实际使用量分批混合，并在规定的使用时间内使用。

（3）同一墙面或同一作业面同一颜色的涂饰应用相同批号的涂饰材料。

【建筑涂饰工程施工及验收规程：第7.0.2条】

3. 配料及操作地点的环境条件应符合下列规定：

（1）配料及操作地点应保持整洁，并保持良好的通风条件；

（2）使用可燃性溶剂时应有消防和防爆措施，并严禁明火；

（3）未用完的涂饰材料应密封保存，不得泄漏或溢出；

（4）施工过程中应采取措施防止对周围环境的污染。

【建筑涂饰工程施工及验收规程：第7.0.3条】

4. 辊涂和刷涂时，应充分盖底，不透虚影，表面均匀。喷涂时，应控制涂料黏度，喷枪的压力，保持涂层均匀，不露底、不流坠、色泽均匀。

【建筑涂饰工程施工及验收规程：第 7.0.4 条】

5. 对于干燥较快的涂饰材料，大面积涂饰时，应由多人配合操作，处理好接茬部位。

【建筑涂饰工程施工及验收规程：第 7.0.5 条】

6. 外墙涂饰施工应由建筑物自上而下、先细部后大面，材料的涂饰施工分段应以墙面分格缝（线），墙面阴阳角或落水管为分界线。

【建筑涂饰工程施工及验收规程：第 7.0.6 条】

7. 涂料施工完毕，应按涂饰材料的特点进行养护。

【建筑涂饰工程施工及验收规程：第 7.0.13 条】

8. 施工后应根据产品特点采取成品保护措施。

【建筑涂饰工程施工及验收规程：第 7.0.14 条】

9. 被污染的部位，应在涂饰材料未干时清除。

【建筑涂饰工程施工及验收规程：第 7.0.15 条】

22 外墙饰面砖工程施工

本章内容摘自现行行业标准《外墙饰面砖工程施工及验收规程》JGJ 126—2015。

22.1 设 计

1. 外墙饰面砖粘贴应设置伸缩缝。伸缩缝间距不宜大于6m，伸缩缝宽度宜为20mm。

【外墙饰面砖工程施工及验收规程：第4.0.3条】

2. 外墙饰面砖伸缩缝应采用耐候密封胶嵌缝。

【外墙饰面砖工程施工及验收规程：第4.0.4条】

3. 墙体变形缝两侧粘贴的外墙饰面砖之间的距离不应小于变形缝的宽度。

【外墙饰面砖工程施工及验收规程：第4.0.5条】

4. 饰面砖接缝的宽度不应小于5mm，缝深不宜大于3mm，也可为平缝。

【外墙饰面砖工程施工及验收规程：第4.0.6条】

5. 墙面阴阳角处宜采用异型角砖。

【外墙饰面砖工程施工及验收规程：第4.0.7条】

6. 窗台、檐口、装饰线等墙面凹凸部位应采用防水和排水构造。

【外墙饰面砖工程施工及验收规程：第4.0.8条】

7. 在水平阳角处，顶面排水坡度不应小于应采用顶面饰面砖压立面饰面砖、立面最低一排饰面砖压底平面面砖的做法，并应设置滴水构造。

【外墙饰面砖工程施工及验收规程：第4.0.9条】

22.2 施　　工

22.2.1　一般规定

1. 外墙饰面砖工程施工前，应对粘贴外墙饰面砖的基层和基体进行验收，并应对基层表面平整度和立面垂直度进行检验，基层表面平整度偏差不应大于3mm，立面垂直度偏差不应大于4mm。

【外墙饰面砖工程施工及验收规程：第5.1.2条】

2. 外墙饰面砖工程大面积施工前，应采用设计要求的外墙饰面砖和粘结材料，在待施工的每种类型的基层上应各粘贴至少1m^{2}饰面砖样板，按现行行业标准《建筑工程饰面砖粘结强度检验标准》JGJ 110检验饰面砖粘结强度应合格，并应经建设、设计和监理等单位确认。

【外墙饰面砖工程施工及验收规程：第5.1.3条】

3. 现场粘贴外墙饰面砖所用材料和施工工艺必须与施工前粘结强度检验合格的饰面砖样板相同。

【外墙饰面砖工程施工及验收规程：第5.1.4条】

4. 外墙饰面砖的粘贴施工尚应具备下列条件：

（1）基体应按设计要求处理完毕；

（2）日最低气温应在5℃以上，当低于5℃时，必须有可靠的防冻措施；当气温高于35℃时，应有遮阳设施；

（3）施工现场所需的水、电、机具和安全设施应齐备；

（4）门窗洞、脚手眼、阳台和落水管预埋件等应处理完毕。

【外墙饰面砖工程施工及验收规程：第5.1.5条】

5. 应合理安排整个工程施工程序，避免后续工程对饰面造成损坏或污染。

【外墙饰面砖工程施工及验收规程：第5.1.6条】

22.2.2 基体找平

1. 水泥抹灰砂浆找平应符合下列规定：

（1）在基体处理完毕后，应进行挂线、贴灰饼、冲筋，其间距不宜大于 2m；

（2）抹找平层前应将基体表面润湿，需要时在基体表面涂刷结合层；

（3）找平层应分层施工，每层厚度不应大于 7mm，且应在前一层终凝后再抹后一层，不得空鼓；找平层厚度不应大于 20mm，超过 20mm 时应采取加强措施；

（4）找平层的表面应刮平搓毛，并应在终凝后浇水或保湿养护。

【外墙饰面砖工程施工及验收规程：第 5.2.1 条】

2. 基体找平层的粘结强度应符合现行行业标准《建筑工程饰面砖粘结强度检验标准》JGJ 110 的规定。

【外墙饰面砖工程施工及验收规程：第 5.2.2 条】

22.2.3 饰面砖粘贴

1. 基层上的粉尘和污染应处理干净，饰面砖粘贴前背面不得有粉状物，在找平层上宜刷结合层。

【外墙饰面砖工程施工及验收规程：第 5.3.2 条】

2. 排砖、分格、弹线应符合下列规定：

（1）应按设计要求和施工样板进行排砖、分格，排砖宜使用整砖，对必须使用非整砖的部位，非整砖宽度不宜小于整砖宽度的 1/3；

（2）应弹出控制线，做出标记。

【外墙饰面砖工程施工及验收规程：第 5.3.3 条】

3. 粘贴饰面砖应符合下列规定：

（1）在粘贴前应对饰面砖进行挑选；

（2）饰面砖宜自上而下粘贴，宜用齿形抹刀在找平基层上刮粘结材料并在饰面砖背面满刮粘结材料，粘结层总厚度宜为3～8mm；

（3）在粘结层允许调整时间内，可调整饰面砖的位置和接缝宽度并敲实；在超过允许调整时间后，严禁振动或移动饰面砖。

【外墙饰面砖工程施工及验收规程：第5.3.4条】

4. 填缝应符合下列规定：

（1）填缝材料和接缝深度应符合设计要求，填缝应连续、平直、光滑、无裂纹、无空鼓；

（2）填缝宜按先水平后垂直的顺序进行。

【外墙饰面砖工程施工及验收规程：第5.3.5条】

5. 饰面砖填缝后应及时将表面清理干净。

【外墙饰面砖工程施工及验收规程：第5.3.6条】

22.2.4　联片饰面砖粘贴

1. 基层上的粉尘和污染应处理干净，联片饰面砖粘贴前背面不得有粉状物，在找平层或抹面基层上宜刷结合层。

【外墙饰面砖工程施工及验收规程：第5.4.2条】

2. 排砖、分格、弹线应符合下列规定；

（1）应按设计要求和施工样板并联片饰面砖整片为单位进行排砖、分格、弹控制线；

（2）排砖宜使联片饰面砖中的砖为整砖，对必须用非整砖的部位，非整砖宽度不宜小于整砖宽度的1/3。

【外墙饰面砖工程施工及验收规程：第5.4.3条】

3. 粘贴联片饰面砖应符合下列规定：

（1）在基层上应用齿形抹刀刮粘结材料，将联片饰面砖背面的缝隙用塑料模片封盖后，满刮粘结材料，然后揭掉缝隙封盖塑料模片，粘贴联片饰面砖，并应压实拍平，粘结层总厚度宜为3～8mm；

（2）应从下口粘贴线向上粘贴联片饰面砖；

（3）应在粘结材料初凝前，将联片饰面砖表面的联片纸刷水润透，并应轻轻揭去联片纸，应及时修补表面缺陷，调整缝隙。

【外墙饰面砖工程施工及验收规程：第 5.4.4 条】

4. 填缝应符合下列规定：

（1）填缝材料和接缝深度随符合设计要求，填缝应连续、平直、光滑、无裂纹、无空鼓；

（2）填缝宜按先水平后垂直的顺序进行。

【外墙饰面砖工程施工及验收规程：第 5.4.5 条】

5. 联片饰面砖填缝后应及时将表面清理干净。

【外墙饰面砖工程施工及验收规程：第 5.4.6 条】

22.2.5　成品保护

1. 外墙饰面砖粘贴后，对因油漆、防水等后续工程可能造成污染的部位，应采取临时保护措施。

【外墙饰面砖工程施工及验收规程：第 5.5.1 条】

2. 对施工中可能发生碰损的入口、通道、阳角等部位，应采取临时保护措施。

【外墙饰面砖工程施工及验收规程：第 5.5.2 条】

3. 应合理安排水、电设备安装等工序，协调施工，不应在外墙饰面砖粘贴后开凿孔洞。

【外墙饰面砖工程施工及验收规程：第 5.5.3 条】

23 住宅室内防水工程施工

本章内容摘自现行行业标准《住宅室内防水工程技术规范》JGJ 298—2013。

23.1 水 材 料

住宅室内防水工程不得使用溶剂型防水涂料。

【住宅室内防水工程技术规范：第 4.1.2 条】

23.2 防 水 施 工

23.2.1 一般规定

1. 住宅室内防水工程施工单位应有专业施工资质，作业人员应持证上岗。

【住宅室内防水工程技术规范：第 6.1.1 条】

2. 进场的防水材料，应抽样复验，并应提供检验报告。严禁使用不合格材料。

【住宅室内防水工程技术规范：第 6.1.4 条】

3. 防水材料及防水施工过程不得对环境造成污染。

【住宅室内防水工程技术规范：第 6.1.5 条】

4. 穿越楼板、防水墙面的管道和预埋件等，应在防水施工前完成安装。

【住宅室内防水工程技术规范：第 6.1.6 条】

5. 住宅室内防水工程的施工环境温度宜为 5～35℃。

【住宅室内防水工程技术规范：第 6.1.7 条】

6. 防水层完成后，应在进行下一道工序前采取保护措施。

【住宅室内防水工程技术规范：第 6.1.9 条】

23.2.2　基层处理

1. 基层应符合设计的要求，并应通过验收。基层表面应坚实平整，无浮浆，无起砂、裂缝现象。

【住宅室内防水工程技术规范：第6.2.1条】

2. 与基层相连接的各类管道、地漏、预埋件、设备支座等应安装牢固。

【住宅室内防水工程技术规范：第6.2.2条】

3. 管根、地漏与基层的交接部位，应预留宽10mm，深10mm的环形凹槽，槽内应嵌填密封材料。

【住宅室内防水工程技术规范：第6.2.3条】

4. 基层的阴、阳角部位宜做成圆弧形。

【住宅室内防水工程技术规范：第6.2.4条】

5. 基层表面不得有积水，基层的含水率应满足施工要求。

【住宅室内防水工程技术规范：第6.2.5条】

23.2.3　防水涂料施工

1. 防水涂料施工时，应采用与涂料配套的基层处理剂。基层处理剂涂刷应均匀、不流淌、不堆积。

【住宅室内防水工程技术规范：第6.3.1条】

2. 防水涂料在大面积施工前，应先在阴阳角、管根、地漏、排水口、设备基础根等部位施做附加层，并应夹铺胎体增强材料，附加层的宽度和厚度应符合设计要求。

【住宅室内防水工程技术规范：第6.3.2条】

3. 防水涂料施工操作应符合下列规定：

(1) 双组分涂料应按配比要求在现场配制，并应使用机械搅拌均匀，不得有颗粒悬浮物；

(2) 防水涂料应薄涂、多遍施工，前后两遍的涂刷方向应相互垂直，涂层厚度应均匀，不得有漏刷或堆积现象；

(3) 应在前一遍涂层实干后，再涂刷下一遍涂料；

（4）施工时宜先涂刷立面，后涂刷平面；

（5）夹铺胎体增强材料时，应使防水涂料充分浸透胎体层，不得有折皱、翘边现象。

【住宅室内防水工程技术规范：第 6.3.3 条】

4. 防水涂膜最后一遍施工时，可在涂层表面撒砂。

【住宅室内防水工程技术规范：第 6.3.4 条】

23.2.4 防水卷材施工

1. 防水卷材与基层应满粘施工，防水卷材搭接缝应采用与基材相容的密封材料封严。

【住宅室内防水工程技术规范：第 6.4.1 条】

2. 涂刷基层处理剂应符合下列规定：

（1）基层潮湿时，应涂刷湿固化胶粘剂或潮湿界面隔离剂；

（2）基层处理剂不得在施工现场配制或添加溶剂稀释；

（3）基层处理剂应涂刷均匀，无露底、堆积；

（4）基层处理剂干燥后应立即进行下道工序的施工。

【住宅室内防水工程技术规范：第 6.4.2 条】

3. 防水卷材的施工应符合下列规定：

（1）防水卷材应在阴阳角、管根、地漏等部位先铺设附加层，附加层材料可采用与防水层同品种的卷材或与卷材相容的涂料；

（2）卷材与基层应满粘施工，表面应平整、顺直，不得有空鼓、起泡、皱折；

（3）防水卷材应与基层粘结牢固，搭接缝处应粘结牢固。

【住宅室内防水工程技术规范：第 6.4.3 条】

4. 聚乙烯丙纶复合防水卷材施工时，基层应湿润，但不得有明水。

【住宅室内防水工程技术规范：第 6.4.4 条】

5. 自粘聚合物改性沥青防水卷材在低温施工时，搭接部位宜采用热风加热。

【住宅室内防水工程技术规范：第 6.4.5 条】

23.2.5 防水砂浆施工

1. 施工前应洒水润湿基层，但不得有明水，并宜做界面处理。

【住宅室内防水工程技术规范：第 6.5.1 条】

2. 防水砂浆应用机械搅拌均匀，并应随拌随用。

【住宅室内防水工程技术规范：第 6.5.2 条】

3. 防水砂浆宜连续施工。当需留施工缝时，应采用坡形接槎，相邻两层接槎应错开 100mm 以上，距转角不得小于 200mm。

【住宅室内防水工程技术规范：第 6.5.3 条】

4. 水泥砂浆防水层终凝后，应及时进行保湿养护，养护温度不宜低于 5℃。

【住宅室内防水工程技术规范：第 6.5.4 条】

5. 聚合物防水砂浆，应按产品的使用要求进行养护。

【住宅室内防水工程技术规范：第 6.5.5 条】

23.2.6 密封施工

1. 基层应干净、干燥，可根据需要涂刷基层处理剂。

【住宅室内防水工程技术规范：第 6.6.1 条】

2. 密封施工宜在卷材、涂料防水层施工之前、刚性防水层施工之后完成。

【住宅室内防水工程技术规范：第 6.6.2 条】

3. 双组分密封材料应配比准确，混合均匀。

【住宅室内防水工程技术规范：第 6.6.3 条】

4. 密封材料施工宜采用胶枪挤注施工，也可用腻子刀等嵌填压实。

【住宅室内防水工程技术规范：第 6.6.4 条】

5. 密封材料应根据预留凹槽的尺寸、形状和材料的性能采用一次或多次嵌填。

【住宅室内防水工程技术规范：第 6.6.5 条】

6. 密封材料嵌填完成后，在硬化前应避免灰尘、破损及污染等。

【住宅室内防水工程技术规范：第 6.6.6 条】

24 塑料门窗工程安装

本章内容摘自现行行业标准《塑料门窗工程技术规程》JGJ 103—2008。

24.1 墙体、洞口质量要求

1. 门窗应采用预留洞口法安装，不得采用边安装边砌口或先安装后砌口的施工方法。

【塑料门窗工程技术规程：第 5.1.1 条】

2. 门窗及玻璃的安装应在墙体湿作业完工且硬化后进行，当需要在湿作业前进行时，应采取保护措施。门的安装应在地面工程施工前进行。

【塑料门窗工程技术规程：第 5.1.2 条】

3. 应测出各窗洞口中线，并应逐一作出标记。对多层建筑，可从最高层一次垂吊。对高层建筑，可用经纬仪找垂直线，并根据设计要求弹出水平线。对于同一类型的门窗洞口，上下、左右方向位置偏差应符合下列要求：

（1）处于同一垂直位置的相邻洞口，中线左右位置相对偏差不应大于 10mm；全楼高度内，所有处于同一垂直线位置的各楼层洞口，左右位置相对偏差不应大于 15mm（全楼高度小于 30m）或 20mm（全楼高度大于或等于 30m）；

（2）处于同一水平位置的相邻洞口，中线上下位置相对偏差不应大于 10mm；全楼长度内，所有处于同一水平线位置的各单元洞口，上下位置相对偏差不应大于 15mm（全楼长度小于 30m）或 20mm（全楼长度大于或等于 30m）。

【塑料门窗工程技术规程：第 5.1.3 条】

4. 门窗洞口宽度与高度尺寸的允许偏差应符合表 5.1.4 的

规定。门窗的安装应在洞口尺寸检验合格，并办好工种间交接手续后方可进行。

表 5.1.4 洞口宽度或高度尺寸的允许偏差（mm）

洞口类型＼洞口宽度或高度		<2400	2400～4800	>4800
不带附框洞口	未粉刷墙面	±10	±15	±20
	已粉刷墙面	±5	±10	±15
已安装附框的洞口		±5	±10	±15

【塑料门窗工程技术规程：第 5.1.4 条】

5. 门、窗的构造尺寸应考虑预留洞口与待安装门、窗框的伸缩缝间隙及墙体饰面材料的厚度。伸缩缝间隙应符合表 5.1.5 的规定。

表 5.1.5 洞口与门、窗框伸缩缝间隙（mm）

墙体饰面层材料	洞口与门、窗框的伸缩缝间隙
清水墙及附框	10
墙体外饰面抹水泥砂浆或贴陶瓷锦砖	15～20
墙体外饰面贴釉面瓷砖	20～25
墙体外饰面贴大理石或花岗石板	40～50
外保温墙体	保温层厚度+10

注：窗下框与洞口的间隙可根据设计要求选定。

【塑料门窗工程技术规程：第 5.1.5 条】

6. 门的构造尺寸除应符合本规程表 5.1.5 的规定外，还应符合下列要求：

（1）无下框平开门，门框高度应比洞口高度大 10～15mm；

（2）带下框平开门或推拉门，门框高度应比洞口高度小 5～10mm。

【塑料门窗工程技术规程：第 5.1.6 条】

7. 安装前，应清除洞口周围松动的砂浆、浮渣及浮灰。必要时，可在洞口四周涂刷一层防水聚合物水泥胶浆。

【塑料门窗工程技术规程：第5.1.7条】

24.2　门窗安装要求

1. 塑料门窗应采用固定片法安装。对于旧窗改造或构造尺寸较小的窗型，可采用直接固定法进行安装，窗下框应采用固定片法安装。

【塑料门窗工程技术规程：第6.2.1条】

2. 根据设计要求，可在门、窗框安装前预先安装附框。附框宜采用固定片法与墙体连接牢固。固定方法应符合本规程第6.2.9条的有关规定。附框安装后应用水泥砂浆将洞口抹至与附框内表面平齐。附框与门、窗框间应预留伸缩缝，门、窗框与附框的连接应采用直接固定法，但不得直接在窗框排水槽内进行钻孔。

【塑料门窗工程技术规程：第6.2.2条】

3. 安装门窗时，如果玻璃已装在门窗上，宜卸下玻璃（或门、窗扇），并作标记。

【塑料门窗工程技术规程：第6.2.3条】

4. 应根据设计图纸确定门窗框的安装位置及门扇的开启方向。当门窗框装入洞口时，其上下框中线应与洞口中线对齐；门窗的上下框四角及中横梃的对称位置应用木楔或垫块塞紧作临时固定，当下框长度大于0.9m时，其中央也应用木楔或垫块塞紧，临时固定；然后应按设计图纸确定门窗框在洞口墙体厚度方向的安装位置。

【塑料门窗工程技术规程：第6.2.4条】

5. 安装门时应采取防止门框变形的措施，无下框平开门应使两边框的下脚低于地面标高线，其高度差宜为30mm，带下框平开门或推拉门应使下框底面低于最终装修地面10mm。安装时，应先固定主框的一个点，然后调整门框的水平度、垂直度和直角度，并应用木楔临时定位。

【塑料门窗工程技术规程：第6.2.5条】

6. 建筑外窗的安装必须牢固可靠，在砖砌体上安装时，严禁用射钉固定。

【塑料门窗工程技术规程：第 6.2.8 条】

7. 附框或门窗与墙体固定时，应先固定上框，后固定边框。固定片形状应预先弯曲至贴近洞口固定面，不得直接锤打固定片使其弯曲。固定片固定方法应符合下列要求：

（1）混凝土墙洞口应采用射钉或膨胀螺钉固定；

（2）砖墙洞口或空心砖洞口应用膨胀螺钉固定，并不得固定在砖缝处；

（3）轻质砌块或加气混凝土洞口可在预埋混凝土块上用射钉或膨胀螺钉固定；

（4）设有预埋件的洞口应采用焊接的方法固定，也可先在预埋件上按紧固件规格打基孔，然后用紧固件固定；

（5）窗下框与墙体的固定可按照图 6.2.9 进行。

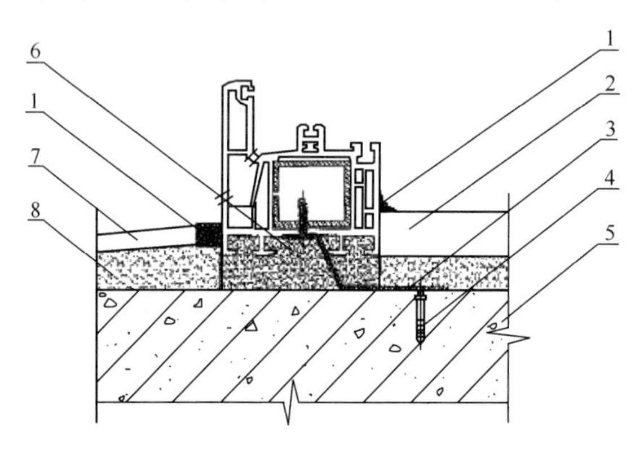

图 6.2.9　窗下框与墙体固定节点图

1—密封胶；2—内窗台板；3—固定片；4—膨胀螺钉；5—墙体；6—防水砂浆；7—装饰面；8—抹灰层

【塑料门窗工程技术规程：第 6.2.9 条】

8. 窗框与洞口之间的伸缩缝内应采用聚氨酯发泡胶填充，发泡胶填充应均匀、密实。发泡胶成型后不宜切割。打胶前，框与墙体间伸缩缝外侧应用挡板盖住；打胶后，应及时拆下挡板，并在 10～15min 内将溢出泡沫向框内压平。对于保温、隔声等级要求较高的工程，应先按设计要求采用相应的隔热、隔声材料填塞，然后再采用聚氨酯发泡胶封堵。填塞后，撤掉临时固定用木楔或支撑垫块，其空隙也应用聚氨酯发泡胶填塞。

【塑料门窗工程技术规程：第 6.2.15 条】

9. 门窗（框）扇表面及框槽内粘有水泥砂浆时，应在其硬化前，用湿布擦拭干净，不得使用硬质材料铲刮门窗（框）扇表面。

【塑料门窗工程技术规程：第 6.2.17 条】

10. 推拉门窗扇必须有防脱落装置。

【塑料门窗工程技术规程：第 6.2.19 条】

11. 推拉门窗安装后框扇应无可视变形，门扇关闭应严密，开关应灵活。窗扇与窗框上下搭接量的实测值（导轨顶部装滑轨时，应减去滑轨高度）均不应小于 6mm。门扇与门框上下搭接量的实测值（导轨顶部装滑轨时，应减去滑轨高度）均不应小于 8 mm。

【塑料门窗工程技术规程：第 6.2.20 条】

12. 安装窗五金配件时，应将螺钉固定在内衬增强型钢或内衬局部加强钢板上，或使螺钉至少穿过塑料型材的两层壁厚。紧固件应采用自钻自攻螺钉一次钻入固定，不得采用预先打孔的固定方法。五金件应齐全，位置应正确，安装应牢固，使用应灵活，达到各自的使用功能。平开窗扇高度大于 900mm 时，窗扇锁闭点不应少于 2 个。

【塑料门窗工程技术规程：第 6.2.22 条】

13. 安装滑撑时，紧固螺钉必须使用不锈钢材质，并应与框扇增强型钢或内衬局部加强钢板可靠连接。螺钉与框扇连接处应进行防水密封处理。

【塑料门窗工程技术规程：第 6.2.23 条】

14. 安装门锁与执手等五金配件时，应将螺钉固定在内衬增强型钢或内衬局部加强钢板上。五金件应齐全，位置应正确，安装应牢固，使用应灵活，达到各自的使用功能。

【塑料门窗工程技术规程：第 6.2.24 条】

15. 窗纱应固定牢固，纱扇关闭应严密。安装五金件、纱窗铁链及锁扣后，应整理纱网和压实压条。

【塑料门窗工程技术规程：第 6.2.25 条】

16. 安装后的门窗关闭时，密封面上的密封条应处于压缩状态，密封层数应符合设计要求。密封条应是连续完整的，装配后应均匀、牢固，无脱槽、收缩、虚压等现象；密封条接口应严密，且应位于窗的上方。门窗表面应洁净、平整、光滑，颜色应均匀一致。可视面应无划痕、碰伤等影响外观质量的缺陷，门窗不得有焊角开裂、型材断裂等损坏现象。

【塑料门窗工程技术规程：第 6.2.26 条】

17. 应在所有工程完工后及装修工程验收前去掉保护膜。

【塑料门窗工程技术规程：第 6.2.27 条】

24.3　施 工 安 全

1. 施工现场成品及辅助材料应堆放整齐、平稳，并应采取防火等安全措施。

【塑料门窗工程技术规程：第 7.1.1 条】

2. 安装门窗、玻璃或擦拭玻璃时，严禁手攀窗框、窗扇、窗梃和窗撑；操作时，应系好安全带，且安全带必须有坚固牢靠的挂点，严禁把安全带挂在窗体上。

【塑料门窗工程技术规程：第 7.1.2 条】

3. 应经常检查电动工具，不得有漏电现象，当使用射钉枪时应采取安全保护措施。

【塑料门窗工程技术规程：第 7.1.3 条】

25　铝合金门窗工程安装

本章内容摘自现行行业标准《铝合金门窗工程技术规范》JGJ 214—2010。

25.1　材　　料

1. 铝合金门窗主型材的壁厚应经计算或试验确定，除压条、扣板等需要弹性装配的型材外，门用主型材主要受力部位基材截面最小实测壁厚不应小于2.0mm，窗用主型材主要受力部位基材截面最小实测壁厚不应小于1.4mm。

【铝合金门窗工程技术规范：第3.1.2条】

2. 铝合金门窗工程连接用螺钉、螺栓宜使用不锈钢紧固件。铝合金门窗受力构件之间的连接不得采用铝合金抽芯铆钉。

【铝合金门窗工程技术规范：第3.4.2条】

25.2　加 工 制 作

25.2.1　一般规定

1. 铝合金门窗构件加工应依据设计加工图纸进行。

【铝合金门窗工程技术规范：第6.1.1条】

2. 铝合金型材牌号、截面尺寸、五金件、插接件应符合门窗设计要求。

【铝合金门窗工程技术规范：第6.1.2条】

3. 门窗开启扇玻璃装配宜在工厂内完成，固定部位玻璃可在现场装配。

【铝合金门窗工程技术规范：第6.1.3条】

4. 加工铝合金门窗构件的设备、专用模具和器具应满足产品加工精度要求，检验工具、量具应定期进行计量检测和校正。

【铝合金门窗工程技术规范：第 6.1.4 条】

25.2.2 铝合金门窗构件加工

铝合金门窗构件加工精度除符合图纸设计要求外，尚应符合下列规定：

（1）杆件直角截料时长度尺寸允许偏差应为±0.5mm，杆件斜角截料时端头角度允许偏差应小于−15′；

（2）截料端头不应有加工变形，毛刺应小于 0.2mm；

（3）构件上孔位加工应采用钻模、多轴钻床或画线样板等进行，孔中心允许偏差应为±0.5mm，孔距允许偏差应为±0.5mm，累积偏差应为±1.0mm；

（4）铆钉用通孔应符合现行国家标准《紧固件　铆钉用通孔》GB/T 152.1 规定；

（5）螺钉沉孔应符合现行国家标准《紧固件　沉头用沉孔》GB/T 152.2 规定。

【铝合金门窗工程技术规范：第 6.2.1 条】

25.2.3 玻璃组装

1. 玻璃支承块、定位块安装除应符合现行行业标准《建筑玻璃应用技术规程》JGJ 113 规定外，尚应符合下列规定：

（1）玻璃支承块长度不应小于 50mm，厚度根据槽底间隙设计尺寸确定，宜为（5～7）mm；定位块长度不应小于 25mm；

（2）支承块安装不得阻塞泄水孔及排水通道。

【铝合金门窗工程技术规范：第 6.3.1 条】

2. 玻璃安装的内、外片配置、镀膜面朝向应符合设计要求。组装前应将玻璃槽口内的杂物清理干净。

【铝合金门窗工程技术规范：第 6.3.2 条】

3. 玻璃采用密封胶条密封时，密封胶条宜使用连续条，接口不应设置在转角处，装配后的胶条应整齐均匀，无凸起。

4. 玻璃采用密封胶密封时，注胶厚度不应小于3mm，粘结面应无灰尘、无油污、干燥，注胶应密实、不间断、表面光滑整洁。

【铝合金门窗工程技术规范：第6.3.3条】

5. 玻璃压条应扣紧、平整不得翘曲，必要时可配装加工。

【铝合金门窗工程技术规范：第6.3.5条】

25.2.4 铝合金门窗组装

1. 铝合金构件间连接应牢固，紧固件不应直接固定在隔热材料上。当承重（承载）五金件与门窗连接采用机制螺钉时，啮合宽度应大于所用螺钉的两个螺距。不宜用自攻螺钉或铝抽芯铆钉固定。

【铝合金门窗工程技术规范：第6.4.2条】

2. 构件间的接缝应做密封处理。

【铝合金门窗工程技术规范：第6.4.3条】

3. 开启五金件位置安装应准确，牢固可靠，装配后应动作灵活。多锁点五金件的各锁闭点动作应协调一致。在锁闭状态下五金件锁点和锁座中心位置偏差不应大于3mm。

【铝合金门窗工程技术规范：第6.4.4条】

4. 铝合金门窗框、扇搭接宽度应均匀，密封条、毛条压合均匀；扇装配后启闭灵活，无卡滞、噪声，启闭力应小于50N（无启闭装置）。

【铝合金门窗工程技术规范：第6.4.5条】

5. 平开窗开启限位装置安装应正确，开启量应符合设计要求。

【铝合金门窗工程技术规范：第6.4.6条】

6. 窗纱位置安装应正确，不应阻碍门窗的正常开启。

【铝合金门窗工程技术规范：第6.4.7条】

25.3　安装施工

25.3.1　一般规定

1. 铝合金门窗工程不得采用边砌口边安装或先安装后砌口的施工方法。

【铝合金门窗工程技术规范：第7.1.1条】

2. 铝合金门窗安装宜采用干法施工方式。

【铝合金门窗工程技术规范：第7.1.2条】

3. 铝合金门窗的安装施工宜在室内侧或洞口内进行。

【铝合金门窗工程技术规范：第7.1.3条】

4. 门窗应启闭灵活、无卡滞。

【铝合金门窗工程技术规范：第7.1.4条】

25.3.2　施工准备

1. 复核建筑门窗洞口尺寸，洞口宽、高尺寸允许偏差应为±10mm，对角线尺寸允许偏差应为±10mm。

【铝合金门窗工程技术规范：第7.2.1条】

2. 铝合金门窗的品种、规格、开启形式等，应符合设计要求。

【铝合金门窗工程技术规范：第7.2.2条】

3. 检查门窗五金件、附件，应完整、配套齐备、开启灵活。

【铝合金门窗工程技术规范：第7.2.3条】

4. 检查铝合金门窗的装配质量及外观质量，当有变形、松动或表面损伤时，应进行整修。

【铝合金门窗工程技术规范：第7.2.3条】

5. 安装所需的机具、辅助材料和安全设施，应齐全可靠。

【铝合金门窗工程技术规范：第7.2.5条】

25.3.3　铝合金门窗安装

1. 铝合金门窗采用干法施工安装时，应符合下列规定：

（1）金属附框安装应在洞口及墙体抹灰湿作业前完成，铝合金门窗安装应在洞口及墙体抹灰湿作业后进行；

（2）金属附框宽度应大于 30mm；

（3）金属附框的内、外两侧宜采用固定片与洞口墙体连接固定；固定片宜用 Q235 钢材，厚度不应小于 1.5mm，宽度不应小于 20mm，表面应做防腐处理；

（4）金属附框固定片安装位置应满足：角部的距离不应大于 150mm，其余部位的固定片中心距不应大于 500mm（图 7.3.1-1）；固定片与墙体固定点的中心位置至墙体边缘距离不应小于 50mm（图 7.3.1-2）；

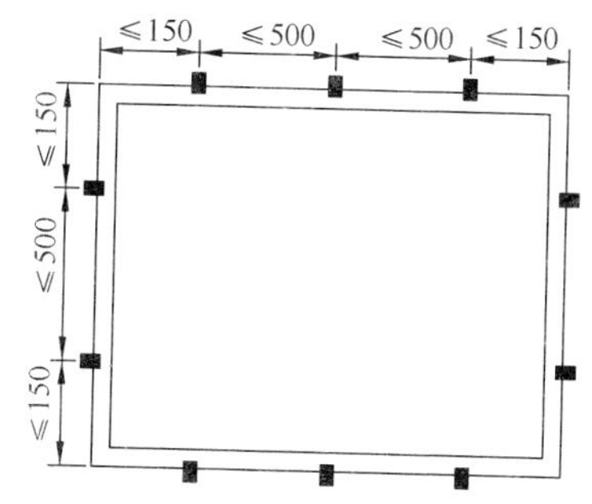

图 7.3.1-1　固定片安装位置

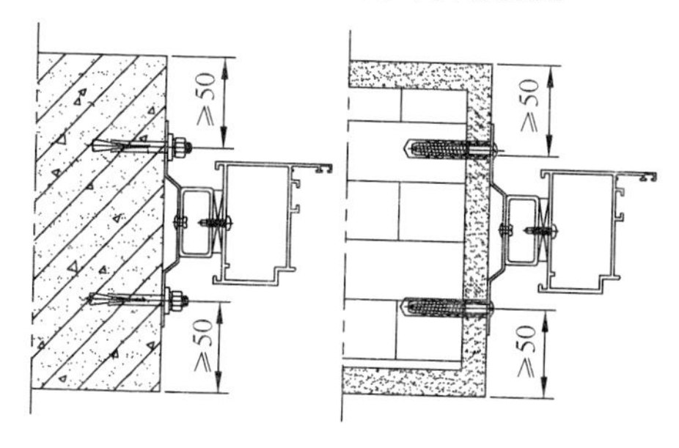

图 7.3.1-2　固定片与墙体位置

（5）相邻洞口金属附框平面内位置偏差应小于 10mm。金属附框内缘应与抹灰后的洞口装饰面齐平，金属附框宽度和高度允许尺寸偏差及对角线允许尺寸偏差应符合表 7.3.1 规定；

表 7.3.1　金属附框尺寸允许偏差（mm）

项　　目	允许偏差值	检测方法
金属附框高、宽偏差	±3	钢卷尺
对角线尺寸偏差	±4	钢卷尺

（6）铝合金门窗框与金属附框连接固定应牢固可靠。连接固定点设置应符合（图 7.3.1-1）要求。

【铝合金门窗工程技术规范：第 7.3.1 条】

2. 铝合金门窗采用湿法安装时，应符合下列规定：

（1）铝合金门窗框安装应在洞口及墙体抹灰湿作业前完成；

（2）铝合金门窗框采用固定片连接洞口时，应符合本规范第 7.3.1 条的要求；

（3）铝合金门窗框与墙体连接固定点的设置应符合本规范第 7.3.1 条的要求；

（4）固定片与铝合金门窗框连接宜采用卡槽连接方式（图 7.3.2-1）。与无槽口铝门窗框连接时，可采用自攻螺钉或抽芯铆钉，钉头处应密封（图 7.3.2-2）；

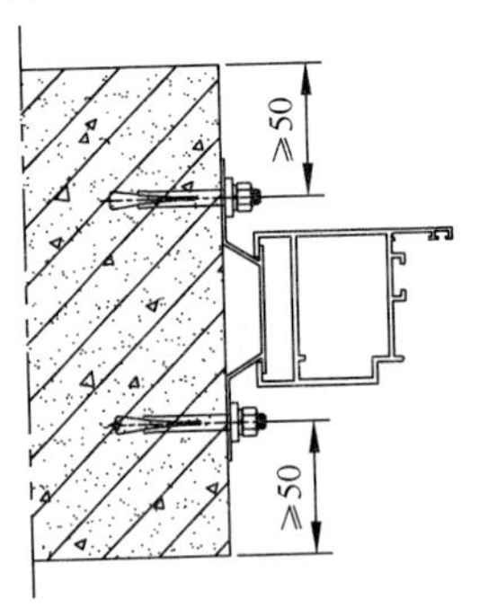

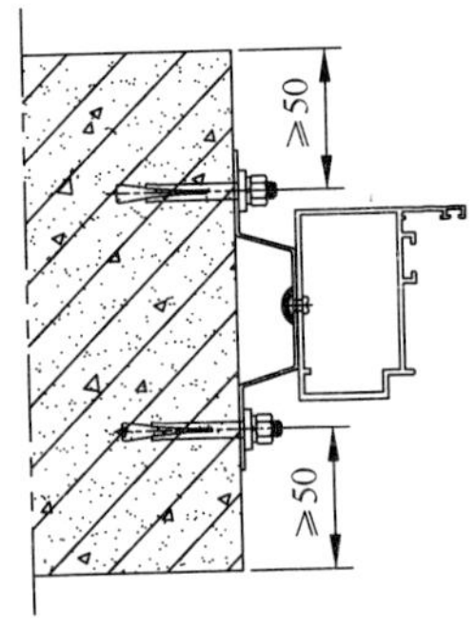

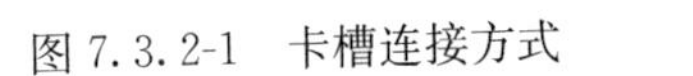

图 7.3.2-1　卡槽连接方式　　图 7.3.2-2　自攻螺钉连接方式

（5）铝合金门窗安装固定时，其临时固定物不得导致门窗变形或损坏，不得使用坚硬物体。安装完成后，应及时移除临时固定物体；

(6) 铝合金门窗框与洞口缝隙，应采用保温、防潮且无腐蚀性的软质材料填塞密实；亦可使用防水砂浆填塞，但不宜使用海砂成分的砂浆。使用聚氨酯泡沫填缝胶，施工前应清除粘接面的灰尘，墙体粘接面应进行淋水处理，固化后的聚氨酯泡沫胶缝表面应作密封处理；

(7) 与水泥砂浆接触的铝合金框应进行防腐处理。湿法抹灰施工前，应对外露铝型材表面进行可靠保护。

【铝合金门窗工程技术规范：第 7.3.2 条】

3. 砌体墙不得使用射钉直接固定门窗。

【铝合金门窗工程技术规范：第 7.3.3 条】

4. 铝合金门窗安装就位后，边框与墙体之间应作好密封防水处理，并应符合下列要求：

(1) 应采用粘接性能良好并相容的耐候密封胶；

(2) 打胶前应清洁粘接表面，去除灰尘、油污，粘接面应保持干燥，墙体部位应平整洁净；

(3) 胶缝采用矩形截面胶缝时，密封胶有效厚度应大于 6mm，采用三角形截面胶缝时，密封胶截面宽度应大于 8mm；

(4) 注胶应平整密实，胶缝宽度均匀、表面光滑、整洁美观。

【铝合金门窗工程技术规范：第 7.3.5 条】

25.3.4 玻璃安装

铝合金门窗固定部位玻璃安装应符合本规范 6.3 节的有关规定。

【铝合金门窗工程技术规范：第 7.4.1 条】

25.3.5 开启扇及开启五金件安装

1. 铝合金门窗开启扇及开启五金件的装配宜在工厂内组装完成。当在施工现场安装时，应符合本规范第 6.4 节的规定。

【铝合金门窗工程技术规范：第 7.5.1 条】

2. 铝门窗开启扇、五金件安装完成后应进行全面调整检查，并应符合下列规定：

(1) 五金件应配置齐备、有效，且应符合设计要求；

(2) 开启扇应启闭灵活、无卡滞、无噪声，开启量应符合设计要求。

【铝合金门窗工程技术规范：第 7.5.2 条】

25.3.6　清理和成品保护

1. 铝合金门窗框安装完成后，其洞口不得作为物料运输及人员进出的通道，且铝合金门窗框严禁搭压、坠挂重物。对于易发生踩踏和刮碰的部位，应加设木板或围挡等有效的保护措施。

【铝合金门窗工程技术规范：第 7.6.1 条】

2. 铝合金门窗安装后，应清除铝型材表面和玻璃表面的残胶。

【铝合金门窗工程技术规范：第 7.6.2 条】

3. 所有外露铝型材应进行贴膜保护，宜采用可降解的塑料薄膜。

【铝合金门窗工程技术规范：第 7.6.3 条】

4. 铝合金门窗工程竣工前，应去除所有成品保护，全面清洗外露铝型材和玻璃。不得使用有腐蚀性的清洗剂，不得使用尖锐工具刨刮铝型材、玻璃表面。

【铝合金门窗工程技术规范：第 7.6.4 条】

26　公共建筑吊顶施工

本章内容摘自现行行业标准《公共建筑吊顶工程技术规程》JGJ 345—2014。

26.1　一 般 规 定

1. 吊杆、反支撑及钢结构转换层与主体钢结构的连接方式必须经主体钢结构设计单位审核批准后方可实施。

【公共建筑吊顶工程技术规程：第4.1.7条】

2. 重型设备和有振动荷载的设备严禁安装在吊顶工程的龙骨上。

【公共建筑吊顶工程技术规程：第4.1.8条】

26.2　安 装 施 工

26.2.1　一般规定

1. 吊顶工程的施工应符合设计要求。吊顶工程施工中，不得擅自改动建筑承重结构或主要使用功能；不得未经设计确认和有关部门批准擅自拆改水、暖、电、燃气、通信等配套设施。

【公共建筑吊顶工程技术规程：第5.1.1条】

2. 吊顶工程施工，在保证质量、安全等基本要求的前提下，应通过科学管理和技术进步，最大限度地节约资源，减少对环境的负面影响，实现环境保护、节能与节材。

【公共建筑吊顶工程技术规程：第5.1.2条】

3. 所有材料进场时应对品种、规格、外观和尺寸进行验收。材料包装应完好，应有产品合格证书、说明书及相关性能的检测报告。所用的材料在运输、搬运、存放、安装时应采取防止挤压冲击、受潮、变形及损坏板材的表面和边角的措施。需要复试的材料，应进行见证取样复试，合格后方能使用。

【公共建筑吊顶工程技术规程：第 5.1.4 条】

4. 吊顶系统宜按下列顺序安装：

(1) 确定室内标高基准线及纵横轴线定位；

(2) 安装边龙骨；

(3) 在室内顶板结构下弹出吊点位置；

(4) 安装吊杆及吊件；

(5) 安装龙骨及挂件、连接件；

(6) 安装面板及填充材料的放置；

(7) 面板装饰。

【公共建筑吊顶工程技术规程：第 5.1.11 条】

26.2.2　整体面层吊顶工程

1. 整体面层吊顶工程的施工应符合下列规定：

(1) 吊顶高度定位时应以室内标高基准线为准。根据施工图纸，在房间四周围护结构上标出吊顶标高线，确定吊顶高度位置。龙骨基准线高低误差应为 0～2mm。弹线应清晰，位置准确。

(2) 边龙骨应安装在房间四周围护结构上，下边缘应与标准线平齐，选用膨胀螺栓等固定，间距不宜大于 500mm，端头不宜大于 50mm。

(3) 吊顶工程应根据施工图纸，在室内顶部结构下确定主龙骨吊点间距及位置。主龙骨端头吊点距主龙骨边端不应大于 300mm，端排吊点距侧墙间距不应大于 200mm。吊点横纵应在直线上，当不能避开灯具、设备及管道时，应调整吊点位置或增加吊点或采用钢结构转换层。

(4) 吊杆及吊件的安装应符合下列规定：

1) 吊杆长度应根据吊顶设计高度确定。应根据不同的吊顶系统构造类型，确定吊装形式，选择吊杆类型。吊杆应通直并满足承载要求。吊杆接长时，应搭接焊牢，焊缝饱满。搭接长度：单面焊为10d，双面焊为5d。全牙吊杆接长时，可采用焊接，也可以采用专用连接件连接。

2）吊杆与室内顶部结构的连接应牢固、安全。吊杆应与结构中的预埋件焊接或与后置紧固件连接。

3）吊顶工程应根据主龙骨规格型号选择配套吊件。吊件与吊杆应安装牢固，并按吊顶高度调整位置，吊件应相邻对向安装。

（5）龙骨及挂件、接长件的安装应符合下列规定：

1）主龙骨与吊件应连接紧固。主龙骨加长时，应采用接长件接长。主龙骨安装完毕后，应调节吊件高度，调平主龙骨。

2）主龙骨中间部分应适当起拱。当设计无要求，且房间面积不大于50m²时，起拱高度应为房间短向跨度的1‰～3‰；房间面积大于50m²时，起拱高度应为房间短向跨度的3‰～5‰。

3）面积大于300m²以上的吊顶工程，宜每隔12m在主龙骨上部垂直方向增加一道横卧主龙骨连接固定。采用焊接方式固定时，焊接点处应做防腐处理。

4）次龙骨应紧贴主龙骨，垂直方向安装。当采用专用挂件连接时，每个连接点的挂件应双向互扣成对或相邻的挂件采用相向安装。次龙骨加长时，应采用连接件接长。次龙骨垂直相接应用挂插件连接。次龙骨的安装方向应与石膏板长向相垂直。

5）次龙骨间距应准确、均衡，按石膏板模数确定，应保证石膏板两端固定于次龙骨上。石膏板长边接缝处应增加横撑龙骨，横撑龙骨应用挂插件与通长次龙骨固定。当采用3000mm×1200mm纸面石膏板时，次龙骨间距可为300mm、400mm、500mm或600mm，横撑龙骨间距选用300mm、400mm或600mm。当采用2400mm×1200m纸面石膏板时，次龙骨间距可选用300mm、400mm、600mm，横撑龙骨间距可选用300mm、400mm、600mm。穿孔石膏板的次龙骨和横撑龙骨间距应根据孔型的模数确定。安装次龙骨及横撑龙骨时应检查设备开洞、检修孔及人孔的位置。

6）次龙骨、横撑龙骨安装完毕后应保证底面与次龙骨下皮标准线齐平。

7）石膏板上开洞口的四边，应有次龙骨或横撑龙骨作为附加龙骨。

8）全面校正吊杆和龙骨的间距、位置、垂直度及水平度，符合设计要求后应将所有吊挂件、连接件拧紧夹牢。

（6）面板的安装应符合下列规定：

1）面板安装前，应进行吊顶内隐蔽工程验收，并应在所有项目验收合格且建筑外围护封闭完成后方可进行面板安装施工。

2）面板类型的选择应按照设计施工图要求进行。面板安装时，正面朝外，面板长边与次龙骨垂直方向铺设。穿孔石膏板背面应有背覆材料，需要施工现场贴覆时，应在穿孔板背面施胶，不得在背覆材料上施胶。

3）面板的安装固定应先从板的中间开始，然后向板的两端和周边延伸，不应多点同时施工。相邻的板材应错缝安装。穿孔石膏板的固定应从房间的中心开始，固定穿孔板时应先从板的一角开始，向板的两端和周边延伸，不应多点同时施工。穿孔板的孔洞应对齐，无规则孔洞除外。

4）面板应在自由状态下用自攻枪及高强自攻螺钉与次龙骨、横撑龙骨固定。

5）自攻螺钉间距和自攻螺钉与板边距离应符合下列规定：纸面石膏板四周自攻螺钉间距不应大于200mm；板中沿次龙骨或横撑龙骨方向自攻螺钉间距不应大于300mm；螺钉距板面纸包封的板边宜为10～15mm；螺钉距板面切割的板边应为15～20mm。穿孔石膏板、石膏板、硅酸钙板、水泥纤维板自攻钉钉距和自攻钉到板边距离应按设计要求。

6）自攻螺钉应一次性钉入轻钢龙骨并应与板面垂直，螺钉帽宜沉入板面0.5～1.0mm，但不应使纸面石膏板的纸面破损暴露石膏。弯曲、变形的螺钉应剔除，并在相隔50mm的部位另行安装自攻螺钉。固定穿孔石膏板的自攻钉不得打在穿孔的孔洞上。

7）面板的安装不应采用用电钻等工具先打孔后安装螺钉的施工方法。当选用穿孔纸面石膏板作为面板，可先打孔作为定位，但打孔直径不应大于安装螺钉直径的一半。

8）当设计要求吊顶内添加岩棉或玻璃棉时，应边固定面板，边添加。按照要求码放，与板贴实，不应架空，材料之间的接口应严密。吸声材料应保证干燥。

9）设备洞口应根据施工图要求开设。开孔应用开孔器。

（7）面板装饰应符合下列规定：

1）自攻螺钉帽沉入板面后应进行防锈处理并用石膏腻子刮平。

2）板与板接缝处应刮嵌缝材料、贴接缝带、刮腻子后砂纸打平，应用与不同饰面材料配套的界面处理剂对板面进行基层处理。拌制石膏腻子，应用清洁水和清洁容器。纸面石膏板的嵌缝施工应符合本规程第5.2.4条的规定。

3）饰面施工应按设计要求及不同装饰材料的施工工艺进行。

4）吊顶跌级阳角处，应先做金属护角或采用其他加固措施后进行饰面装饰。

5）穿孔石膏板应对接缝处和钉帽处进行处理，处理方式应符合设计要求。不得板面满批腻子。穿孔石膏板饰面应采用辊涂、刷涂或无气喷涂。

【公共建筑吊顶工程技术规程：第5.2.1条】

2. 向水平弧形曲面纸面石膏板吊顶的施工应符合下列规定：

（1）吊顶高度定位时应以室内标高基准线为准。根据施工图纸，在房间四周围护结构上标出曲线和直线吊顶标高线。吊顶标高减去石膏板厚度，即为次龙骨下皮的标准线位置，作为后续吊顶龙骨调平的基准线。基准线高低误差为0～2mm。弹线应清晰，位置准确。

（2）吊顶曲线边龙骨在安装时应根据吊顶曲线弯折成所需弧

度并固定在围护结构上。下边缘应与标准线平齐，按墙体材料不同选用膨胀螺栓等固定，间距不宜大于500mm，端头宜大于50mm。

（3）吊点位置应按本规程第5.2.1条第3款的规定。

（4）安装吊杆及吊件应符合本规程第5.2.1条第4款的规定。

（5）龙骨及吊挂件、接长件的安装应符合下列规定：

1）主龙骨与吊件应连接紧固。安装成品弯曲主龙骨。靠墙弯曲主龙骨距墙不应大于200mm。主龙骨加长时，应采用接长件接长。主龙骨安装完毕后，调节吊件高度。

2）次龙骨应紧贴主龙骨安装。用挂件连接或用螺钉、拉铆钉固定，并应插入预弯的边龙骨内。次龙骨间距应视面板尺寸确定，常用尺寸可采用300mm、500mm或600mm。次龙骨的安装方向应与石膏板长向相垂直。横撑龙骨间距可为600mm、400mm。潮湿环境次龙骨间距宜为300mm。穿孔石膏板的次龙骨、横撑龙骨间距应根据孔型的模数确定尺寸。

3）次龙骨、横撑龙骨安装完毕后应保证底面与次龙骨下皮标准线齐平。

（6）纸面石膏板的安装应符合下列规定：

1）石膏板长度的选择应根据弯曲半径确定。

2）曲线方向即沿横撑龙骨方向自攻螺钉间距不应大于100mm。直线方向即沿次龙骨方向自攻螺钉间距不应大于150mm。

（7）面板的装饰应符合本规程第5.2.1条第7款的规定。

【公共建筑吊顶工程技术规程：第5.2.2条】

3. 双层纸面石膏板的施工应符合下列规定：

（1）基层纸面石膏板的板缝宜采用嵌缝材料找平，自攻螺钉的间距应符合设计要求。

（2）面层纸面石膏板的板缝应与基层板的板缝错开，且石膏板的长短边应各错开不小于一根龙骨的间距。

（3）面层纸面石膏板短边方向的加长自攻螺钉应一次性钉入轻钢龙骨，间距宜为 200mm，且自攻螺钉的位置应与上层板上自攻螺钉的位置错开。板缝应做嵌缝处理。

（4）两层石膏板间宜满刷白乳胶粘贴。

【公共建筑吊顶工程技术规程：第 5.2.3 条】

4. 纸面石膏板的嵌缝处理应符合下列规定：

（1）纸面石膏板的嵌缝应选用配套的与石膏板相互粘贴的嵌缝材料。

（2）相邻两块纸面石膏板的端头接缝坡口应自然靠紧。在接缝两边涂抹嵌缝膏作基层，将嵌缝膏抹平。

（3）纸面石膏板的嵌缝应刮平粘贴接缝带，再用嵌缝膏覆盖，并应与石膏板面齐平。第一层嵌缝膏涂抹宽度宜为 100mm。

（4）第一层嵌缝膏凝固并彻底干燥后，应在表面涂抹第二层嵌缝膏。第二层嵌缝膏宜比第一层两边各宽 50mm，宽度不宜小于 200mm。

（5）第二层嵌缝膏凝固并彻底干燥后，应在表面涂抹第三层嵌缝膏。第三层嵌缝膏宜比第二层嵌缝膏各宽 50mm，宽度不宜小于 300mm。待彻底干燥后磨平。

（6）不是楔形板边的纸面石膏板拼接时，板头应切坡形口，嵌缝腻子面层宽度不宜小于 200mm。

（7）复合矿棉板的接缝与石膏板基底材料的接缝不应重叠。

（8）穿孔石膏板的接缝不应将孔洞遮盖住，相邻板缝孔洞距离小于接缝带宽度时宜采用无接缝带接缝技术，接缝宽度不应影响装饰效果和吸声的需要。

【公共建筑吊顶工程技术规程：第 5.2.4 条】

5. 吊顶的伸缩缝施工应符合下列规定：

（1）吊顶的伸缩缝应符合设计要求。当设计未明确且吊顶面积大于 $100m^2$ 或长度方向大于 15m 时，宜设置伸缩缝。

（2）吊顶伸缩缝的两侧应设置通长次龙骨。

（3）伸缩缝的上部应采用超细玻璃棉等不燃材料将龙骨间的

间隙填满。

【公共建筑吊顶工程技术规程：第 5.2.5 条】

26.2.3 板块面层及格栅吊顶工程

1. 矿棉板类板块面层吊顶工程的施工应符合下列规定：

（1）吊顶高度定位时应以室内标高基准线为准。根据施工图纸，在房间四周围护结构上标出吊顶标高线，明龙骨以 T 型龙骨等底为标高线，作为后续吊顶龙骨调平的基准线。基准线高低误差应为 0～2mm。弹线应清晰，位置准确。

（2）边龙骨的安装应符合本规程第 5.2.1 条第 2 款的规定。

（3）吊顶工程应根据施工图纸，在室内顶部结构下确定主龙骨吊点间距及位置。当选用 U 型或 C 型龙骨作为主龙骨时，端吊点距主龙骨顶端不应大于 300mm，端排吊点距侧墙间距不应大于 150mm。当选用 T 型龙骨作为主龙骨时，端吊点距主龙骨顶端不应大于 150mm，端排吊点距侧墙间距不应大于一块面板宽度。吊点横纵应在直线上，当不能避开灯具、设备及管道时，应调整吊点位置或增加吊点或采用钢结构转换层。

（4）吊杆及吊件的安装应符合下列规定：

1）吊杆长度应根据吊顶设计高度确定。根据不同的吊顶系统构造类型，确定吊装形式，选择吊杆类型。吊杆应通直并满足承载要求。吊杆接长时，应搭接焊牢，焊缝饱满。搭接长度：单面焊为 10d，双面焊为 5d。全牙吊杆接长时，可以焊接，也可以采用专用连接件连接。钢丝吊杆与顶板预埋件或后置紧固件应采用直接缠绕方式，钢丝穿过埋件吊孔在 75mm 高度内应绕其自身紧密缠绕三整圈以上。钢丝吊杆中间不应断接。

2）吊杆与室内顶部结构的连接应牢固、安全。吊杆应与结构中的预埋件焊接或与后置紧固件连接。

3）吊顶工程应根据主龙骨规格型号选择配套吊件。吊件与吊杆应安装牢固，按吊顶高度调整位置，吊件应相邻对向安装。当选用钢丝吊杆时，钢丝下端与 T 型主龙骨的连接应采用直接缠绕方式。钢丝穿过T型主龙骨的吊孔后75mm的高度内应绕其自身紧密缠绕三整圈以上。钢丝吊杆遇障碍物而无法垂直安装时，可在1∶6的斜度范围内调整，或采用对称斜拉法。

（5）龙骨及挂件、接长件的安装应符合下列规定：

1）主龙骨与吊件应连接紧固。当选用的主龙骨加长时，应采用接长件连接。主龙骨安装完毕后，调节吊件高度，调平主龙骨。当选用钢丝吊杆时，应在钢丝吊杆绷紧后调平主龙骨。

2）主龙骨中间部分应适当起拱，起拱高度应符合设计要求。

3）当选用U型或C型主龙骨时，次龙骨应紧贴主龙骨，垂直方向安装，采用挂件连接并应错位安装，T型横撑龙骨垂直于T型次龙骨方向安装。当选用T型主龙骨时，次龙骨与主龙骨同标高，垂直方向安装，次龙骨之间应平行，相交龙骨应呈直角。

4）龙骨间距应准确、均衡，T型龙骨按矿棉板等面板模数确定，保证面板四边放置于T型龙骨或L型龙骨上。

5）吊杆和龙骨的间距位置及水平度应全面校正，符合设计要求后将所有吊挂件、连接件拧紧夹牢。

（6）面板的安装应符合下列规定：

1）面板安装前，应进行吊顶内隐蔽工程验收，所有项目验收合格后才能进行面板的安装施工。

2）面板的安装应按规格、颜色、花饰、图案等进行分类选配、预先排板，保证花饰、图案的整体性。

3）面板应置放于T型龙骨上并应防止污物污染板面。面板需要切割时应用专用工具切割。

4）吸声板上不宜放置其他材料。面板与龙骨嵌装时，应防止相互挤压过紧引起变形或脱挂。

5）设备洞口应根据设计要求开孔。开孔应用开孔器。开洞处背面宜加硬质背衬。

（7）当采用纸面石膏板上平贴矿物棉板时应符合下列规定：

1）石膏板上放线位置应符合选用的矿物棉板的规格尺寸。

2）矿物棉板的背面和企口处的涂胶应均匀、饱满。

3）固定矿物棉板时应按画线位置用气钉枪钉实、贴平，板缝应顺直。

4）矿物棉板在安装时应保持矿棉板背面所示箭头方向一致。

【公共建筑吊顶工程技术规程：第 5.3.1 条】

2. 全开启板块面层吊顶系统的吊顶工程施工应符合下列规定：

（1）吊顶高度定位应以室内标高基准线为准。根据施工图纸，在房间四周围护结构上标出吊顶标高线，即以 T 型龙骨底标高线，作为后续吊顶龙骨调平的基准线。基准线高低误差为 0～2mm。弹线应清晰，位置准确。

（2）边龙骨应安装在房间四周围护结构上，下边缘与标高基准线平齐，按墙体材料不同选用自攻钉或膨胀螺栓等固定，间距不宜小于 500mm，端头不宜小于 50mm。

（3）吊顶工程应根据设计施工图纸，在室内顶部结构下确定主龙骨吊点间距及位置。当选用 U 型或 C 型龙骨作为主龙骨时，端吊点距主龙骨顶端不应大于 300mm，端排吊点距侧墙间距不应大于 200mm。吊点横、纵应在直线上，避开灯具、设备及管道，否则应调整或增加吊点，或采用型钢转换层。

（4）吊杆及吊件的安装应符合下列规定：

1）吊杆长度应根据吊顶设计高度确定。根据不同的吊顶系统构造类型，确定吊装形式，选择吊杆类型。吊杆应通直并满足承载要求。吊杆接长时，应搭接焊牢，焊缝饱满。搭接长度：单面焊为 10d，双面焊为 5d。全牙吊杆接长时，可采用焊接，也可以采用专用连接件连接。

2）吊杆与室内顶部结构的连接应牢固、安全。吊杆应与结构中的预埋件焊接或与后置紧固件连接。

3）吊顶工程应根据主龙骨规格型号选择配套吊件。吊件与吊杆应安装牢固，按吊顶高度调整位置，吊件应相邻对向安装。

（5）龙骨及挂件、接长件的安装应符合下列规定：

1）主龙骨与吊杆的连接及主龙骨接长应符合本规程第5.3.1条第5款第1项的规定。

2）主龙骨的起拱应符合本规程第5.3.1条第5款第2项的规定。

3）安装次龙骨、H型龙骨时，次龙骨、H型龙骨应紧贴主龙骨安装。龙骨间距依据板材宽度调整间距，H型龙骨中心间距应为板材宽度。龙骨之间的连接宜采用连接件连接，有些部位可采用抽芯铆钉连接。全面校正H型龙骨的位置及平整度，连接件应错位安装。当板材宽度大于600mm时应增加L型加强插片进行加固板材，以防止出现下挠变形。为便于矿棉类装饰吸声板开启，当板材长度大于600mm时，应选用70mm高H型龙骨。

（6）面板的安装应符合下列规定：

1）矿物棉板应按板材开槽位置安装在专用H型龙骨上。

2）矿物棉板上的灯具、烟感器、喷淋头、风口箅子等设备位置应合理、美观，与饰面的交接应吻合、严密。

【公共建筑吊顶工程技术规程：第5.3.2条】

3. 金属面板类及格栅吊顶工程的施工应符合下列规定：

（1）吊顶高度定位应符合本规程第5.2.1条第1款的规定。

（2）边龙骨的安装应符合本规程第5.2.1条第2款的规定。

（3）吊点间距及位置应符合本规程第5.2.1条第3款的规定。

（4）吊杆及吊件的安装应符合本规程第5.2.1条第4款的规定。

（5）当采用单层龙骨时，龙骨及挂件、接长件的安装应符合下列规定：

1）吊顶工程应根据设计图纸，放样确定龙骨位置，龙骨与龙骨间距不宜大于1200mm。龙骨至板端不应大于150mm。

2）主龙骨与吊件应连接紧固，当选用的龙骨加长时，应采用龙骨连接件接长。主龙骨安装完毕后，调直龙骨，保证每排龙骨顺直且每排龙骨之间平行。龙骨为卡齿龙骨时，每排龙骨的对应卡齿应在一条直线上。

3）龙骨标高应通过调节吊件调整，并应调平龙骨。

（6）当采用双层龙骨时，龙骨及挂件、接长件的安装应符合下列规定：

1）吊顶工程应根据设计图纸，放样确定上层龙骨位置，龙骨与龙骨间距不应大于1200mm。边部上层龙骨与平行的墙面间距不应大于300mm。

2）上层龙骨与吊件应连接紧固，当选用的龙骨加长时，应采用龙骨接长件连接。

3）上层龙骨标高应通过调节吊件调整调平。

4）金属板类吊顶工程应根据金属板规格，确定下层龙骨的安装间距，安装下层龙骨并调平。当吊顶为上人吊顶，上层龙骨为U型龙骨、下层龙骨为卡齿龙骨或挂钩龙骨时，上层龙骨应通过轻钢龙骨吊件、吊杆或增加垂直扣件与下层龙骨相连；当吊顶上、下层龙骨均为A字卡式龙骨时，上、下层龙骨间应采用十字连接扣件连接。

（7）面板的安装应符合下列规定：

1）面板安装前，应进行吊顶内隐蔽工程验收，所有项目验收合格后才能进行面板安装施工。

2）面板与龙骨嵌装时，应防止相互挤压过紧而引起变形或脱挂。

3）采用挂钩法安装面板时应留有板材安装缝，缝隙宽度应符合设计要求。

4）当面板安装边为互相咬接的企口或彼此钩搭连接时，应按顺序从一侧开始安装。

5）外挂耳式面板的龙骨应设置于板缝处，面板通过自攻螺钉从板缝处将挂耳与龙骨固定完成面板的安装。面板的龙骨应调平，板缝应根据需要选择密封胶嵌缝。

6）条形格栅面板应在地面上安装加长连接件，面板宜从一侧开始安装。应按保护膜上所示安装方向安装。方格格栅吊顶没有专用的主、次龙骨，安装时应先将方格组条在地上组成方格组块，然后通过专用扣挂件与吊件连接组装后吊装。

7）当面板需留设的各种孔洞时，应用专用机具开孔，灯具、风口等设备应与面板同步安装。

8）安装人员施工时应戴手套，避免污染板面。

9）面板安装完成后应撕掉保护膜，清理表面，应注意成品保护。

【公共建筑吊顶工程技术规程：第5.3.3条】

4. 金属面板集成吊顶工程的施工应符合下列规定：

（1）装饰模块的施工应符合本规程第5.3.3条的规定。

（2）功能模块的施工应符合下列规定：

1）功能模块上的采暖器具、通风器具、照明器具的电气配线应符合现行国家标准《建筑电气工程施工质量验收规范》GB 50303的规定。

2）功能模块上的设备重量限制要求应符合本规程第4.1.8条和第4.2.8条的规定。

【公共建筑吊顶工程技术规程：第5.3.4条】

5. 板块面层吊顶的伸缩缝应符合下列规定：

（1）当吊顶为单层龙骨构造时，根据伸缩缝与龙骨或条板间关系，应分别断开龙骨或条板；

（2）当吊顶为双层龙骨构造时，设置伸缩缝时应完全断开变形缝两侧的吊顶。

【公共建筑吊顶工程技术规程：第5.3.5条】

27 坡屋面工程施工

本章内容摘自现行国家标准《坡屋面工程技术规范》GB 50693—2011。

27.1 基 本 规 定

1. 屋面坡度大于100%以及大风和抗震设防烈度为7度以上的地区，应采取加强瓦材固定等防止瓦材下滑的措施。

【坡屋面工程技术规范：第3.2.10条】

2. 持钉层的厚度应符合下列规定：

（1）持钉层为木板时，厚度不应小于20mm；

（2）持钉层为胶合板或定向刨花板时，厚度不应小于11mm；

（3）持钉层为结构用胶合板时，厚度不应小于9.5mm；

（4）持钉层为细石混凝土时，厚度不应小于35mm。

【坡屋面工程技术规范：第3.2.11条】

3. 严寒和寒冷地区的坡屋面檐口部位应采取防冰雪融坠的安全措施。

【坡屋面工程技术规范：第3.2.17条】

4. 保温隔热材料施工应符合下列规定：

（1）保温隔热材料应按设计要求铺设；

（2）板状保温隔热材料铺设应紧贴基层，铺平垫稳，拼缝严密，固定牢固；

（3）板状保温隔热材料可镶嵌在顺水条之间；

（4）喷涂硬泡聚氨酯保温隔热层的厚度应符合设计要求，并应符合现行国家标准《硬泡聚氨酯保温防水工程技术规范》GB 50404的有关规定；

（5）内保温隔热屋面用保温隔热材料施工应符合设计要求。

【坡屋面工程技术规范：第 3.3.6 条】

5. 坡屋面工程施工应符合下列规定：

（1）屋面周边和预留孔洞部位必须设置安全护栏和安全网或其他防止坠落的防护措施；

（2）屋面坡度大于 30%时，应采取防滑措施；

（3）施工人员应戴安全帽，系安全带和穿防滑鞋；

（4）雨天、雪天和五级风及以上时不得施工；

（5）施工现场应设置消防设施，并应加强火源管理。

【坡屋面工程技术规范：第 3.3.12 条】

27.2　防 水 垫 层

1. 铺设防水垫层的基层应平整、干净、干燥。

【坡屋面工程技术规范：第 5.4.1 条】

2. 铺设防水垫层，应平行屋脊自下而上铺贴。平行屋脊方向的搭接应顺流水方向，垂直屋脊方向的搭接宜顺年最大频率风向；搭接缝应交错排列。

【坡屋面工程技术规范：第 5.4.2 条】

3. 铺设防水垫层的最小搭接宽度应符合表 5.4.3 的规定。

表 5.4.3　防水垫层最小搭接宽度

防水垫层	最小搭接宽度
自粘聚合物沥青防水垫层 自粘聚合物改性沥青防水卷材	75mm
聚合物改性沥青防水垫层（满粘） 高分子类防水垫层（满粘） SBS、APP 改性沥青防水卷材（满粘）	100mm
聚合物改性沥青防水垫层（空铺） 高分子类防水垫层（空铺）	上下搭接：100mm 左右搭接：300mm
波形沥青通风防水垫层	上下搭接：100mm 左右搭接：至少一个波形且不小于 100mm

【坡屋面工程技术规范：第 5.4.3 条】

4. 铝箔复合隔热防水垫层宜设置在顺水条与挂瓦条之间，并在两条顺水条之间形成凹曲。

【坡屋面工程技术规范：第 5.4.4 条】

5. 波形沥青通风防水垫层采用机械固定施工时，固定件应固定在压型钢板波峰或混凝土层上；固定钉与垫片应咬合紧密；固定件的分布应符合设计要求。

【坡屋面工程技术规范：第 5.4.5 条】

27.3　沥青瓦屋面

1. 防水垫层施工应符合本规范第 5.4 节的相关规定。

【坡屋面工程技术规范：第 6.4.1 条】

2. 应在防水垫层铺设完成后进行沥青瓦的铺设。

【坡屋面工程技术规范：第 6.4.2 条】

3. 铺设沥青瓦前应在屋面上弹出水平及垂直基准线，按线铺设。

【坡屋面工程技术规范：第 6.4.3 条】

4. 沥青瓦外露尺寸应符合下列规定：

(1) 宽度规格为 333mm 的沥青瓦，每张瓦片的外露部分不应大于 143mm；

(2) 其他沥青瓦应符合制造商规定的外露尺寸要求。

【坡屋面工程技术规范：第 6.4.4 条】

5. 铺设屋面檐沟、斜天沟应保持顺直。

【坡屋面工程技术规范：第 6.4.5 条】

6. 屋脊部位的施工应符合下列规定：

(1) 应在斜屋脊的屋檐处开始铺设并向上直到正脊；

(2) 斜屋脊铺设完成后再铺设正脊，从常年主导风向的下风侧开始铺设；

(3) 应在屋脊处弯折沥青瓦，并将沥青瓦的两侧固定，用沥青基胶粘材料涂盖暴露的钉帽。

【坡屋面工程技术规范：第 6.4.6 条】

7. 固定钉钉入沥青瓦，钉帽应与沥青瓦表面齐平。

【坡屋面工程技术规范：第 6.4.7 条】

8. 固定钉穿入细石混凝土持钉层的深度不应小于 20mm；固定钉可穿透木质持钉层。

【坡屋面工程技术规范：第 6.4.8 条】

9. 板状保温隔热材料的施工应符合下列规定：

（1）基层应平整、干燥、干净；

（2）应紧贴基层铺设，铺平垫稳，固定牢固，拼缝严密；

（3）保温板多层铺设时，上下层保温板应错缝铺设；

（4）保温隔热层上覆或下衬的保护板及构件等，其品种、规格应符合设计要求和相关标准的规定；

（5）保温隔热材料采用机械固定施工时，保温隔热板材的压缩强度和点荷载强度应符合设计要求；

（6）机械固定施工时，固定件规格、布置方式和数量应符合设计要求。

【坡屋面工程技术规范：第 6.4.9 条】

10. 喷涂硬泡聚氨酯保温隔热材料的施工应符合下列规定：

（1）基层应平整、干燥、干净；

（2）喷涂硬泡聚氨酯保温隔热层的厚度应符合设计要求，喷涂应平整；

（3）应使用专用喷涂设备施工，施工环境温度宜为 15～30℃，相对湿度小于 85%，不宜在风力大于三级时施工；

（4）穿出屋面的管道、设备、预埋件等，应在喷涂硬泡聚氨酯保温隔热层施工前安装完毕，并做密封处理。

【坡屋面工程技术规范：第 6.4.10 条】

27.4 块 瓦 屋 面

1. 防水垫层施工应符合本规范第 5.4 节的相关规定。

【坡屋面工程技术规范：第 7.4.1 条】

2. 屋面基层或持钉层应平整、牢固。

【坡屋面工程技术规范：第7.4.2条】

3. 顺水条与持钉层连接、挂瓦条与顺水条连接、块瓦与挂瓦条连接应固定牢固。

【坡屋面工程技术规范：第7.4.3条】

4. 铺设块瓦应排列整齐，瓦榫落槽，瓦脚挂牢，檐口成线。

【坡屋面工程技术规范：第7.4.4条】

5. 正脊、斜脊应顺直，无起伏现象。脊瓦搭盖间距应均匀，脊瓦与块瓦的搭接缝应作泛水处理。

【坡屋面工程技术规范：第7.4.5条】

6. 通风屋面屋脊和檐口的施工应符合构造设计的要求。

【坡屋面工程技术规范：第7.4.6条】

7. 板状保温隔热材料的施工应按本规范第6.4.9条的规定执行；喷涂硬泡聚氨酯保温隔热材料的施工应按本规范第6.4.10条的规定执行。

【坡屋面工程技术规范：第7.4.7条】

27.5　波形瓦屋面

1. 防水垫层施工应符合本规范第5.4节的相关规定。

【坡屋面工程技术规范：第8.4.1条】

2. 带挂瓦条的基层应平整、牢固。

【坡屋面工程技术规范：第8.4.2条】

3. 铺设波形瓦应在屋面上弹出水平及垂直基准线，按线铺设。

【坡屋面工程技术规范：第8.4.3条】

4. 波形瓦的固定应符合下列规定：

（1）瓦钉应沿弹线固定在波峰上；

（2）檐口部位的瓦材应增加固定钉数量。

【坡屋面工程技术规范：第8.4.4条】

5. 波形瓦与山墙、天沟、天窗、烟囱等节点连接部位，应采用密封材料、耐候型自粘泛水带等进行密封处理。

【坡屋面工程技术规范：第8.4.5条】

6. 板状保温隔热材料的施工应按本规范第6.4.9条的规定执行；喷涂硬泡聚氨酯保温隔热材料的施工应按本规范第6.4.10条的规定执行。

【坡屋面工程技术规范：第8.4.6条】

27.6 金属板屋面

1. 金属板材应使用专用吊具吊装，吊装时不得使金属板材变形和损伤。

【坡屋面工程技术规范：第9.4.1条】

2. 铺设金属板材的固定件应符合设计要求。

【坡屋面工程技术规范：第9.4.2条】

3. 金属泛水板的长度不宜小于2m，安装应顺直。

【坡屋面工程技术规范：第9.4.3条】

4. 保温隔热材料的施工应符合下列规定：

(1) 应与金属板材、防水垫层、隔汽层等同步铺设；

(2) 铺设应顺直、平整、紧密；

(3) 屋脊、檐口、山墙等部位的保温隔热层应与屋面保温隔热层连为一体。

【坡屋面工程技术规范：第9.4.4条】

5. 隔汽材料的搭接宽度不应小于100mm，并应采用密封胶带连接；屋面开孔及周边部位的隔汽层应密封。

【坡屋面工程技术规范：第9.4.5条】

6. 屋面施工期间，应对安装完毕的金属板采取保护措施；遇有大风或恶劣气候时，应采取临时固定和保护措施。

【坡屋面工程技术规范：第9.4.6条】

7. 金属板屋面的封边包角在施工过程中不得踩踏。

【坡屋面工程技术规范：第9.4.7条】

27.7　防水卷材屋面

1. 采用机械固定法施工防水卷材应符合下列规定：

（1）固定件数量和间距应符合设计要求；螺钉固定件必须固定在压型钢板的波峰上，并应垂直于屋面板，与防水卷材结合紧密；在屋面收边和开口部位，当固定钉不能固定在波峰上时，应增设收边加强钢板，固定钉固定在收边加强钢板上；

（2）螺钉穿出钢屋面板的有效长度不得小于20mm，当底板为混凝土屋面板时，嵌入混凝土屋面板的有效长度不得小于30mm；

（3）铺贴和固定卷材应平整、顺直、松弛，不得褶皱；

（4）卷材铺贴和固定的方向宜垂直于屋面压型钢板波峰；坡度大于25%时，宜垂直屋脊铺贴；

（5）高分子防水卷材搭接边采用焊接法施工，接缝不得漏焊或过焊；

（6）改性沥青防水卷材搭接边采用热熔法施工，应加热均匀，不得过熔或漏熔。搭接缝沥青溢出宽度宜为10～15mm；

（7）保温隔热层采用聚苯乙烯等可燃材料保温板时，卷材搭接边施工不得采用明火热熔。

【坡屋面工程技术规范：第10.4.1条】

2. 用于屋面机械固定系统的卷材搭接，螺栓中心距卷材边缘的距离不应小于30mm，搭接处不得露出钉帽，搭接缝应密封。

【坡屋面工程技术规范：第10.4.2条】

3. 采用热熔或胶粘剂满粘法施工防水卷材应符合下列规定：

（1）基层应坚实、平整、干净、干燥。细石混凝土基层不得有疏松、开裂、空鼓等现象，并应涂刷基层处理剂，基层处理剂应与卷材材性相容；

（2）不得直接在保温隔热层表面采用明火热熔法和热沥青粘贴沥青基防水卷材；不得直接在保温隔热层材料表面采用胶粘剂

粘贴防水卷材；

（3）采用满粘法施工时，粘结剂与防水卷材应相容；

（4）保温隔热材料覆有保护层时，可在保护层上用胶粘剂粘贴防水卷材。

【坡屋面工程技术规范：第 10.4.3 条】

4. 机械固定的保温隔热层施工应符合下列规定：

（1）基层应平整、干燥；

（2）保温板多层铺设时，上下层保温板应错缝铺设；

（3）保温隔热层上覆或下衬的保护板及构件等，其品种、规格应符合设计要求和相关标准的规定；

（4）机械固定施工时，保温板材的压缩强度和点荷载强度应符合设计要求和本规范第 10.2.7 条的规定；

（5）固定件规格、布置方式和数量应符合设计要求和本规范表 10.2.8 的规定。

【坡屋面工程技术规范：第 10.4.4 条】

5. 隔离层施工应符合下列规定：

（1）保温隔热层与防水层材性不相容时，其间应设隔离层；

（2）隔离层搭接宽度不应小于 100mm。

【坡屋面工程技术规范：第 10.4.5 条】

6. 隔汽层施工应符合下列规定：

（1）隔汽层可空铺于压型钢板或装配式屋面板上，采用机械固定法施工时应与保温隔热层同时固定；

（2）隔汽材料的搭接宽度不应小于 100mm，并应采用密封胶带连接，屋面开孔及周边部位的隔汽层应采用密封措施。

【坡屋面工程技术规范：第 10.4.6 条】

27.8　装配式轻型坡屋面

1. 屋面板铺装宜错缝对接，采用定向刨花板或结构胶合板时，板缝不应小于 3mm，不宜大于 6.5mm。

【坡屋面工程技术规范：第 11.4.1 条】

2. 平改坡屋面安装屋架和构件不得破坏既有建筑防水层和保温隔热层。

【坡屋面工程技术规范：第 11.4.2 条】

3. 瓦材和金属板材的施工应按本规范第 6 章、第 8 章和第 9 章的规定执行。

【坡屋面工程技术规范：第 11.4.3 条】

4. 防水垫层的施工应按本规范第 5.4 节的规定执行。

【坡屋面工程技术规范：第 11.4.4 条】

5. 保温隔热材料的施工可按本规范第 6.4.9 条、第 6.4.10 条和其他有关规定执行。

【坡屋面工程技术规范：第 11.4.5 条】

Ⅲ　建筑设备安装专用标准

28　建筑给水塑料管道安装

本章内容摘自现行行业标准《建筑给水塑料管道工程技术规程》CJJ/T 98—2014。

28.1　一 般 规 定

1. 本规程适用于新建、扩建、改建的民用及工业建筑给水塑料管道工程的设计、施工及质量验收。其中冷水管道长期工作温度不应大于40℃、最大工作压力不应大于1.00MPa；热水管道长期工作温度不应大于70℃、最大工作压力不应大于0.60MPa。

【建筑给水塑料管道工程技术规程：第1.0.2条】

2. 管道施工应符合下列规定：

(1) 管道安装时应将印刷在管材、管件表面的产品标志面向外侧；

(2) 管道穿越水池、水箱壁的环形空隙应采用对水质不产生污染的防水胶泥嵌实，宽度不应小于壁厚的1/3，两侧应采用M15水泥砂浆填实，填实后墙体或池壁内外表面应刮平；

(3) 横管应按设计要求敷设坡度，并坡向泄水点；

(4) 管道安装时不得扭曲、强行校直，与设备或管道附件连接时不得强行对接；

(5) 各种塑料管材在任何情况下，不得在管壁上车制螺纹、烘烤；

(6) 热水管道支架应支承在管道的本体上，不得支承在保温层表面；

(7) 管道与加热设备连接应设置自由臂管段，且按设计要求长度采用耐腐蚀金属管或金属波纹管与加热设备连接；

(8) 施工过程中不得有污物或异物进入管内，管道安装间歇或安装结束，应及时将管口进行临时封堵；

(9) 管道表面不得受污、受损，周围不得受热、烘烤，应注意对已安装的成品做好保护；

(10) 埋设在墙体及地坪内管道，宜在墙面粉刷及垫层完工后，在表面作出管路走向标记。

【建筑给水塑料管道工程技术规程：第 5.1.5 条】

3. 冷水管穿越楼板处的施工应符合下列规定：

(1) 系统试压合格后，结合穿越部位的楼面防渗漏措施，对立管与楼板的环形空隙部位，应浇筑细石混凝土；浇筑时应采用 C20 细石混凝土分二次填实，第一次浇筑厚度宜为楼板厚度的 2/3，待强度达到 50%后，再嵌实其余的 1/3 部位，细石混凝土浇筑前楼板底应支模，混凝土浇筑后底部不得凸出板面；

(2) 冷水管穿越楼板处应设置硬聚氯乙烯护套管，护套管应高出地坪完成面 70mm，且应在地坪施工时窝嵌在找平层的面层内；

(3) 楼面面层施工时，护套管的周围应砌筑高度为 10～15mm、宽度为 20～30mm 的环形阻水圈；

(4) 高层建筑管窿或管道井，建筑设计未封堵的楼层，在楼板中间应设置固定支架。

【建筑给水塑料管道工程技术规程：第 5.1.7 条】

4. 热水管道穿越楼层或屋面处应设套管，除应符合本规程第 5.1.7 条规定外，还应符合下列规定：

(1) 套管上口应高出最终完成面 70mm，套管底部应与楼板底齐平；

(2) 管道每层离地面 250～300mm 位置处应设置固定支架；

(3) 管道与套管间的环形空隙，应采用不燃柔性材料或纸筋石灰填实；

(4) 穿越屋面的管道与套管间的间隙，应采用防水胶泥填实，且在屋面防水层施工时，防水材料与套管周围应紧贴、牢固。

【建筑给水塑料管道工程技术规程：第5.1.8条】

28.2 管道连接

1. 管道与设备连接宜采用法兰连接，当管径小于32mm时，应采用塑料镶嵌金属螺纹管件连接。聚氯乙烯类管材采用弹性密封圈连接的管道宜用于室外埋地敷设。

【建筑给水塑料管道工程技术规程：第5.2.2条】

2. 管材、管件的承插粘结连接应符合下列规定：

（1）管材端而应进行坡口，坡口角度不宜小于30°；

（2）管材、管件连接部位的表面应无污物，不得将管材或管件浸入在清洁剂中；

（3）应测量管件的承插口深度，并在管材表面作出标记；

（4）待清洁剂挥发后，应采用鬃刷蘸胶粘剂涂抹管材及管件承插口部位，涂抹时应先涂管件承口、后涂管材插口，由里向外均匀涂抹、不得漏涂，不得将管材连接部位或管件在胶粘剂中浸沾；

（5）应将涂抹好胶粘剂的管材及管件对准位置并一次插入到标记位置，插入后宜旋转90°，整个操作过程宜在30～40s内完成；

（6）粘结结束后，应及时将残留在承插口口部的多余胶粘剂擦净；

（7）当涂抹的胶粘剂部分干涸时，应清除干涸表面，再按本条规定重新涂抹胶粘剂；

（8）粘结完成的管道，1h内不宜搬运，且应在24h后进行试压；

（9）环境温度低于－10℃时，不宜进行粘结连接。

【建筑给水塑料管道工程技术规程：第5.2.5条】

3. 聚烯烃管材、管件热熔承插连接应符合下列规定：

（1）管材连接端部应进行坡口，坡口角度不宜小于30°；

（2）应清理管材、管件连接和热熔连接加热器工具表面的污物；

（3）应测量管件的承插口深度，并在管材表面作出标记；

（4）对管材的外表面和管件的内表面应采用热熔工具加热，加热温度、时间等技术参数应符合相应要求；

（5）加热结束后应迅速脱离加热工具，并以均匀的外力将管材插入管件承插口内至管材标志线，再适当用力使管件承口的端部形成完整的凸缘后结束；

（6）完成连接的连接件应免受外力，并进行自然冷却；

（7）管径大于 75mm 时，宜在台式工具上进行连接。

【建筑给水塑料管道工程技术规程：第 5.2.6 条】

4. 聚烯烃管材与管材、管材与管件热熔对接应符合下列规定：

（1）热熔对接过程应在专用的台式工具上进行；

（2）连接前应先对台式工具进行检查和校正，连接件上架后应在同一轴线上，端面错边不得大于管壁厚度的 10%；

（3）应采用台架上的铣刀对管材及管件的对接面铣切，铣切面应光滑、平整、相互间吻合并垂直轴线。

（4）应擦拭台架上的加热板，板面和管材、管件的端面，应确保其表面清洁无污；

（5）应采用台架上的加热板对焊件端面进行加热，加热时间和要求应符合相应要求；

（6）加热结束，应迅速移出加热板，并对两个加热面均匀加压，加压后应使连接部位内外周边形成均匀的“∞”形凸缘；

（7）完成连接的连接件应免受外力，并进行自然冷却。

【建筑给水塑料管道工程技术规程：第 5.2.7 条】

5. 管材、管件的电熔连接应符合下列规定：

（1）应检查电熔电源装置，确保设备正常工作；

（2）应测量管件承插口的深度，并在管材表面作出标记；

（3）应采用专用工具刮除管材连接部位表层，刮除表面时应周到均匀；

（4）应对管材端面坡口，坡角不宜小于60°；

（5）应采用清洁干布擦净管材连接表面，当表面有油污时，应采用清洁干布蘸丙酮或95%无水酒精擦拭；

（6）通电电压、电流及通电时间应符合相应要求；

（7）通电结束后应移出电源插头并自然冷却。

【建筑给水塑料管道工程技术规程：第5.2.8条】

6. 氯乙烯类管道弹性密封圈连接和聚乙烯管道承插口增强弹性密封圈连接，应符合下列规定：

（1）管材连接端部宜进行坡口，坡口角度不宜小于30°；坡口时去除部分不得大于1/2的管壁厚度；

（2）应测量承插口长度，并在管材表面作出标记；

（3）应擦净管材连接部位和承插口的内表面，检查嵌在承插口内橡胶圈的位置是否正确；

（4）在管材插入口表面应涂抹对管材和橡胶件不产生破坏作用、对水质无污染的润滑剂；

（5）沿轴向将管材插入管件内，冬季施工时宜预留4倍计算管段的轴向伸缩量，夏季施工时宜预留2倍计算管段的轴向伸缩量；

（6）管材插入管件后，应采用塞尺插入承口内壁与管材的空隙部位，检查管道施工后橡胶圈位置是否正确，当发现橡胶圈位置偏移时，应将管材拔出重新安装。

【建筑给水塑料管道工程技术规程：第5.2.9条】

28.3　室内管道敷设及安装

1. 室内给水塑料管道敷设应待土建结构工程完工后进行，明装管道应在建筑饰面工程完工后进行，室内埋地管道应在地面混凝土面层施工前进行。管道安装宜先装立管，后装横管。

【建筑给水塑料管道工程技术规程：第5.3.1条】

2. 进户埋地管道应分两次安装。当室内管道安装结束、伸出外墙500～700mm时，应暂停施工并及时封堵管口，待室外管道施工时再进行镶接。

【建筑给水塑料管道工程技术规程：第5.3.2条】

3. 室内埋地管道敷设应符合下列规定：

（1）管道敷设应在地面夯实后重新开挖管槽敷管；

（2）管槽回填时，管道周边不得含有尖硬的物体和大颗粒的石块，并应填充厚度不小于7mm的砂层；

（3）管顶覆土深度不应小于300mm；

（4）管道穿出室内底层地坪时，立管根部应护套金属管，套管顶部离地坪完成面不宜小于100mm，套管内径不应大于管材外径15mm，套管底部应在地面施工时坐落在地面的面层内；

（5）安装结束，管道周围不得受外力作用或堆放重物；

（6）当室内有可能产生冰冻时，应敷设在冰冻线以下。

【建筑给水塑料管道工程技术规程：第5.3.3条】

4. 穿越楼层的管道安装应符合下列规定：

（1）应检查预留孔洞及套管位置、孔径及顺通情况；

（2）立管安装宜自下而上逐层进行；

（3）管道穿过孔洞或金属套管时不得损坏管材表面，当发现管材表面有明显的刻痕、划伤应及时进行更换管段；

（4）应复测横管与立管的连接部位的标高，并应在立管上作出标记，确定横管的甩口方向；

（5）管材、管件连接可制作预制件分段安装；

（6）管道就位时，应用木楔作临时固定，检查符合设计要求后设置固定支架或滑动支架；

（7）孔洞封堵时应符合本规程第5.1.7条的规定；

（8）明敷于公共区域的立管应按设计要求设置保护管。

【建筑给水塑料管道工程技术规程：第5.3.4条】

5. 管径大于40mm的非埋设横管的安装应符合下列规定：

（1）应根据建筑构造和设计要求进行布管，并在墙面作出标记；

（2）应根据设计要求确定固定支架和滑动支架的位置，并在墙上作出标记；

（3）应根据设计要求的坡度，安装固定支架和滑动支架；

（4）当采用预制组合管道安装时，应及时用支架固定管道；

（5）对弹性密封圈连接的管道，应正确量出承口位置并安装固定支架，再在固定支架间安装滑动支架；管道转弯位置应设挡墩，挡墩应承受推力；

（6）管道抱箍宜采用内表面光洁的金属制品。

【建筑给水塑料管道工程技术规程：第 5.3.5 条】

6. 墙体埋设管道安装应符合下列规定：

（1）管径不宜大于 25mm，且应采用整支管段；

（2）聚烯烃类热水管和铝塑复合管，表面宜有护套管；

（3）管槽内应设置管卡，管卡间距不宜大于 1200mm，在转弯管段两端均应设置管卡；

（4）管道应通过水压试验及隐蔽工程验收；

（5）隐蔽工程验收合格后，应及时进行填补管槽。管槽填补应采用 M10 水泥砂浆，填实过程宜分 2 次进行，第一次应先填管件、管卡和转弯管段，再填至管材表面，待水泥砂浆达到 50%强度后进行第二次填补，填补后应与墙面或地面齐平。

【建筑给水塑料管道工程技术规程：第 5.3.6 条】

7. 管径小于 40mm 明敷的支管或配水管，管道安装应符合下列规定：

（1）安装完成后的支架应保证管道与装饰面净距离不大于 20mm；

（2）管道坡度应符合设计要求。

【建筑给水塑料管道工程技术规程：第 5.3.7 条】

28.4　分水器供水管道安装

1. 沿砖墙面敷设的立管，应开凿管槽，管槽深度应保证管道安装结束后，水泥砂浆保护面层厚度不小于 10mm（不包括装饰面)。当设计未预留时，竖向开槽宽度不得大于250mm。

【建筑给水塑料管道工程技术规程：第5.4.2条】

2. 分水器及配支管道的安装应符合下列规定：

(1) 分水器应根据设计要求布置，分水器应固定在顶板、混凝土底板或墙体上，定位后应设置管卡；

(2) 分水器配水口的甩口方向应符合设计要求；

(3) 布管时应避免管道交叉并以合理的距离和走向到达配水点，管道转弯半径不应小于10倍管材外径；

(4) 应采用管卡固定管道，直线管段管卡间距宜为1000～1200mm，转弯管段弯曲部位两端均应设置管卡；

(5) 施工过程中应防止管壁受损，安装结束应及时封堵管口；

(6) 系统应进行试压、通水试验，试验合格后应进行隐蔽工程验收；

(7) 管路系统经隐蔽工程验收合格后，地面管道及墙槽应采用M10水泥砂浆包覆填实，包覆宽度不宜小于150～200mm，管顶覆盖厚度不宜小于20～25mm；

(8) 埋设的管道在建筑饰面工程结束前，宜在地坪或墙面的表面作出管路走向标记。

【建筑给水塑料管道工程技术规程：第5.4.3条】

3. 当分水器和管道安装在地面时，不得在其周围堆放重物、生火取暖，不得损坏管道。

【建筑给水塑料管道工程技术规程：第5.4.4条】

29 建筑给水金属管道安装

本章内容摘自现行行业标准《建筑给水金属管道工程技术规程》CJJ/T 154—2011。

29.1 管 道 连 接

1. 管道系统的配管与连接应按下列步骤进行：

（1）按设计图纸规定的坐标和标高线绘制实测施工图；

（2）按实测施工图进行配管；

（3）制定管材和管件的安装顺序，进行预装配；

（4）进行管道连接。

【建筑给水金属管道工程技术规程：第 5.2.2 条】

2. 在管道连接前，应将管材与管件的内外污垢与杂质清除干净，有密封材料的管件，应检查密封材料和连接面，不得有伤痕、杂物。

【建筑给水金属管道工程技术规程：第 5.2.6 条】

3. 管道公称直径小于或等于 50mm，且管道壁厚小于或等于 3.5mm 的钢管可采用气焊。

【建筑给水金属管道工程技术规程：第 5.2.11 条】

4. 当管道采用法兰连接时，法兰盘面应平整、无裂纹，密封面上不得有斑疤、砂眼及辐射状沟纹。

【建筑给水金属管道工程技术规程：第 5.2.12 条】

5. 法兰连接使用的橡胶垫圈应符合下列规定：

（1）垫圈的材质应均匀，厚薄应一致，应无老化、皱纹等缺陷；当采用非整体垫圈时，拼缝应平整且粘结良好。

（2）当管道公称直径小于或等于 600mm 时，垫圈厚度宜为 3～4mm；当管道公称直径大于或等于 700mm 时，垫圈厚度宜为 5～6mm。

(3) 垫圈内径应与法兰内径一致，允许偏差应符合下列规定：

1) 当管道公称直径小于或等于 150mm 时，允许偏差为 +3mm；

2) 当管道公称直径大于或等于 200mm 时，允许偏差为 +5mm。

(4) 垫圈外径应与法兰密封面外缘平齐。

【建筑给水金属管道工程技术规程：第 5.2.13 条】

6. 当薄壁不锈钢管采用卡压式连接、环压式连接、双卡压式连接或内插卡压式连接时，管材和管件的尺寸应配套，其偏差应在允许范围内。组对前，密封圈位置应正确。

【建筑给水金属管道工程技术规程：第 5.2.14 条】

29.2 管道敷设

1. 在施工过程中，应防止管材、管件与酸、碱等有腐蚀性液体、污物接触。受污染的管材、管件，其内外污垢和杂物应清理干净。

【建筑给水金属管道工程技术规程：第 5.3.4 条】

2. 当管道穿墙壁、楼板及嵌墙暗敷时，应配合土建工程预留孔、槽，预留孔或开槽的尺寸应符合下列规定：

(1) 预留孔洞的尺寸宜大于管道外径 50～100mm；

(2) 嵌墙暗管的墙槽深度宜为管道外径加 20～50mm，宽度宜为管道外径加 40～50mm。

【建筑给水金属管道工程技术规程：第 5.3.5 条】

3. 架空管道管顶上部的净空不宜小于 200mm。

【建筑给水金属管道工程技术规程：第 5.3.6 条】

4. 明装管道的外壁或管道保温层外表面与装饰墙面的净距离宜为 10mm。

【建筑给水金属管道工程技术规程：第 5.3.7 条】

5. 薄壁不锈钢管、铜管与阀门、水表、水嘴等的连接应采用转换接头。严禁在薄壁不锈钢水管、薄壁铜管上套丝。

【建筑给水金属管道工程技术规程：第 5.3.8 条】

6. 进户管与水表的接口不得埋设，并应采用可拆卸的连接方式。

【建筑给水金属管道工程技术规程：第 5.3.9 条】

7. 当管道系统与供水设备连接时，其接口处应采用可拆卸的连接方式。

【建筑给水金属管道工程技术规程：第 5.3.10 条】

8. 安装管道时不得强制矫正。安装完毕的管线应横平竖直，不得有明显的起伏、弯曲等现象，管道外壁应无损伤。

【建筑给水金属管道工程技术规程：第 5.3.11 条】

9. 管道明敷时，应在土建工程完毕后进行安装。安装前，应先复核预留孔洞的位置。

【建筑给水金属管道工程技术规程：第 5.3.12 条】

10. 管道暗敷时应符合下列规定：

(1) 管道应进行外防腐；

(2) 管道应在试压合格和隐蔽工程验收后方可封蔽；

(3) 当管道敷设在垫层内时，应在找平层上设置明显的管道位置标志。

【建筑给水金属管道工程技术规程：第 5.3.13 条】

11. 当建筑给水金属管道与其他管道平行安装时，安全距离应符合设计的要求，当设计无规定时，其净距不宜小于 100mm。

【建筑给水金属管道工程技术规程：第 5.3.14 条】

29.3 管道支架

1. 管道系统应设置固定支架或滑动支架。

【建筑给水金属管道工程技术规程：第 5.4.1 条】

2. 管道支、吊、托架的安装应符合下列规定：

(1) 管道支、吊、托架的位置应正确，埋设应平整牢固；

（2）固定支架与管道的接触应紧密，固定应牢靠；

（3）滑动支架应灵活，滑托与滑槽两侧间应留有 3～5mm 的间隙，位移量应符合设计的要求；

（4）无热伸长管道的吊架、吊杆应垂直安装；

（5）有热伸长管道的吊架、吊杆应向热膨胀的反方向偏移；

（6）固定在建筑结构上的管道支、吊架不得影响结构的安全。

【建筑给水金属管道工程技术规程：第 5.4.2 条】

3. 热水管道固定支架的间距应根据管线热胀量、膨胀节允许补偿量等确定。固定支架宜设置在变径、分支、接口及穿越承重墙、楼板等处的两侧。

【建筑给水金属管道工程技术规程：第 5.4.4 条】

4. 薄壁不锈钢管道固定支架的间距不宜大于 15m。

【建筑给水金属管道工程技术规程：第 5.4.5 条】

5. 管道立管管卡的安装应符合下列规定：

（1）当楼层高度小于或等于 5m 时，每层的每根管道必须安装不少于 1 个管卡；

（2）当楼层高度大于 5m 时，每层的每根管道安装的管卡不得少于 2 个；

（3）当每层的每根管道安装 2 个以上管卡时，安装位置应匀称；

（4）管卡的安装高度应距地面 1.5～1.8m，且同一房间的管卡应安装在同一高度上。

【建筑给水金属管道工程技术规程：第 5.4.7 条】

6. 当管道公称直径不大于 25mm 时，可采用塑料管卡。

【建筑给水金属管道工程技术规程：第 5.4.8 条】

7. 在给水栓和配水点处应采用金属管卡或吊架固定，管卡或吊架宜设置在距配件 40～80mm 处。

【建筑给水金属管道工程技术规程：第 5.4.11 条】

8. 铜管道的支承件宜采用铜合金制品。当采用钢件支架时，管道与支架之间应设柔性隔垫，隔垫不得对管道产生腐蚀。

【建筑给水金属管道工程技术规程：第5.4.12条】

9. 当管道采用沟槽式连接时，应在下列位置增设固定支架：

（1）进水立管的管道底部；

（2）管道的三通、四通、弯头等管件的部位；

（3）立管的自由长度较长而需要支承立管重量的部位；

（4）管道设置补偿器，需要控制管道伸缩的部位。

【建筑给水金属管道工程技术规程：第5.4.13条】

29.4　管道试验、冲洗和消毒

1. 室内给水管道水压试验、热水供应系统水压试验、小区及厂区的室外给水管道水压试验应符合现行国家标准《建筑给水排水及采暖工程施工质量验收规范》GB 50242的规定。

【建筑给水金属管道工程技术规程：第5.5.1条】

2. 当在温度低于5℃的环境下进行水压试验和通水能力检验时，应采取可靠的防冻措施，试验结束后应将管道内的存水排尽。

【建筑给水金属管道工程技术规程：第5.5.2条】

3. 对试压资料应进行评判，并应符合下列规定：

（1）施工单位提供的水压试验资料应齐全；

（2）水压试验的方法和参数应符合设计的要求；

（3）隐蔽工程应有原始试压记录；

（4）试压资料不全或不合规定，应重新试压。

【建筑给水金属管道工程技术规程：第5.5.4条】

4. 通水能力试验时应对配水点作逐点放水试验，每个配水点的流量应稳定正常，然后应按设计要求开启足够数量的配水点，其流量应达到额定的配水量。

【建筑给水金属管道工程技术规程：第5.5.6条】

5. 生活饮用水管道在试压合格后，应按规定在竣工验收前进行冲洗消毒，并应符合现行国家标准《建筑给水排水及采暖工程施工质量验收规范》GB 50242 和《给水排水管道工程施工及验收规范》GB 50268 的有关规定。

【建筑给水金属管道工程技术规程：第 5.5.7 条】

30 建筑排水金属管道安装

本章内容摘自现行行业标准《建筑排水金属管道工程技术规程》CJJ 127—2009。

30.1 管道连接与安装

1. 建筑排水金属管道连接前，应对直管、管件、卡箍、卡套、法兰压盖、螺栓、橡胶密封圈（套）等的外观和尺寸进行检查，不得有损伤。

【建筑排水金属管道工程技术规程：第5.2.1条】

2. 卡箍式柔性接口排水铸铁管的连接与安装应按下列步骤进行：

（1）安装前应先将直管及管件内外表面粘结的污垢、杂物和接口处外壁的泥沙等附着物清理干净；

（2）用工具松开卡箍螺栓，取出橡胶密封套；

（3）将卡箍套入接口下端的直管或管件上，将橡胶密封套套入下端管口处，使管口顶端与橡胶密封套内的挡圈紧密结合；

（4）将橡胶密封套上半部向下翻转；

（5）把直管或管件插入已翻转的橡胶密封套，将管口的顶端与套内的另一侧挡圈贴紧。调整位置，使接口处的两端处于同一轴线上，将已翻转的橡胶密封套复位；

（6）将橡胶密封套的外表面擦拭干净，用支（吊）架初步固定管道；

（7）将卡箍套在橡胶密封套外，使卡箍紧固螺栓的一侧朝向墙或墙角的外侧，交替锁紧卡箍螺栓，使卡箍缝隙间隙一致；

（8）调整并紧固支（吊）架螺栓，将管道固定。

【建筑排水金属管道工程技术规程：第5.2.2条】

3. 法兰机械式柔性接口排水铸铁管和K型接口排水球墨铸铁管的连接应符合下列规定：

（1）安装前，应将直管及管件内外表面粘结的污垢、杂物及承口、插口、法兰压盖结合面上的泥沙等附着物清除干净；

（2）按承口的深度，在插口上画出安装线，使插入的深度与承口的实际深度间留有5mm安装空隙，以保证管道的柔性抗震性能；

（3）在插口端先套入法兰压盖，相继再套入橡胶密封圈，使胶圈小头朝承口方向，大头与安装线对齐；

（4）将直管或管件的插口端插入承口，插入管与承口管的轴线应在同一直线上，橡胶密封圈应均匀紧贴在承口的倒角上；

（5）将法兰压盖与承口处法兰盘上的螺孔对正，紧固连接螺栓，使橡胶密封圈均匀受力，三孔压盖应交替拧紧，四孔或多孔压盖应按对角线方向依次逐步拧紧；

（6）调整并紧固支（吊）架螺栓，将管道固定。

【建筑排水金属管道工程技术规程：第5.2.3条】

4. 建筑排水柔性接口铸铁管与塑料管或钢管连接时，当两者外径相同时，可采用本规程第5.2.3条规定的方法连接；当外径不同时，可按相应管径采用插入式或套筒式连接，或采用厂家的配套产品。连接处采用的密封填料，应满足密封要求。卫生器具的排出管与柔性接口铸铁管的连接，与上述方法相同。

【建筑排水金属管道工程技术规程：第5.2.4条】

5. 建筑排水用钢管的沟槽式连接与安装应按下列步骤进行：

（1）检查沟槽，沟槽加工的深度和宽度尺寸应符合相关要求；

（2）组装卡套，将橡胶密封套涂抹润滑剂后，置入卡套内；

（3）适量松开卡套螺栓，将管端插入卡套内，保持插入管两端的轴线在同一条直线上；

（4）拧紧卡套上的螺栓，卡套内缘应卡进沟槽内。

【建筑排水金属管道工程技术规程：第5.2.5条】

6. 当建筑排水用钢管采用法兰连接时，法兰平面应垂直于管道中心线，两个法兰的表面应相互平行，紧固螺栓的方向应一致。

【建筑排水金属管道工程技术规程：第5.2.6条】

30.2　支架、吊架安装及支墩的设置

1. 建筑排水金属管道的支架（管卡）、吊架（托架）应为金属件，其形式、材质、尺寸、质量及防腐要求等应符合国家现行有关标准的规定；支墩可采用强度不低于MU10的砖砌筑或采用强度不低于C15的混凝土浇筑。支架（管卡）、吊架（托架）、支墩均不得设置在接口的断面部位。

【建筑排水金属管道工程技术规程：第5.3.1条】

2. 建筑排水金属管道的支架（管卡）、吊架（托架）应能分别承载所在层内立管或横管产生的荷载，其支承强度应分别大于所在层内立管、横管的自重与管内最大水重之和。

【建筑排水金属管道工程技术规程：第5.3.2条】

3. 建筑排水金属管道的支架（管卡），吊架（托架）的设置和安装应分别满足立管垂直度、横管弯曲和设计坡度的要求。应安装牢固、位置正确、与管道接触紧密，并不得损伤管道外表面。

【建筑排水金属管道工程技术规程：第5.3.3条】

4. 建筑排水金属管道的立管的支架（管卡）、横管的托架及预埋件必须固定或预埋在承重构件上。横管的吊架宜固定在楼板、梁和屋架上。多层和高层建筑的排水立管穿越楼板时，应用管卡固定，当有管井时，宜固定在楼板上；当无管井或有吊顶时，管卡宜固定在楼板下。

【建筑排水金属管道工程技术规程：第5.3.4条】

5. 建筑排水金属管道的重力流排水立管，除设管卡外，应每层设支架固定，支架的间距不得大于3m，当层高小于4m时，可每层设一个支架。立管底部与排出管端部的连接处，应设置支

墩等进行固定。柔性接口排水铸铁立管底部转弯处，可采用鸭脚弯头支撑，同时设置支墩等进行固定。

【建筑排水金属管道工程技术规程：第 5.3.5 条】

6. 建筑排水金属管道的重力流铸铁横管，每根直管必须安装一个或一个以上的吊架，两吊架的间距不得大于 2m。横管与每个管件（弯头、三通、四通等）的连接都应安装吊架，吊架与接口断面间的距离不宜大于 300mm。

【建筑排水金属管道工程技术规程：第 5.3.6 条】

7. 建筑排水金属管道的重力流铸铁横管的长度大于 12m 时，每 12m 必须设置一个防止水平位移的斜撑或用管卡固定的托架。

【建筑排水金属管道工程技术规程：第 5.3.7 条】

31 建筑排水塑料管道安装

本章内容摘自现行行业标准《建筑排水塑料管道工程技术规程》CJJ/T 29—2010。

31.1 管道连接

1. 建筑排水塑料管与钢管、排水栓之间的连接应采用专用配件。当硬聚氯乙烯排水管与承插式铸铁管连接时，应先将塑料管插入端的表面用砂纸打毛，涂胶粘剂并洒上粗干黄砂，再插入铸铁管的承口内，用麻丝均匀填实后，以水泥砂浆捻口。

【建筑排水塑料管道工程技术规程：第 5.2.2 条】

2. 安装在管窿和装饰墙内采用橡胶密封圈连接的排水管道或伸缩节，均应采用抗老化性能优良的橡胶件；对热排水管道应采用三元乙丙（EPDM）或丁腈橡胶（NBR）橡胶件。

【建筑排水塑料管道工程技术规程：第 5.2.3 条】

3. 当硬聚氯乙烯管采用承插粘结连接时，宜按下列步骤进行操作：

（1）实测管材长度，采用细齿锯断料，并以专用工具对插口进行坡口；坡口角度宜为 15°～30°，端口的剩余厚度不应小于管材壁厚的 1/2；

（2）插口和承口的表面应采用清洁干布揩净；当发现有油腻等污物时，应采用无水酒精或丙酮擦拭干净；

（3）测量管件承插口深度，并在管材插口上标出插入深度的标记；

（4）在承口和插口上应采用鬃刷蘸胶粘剂涂抹，涂抹胶粘剂时，应先涂承口后涂插口，并由里向外均匀涂抹；胶量应适当，不得漏涂，不得将管材或管件浸入胶粘剂内；

（5）管材应一次性地插入管件承口，直到标记的位置，并旋转 90°；整个粘结过程宜在 20～30s 内完成；

（6）粘结工序结束后，应及时将残留在承口外部的胶粘剂揩擦干净；

（7）粘结部位 1h 内不宜受外力作用；高层建筑中采用粘结连接的室内雨水管道，在粘结后的 24h 内不得进行灌水试验；

（8）当遇气温较高的夏天或管径较大，胶粘剂易干固时，不宜采用中型或重型的胶粘剂；

（9）当冬季环境温度低于－10℃时，不宜进行粘结连接。

【建筑排水塑料管道工程技术规程：第 5.2.4 条】

4. 管道系统采用橡胶密封圈连接时，可按下列步骤进行操作：

（1）插口应采用专用工具进行坡口，坡口角度宜为 15°～30°，且端口的剩余厚度不应小于管材壁厚的 1/2；

（2）测量管件承口的有效长度，并应在管材的插口段作出标记；

（3）管材插口及管件承口连接面应擦拭干净，然后将胶圈放置到位，并应在橡胶圈内表面涂抹润滑剂；

（4）管材应沿轴线方向插入承口内，并采用人工的方法或管道紧伸器插入到位；对弹性密封圈连接的管道，插入的有效长度应余留 2～4 倍的管道伸缩量，其中夏期施工宜取 2 倍的管道伸缩量、冬期施工取 4 倍的管道伸缩量；伸缩量应按本规程第 4.5.1 条的规定进行计算；

（5）管材插入管件后，应检查橡胶圈位置是否正确；当发现胶圈偏移时，应拔出重新安装。

【建筑排水塑料管道工程技术规程：第 5.2.5 条】

5. 聚烯烃管材的热熔承插连接、热熔对接和电熔连接，应符合下列规定：

（1）热熔连接所使用的连接设备，应由管道生产单位配套或采用指定的专用设备；

(2) 在热熔连接过程中，管材管件的加热时间、温度、轴向推力、冷却方法和冷却时间等，应符合加热设备的性能要求；

(3) 热熔承插连接或热熔对接连接安装过程中，可根据管道系统安装位置及尺寸，在工作间内预制成管道组合件，然后到现场进行安装连接；管道组合件与系统的连接宜采用电熔套筒管件；

(4) 在施工安装困难的场合，宜采用电熔管件连接。

【建筑排水塑料管道工程技术规程：第 5.2.6 条】

6. 管材热熔承插连接宜按下列步骤进行操作：

(1) 管口应采用专用工具进行坡口，坡口角度宜为 15°～30°；

(2) 擦除管材、管件和加热工具表面的污物，并保持表面清洁；

(3) 测量管件承口深度，并在管材插口上作出标记；

(4) 将管材、管件插入加热工具，进行加热；

(5) 加热结束，应迅速脱离加热器，并用均匀的外力将管材插入管件的承口中，直到管材表面的标记位置，然后自然冷却；

(6) 管径大于 63mm 管道宜采用台式工具加热和连接。

【建筑排水塑料管道工程技术规程：第 5.2.7 条】

7. 管材热熔对接连接应按下列步骤进行操作：

(1) 热熔对接连接应在专用的连接设备上进行；管材、管件上架固定后应在同一轴线上，对接连接点两端面的错边量不得大于管壁厚度的 10%；

(2) 管材、管件热熔对接的端面应进行铣切；铣切后的端面应相互吻合并与管道轴线垂直；

(3) 应对连接设备上的加热板进行清理，然后将管材、管件的连接面移到加热板表面、通电加热；

(4) 按规定时间加热结束后，应移去加热板，将对接端面进行轴向挤压对接，使对接部位的两支管端表面呈“∞”形的凸缘后焊接工序结束；

（5）将焊接件移出台架，静置冷却、免受外力。

【建筑排水塑料管道工程技术规程：第 5.2.8 条】

8. 管材电熔连接应按下列步骤进行操作：

（1）管材的连接部位表层应采用专用工具刮除，且刮除深度不得超过 1mm；

（2）端口应进行坡口，坡口角度宜为 15°～30°；

（3）管材、管件连接部位的表面应擦净；应测量管件承口的深度，并在管材端部作出标记；

（4）将管材插入电熔管件或电熔套筒内，直到标记位置；然后，应采用配套的专用电源通电进行熔接，直至管件上的信号眼内嵌件突出；电熔连接结束，应切断电熔电源；

（5）切断电熔电源后应进行自然冷却，1h 后方可受力；

（6）施工过程中，已使用过的电熔管件不得再重复利用。

【建筑排水塑料管道工程技术规程：第 5.2.9 条】

31.2 楼层及外墙管道安装

1. 建筑排水塑料管道的楼层管道安装，应符合下列规定：

（1）应检查各预留孔洞或预埋套管尺寸、位置是否正确顺通；

（2）应待土建墙面粉刷工序结束后，进行管道安装；

（3）管道安装工序宜自下而上进行，先安装立管，再安装横管，并应连续施工；

（4）应按管道系统的走向或坡度进行测量，并在墙上作出标记；

（5）对热熔连接的聚烯烃类管道系统，在施工过程中宜将管材、管件预制成系统组合件；预制前应进行实测，注明尺寸，绘制小样后制作管道组合件，制作时应注意管件的接口方向；管道组合件焊接结束，按图样核对管段间尺寸，检查无误后可对管道组合件进行安装；

（6）管道支架的设置应符合本规程第 5.5 节的有关规定；

（7）应按设计文件要求安装伸缩节和阻火圈；

（8）当管道安装中途暂停时，应及时对管口进行临时封堵；

（9）管道系统安装结束，应对管道的外观、支架、安装尺寸及环形空隙的封堵质量等进行检查，合格后方可进行通球、通水或灌水试验。

【建筑排水塑料管道工程技术规程：第 5.3.1 条】

2. 立管的安装应符合下列规定：

（1）立管应按设计文件规定的位置在墙面作出标记，并应设置管道支架；

（2）立管安装时，应先将管道扶正并作临时固定；对粘结连接的管道系统，应按设计文件要求安装伸缩节；管道与伸缩节连接时，应先将管道插到伸缩节的底部，并在管道表面作出标记；在立管固定时，根据安装时环境温度，拉动伸缩节，使伸缩节与管道标志线之间预留 15～25mm 的伸缩量，其中冬季安装预留量取 25mm、夏季安装预留量取 15mm；伸缩节安装结束，应及时固定管道系统；

（3）在火势贯穿部位，应按设计文件要求安装阻火圈；

（4）立管和伸顶通气管、通气立管安装完毕，管道系统在支架固定后，必须按本规程第 5.1.11、5.1.12 条的规定，封堵所穿越楼板或屋面的环形缝隙；

（5）热熔连接的高密度聚乙烯管道系统中预制的组合管件，宜采用电熔套筒或电熔管件进行组装连接。

【建筑排水塑料管道工程技术规程：第 5.3.2 条】

3. 横管的安装应符合下列规定：

（1）应将管道或预制管道组合件按设计文件规定的管径、管位就位，并临时吊挂，检查无误后再进行系统连接；

（2）管道或管道组合件粘结连接后应迅速摆正位置，按设计文件规定校正管道坡度，然后宜用钢丝临时固定，待粘结固化后再紧固支承件；非固定支承件或管卡，不宜卡得过紧；

（3）伸缩节的布置和安装应符合设计文件的规定；

(4) 应在管道支承件或支架紧固后再拆除临时固定件，并将敞开管口临时封堵；

(5) 墙洞的环形缝隙应采用 M20 水泥砂浆封堵。

【建筑排水塑料管道工程技术规程：第 5.3.3 条】

4. 雨落水管、空调凝结水管应按下列步骤安装：

(1) 应按设计文件要求对管道进行定位，并在墙面上作出标记；

(2) 应根据雨落水管的形状选择管卡，并在墙面标记处埋设管卡；

(3) 矩形断面雨落水管的连接宜采用带固定圈的插入式管件，管件承口应朝上；安装时，下部管材插入端应预留 10～12mm 的伸缩间隙；

(4) 圆形断面雨落水管当采用双承直通管件安装时，应先将承口粘结在管材上，当管材插入承口下部时，应留有 10～12mm 间隙；

(5) 管道系统的安装宜由上而下进行，并应按本规程第 5.5 节的有关规定设置管卡；

(6) 立管的顶部应按设计文件要求配置相应管径的落水斗，落水斗面与天沟底部净距宜为 200～250mm，天沟的排出管段应插入落水斗内 50～70mm。

【建筑排水塑料管道工程技术规程：第 5.3.4 条】

5. 当生活排水管道系统敷设在外墙时，应采用硬聚氯乙烯承插式粘结连接管材。在横管与立管相连接的汇合管件处，应按设计文件规定在立管位置设固定支架和伸缩节。管道的安装宜在外墙饰面完工后、施工脚手架未拆除之前进行，并应符合本规程第 5.3.2 条的有关规定。

【建筑排水塑料管道工程技术规程：第 5.3.5 条】

31.3 埋地管道铺设

1. 室内埋地管道应在土建回填符合要求后铺设，并应按下列步骤进行：

（1）应按设计文件要求进行放线定位，经复核无误后，开挖管沟至设计文件要求的深度；

（2）应按设计文件要求的坡度检查基础墙的各预留孔、洞是否顺通，尺寸是否符合要求；

（3）按各受水口位置及管道走向进行测量，并宜绘制实测小样图、注明详细尺寸及编号；

（4）按设计文件要求的管线坡度铺设垫层，然后敷设管道；

（5）管道铺设结束后应进行灌水试验，并应在隐蔽工程验收合格后及时回填；

（6）管沟回填土应采用细粒黏土或黄砂分层回填，先回填至管顶上方200mm处，经夯实后再回填至设计标高、夯实。

【建筑排水塑料管道工程技术规程：第5.4.1条】

2. 埋地管道敷设前应平整沟底。当沟内遇有建筑废弃物、硬石、木头、垃圾等杂物时，必须清除干净，然后铺设一层厚100～150mm、宽度为管外径2.5倍的砂垫层，并应整平压实至设计标高。

【建筑排水塑料管道工程技术规程：第5.4.2条】

3. 管道安装完毕后，必须进行灌水试验。灌水试验时，灌水高度不得低于底层室内的地坪高度；灌满水后观察15min，应以液面不下降为合格。试验结束应将管道内的水排尽，并应封堵各受水口。

【建筑排水塑料管道工程技术规程：第5.4.3条】

4. 埋地管道铺设时，宜先铺设室内管道、再铺设室外管道。室内管道铺设至墙体外250～350mm处，并对管口进行封堵，待室外管道施工时再连接到检查井。

【建筑排水塑料管道工程技术规程：第5.4.4条】

5. 当管道穿越建筑物基础时，应配合土建按设计文件要求施工。当设计文件无要求时，管顶上部预留净高不应小于150mm。

【建筑排水塑料管道工程技术规程：第5.4.5条】

6. 当管道穿越地下室外墙时，应采用带止水翼环的套管。管道与套管间隙的中心部位应采用防水胶泥嵌实，宽度不得小于200mm；间隙内外两侧再用M20水泥砂浆填实至墙面平齐。

【建筑排水塑料管道工程技术规程：第5.4.6条】

7. 室外埋地管道安装完毕并灌水试验合格后，方可对管沟进行回填。管沟应分层回填夯实，每层厚度宜为150mm，密实度应符合设计文件要求。

【建筑排水塑料管道工程技术规程：第5.4.7条】

8. 当排出管与室外砖砌检查井连接时，管道端部应与井内壁相平；当采用硬聚氯乙烯管材时，应对井壁部位的连接管段涂抹胶粘剂、滚粘粗粒干燥黄砂处理。安装完毕后，在井外壁的管道周围采用M20水泥砂浆砌筑阻水圈。

【建筑排水塑料管道工程技术规程：第5.4.8条】

9. 塑料检查井与管道宜采用橡胶密封圈连接。当检查井为硬聚氯乙烯材料且为承插式接口时，应采用硬聚氯乙烯排水管承插粘结连接。

【建筑排水塑料管道工程技术规程：第5.4.9条】

31.4 管 道 支 承

1. 建筑排水塑料管道支吊架位置应按设计文件要求设置。立管在穿越楼板处应设固定支承点，并做好防渗漏水技术措施。设置在管道井或管窿内非封堵楼层的立管，应在汇合配件处设固定支承点。

【建筑排水塑料管道工程技术规程：第5.5.1条】

2. 当横管采用橡胶密封圈连接时，承插口处必须设置固定支架，并在固定支架之间设置滑动支架且滑动支架间距应符合本规程第5.5.2条的规定。

【建筑排水塑料管道工程技术规程：第5.5.4条】

3. 管道支架的材料应符合下列规定：

(1) 当管卡采用非耐蚀金属材料时，其表面应经防锈处理；

当管卡采用塑料材质时，应采取增强措施；金属管卡与管材或管件的接触部位宜用软垫物进行隔离；

（2）沿海地区室外敷设雨污水管道宜选用不锈钢或增强塑料制作的管卡。

【建筑排水塑料管道工程技术规程：第5.5.5条】

4. 粘结连接的管道系统，在管道转弯部位的两端应分别设置管卡，管卡中心与弯管中心的间距宜符合表5.5.6的规定。

表5.5.6　转弯管道管卡中心与弯管中心的最大间距

管道公称外径 d_n（mm）	管卡中心与弯管中心的间距（mm）
$d_n \leqslant 40$	≤200
$40 < d_n \leqslant 50$	≤250
$50 < d_n \leqslant 75$	≤375
$75 < d_n \leqslant 110$	≤550
$110 < d_n \leqslant 125$	≤625
$d_n \geqslant 160$	≤1000

【建筑排水塑料管道工程技术规程：第5.5.6条】

32 辐射供暖供冷施工

本章内容摘自现行行业标准《辐射供暖供冷技术规程》JGJ 142—2012。

32.1 一般规定

1. 施工过程中应防止油漆、沥青或其他化学溶剂接触污染加热供冷部件的表面。

【辐射供暖供冷技术规程：第 5.1.5 条】

2. 施工过程中，加热电缆间有搭接时，严禁电缆通电。

【辐射供暖供冷技术规程：第 5.1.6 条】

3. 施工时不宜与其他工种交叉施工作业，所有地面留洞应在填充层施工前完成。

【辐射供暖供冷技术规程：第 5.1.7 条】

4. 辐射面应平整、干燥、无杂物、无积灰。

【辐射供暖供冷技术规程：第 5.1.8 条】

5. 施工过程中，加热供冷部件敷设区域，严禁穿凿、穿孔或进行射钉作业。

【辐射供暖供冷技术规程：第 5.1.9 条】

32.2 材料、设备检查

1. 辐射供暖供冷系统所使用的主要材料、设备组件、配件、绝热材料必须具有质量合格证明文件，其性能技术指标及规格、型号应符合国家现行有关标准和设计文件的规定，并具有国家授权机构提供的有效期内的检验报告。进场时应做检查验收并经监理工程师核查确认。

【辐射供暖供冷技术规程：第 5.2.3 条】

2. 管材及管件、分水器和集水器及其连接件进场前应对其外观损坏等进行现场复验。

【辐射供暖供冷技术规程：第 5.2.4 条】

3. 加热供冷管应符合下列规定：

(1) 管道内外表面应光滑、平整、干净，不应有可能影响产品性能的明显划痕、凹陷、气泡等缺陷；

(2) 管径及壁厚应符合国家现行有关标准和设计文件的规定。

【辐射供暖供冷技术规程：第 5.2.5 条】

4. 分水器、集水器及其连接件应符合下列规定：

(1) 分水器、集水器材料宜为铜质，应包括分、集水干管、主管关断阀或调节阀、泄水阀、排气阀、支路关断阀或调节阀和连接配件等；

(2) 内外表面应光洁，不得有裂纹、砂眼、冷隔、夹渣、凹凸不平及其他缺陷。表面电镀的连接件色泽应均匀，镀层应牢固，不得有脱镀的缺陷；

(3) 金属连接件间的连接和过渡管件与金属连接件间的连接密封应符合现行国家标准《55°密封管螺纹》GB/T 7306 的规定；永久性的螺纹连接可使用厌氧胶密封粘接；可拆卸的螺纹连接可使用厚度不超过 0.25mm 的密封材料密封连接；

(4) 铜制金属连接件与管材之间的连接结构形式宜采用卡套式、卡压式或滑紧卡套冷扩式夹紧结构。

【辐射供暖供冷技术规程：第 5.2.6 条】

5. 预制沟槽保温板、供暖板和毛细管网进场后，应对辐射面向上供热量或供冷量及向下传热量进行复验；加热电缆进场后，应对辐射面向上供热量及向下传热量进行复验。复验应为见证取样送检。每个规格抽检数量不应少于一个。检验方法应符合本规程附录 G 的规定。

【辐射供暖供冷技术规程：第 5.2.7 条】

6. 阀门、分水器、集水器组件安装前应做强度和严密性试验，并应符合下列规定：

（1）试验应在每批数量中抽查10%，且不得少于1个；对安装在分水器进口、集水器出口及旁通管上的旁通阀门应逐个作强度和严密性试验，试验合格后方可使用。

（2）强度试验压力应为工作压力的1.5倍，严密性试验压力应为工作压力的1.1倍；强度和严密性试验持续时间应为15s，其间压力应保持不变，且壳体、填料及阀瓣密封面应无渗漏。

【辐射供暖供冷技术规程：第5.2.8条】

32.3 绝热层的铺设

1. 铺设绝热层的原始工作面应平整、干燥、无杂物，边角交接面根部应平直且无积灰现象。

【辐射供暖供冷技术规程：第5.3.1条】

2. 泡沫塑料类绝热层、预制沟槽保温板、供暖板的铺设应平整，板间的相互接合应严密，接头应用塑料胶带粘接平顺。直接与土壤接触或有潮湿气体侵入的地面应在铺设绝热层之前铺设一层防潮层。

【辐射供暖供冷技术规程：第5.3.2条】

3. 在铺设辐射面绝热层的同时或在填充层施工前，应由供暖供冷系统安装单位在与辐射面垂直构件交接处设置不间断的侧面绝热层，侧面绝热层的设置应符合下列规定：

（1）绝热层材料宜采用高发泡聚乙烯泡沫塑料，且厚度不宜小于10mm；应采用搭接方式连接，搭接宽度不应小于10mm；

（2）绝热层材料也可采用密度不小于20kg/m^{3}的模塑聚苯乙烯泡沫塑料板，其厚度应为20mm，聚苯乙烯泡沫塑料板接头处应采用搭接方式连接；

（3）侧面绝热层应从辐射面绝热层的上边缘做到填充层的上边缘；交接部位应有可靠的固定措施，侧面绝热层与辐射面绝热层应连接严密。

【辐射供暖供冷技术规程：第5.3.3条】

4. 发泡水泥绝热层的施工现场应具备下列设备：

（1）平整发泡水泥绝热层和水泥砂浆填充层表面的装置；

（2）适应不同工艺特点的专用搅拌机；

（3）活塞式泵或挤压式泵，或其他可满足要求的发泡水泥或水泥砂浆输送泵。

【辐射供暖供冷技术规程：第 5.3.4 条】

5. 浇注发泡水泥绝热层之前的施工准备应符合下列规定：

（1）对设备、输送泵及输送管道进行安全性检查；

（2）根据现场使用的水泥品种进行发泡剂类型配方设计后方可进行现场制浆；

（3）在房间墙上标记出发泡水泥绝热层浇筑厚度的水平线。

【辐射供暖供冷技术规程：第 5.3.5 条】

6. 发泡水泥绝热层现场浇筑宜采用物理发泡工艺，并应符合下列规定：

（1）施工浇筑中应随时观察检查浆料的流动性、发泡稳定性，并应控制浇筑厚度及地面平整度；发泡水泥绝热层自流平后，应采用刮板刮平；

（2）发泡水泥绝热层内部的孔隙应均匀分布，不应有水泥与气泡明显的分离层；

（3）当施工环境风力大于 5 级时，应停止施工或采取挡风等安全措施；

（4）发泡水泥绝热层在养护过程中不得振动，且不应上人作业。

【辐射供暖供冷技术规程：第 5.3.6 条】

7. 发泡水泥绝热层应在浇筑过程中进行取样检验；宜按连续施工每 50 000m^2 作为一个检验批，不足 50 000m^2 时应按一个检验批计。

【辐射供暖供冷技术规程：第 5.3.7 条】

8. 预制沟槽保温板铺设应符合下列规定：

（1）可直接将相同规格的标准板块拼接铺设在楼板基层或发

泡水泥绝热层上；

（2）当标准板块的尺寸不能满足要求时，可用工具刀裁下所需尺寸的保温板对齐铺设；

（3）相邻板块上的沟槽应互相对应、紧密依靠。

【辐射供暖供冷技术规程：第 5.3.8 条】

9. 供暖板及填充板铺设应符合下列规定：

（1）带木龙骨的供暖板可用水泥钉钉在地面上进行局部固定，也可平铺在基层地面上；填充板应在现场加龙骨，龙骨间距不应大于 300mm，填充板的铺设方法与供暖板相同；

（2）不带龙骨的供暖板和填充板可采用工程胶点粘在地面上，并在面层施工时一起固定；

（3）填充板内的输配管安装后，填充板上应采用带胶铝箔覆盖输配管。

【辐射供暖供冷技术规程：第 5.3.9 条】

32.4 加热供冷管系统的安装

1. 加热供冷管应按设计图纸标定的管间距和走向敷设，加热供冷管应保持平直，管间距的安装误差不应大于 10mm。加热供冷管敷设前，应对照施工图纸核定加热供冷管的选型、管径、壁厚，并应检查加热供冷管外观质量，管内部不得有杂质。加热供冷管安装间断或完毕时，敞口处应随时封堵。

【辐射供暖供冷技术规程：第 5.4.1 条】

2. 加热供冷管及输配管切割应采用专用工具，切口应平整，断口面应垂直管轴线。

【辐射供暖供冷技术规程：第 5.4.2 条】

3. 加热供冷管及输配管弯曲敷设时应符合下列规定：

（1）圆弧的顶部应用管卡进行固定；

（2）塑料管弯曲半径不应小于管道外径的 8 倍，铝塑复合管的弯曲半径不应小于管道外径的 6 倍，铜管的弯曲半径不应小于管道外径的 5 倍；

（3）最大弯曲半径不得大于管道外径的 11 倍；

（4）管道安装时应防止管道扭曲；铜管应采用专用机械弯管。

【辐射供暖供冷技术规程：第 5.4.3 条】

4. 混凝土填充式供暖地面距墙面最近的加热管与墙面间距宜为 100mm；每个环路加热管总长度与设计图纸误差不应大于 8%。

【辐射供暖供冷技术规程：第 5.4.4 条】

5. 埋设于填充层内的加热供冷管及输配管不应有接头。在铺设过程中管材出现损坏、渗漏等现象时，应当整根更换，不应拼接使用。

【辐射供暖供冷技术规程：第 5.4.5 条】

6. 施工验收后，发现加热供冷管或输配管损坏，需要增设接头时，应符合下列规定：

（1）应报建设单位或监理工程师，提出书面补救方案，经批准后方可实施；

（2）塑料管和铝塑复合管增设接头时，应根据管材，采用热熔或电熔插接式连接，或卡套式、卡压式铜制管接头连接；采用卡套式、卡压式铜制管接头连接后，应在铜制管接头外表面做防腐处理，并应采用橡胶软管套，且两端做好密封；装饰层表面应有检修标识；

（3）铜管宜采用机械连接或焊接连接；

（4）应在竣工图上清晰表示接头位置，并记录归档。

【辐射供暖供冷技术规程：第 5.4.6 条】

7. 加热供冷管应设固定装置。加热供冷管弯头两端宜设固定卡；加热供冷管直管段固定点间距宜为 500～700mm，弯曲管段固定点间距宜为 200～300mm。

【辐射供暖供冷技术规程：第 5.4.7 条】

8. 加热供冷管或输配管穿墙时应设硬质套管。

【辐射供暖供冷技术规程：第 5.4.8 条】

9. 在分水器、集水器附近以及其他局部加热供冷管排列比较密集的部位，当管间距小于100mm时，加热供冷管外部应设置柔性套管。

【辐射供暖供冷技术规程：第5.4.9条】

10. 加热供冷管或输配管出地面至分水器、集水器连接处，弯管部分不宜露出面层。加热供冷管或供暖板输配管出地面至分水器、集水器下部阀门接口之间的明装管段，外部应加装塑料套管或波纹管套管，套管应高出面层150～200mm。

【辐射供暖供冷技术规程：第5.4.10条】

11. 加热供冷管或输配管与分水器、集水器连接应采用卡套式、卡压式挤压夹紧连接，连接件材料宜为铜质。铜质连接件直接与PP-R塑料管接触的表面必须镀镍。

【辐射供暖供冷技术规程：第5.4.11条】

12. 加热供冷管的环路布置不宜穿越填充层内的伸缩缝，必须穿越时，伸缩缝处应设长度不小于200mm的柔性套管。

【辐射供暖供冷技术规程：第5.4.12条】

13. 分水器、集水器宜在加热供冷管敷设之前进行安装。水平安装时，宜将分水器安装在上，集水器安装在下，中心距宜为200mm，集水器中心距地面不应小于300mm。

【辐射供暖供冷技术规程：第5.4.13条】

14. 填充层伸缩缝设置应与加热供冷管的安装同步或在填充层施工前进行，并应符合下列规定：

（1）当地面面积超过$30m^2$或边长超过6m时，应按不大于6m间距设置伸缩缝，伸缩缝宽度不应小于8mm；伸缩缝宜采用高发泡聚乙烯泡沫塑料板，或预设木板条待填充层施工完毕后取出，缝槽内满填弹性膨胀膏；

（2）伸缩缝宜从绝热层的上边缘做到填充层的上边缘；

（3）伸缩缝应有效固定，泡沫塑料板也可在铺设辐射面绝热层时挤入绝热层中。

【辐射供暖供冷技术规程：第5.4.14条】

15. 输配管与其配水、集水装置的接头连接时，应采用专用工具将管道套到接头根部，再用专用固定卡子卡住，使其紧密连接。

【辐射供暖供冷技术规程：第 5.4.15 条】

16. 供暖板的配水、集水装置可采用暗装方式，也可采用明装方式。采用暗装方式时，宜与供暖板一起埋在面层下；采用明装方式时，配水、集水装置宜单独安装在外窗下的墙面上。

【辐射供暖供冷技术规程：第 5.4.16 条】

32.5　加热电缆系统的安装

1. 加热电缆应按照施工图纸标定的电缆间距和走向敷设。加热电缆应保持平直，电缆间距的安装误差不应大于 10mm。敷设前应对照施工图纸核定型号，并应检查外观质量。

【辐射供暖供冷技术规程：第 5.5.1 条】

2. 加热电缆出厂后严禁剪裁和拼接，有外伤或破损的加热电缆严禁敷设。

【辐射供暖供冷技术规程：第 5.5.2 条】

3. 加热电缆安装前后应测量加热电缆的标称电阻和绝缘电阻，并做自检记录。

【辐射供暖供冷技术规程：第 5.5.3 条】

4. 加热电缆施工前，应确认加热电缆冷线预留管、温控器接线盒、地温传感器预留管、供暖配电箱等预留、预埋工作已完毕。

【辐射供暖供冷技术规程：第 5.5.4 条】

5. 加热电缆的弯曲半径不应小于生产企业规定的限值，且不得小于 6 倍电缆直径。

【辐射供暖供冷技术规程：第 5.5.5 条】

6. 采用混凝土填充式地面供暖时，加热电缆下应铺设金属网，并应符合下列规定：

（1）金属网应铺设在填充层中间；

（2）除填充层在铺设金属网和加热电缆的前后分层施工外，金属网网眼不应大于 100mm×100mm，金属直径不应小于 1.0mm；

（3）应每隔 300mm 将加热电缆固定在金属网上。

【辐射供暖供冷技术规程：第 5.5.6 条】

7. 加热电缆的热线部分严禁进入冷线预留管。

【辐射供暖供冷技术规程：第 5.5.7 条】

8. 加热电缆的冷线与热线接头应暗装在填充层或预制沟槽保温板内，接头处 150mm 之内不应弯曲。

【辐射供暖供冷技术规程：第 5.5.8 条】

9. 伸缩缝的设置应符合本规程第 5.4.14 条的规定。

【辐射供暖供冷技术规程：第 5.5.9 条】

10. 加热电缆供暖系统和温控系统的电气施工应符合现行国家标准《电气装置安装工程 1kV 及以下配线工程施工及验收规范》GB 50254 和《建筑电气工程施工质量验收规范》GB 50303 的规定。

【辐射供暖供冷技术规程：第 5.5.10 条】

32.6 水压试验

1. 管道敷设完成，经检查符合设计要求后应进行水压试验，水压试验应符合下列规定：

（1）水压试验应在系统冲洗之后进行，系统冲洗应对分水器、集水器以外主供、回水管道进行冲洗，冲洗合格后再进行室内供暖系统的冲洗；

（2）水压试验之前，应对试压管道和构件采取安全有效的固定和保护措施；

（3）水压试验应以每组分水器、集水器为单位，逐回路进行；

（4）混凝土填充式地面辐射供暖户内系统试压应进行两次，分别在浇筑混凝土填充层之前和填充层养护期满后进行；预制沟槽保温板、供暖板和毛细管网户内系统试压应进行两次，分别在铺设面层之前和之后进行；

(5) 冬季进行水压试验时，在有冻结可能的情况下，应采取可靠的防冻措施，试压完成后应及时将管内的水吹净、吹干。

【辐射供暖供冷技术规程：第5.6.1条】

2. 水压试验压力应为工作压力的1.5倍，且不应小于0.6MPa。在试验压力下，稳压1h，其压力降不应大于0.05MPa，且不渗不漏。

【辐射供暖供冷技术规程：第5.6.2条】

32.7 填充层施工

1. 填充层施工前应具备下列条件：

(1) 加热电缆经电阻检测和绝缘性能检测合格；

(2) 侧面绝热层和填充层伸缩缝已安装完毕；

(3) 加热供冷管安装完毕且水压试验合格、加热供冷管处于有压状态；

(4) 温控器的安装盒、加热电缆冷线穿管已经布置完毕；

(5) 通过隐蔽工程验收。

【辐射供暖供冷技术规程：第5.7.1条】

2. 混凝土填充层施工，应由有资质的土建施工方承担，供暖供冷系统安装单位应密切配合。填充层施工过程中不得拆除和移动伸缩缝。

【辐射供暖供冷技术规程：第5.7.2条】

3. 地面辐射供暖供冷工程施工过程中，埋管区域应设施工通道或采取加盖等保护措施，严禁人员踩踏加热供冷部件。

【辐射供暖供冷技术规程：第5.7.3条】

4. 水泥砂浆填充层应与发泡水泥绝热层结合牢固，单处空鼓面积不应大于0.04cm^2，且每个自然房间不应多于2处。

【辐射供暖供冷技术规程：第5.7.4条】

5. 水泥砂浆填充层表层的抹平工作应在水泥砂浆初凝前完

成，压光或拉毛工作应在水泥砂浆终凝前完成。

【辐射供暖供冷技术规程：第5.7.5条】

6. 混凝土填充层施工中，加热供冷管内的水压不应低于0.6MPa；填充层养护过程中，系统水压不应低于0.4MPa。

【辐射供暖供冷技术规程：第5.7.6条】

7. 填充层施工中，严禁使用机械振捣设备；施工人员应穿软底鞋，使用平头铁锹。

【辐射供暖供冷技术规程：第5.7.7条】

8. 系统初始供暖、供冷前，水泥砂浆填充层养护时间不应少于7d，或抗压强度应达到5MPa后，方可上人行走；豆石混凝土填充层的养护周期不应少于21d。养护期间及期满后，应对地面采取保护措施，不得在地面加以重载、高温烘烤、直接放置高温物体和高温设备。

【辐射供暖供冷技术规程：第5.7.8条】

9. 填充层应在铺设过程中进行取样检验；宜按连续施工每10 000m^2作为一个检验批，不足10 000m^2时按一个检验批计。

【辐射供暖供冷技术规程：第5.7.9条】

32.8 面层施工

1. 面层施工前，填充层应达到面层需要的干燥度和强度。面层施工除应符合土建施工设计图纸的各项要求外，尚应符合下列规定：

（1）施工面层时，不得剔、凿、割、钻和钉填充层，不得向填充层内楔入任何物件；

（2）石材、瓷砖在与内外墙、柱等垂直构件交接处，应留10mm宽伸缩缝；木地板铺设时，应留不小于14mm的伸缩缝；伸缩缝应从填充层的上边缘做到高出面层上表面10～20mm，面层敷设完毕后，应裁去伸缩缝多余部分；伸缩缝填充材料宜采用高发泡聚乙烯泡沫塑料；

（3）面积较大的面层应由建筑专业计算伸缩量，设置必要的面层伸缩缝。

【辐射供暖供冷技术规程：第 5.8.1 条】

2. 以木地板作为面层时，木材应经过干燥处理，且应在填充层和找平层完全干燥后进行木地板施工。

【辐射供暖供冷技术规程：第 5.8.2 条】

3. 以瓷砖、大理石、花岗岩作为面层时，填充层伸缩缝处宜采用干贴施工。

【辐射供暖供冷技术规程：第 5.8.3 条】

4. 采用预制沟槽保温板或供暖板时，面层可按下列方法施工：

（1）木地板面层可直接铺设在预制沟槽保温板或供暖板上，可发性聚乙烯（EPE）垫层应铺设在保温板或供暖板下，不得铺设在加热部件上；

（2）采用带木龙骨的供暖板时，木地板应与木龙骨垂直铺设；

（3）铺设石材或瓷砖时，预制沟槽保温板及其加热部件上，应铺设厚度不小于 30mm 的水泥砂浆找平层和粘接层；水泥砂浆找平层应加金属网，网格间距不应大于 100mm，金属直径不应小于 1.0mm。

【辐射供暖供冷技术规程：第 5.8.4 条】

5. 采用发泡水泥绝热层和水泥砂浆填充层时，当面层为瓷砖或石材地面时，填充层和面层应同时施工。

【辐射供暖供冷技术规程：第 5.8.5 条】

32.9　卫生间施工

1. 卫生间应做两层隔离层。

【辐射供暖供冷技术规程：第 5.9.1 条】

2. 卫生间过门处应设置止水墙，在止水墙内侧应配合土建专业做防水。加热供冷管穿止水墙处应采取隔离措施。

【辐射供暖供冷技术规程：第 5.9.2 条】

33 变风量空调系统安装

本章内容摘自现行行业标准《变风量空调系统工程技术规程》JGJ 343—2014。

33.1 施工与安装

33.1.1 一般规定

1. 变风量空调系统的通风空调、电气及自控系统的施工安装，应符合现行国家标准《通风与空调工程施工质量验收规范》GB 50243、《建筑电气工程施工质量验收规范》GB 50303 和《智能建筑工程质量验收规范》GB 50339 的有关规定。

【变风量空调系统工程技术规程：第 5.1.1 条】

2. 设备安装前检查、就位前基础验收、设备的搬运和吊装应符合设计图纸、产品说明书和国家现行标准的有关规定。

【变风量空调系统工程技术规程：第 5.1.2 条】

33.1.2 通风空调系统施工安装

1. 变风量空调末端装置的施工安装应符合下列规定：

(1) 变风量末端装置的安装应满足设计和设备说明书的要求；

(2) 变风量末端装置的安装位置应符合风量测量准确的要求；

(3) 变风量末端装置安装时，应设单独支、吊架，吊架之间应设橡胶减震隔垫；

(4) 变风量末端装置出风口与风道的连接宜采用套接的方式；

（5）应根据变风量末端装置的保温形式，选择正确的保温安装方式，且不应影响风阀的运行；

（6）带热水盘管的变风量末端再热热水盘管与水管的连接应采用金属软接头，软接头长度不应大于300mm；设备吊装时应在吊件上下均匀配置螺母，并应进行调节保证末端设备的水平度；

（7）并联风机的变风量末端和风机的出口处应设置止回流风门；

（8）变风量末端箱体距其他管线的距离应为5～10cm；接线箱距其他管线及墙体应有充足的检修空间，且宜大于60cm；

（9）变风量末端装置应预留调试检修口；

（10）搬运和安装时应对末端装置的传感器采取保护措施。

【变风量空调系统工程技术规程：第5.2.2条】

2. 风管的施工安装应符合下列规定：

（1）空调风管安装应符合现行国家标准《通风与空调工程施工质量验收规范》GB 50243的有关规定；

（2）系统主干风管的转弯处、与空调设备连接处应设固定支架；

（3）低温送风的风管保温应满足设计要求。

【变风量空调系统工程技术规程：第5.2.3条】

33.1.3　电气及自控系统施工安装

1. 风机动力型变风量末端的电机和带电加热功能变风量末端的电加热器应可靠接地。

【变风量空调系统工程技术规程：第5.3.1条】

2. 变风量末端的电动执行器、控制器和变风量空调机组控制器箱（柜）的可导电外壳必须可靠接地。

【变风量空调系统工程技术规程：第5.3.2条】

3. 电气设备安装应牢固，螺栓及防松零件应齐全、不松动。

变风量末端电气设备的接线入口及接线盒应作密封处理。

【变风量空调系统工程技术规程：第 5.3.3 条】

4. 设备接线盒内裸露的不同相导线间和导线对地间的最小距离应大于 8mm。

【变风量空调系统工程技术规程：第 5.3.4 条】

5. 安装变风量末端装置时，接线箱距其他管线及墙体的距离不应小于对接线箱内设备操作的距离。

【变风量空调系统工程技术规程：第 5.3.5 条】

6. 风阀和水阀执行器安装后应保证阀门执行器和附件开闭、操作灵活。

【变风量空调系统工程技术规程：第 5.3.6 条】

7. 室内温控器安装位置反馈的温度应能代表该房间的温度，并不应受其他热源的影响。

【变风量空调系统工程技术规程：第 5.3.7 条】

8. 控制器箱（或柜）的安装应符合下列规定：

（1）控制器箱（或柜）接地应接入建筑智能化系统接地网；

（2）挂墙安装时，机柜底边距地面高度应为 1.5m，正面操作空间距离应大于 1.2m，靠近门轴的侧面空间距离应大于 0.5m。

【变风量空调系统工程技术规程：第 5.3.8 条】

9. 传感器的安装质量应符合现行国家标准《智能建筑工程质量验收规范》GB 50339 的有关规定。

【变风量空调系统工程技术规程：第 5.3.9 条】

10. 变风量末端的压力和差压仪表的取压点、仪表配套的阀门安装应符合产品和设计要求。

【变风量空调系统工程技术规程：第 5.3.10 条】

11. 温度传感器的安装位置、插入深度应符合产品和设计要求。

【变风量空调系统工程技术规程：第 5.3.11 条】

12. 变风量系统采用静压控制时，静压测量点应按设计要求布置。

【变风量空调系统工程技术规程：第 5.3.12 条】

13. 空气质量传感器应安装在能反映被测区域气体浓度的位置。

【变风量空调系统工程技术规程：第 5.3.13 条】

14. 流量传感器的安装应满足设计和产品技术文件要求。

【变风量空调系统工程技术规程：第 5.3.14 条】

15. 变风量末端装置的温度设定器安装应符合产品和设计要求。

【变风量空调系统工程技术规程：第 5.3.15 条】

16. 变风量空调系统电动水阀门安装应符合产品和设计要求，且安装前应进行通电试验和压力试验。

【变风量空调系统工程技术规程：第 5.3.16 条】

33.2 调　　试

33.2.1　一般规定

1. 测试仪器和仪表的性能应稳定可靠，精度等级和最小分度值应能满足测定的要求，并应符合国家有关计量法规和检定规程的规定。

【变风量空调系统工程技术规程：第 6.1.1 条】

2. 系统调试应由施工单位负责、监理单位监督，设计单位与建设单位参与和配合。系统调试的实施可由施工企业或其他具有调试能力的单位完成。

【变风量空调系统工程技术规程：第 6.1.2 条】

3. 系统无生产负荷的联合试运转应符合现行国家标准《通风与空调工程施工质量验收规范》GB 50243 的有关规定。

【变风量空调系统工程技术规程：第 6.1.4 条】

33.2.2　调试流程

1. 通风机、空调机组中的风机单机试运转应按下列程序进行：

（1）叶轮旋转应方向正确、运转平稳、无异常震动与声响，电机运行功率应符合设备技术文件的规定；

（2）在额定转速下连续运转 2h 后，滑动轴承外壳最高温度不得超过 70℃；滚动轴承外壳最高温度不得超过 80℃；

（3）风机噪声不应超过产品说明书的规定值。

【变风量空调系统工程技术规程：第 6.2.3 条】

2. 变风量空调系统联合试运转前宜进行一次风静态平衡调试。

【变风量空调系统工程技术规程：第 6.2.4 条】

3. 无生产负荷的系统联合试运转应在设备单机试运转、风系统平衡调试、水系统平衡调试等工作完成之后进行。

【变风量空调系统工程技术规程：第 6.2.5 条】

34 矿物绝缘电缆敷设

本章内容摘自现行行业标准《矿物绝缘电缆敷设技术规程》JGJ 232—2011。

34.1 一 般 规 定

1. 电缆敷设前应按下列规定进行检查：

（1）电缆型号、规格．耐压等级应符合设计要求；

（2）电缆外观应无损伤；

（3）电缆绝缘电阻值不应小于 100MΩ。

【矿物绝缘电缆敷设技术规程：第 4.1.1 条】

2. 在电缆敷设时，电缆端部应及时做好防潮处理，并应做好标识。

【矿物绝缘电缆敷设技术规程：第 4.1.2 条】

3. 电缆弯曲后表面应光滑、平整，没有明显皱褶。电缆内侧最小弯曲半径应符合表 4.1.3 的规定。

表 4.1.3 电缆内侧最小弯曲半径

电缆外径 D（mm）	$D<7$	$7\leqslant D<12$	$12\leqslant D<15$	$D\geqslant 15$
电缆内侧最小弯曲半径 R（mm）	$2D$	$3D$	$4D$	$6D$

【矿物绝缘电缆敷设技术规程：第 4.1.3 条】

4. 当穿越建筑物变形缝、温度变化较大场所或作为有振动源的设备布线时，电缆应采取补偿措施。

【矿物绝缘电缆敷设技术规程：第 4.1.4 条】

5. 敷设在有周期性振动场所的电缆应采取补偿措施，在支撑电缆部位应设置由橡胶等弹性材料制成的衬垫。

【矿物绝缘电缆敷设技术规程：第 4.1.5 条】

6. 交流系统单芯电缆敷设应采取下列防涡流措施：

(1) 电缆应分回路进出钢制配电箱（柜）、桥架；

(2) 电缆应采用金属件固定或金属线绑扎，且不得形成闭合铁磁回路；

(3) 当电缆穿过钢管（钢套管）或钢筋混凝土楼板、墙体的预留洞时，电缆应分回路敷设。

【矿物绝缘电缆敷设技术规程：第 4.1.7 条】

7. 电缆敷设完毕后应对绝缘电阻进行测试，其绝缘电阻值不应小于 20MΩ。

【矿物绝缘电缆敷设技术规程：第 4.1.8 条】

8. 电缆首末端、分支处及中间接头处应设标志牌。

【矿物绝缘电缆敷设技术规程：第 4.1.9 条】

9. 当电缆穿越不同防火区时，其洞口应采用不燃材料进行封堵。

【矿物绝缘电缆敷设技术规程：第 4.1.10 条】

10. 电缆应顺直、排列整齐，并应减少交叉，固定点间最大间距应符合表 4.1.11 的规定。

表 4.1.11 电缆固定点间最大间距

电缆外径 D（mm）		$D<9$	$9\leqslant D<15$	$15\leqslant D<20$	$D\geqslant 20$
固定点间最大间距（mm）	水平	600	900	1500	2000
	垂直	800	1200	2000	2500

【矿物绝缘电缆敷设技术规程：第 4.1.11 条】

11. 电缆在接续端子前应可靠固定，电气元器件或设备端子不得承受电缆荷载。

【矿物绝缘电缆敷设技术规程：第 4.1.12 条】

12. 当采用无挤塑外护层电缆敷设在潮湿环境时，支（吊）架与电缆铜护套直接接触的部位应采取防电化腐蚀措施；在人能同时接触到的外露可导电部分和装置外可导电部分之间应做辅助等电位联结。

【矿物绝缘电缆敷设技术规程：第4.1.13条】

34.2　材料及附件

1. 所选用的电缆及附件应有合格证、质量证明文件及产品标识。

【矿物绝缘电缆敷设技术规程：第4.2.1条】

2. 电缆及附件应表面光滑，并应无锈蚀、无裂纹、无变形，无凹凸等明显缺陷。

【矿物绝缘电缆敷设技术规程：第4.2.2条】

3. 引出电缆终端的导体所使用的绝缘材料的工作温度不应低于线路工作温度。

【矿物绝缘电缆敷设技术规程：第4.2.3条】

34.3　隧道或电缆沟内敷设

1. 当隧道或电缆沟内有多种电缆敷设时，矿物绝缘电缆宜敷设于其他电缆上方。

【矿物绝缘电缆敷设技术规程：第4.3.1条】

2. 隧道或电缆沟内支（吊）架设置及排列间距应符合现行国家标准《电气装置安装工程电缆线路施工及验收规范》GB 50168的规定及设计要求。

【矿物绝缘电缆敷设技术规程：第4.3.2条】

3. 沿隧道或电缆沟敷设无挤塑外护层电缆时，电缆铜护套与其直接接触的金属物体间应采取防电化腐蚀措施。

【矿物绝缘电缆敷设技术规程：第4.3.3条】

4. 当无挤塑外护套电缆沿支架敷设时，电缆与支架应做辅助等电位联结，其间距不应大于25m。

【矿物绝缘电缆敷设技术规程：第4.3.4条】

34.4 沿桥架敷设

1. 当电缆沿桥架敷设时，电缆在桥架横断面的填充率应符合下列规定：

（1）电力电缆不应大于40%；

（2）控制电缆不应大于50%。

【矿物绝缘电缆敷设技术规程：第4.4.1条】

2. 当电缆沿桥架敷设时，分支处应单独设置分支箱且安装位置应便于检修。

【矿物绝缘电缆敷设技术规程：第4.4.2条】

34.5 穿管及地面下直埋敷设

1. 电缆穿管敷设宜穿直通管，长度超过30m的直通管应增设检修井或接线箱。

【矿物绝缘电缆敷设技术规程：第4.5.1条】

2. 电缆穿管敷设应有防铜护套损伤的措施，管内径应大于电缆外径（包括单芯成束的每路电缆外径之和）的1.5倍，单芯电缆成束后应按回路穿管敷设。

【矿物绝缘电缆敷设技术规程：第4.5.2条】

3. 当电缆保护管为混凝土管或石棉混凝土管时，其敷设地基应坚实、平整，不应有沉陷；当电缆保护管为低碱玻璃钢管等脆性材料时，应在其下部添加混凝土垫层后敷设。

【矿物绝缘电缆敷设技术规程：第4.5.3条】

4. 电缆保护管直埋敷设应符合下列规定：

（1）电缆保护管的埋设深度应符合设计要求，当设计无要求时，埋设深度不应小于0.7m；

（2）电缆保护管应有不小于0.1%的排水坡度。

【矿物绝缘电缆敷设技术规程：第4.5.4条】

5. 当电缆穿管敷设需接头时，接头部位应设置检修井或接线箱。

【矿物绝缘电缆敷设技术规程：第4.5.5条】

6. 电缆直埋敷设应符合下列规定：

(1) 电缆应敷设于壕沟内，埋设深度应符合设计要求；当设计无要求时，埋设深度不应小于0.7m，并应沿电缆全长的上、下紧邻侧铺以厚度不小于100mm的软土或砂层；

(2) 沿电缆全长应覆盖宽度不小于电缆两侧各50mm的保护板，保护板宜采用混凝土板；

(3) 室外直埋电缆的接头部位应设置检修井。

【矿物绝缘电缆敷设技术规程：第4.5.6条】

7. 直埋及室外穿管敷设的电缆在拐弯、接头、终端和进出建筑物等部位，应设置明显的方位标志。直线段上应每25m设置标桩，标桩露出地面宜为150mm。

【矿物绝缘电缆敷设技术规程：第4.5.7条】

34.6　沿钢索架空敷设

1. 钢索架空敷设电缆的钢索及其配件均应采取热镀锌处理。电缆沿钢索架空敷设固定间距不得大于1m，在遇转弯时，除弯曲半径应符合本规程表4.1.3的规定外，在其弯曲部位两侧的100mm内尚应做可靠固定。

【矿物绝缘电缆敷设技术规程：第4.6.1条】

2. 当沿钢索架空敷设的电缆需穿墙时，在穿墙处应预埋直径大于电缆外径1.5倍的穿墙套管，并应做好管口封堵。

【矿物绝缘电缆敷设技术规程：第4.6.2条】

3. 当电缆沿钢索架空敷设时，电缆在钢索的两端固定处应做减振膨胀环。

【矿物绝缘电缆敷设技术规程：第4.6.3条】

4. 电缆沿钢索架空敷设应按回路敷设，并应采用金属电缆挂钩固定。

【矿物绝缘电缆敷设技术规程：第4.6.4条】

5. 沿钢索架空敷设的电缆铜护套及钢索两端应可靠接地。

【矿物绝缘电缆敷设技术规程：第 4.6.5 条】

34.7 沿墙或顶板敷设

1. 当电缆沿墙或顶板明敷设时，并排敷设的电缆应排列整齐、间距一致。

【矿物绝缘电缆敷设技术规程：第 4.7.1 条】

2. 当单芯电缆沿墙采用挂钩敷设时，挂钩可使用金属制品，其上开口应大于电缆外径。

【矿物绝缘电缆敷设技术规程：第 4.7.3 条】

34.8 沿支（吊）架敷设

1. 沿支（吊）架敷设的电缆应可靠固定。

【矿物绝缘电缆敷设技术规程：第 4.8.1 条】

2. 电缆支（吊）架应符合下列规定：

(1) 电缆支（吊）架表面应光滑无毛刺；

(2) 电缆支（吊）架的固定应稳固、耐久；

(3) 电缆支（吊）架应具有所需的承载能力；

(4) 电缆支（吊）架应符合设计的防火要求。

【矿物绝缘电缆敷设技术规程：第 4.8.2 条】

3. 电缆支（吊）架最大间距应符合表 4.8.3 的规定。

表 4.8.3 电缆支（吊）架最大间距

电缆外径 D（mm）		$D<9$	$9\leqslant D<15$	$15\leqslant D<20$	$D\geqslant 20$
电缆支（吊）架最大间距（mm）	水平	600	900	1500	2000
	垂直	800	1200	2000	2500

【矿物绝缘电缆敷设技术规程：第 4.8.3 条】

4. 电缆支（吊）架的安装位置应预留电缆敷设、固定、安置接头及检修的空间。

【矿物绝缘电缆敷设技术规程：第4.8.4条】

34.9　附件安装

1. 电缆终端与中间接头的安装应由培训合格的人员进行操作。

【矿物绝缘电缆敷设技术规程：第4.9.1条】

2. 电缆中间连接应采用压装型、压接型、螺丝连接型中间连接端子连接；截面35mm^{2}以上电缆终端必须采用压装型终端接线端子。

【矿物绝缘电缆敷设技术规程：第4.9.2条】

3. 中间连接端子应与电缆连接牢固可靠，在全负荷运行时，接头部位的外护套温度不应高于电缆本体温度。

【矿物绝缘电缆敷设技术规程：第4.9.3条】

4. 电缆的中间连接附件安装位置应便于检修，并排敷设电缆的中间接头位置应相互错开且不得被其他物体遮盖。

【矿物绝缘电缆敷设技术规程：第4.9.4条】

5. 除在水平桥架内敷设外，电缆中间连接附件及其两侧300mm内的电缆均应进行可靠固定，并应做好色标。水平敷设在桥架内的电缆应顺直，中间连接附件不得承受外力。

【矿物绝缘电缆敷设技术规程：第4.9.5条】

6. 中间连接附件安装完毕后应设置明显的连接附件位置标识，并应在竣工图中标明具体位置。

【矿物绝缘电缆敷设技术规程：第4.9.6条】

7. 进出分支箱、盒的电缆铜护套均应可靠连接。

【矿物绝缘电缆敷设技术规程：第4.9.7条】

8. 电缆封端应随电缆敷设及时安装。安装封端前应对电缆进行绝缘电阻测试，其绝缘电阻值不应小于100MΩ。

【矿物绝缘电缆敷设技术规程：第4.9.8条】

9. 电缆终端接线端子应采用专用配件，并应与电缆芯线可靠连接。

【矿物绝缘电缆敷设技术规程：第 4.9.9 条】

10. 电缆封端宜采用专用附件，当采用热缩管作为封端时应添加专用密封胶。

【矿物绝缘电缆敷设技术规程：第 4.9.10 条】

34.10 接　　地

1. 当电缆铜护套作为保护导体使用时，终端接地铜片的最小截面积不应小于电缆铜护套截面积，电缆接地连接线允许最小截面积应符合表 4.10.1 的规定。

表 4.10.1　接地连接线允许最小截面积

电缆芯线截面积 S（mm^2）	接地连接线允许最小截面积（mm^2）
$S \leqslant 16$	S
$16 < S \leqslant 35$	16
$35 < S \leqslant 400$	$S/2$

【矿物绝缘电缆敷设技术规程：第 4.10.1 条】

2. 当电缆铜护套不作为保护导体使用时，铜护套应可靠接地。接地连接线应采用铜绞线或镀锡铜编织线，其截面积不应小于表 4.10.2 的规定。

表 4.10.2　接地连接线截面积

电缆芯线截面积 S（mm^2）	接地连接线允许最小截面积（mm^2）
$S \leqslant 16$	S
$16 < S \leqslant 120$	16
$S \geqslant 150$	25

【矿物绝缘电缆敷设技术规程：第 4.10.2 条】

3. 电缆支（吊）架及电缆桥架应可靠接地。

【矿物绝缘电缆敷设技术规程：第 4.10.3 条】

35　建筑电气照明装置施工

本章内容摘自现行国家标准《建筑电气照明装置施工与验收规范》GB 50617—2010。

35.1　基 本 规 定

1. 在砌体和混凝土结构上严禁使用木楔、尼龙塞或塑料塞安装固定电气照明装置。

【建筑电气照明装置施工与验收规范：第3.0.6条】

2. 当在装饰材料墙面上安装照明装置时，接线盒口应与装饰面平齐。导管管径大小应与接线盒孔径相匹配，导管应与接线盒连接紧密。

【建筑电气照明装置施工与验收规范：第3.0.7条】

3. 电气照明装置的接线应牢固、接触良好；需接保护接地线（PE）的灯具、开关、插座等不带电的外露可导电部分，应有明显的接地螺栓。

【建筑电气照明装置施工与验收规范：第3.0.8条】

4. 安装在绝缘台上的电气照明装置，其电线的端头绝缘部分应伸出绝缘台的表面。

【建筑电气照明装置施工与验收规范：第3.0.9条】

35.2　灯　　具

35.2.1　一般规定

1. 灯具的灯头及接线应符合下列规定：

(1) 灯头绝缘外壳不应有破损或裂纹等缺陷；带开关的灯头，开关手柄不应有裸露的金属部分；

(2) 连接吊灯灯头的软线应做保护扣，两端芯线应搪锡压线，当采取螺口灯头时，相线应接于灯头中间触点的端子上。

【建筑电气照明装置施工与验收规范：第 4.1.1 条】

2. 成套灯具的带电部分对地绝缘电阻值不应小于 2MΩ。

【建筑电气照明装置施工与验收规范：第 4.1.2 条】

3. 引向单个灯具的电线线芯截面积应与灯具功率相匹配，电线线芯最小允许截面积不应小于 $1mm^2$。

【建筑电气照明装置施工与验收规范：第 4.1.3 条】

4. 灯具表面及其附件等高温部位靠近可燃物时，应采取隔热、散热等防火保护措施。以卤钨灯或额定功率大于等于 100W 的白炽灯泡为光源时，其吸顶灯、槽灯、嵌入灯应采用瓷质灯头，引入线应采用瓷管、矿棉等不燃材料作隔热保护。

【建筑电气照明装置施工与验收规范：第 4.1.4 条】

5. 安装在公共场所的大型灯具的玻璃罩，应有防止玻璃罩坠落或碎裂后向下溅落伤人的措施。

【建筑电气照明装置施工与验收规范：第 4.1.7 条】

6. 卫生间照明灯具不宜安装在便器或浴缸正上方。

【建筑电气照明装置施工与验收规范：第 4.1.9 条】

7. 当镇流器、触发器、应急电源等灯具附件与灯具分离安装时，应固定可靠；在顶棚内安装时，不得直接固定在顶棚上；灯具附件与灯具本体之间的连接电线应穿导管保护，电线不得外露。触发器至光源的线路长度不应超过产品的规定值。

【建筑电气照明装置施工与验收规范：第 4.1.10 条】

8. 露天安装的灯具及其附件、紧固件、底座和与其相连的导管、接线盒等应有防腐蚀和防水措施。

【建筑电气照明装置施工与验收规范：第 4.1.11 条】

9. 成排安装的灯具中心线偏差不应大于 5mm。

【建筑电气照明装置施工与验收规范：第 4.1.14 条】

10. 质量大于 10kg 的灯具，其固定装置应按 5 倍灯具重量的恒定均布载荷全数作强度试验，历时 15min，固定装置的部件应无明显变形。

【建筑电气照明装置施工与验收规范：第 4.1.15 条】

35.2.2　常用灯具

1. 吸顶或墙面上安装的灯具固定用的螺栓或螺钉不应少于 2 个。室外安装的壁灯其泄水孔应在灯具腔体的底部，绝缘台与墙面接线盒盒口之间应有防水措施。

【建筑电气照明装置施工与验收规范：第 4.2.1 条】

2. 悬吊式灯具安装应符合下列规定：

（1）带升降器的软线吊灯在吊线展开后，灯具下沿应高于工作台面 0.3m；

（2）质量大于 0.5kg 的软线吊灯，应增设吊链（绳）；

（3）质量大于 3kg 的悬吊灯具，应固定在吊钩上，吊钩的圆钢直径不应小于灯具挂销直径，且不应小于 6mm；

（4）采用钢管作灯具吊杆时，钢管应有防腐措施，其内径不应小于 10mm，壁厚不应小于 1.5mm。

【建筑电气照明装置施工与验收规范：第 4.2.2 条】

3. 嵌入式灯具安装应符合下列规定：

（1）灯具的边框应紧贴安装面；

（2）多边形灯具应固定在专设的框架或专用吊链（杆）上，固定用的螺钉不应少于 4 个；

（3）接线盒引向灯具的电线应采用导管保护，电线不得裸露；导管与灯具壳体应采用专用接头连接。当采用金属软管时，其长度不宜大于 1.2m。

【建筑电气照明装置施工与验收规范：第 4.2.3 条】

4. 庭院灯、建筑物附属路灯、广场高杆灯安装应符合下列规定：

（1）灯具与基础应固定可靠，地脚螺栓应有防松措施；灯具接线盒盒盖防水密封垫齐全、完整；

（2）每套灯具应在相线上装设相配套的保护装置；

(3) 灯杆的检修门应有防水措施，并设置需使用专用工具开启的闭锁防盗装置。

【建筑电气照明装置施工与验收规范：第4.2.6条】

5. 高压汞灯、高压钠灯、金属卤化物灯安装应符合下列规定：

(1) 光源及附件必须与镇流器、触发器和限流器配套使用。触发器与灯具本体的距离应符合产品技术文件要求；

(2) 灯具的额定电压、支架形式和安装方式应符合设计要求；

(3) 电源线应经接线柱连接，不应使电源线靠近灯具表面；

(4) 光源的安装朝向应符合产品技术文件要求。

【建筑电气照明装置施工与验收规范：第4.2.7条】

6. 安装于线槽或封闭插接式照明母线下方的灯具应符合下列规定：

(1) 灯具与线槽或封闭插接式照明母线连接应采用专用固定件，固定应可靠；

(2) 线槽或封闭插接式照明母线应带有插接灯具用的电源插座；电源插座宜设置在线槽或封闭插接式照明母线的侧面。

【建筑电气照明装置施工与验收规范：第4.2.8条】

7. 埋地灯安装应符合下列规定：

(1) 埋地灯防护等级应符合设计要求；

(2) 埋地灯光源的功率不应超过灯具的额定功率；

(3) 埋地灯接线盒应采用防水接线盒，盒内电线接头应做防水、绝缘处理。

【建筑电气照明装置施工与验收规范：第4.2.9条】

35.2.3 专用灯具

1. 应急照明灯具安装应符合下列规定：

(1) 应急照明灯具必须采用经消防检测中心检测合格的产品；

（2）安全出口标志灯应设置在疏散方向的里侧上方，灯具底边宜在门框（套）上方0.2m。地面上的疏散指示标志灯，应有防止被重物或外力损坏的措施。当厅室面积较大，疏散指示标志灯无法装设在墙面上时，宜装设在顶棚下且距地面高度不宜大于2.5m；

（3）疏散照明灯投入使用后，应检查灯具始终处于点亮状态；

（4）应急照明灯回路的设置除符合设计要求外，尚应符合防火分区设置的要求；

（5）应急照明灯具安装完毕，应检验灯具电源转换时间，其值为：备用照明不应大于5s；金融商业交易场所不应大于1.5s；疏散照明不应大于5s；安全照明不应大于0.25s。应急照明最少持续供电时间应符合设计要求。

【建筑电气照明装置施工与验收规范：第4.3.1条】

2. 霓虹灯的安装应符合下列规定：

（1）灯管应完好，无破裂；

（2）灯管应采用专用的绝缘支架固定，固定应牢固可靠。固定后的灯管与建筑物、构筑物表面的距离不应小于20mm；

（3）霓虹灯灯管长度不应超过允许最大长度。专用变压器在顶棚内安装时，应固定可靠，有防火措施，并不宜被非检修人员触及；在室外安装时，应有防雨措施；

（4）霓虹灯专用变压器的二次侧电线和灯管间的连接线应采用额定电压不低于15kV的高压绝缘电线。二次侧电线与建筑物、构筑物表面的距离不应小于20mm；

（5）霓虹灯托架及其附着基面应用难燃或不燃材料制作，固定可靠。室外安装时，应耐风压，安装牢固。

【建筑电气照明装置施工与验收规范：第4.3.2条】

3. 建筑物景观照明灯具安装应符合下列规定：

（1）在人行道等人员来往密集场所安装的灯具，无围栏防护时灯具底部距地面高度应在2.5m以上；

（2）灯具及其金属构架和金属保护管与保护接地线（PE）应连接可靠，且有标识；

（3）灯具的节能分级应符合设计要求。

【建筑电气照明装置施工与验收规范：第 4.3.3 条】

4. 航空障碍标志灯安装应符合下列规定：

（1）灯具安装牢固可靠，且应设置维修和更换光源的设施；

（2）灯具安装在屋面接闪器保护范围外时，应设置避雷小针，并与屋面接闪器可靠连接；

（3）当灯具在烟囱顶上安装时，应安装在低于烟囱口 1.5～3m 的部位且呈正三角形水平布置。

【建筑电气照明装置施工与验收规范：第 4.3.4 条】

5. 手术台无影灯安装应符合下列规定：

（1）固定灯座的螺栓数量不应少于灯具法兰底座上的固定孔数，螺栓直径应与孔径匹配，螺栓应采用双螺母锁紧；

（2）固定无影灯基座的金属构架应与楼板内的预埋件焊接连接，不应采用膨胀螺栓固定；

（3）开关至灯具的电线应采用额定电压不低于 450V/750V 的铜芯多股绝缘电线。

【建筑电气照明装置施工与验收规范：第 4.3.5 条】

6. 紫外线杀菌灯的安装位置不得随意变更，其控制开关应有明显标识，且与普通照明开关位置分开设置。

【建筑电气照明装置施工与验收规范：第 4.3.6 条】

7. 游泳池和类似场所用灯具，安装前应检查其防护等级。自电源引入灯具的导管必须采用绝缘导管，严禁采用金属或有金属护层的导管。

【建筑电气照明装置施工与验收规范：第 4.3.7 条】

8. 建筑物彩灯安装应符合下列规定：

（1）当建筑物彩灯采用防雨专用灯具时，其灯罩应拧紧，灯具应有泄水孔；

（2）建筑物彩灯宜采用 LED 等节能新型光源，不应采用白炽灯泡；

（3）彩灯配管应为热浸镀锌钢管，按明配敷设，并采用配套的防水接线盒，其密封应完好；管路、管盒间采用螺纹连接，连接处的两端用专用接地卡固定跨接接地线，跨接接地线采用绿/黄双色铜芯软电线，截面积不应小于 $4mm^2$；

（4）彩灯的金属导管、金属支架、钢索等应与保护接地线（PE）连接可靠。

【建筑电气照明装置施工与验收规范：第 4.3.8 条】

9. 太阳能灯具安装应符合下列规定：

（1）灯具表面应平整光洁，色泽均匀；产品无明显的裂纹、划痕、缺损、锈蚀及变形；表面漆膜不应有明显的流挂、起泡、橘皮、针孔、咬底、渗色和杂质等缺陷；

（2）灯具内部短路保护、负载过载保护、反向放电保护、极性反接保护功能应齐全、正确；

（3）太阳能灯具应安装在光照充足、无遮挡的地方，应避免靠近热源；

（4）太阳能电池组件应根据安装地区的纬度，调整电池板的朝向和仰角，使受光时间最长。迎光面上无遮挡物阴影，上方不应有直射光源。电池组件与支架连接时应牢固可靠，组件的输出线不应裸露，并用扎带绑扎固定；

（5）蓄电池在运输、安装过程中不得倒置，不得放置在潮湿处，且不应暴晒于太阳光下；

（6）系统接线顺序应为蓄电池一电池板一负载；系统拆卸顺序应为负载一电池板一蓄电池；

（7）灯具与基础固定可靠，地脚螺栓应有防松措施，灯具接线盒盖的防水密封垫应完整。

【建筑电气照明装置施工与验收规范：第 4.3.9 条】

10. 洁净场所灯具安装应符合下列规定：

（1）灯具安装时，灯具与顶棚之间的间隙应用密封胶条和衬垫密封。密封胶条和衬垫应平整，不得扭曲、折叠；

(2) 灯具安装完毕后，应清除灯具表面的灰尘。

【建筑电气照明装置施工与验收规范：第4.3.10条】

11. 防爆灯具安装应符合下列规定：

(1) 检查灯具的防爆标志、外壳防护等级和温度组别应与爆炸危险环境相适配；

(2) 灯具的外壳应完整，无损伤、凹陷变形，灯罩无裂纹，金属护网无扭曲变形，防爆标志清晰；

(3) 灯具的紧固螺栓应无松动、锈蚀现象，密封垫圈完好；

(4) 灯具附件应齐全，不得使用非防爆零件代替防爆灯具配件；

(5) 灯具的安装位置应离开释放源，且不得在各种管道的泄压口及排放口上方或下方；

(6) 导管与防爆灯具、接线盒之间连接应紧密，密封完好；螺纹啮合扣数应不少于5扣，并应在螺纹上涂以电力复合酯或导电性防锈酯；

(7) 防爆弯管工矿灯应在弯管处用镀锌链条或型钢拉杆加固。

【建筑电气照明装置施工与验收规范：第4.3.11条】

35.3　插座、开关、风扇

35.3.1　插座

1. 当交流、直流或不同电压等级的插座安装在同一场所时，应有明显的区别，且必须选择不同结构、不同规格和不能互换的插座；配套的插头应按交流、直流或不同电压等级区别使用。

【建筑电气照明装置施工与验收规范：第5.1.1条】

2. 插座的接线应符合下列规定：

(1) 单相两孔插座，面对插座，右孔或上孔应与相线连接，左孔或下孔应与中性线连接；单相三孔插座，面对插座，右孔应与相线连接，左孔应与中性线连接；

（2）单相三孔、三相四孔及三相五孔插座的保护接地线（PE）必须接在上孔。插座的保护接地端子不应与中性线端子连接。同一场所的三相插座，接线的相序应一致；

（3）保护接地线（PE）在插座间不得串联连接。

（4）相线与中性线不得利用插座本体的接线端子转接供电。

【建筑电气照明装置施工与验收规范：第5.1.2条】

3. 插座的安装应符合下列规定：

（1）当住宅、幼儿园及小学等儿童活动场所电源插座底边距地面高度低于1.8m时，必须选用安全型插座；

（2）当设计无要求时，插座底边距地面高度不宜小于0.3m；无障碍场所插座底边距地面高度宜为0.4m，其中厨房、卫生间插座底边距地面高度宜为0.7～0.8m；老年人专用的生活场所插座底边距地面高度宜为0.7～0.8m；

（3）暗装的插座面板紧贴墙面或装饰面，四周无缝隙，安装牢固，表面光滑整洁、无碎裂、划伤，装饰帽（板）齐全；接线盒应安装到位，接线盒内干净整洁，无锈蚀。暗装在装饰面上的插座，电线不得裸露在装饰层内；

（4）地面插座应紧贴地面，盖板固定牢固，密封良好。地面插座应用配套接线盒。插座接线盒内应干净整洁，无锈蚀；

（5）同一室内相同标高的插座高度差不宜大于5mm；并列安装相同型号的插座高度差不宜大于1mm；

（6）应急电源插座应有标识；

（7）当设计无要求时，有触电危险的家用电器和频繁插拔的电源插座，宜选用能断开电源的带开关的插座，开关断开相线；插座回路应设置剩余电流动作保护装置；每一回路插座数量不宜超过10个；用于计算机电源的插座数量不宜超过5个（组），并应采用A型剩余电流动作保护装置；潮湿场所应采用防溅型插座，安装高度不应低于1.5m。

【建筑电气照明装置施工与验收规范：第5.1.3条】

35.3.2　开关

1. 同一建筑物、构筑物内，开关的通断位置应一致，操作灵活，接触可靠。同一室内安装的开关控制有序不错位，相线应经开关控制。

【建筑电气照明装置施工与验收规范：第5.2.1条】

2. 开关的安装位置应便于操作，同一建筑物内开关边缘距门框（套）的距离宜为0.15～0.2m。

【建筑电气照明装置施工与验收规范：第5.2.2条】

3. 同一室内相同规格相同标高的开关高度差不宜大于5mm；并列安装相同规格的开关高度差不宜大于1mm；并列安装不同规格的开关宜底边平齐；并列安装的拉线开关相邻间距不小于20mm。

【建筑电气照明装置施工与验收规范：第5.2.3条】

4. 当设计无要求时，开关安装高度应符合下列规定：

（1）开关画板底边距地面高度宜为1.3～1.4m；

（2）拉线开关底边距地面高度宜为2～3m，距顶板不小于0.1m，且拉线出口应垂直向下；

（3）无障碍场所开关底边距地面高度宜为0.9～1.1m；

（4）老年人生活场所开关宜选用宽板按键开关，开关底边距地面高度宜为1.0～1.2m。

【建筑电气照明装置施工与验收规范：第5.2.4条】

5. 暗装的开关面板应紧贴墙面或装饰面，四周应无缝隙，安装应牢固，表面应光滑整洁、无碎裂、划伤，装饰帽（板）齐全；接线盒应安装到位，接线盒内干净整洁，无锈蚀。安装在装饰面上的开关，其电线不得裸露在装饰层内。

【建筑电气照明装置施工与验收规范：第5.2.5条】

35.3.3　风扇

1. 吊扇安装应符合下列规定：

（1）吊扇挂钩应安装牢固，挂钩的直径不应小于吊扇挂销的直径，且不应小于 8mm；挂钩销钉应设防震橡胶垫；销钉的防松装置应齐全可靠；

（2）吊扇扇叶距地面高度不应小于 2.5m；

（3）吊扇组装严禁改变扇叶角度，扇叶固定螺栓防松装置应齐全；

（4）吊扇应接线正确，不带电的外露可导电部分保护接地应可靠。运转时扇叶不应有明显颤动；

（5）吊扇涂层应完整，表面无划痕，吊杆上下扣碗安装应牢固到位；

（6）同一室内并列安装的吊扇开关安装高度应一致，控制有序不错位。

【建筑电气照明装置施工与验收规范：第 5.3.1 条】

2. 壁扇安装应符合下列规定：

（1）壁扇底座应采用膨胀螺栓固定，膨胀螺栓的数量不应少于 3 个，且直径不应小于 8mm。底座固定应牢固可靠；

（2）壁扇防护罩应扣紧，固定可靠，运转时扇叶和防护罩均应无明显颤动和异常声响。壁扇不带电的外露可导电部分保护接地应可靠；

（3）壁扇下侧边缘距地面高度不应小于 1.8m；

（4）壁扇涂层完整，表面无划痕，防护罩无变形。

【建筑电气照明装置施工与验收规范：第 5.3.2 条】

3. 换气扇安装应紧贴安装面，固定可靠。无专人管理场所的换气扇宜设置定时开关。

【建筑电气照明装置施工与验收规范：第 5.3.3 条】

35.4　照明配电箱（板）

1. 照明配电箱（板）安装应符合下列规定：

（1）位置正确，部件齐全；箱体开孔与导管管径适配，应一管一孔，不得用电、气焊割孔；暗装配电箱箱盖应紧贴墙面，箱

（板）涂层应完整；

（2）箱（板）内相线、中性线（N）、保护接地线（PE）的编号应齐全，正确；配线应整齐，无绞接现象；电线连接应紧密，不得损伤芯线和断股，多股电线应压接接线端子或搪锡；螺栓垫圈下两侧压的电线截面积应相同，同一端子上连接的电线不得多于2根；

（3）电线进出箱（板）的线孔应光滑无毛刺，并有绝缘保护套；

（4）箱（板）内分别设置中性线（N）和保护接地线（PE）的汇流排，汇流排端子孔径大小、端子数量应与电线线径、电线根数适配；

（5）箱（板）内剩余电流动作保护装置应经测试合格；箱（板）内装设的螺旋熔断器，其电源线应接在中间触点的端子上，负荷线接在螺纹的端子上；

（6）箱（板）安装应牢固，垂直度偏差不应大于1.5‰。照明配电板底边距楼地面高度不应小于1.8m；当设计无要求时，照明配电箱安装高度宜符合表6.0.3的规定；

（7）照明配电箱（板）不带电的外露可导电部分应与保护接地线（PE）连接可靠；装有电器的可开启门，应用裸铜编织软线与箱体内接地的金属部分做可靠连接；

（8）应急照明箱应有明显标识。

表6.0.3 照明配电箱安装高度

配电箱高度（mm）	配电箱底边距楼地面高度（m）
600以下	1.3～1.5
600～800	1.2
800～1000	1.0
1000～1200	0.8
1200以上	落地安装，潮湿场所箱柜下应设200mm高的基础

【建筑电气照明装置施工与验收规范：第6.0.3条】

2. 建筑智能化控制或信号线路引入照明配电箱时应减少与交流供电线路和其他系统的线路交叉，且不得并排敷设或共用同一管槽。

【建筑电气照明装置施工与验收规范：第 6.0.4 条】

35.5 通电试运行

1. 照明系统通电试运行时，应检查下列内容：

（1）灯具控制回路与照明配电箱的回路标识应一致；

（2）开关与灯具控制顺序相对应；

（3）风扇运转应正常；

（4）剩余电流动作保护装置应动作准确。

【建筑电气照明装置施工与验收规范：第 7.1.1 条】

2. 公用建筑照明系统通电连续试运行时间应为 24h，民用住宅照明系统通电连续试运行时间应为 8h。所有照明灯具均应开启，且每 2h 记录运行状态 1 次，连续试运行时间内无故障。

【建筑电气照明装置施工与验收规范：第 7.1.2 条】

3. 有自控要求的照明工程应先进行就地分组控制试验，后进行单位工程自动控制试验，试验结果应符合设计要求。

【建筑电气照明装置施工与验收规范：第 7.1.3 条】

4. 照明系统通电试运行后，三相照明配电干线的各相负荷宜分配平衡，其最大相负荷不宜超过三相负荷平均值的 115％，最小相负荷不宜小于三相负荷平均值的 85％。

【建筑电气照明装置施工与验收规范：第 7.1.4 条】